高等学校导航工程专业规划教材

导航定位软件实用教程

主　编　徐　莹
副主编　姬生月　朱　锋　李　昕　周命端

图书在版编目(CIP)数据

导航定位软件实用教程 / 徐莹主编 . -- 武汉 : 武汉大学出版社,2024.12. -- 高等学校导航工程专业规划教材 . -- ISBN 978-7-307-24698-0

Ⅰ. TN967.1;P228.4

中国国家版本馆 CIP 数据核字第 20249Z1P73 号

责任编辑:鲍　玲　　责任校对:汪欣怡　　版式设计:马　佳

出版发行:**武汉大学出版社**　(430072　武昌　珞珈山)

(电子邮箱:cbs22@ whu.edu.cn 网址:www.wdp.com.cn)

印刷:武汉科源印刷设计有限公司

开本:787×1092　1/16　印张:17.25　字数:408 千字　插页:1

版次:2024 年 12 月第 1 版　2024 年 12 月第 1 次印刷

ISBN 978-7-307-24698-0　定价:52.00 元

前　言

在新工科建设背景下，导航定位技术迅速发展，导航定位类人才需求量巨大。导航工程、测绘工程、时空信息工程等专业的本科、研究生课程均涉及多源融合导航定位数据处理，因此导航定位类人才掌握多种导航定位软件的使用方法尤为重要。本教材以需求为导向，基于案例分析和实际应用提供了10种常用导航定位软件详细的操作指南，以支撑具有扎实的理论知识和实际操作能力、分析和解决问题能力的复合型导航定位人才的培养。

本教材分为10章，系统介绍了GNSS数据处理软件PRIDE PPP-AR、GREAT、RTKLIB、GAMIT、Bernese，组合导航定位程序/软件KF-GINS、PSINS、POSMind以及GNSS-声学测距组合定位求解器GARPOS与物理实验手机软件phyphox。每一章都是从下载安装教程、具体应用案例以及常见问题与解决方法等方面详细介绍了上述导航软件的使用方法和具体用途，旨在帮助读者快速掌握软件安装和操作技巧，提升其在实际应用中的技能水平。

本书由山东科技大学徐莹主编，中国石油大学(华东)姬生月，武汉大学朱锋、李昕，北京建筑大学周命端担任副主编，山东科技大学李泽宇、辛明真、王进、崔健慧、张方照老师，研究生韩孟奇、张光旭、王元甲、冯玉庆、孟祥丹、吴昊、张腾飞，西北工业大学严恭敏，武汉大学张提升、王立强，中国科学院精密测量科学与技术创新研究院温强参与编写，全书由徐莹协调统稿。

在编写过程中，虽然编者投入了很多精力和时间，对书稿做了多次修改和完善，但是仍可能存在不妥之处，恳请读者批评指正。

本书研究获得了国家自然基金(批准号：42174035)和国家重点研发计划子课题(项目编号：2022YFB3903804)的支持。

编者

2024年9月

目　　录

第1章　PRIDE PPP-AR 软件

1.1　PRIDE PPP-AR 软件介绍

PRIDE PPP-AR 源于葛茂荣教授在精密单点定位模糊度固定(Precise Point Positioning Ambiguity Resolution，PPP-AR)领域所做的研究，后来由耿江辉教授团队进一步开发完善的一款用于实现全球导航卫星系统(Global Navigation Satellite System，GNSS)PPP-AR 的开源软件①(Geng J et al.，2019，2022)。软件分为对话式用户界面(Conversational User Interface，CUI)和图形用户界面(Graphical User Interface，GUI)两个版本。其中，CUI 版本需要在 Linux 环境下进行操作。所有的代码都是用 Fortran 编写的，并搭配 Shell 脚本辅助软件进行与结果分析。GUI 版本旨在提供一种方便的视觉界面，支持在 Windows 和 MacOS 系统中运行，允许用户进行数据处理和绘图，界面友好且与 Linux 版本兼容(Geng J et al.，2019)。然而，受 Windows 系统内存限制，如有高于 1Hz 的高频动态数据解算、连续多天数据处理、大批量观测数据解算等需求，仍需要使用 Linux 版。该软件完全开源，功能全面且稳定可靠，为高精度 GNSS 定位研究提供了一个重要的基础平台，并推动了 PPP-AR 在大地测量和地球科学领域的应用(Geng J et al.，2021)。

PRIDE PPP-AR 软件支持处理多系统 GNSS 数据，包括 GPS、GLONASS、BDS、Galileo 和 QZSS(Geng J et al.，2021)。当前的最新版本为 PRIDE PPP-AR v3.0，此版本软件不再使用任何保护性的模块，软件完全开放且更加简化，功能更强大，性能也更稳定。软件结构如表 1.1.1 所示①(Geng J et al.，2019)。

表 1.1.1　**PRIDE PPP-AR 软件结构**

		说　明
\ bin		可执行程序
	arsig	模糊度固定
	get_ctrl	获取配置信息
	lsq	最小二乘估计器

① 武汉大学 PRIDE 课题组[EB/OL].[2024-10-09]. http://pride.whu.edu.cn/downLoad.shtml?newskindid=20210121093832891akxDBTWt8nkaa&tz=.

续表

		说　明
	otl	海潮改正量计算
	pbopos	将“pos_”文件转为 PBO 格式
	redig	残差编辑
	sp3orb	卫星轨道格式和坐标系转换
	spp	伪距单点定位
	tedit	观测数据预处理
	xyz2enu	将“kin_”文件中的地固坐标转至站心坐标
\ scripts		便于数据处理的脚本
	lat2obx. py	将 LEO 姿态产品转为 ORBEX 格式
	leoatx. py	LEO 天线信息
	merge2brdm. py	合并 GPS 广播星历和 GLONASS 广播星历
	pdp3. sh	批处理脚本
	plotkin2pso. py	绘制低轨卫星时间序列
	plotkin. py	绘制位移时间序列(Python 版)
	plotkin. sh	绘制位移时间序列(GMT 版)
	plotres. py	绘制残差(Python 版)
	plotres. sh	绘制残差(GMT 版)
	plottrack. py	绘制运动轨迹(Python 版)
	plotztd. py	绘制 ZTD 时间序列(Python 版)
	prepare_leodata. py	下载低轨卫星所需数据
\ src		源代码
	arsig/	模糊度固定
	header/	头文件
	lib/	库函数
	lsq/	最小二乘平差
	otl/	海潮负荷改正
	orbit/	卫星轨道格式和坐标系转换
	redig/	残差编辑
	spp/	伪距单点定位
	tedit/	观测数据预处理
	utils/	通用工具

续表

		说　明
	Makefile	编译命令
\ table		独立表文件
	FES2004S1. dat	海潮负荷球谐系数模型
	Love_load_cm. dat	负荷勒夫数文件
	config_template	配置文件模板
	file_name	文件名定义
	gpt3_1. grd	GPT3 的外部格网文件(1 度 * 1 度)
	leap. sec	跳秒文件
	oceanload	海潮负荷文件
	orography_ell	VMF1 的全球地形文件(2.5 度 * 2.5 度)
	orography_ell_1x1	VMF3 的全球地形文件(1 度 * 1 度)
	ANTEX 文件	天线文件
	sat_parameters	卫星参数
install. sh		安装脚本
ChangeLog. txt		软件变更日志
README. md		软件相关信息
LICENSE. txt		GPL3 协议
\ doc		文件
	logo	安装成功时，屏幕上打印的图标
	Manual	软件手册
\ example		算例
	test. sh	测试脚本
	\ data	算例数据
	\ results_ref	算例参考结果

1.2 PRIDE PPP-AR CUI 版本安装

1.2.1 软件安装环境配置

PRIDE PPP-AR 由命令行用户界面应用程序接口(Command User Interface Application Programs，CUI APs)组成。软件包中包含的可执行二进制 CUI APs 需要 Linux 环境。所有

的代码都是用 Fortran 编写的。武汉大学 PRIDE 课题组在不同的操作系统上使用不同的 gfortran 版本进行了一系列测试。测试结果如表 1.2.1 所示。

表 1.2.1　**PRIDE PPP-AR 在不同操作系统中的测试结果**

平台版本	gfortran 版本	测试结果	备　注
Ubuntu14.04.4(x64)	4.8.4	通过	1. 安装前预安装“gfortran”; 2. 测试结果与参考结果一致
Ubuntu14.04.4(x32)	4.8.4	通过	1. 安装前预安装“gfortran”; 2. 测试结果与参考结果一致
Ubuntu16.04.11(x64)	5.4.0	通过	测试结果与参考结果一致
Ubuntu16.04.11(x32)	7.3.0	通过	测试结果与参考结果一致
Ubuntu18.04(x64)	7.3.0	通过	1. 安装前预安装“gfortran”; 2. 测试结果与参考结果一致
Ubuntu20.04.4(x64)	4.8.4	通过	测试结果与参考结果一致
Ubuntu20.04.4(x32)	4.8.4	通过	测试结果与参考结果一致
Arch Linux(x64)	8.2.1	通过	测试结果与参考结果一致
CentOS 6.5	4.4.7	通过	测试结果与参考结果一致
CentOS 6.5	4.8.5	通过	测试结果与参考结果一致
Debian 9.6(x64)	6.3.0	通过	测试结果与参考结果一致
Debian 8.11(x64)	4.9.2	通过	1. 安装前预安装“gfortran”; 2. 测试结果与参考结果一致
MacOS 10.14	10.2.0	通过	1. 安装前预安装“gfortran”; 2. 测试结果与参考结果一致

本书以 Ubuntu20.04.4 和 gfortran6.5.0 环境为例进行安装测试。请注意：用户可以尝试其他 Linux 发行版和 Fortran 编译器。在安装 PRIDE PPP-AR CUI 版本前需确认已安装 bash、make、gfortran、wget 等必要程序。这些系统工具的用途如表 1.2.2 所示。

表 1.2.2　**需要安装的系统工具及其用途**

系统工具	用　途
bash	pdb3 脚本对应 shell 解释器
gfortran、make	编译软件
awk、diff、readlink、sed	pdp3 脚本必需系统工具

续表

系统工具	用途
wget	连网模式下载外部文件
curl	curl 主要用于下载 RIS 产品时对比本地文件与远程文件大小，若文件大小不一致则下载远程文件
gunzip	解压下载的外部文件

(1)首先在终端输入以下命令，进行环境搭建前的准备工作：

①输入“sudo -s”并输入密码，以切换到 root 用户。

②执行“apt-get update”以更新软件包源列表，确保安装的是最新版本的软件包。

③执行“apt-get upgrade”和“apt-get dist-upgrade”以升级所有已安装的软件包到最新版本。

其中，update 是更新/etc/apt/sources. list 和/etc/apt/sources. list. d 中列出的源的地址，这样才能获取到最新的软件包；upgrade 是升级已安装的所有软件包，升级之后的版本就是本地地址里的。因此，在执行 upgrade 之前一定要执行 update，这样才能更新到最新的版本。

(2)安装环境所需的其他工具和库，进行以下环境搭建：

```
sudo apt-get install tcsh
sudo apt-get install libx11-dev
sudo apt-get install csh
sudo apt-get install ncftp
sudo apt-get install gmt
sudo apt-get install make
sudo apt-get install bash
sudo apt-get install wget
sudo apt-get install ftp
sudo apt-get install curl
sudo apt-get install gcc-6 gcc-6-multilib g++-6 g++-6-multilib gfortran-6 gfortran-6-multilib
sudo apt install gfortran
```

1.2.2 下载与安装

PRIDE PPP-AR 的开源代码可以在 https://github. com/PrideLab/PRIDE-PPPAR 网站下载。可以在 ftp://igs. gnsswhu. cn/pub/whu/phasebias/网站下载所需要的精密产品。有关支持、培训课程和常见问题的最新更新可以访问 https://pride. whu. edu. cn 网站。安装

过程如下①：

1. 安装包下载

(1)打开终端安装 git。

输入命令：sudo apt-get install git。

(2)下载 PRIDE PPP-AR 安装包。

输入命令：git clone https：//github. com/PrideLab/PRIDE-PPPAR. git。

(3)打开终端，输入命令：od//PRIDE-PPPAR，进入 PRIDE-PPPAR 软件路径，结果如图 1. 2. 1 所示。

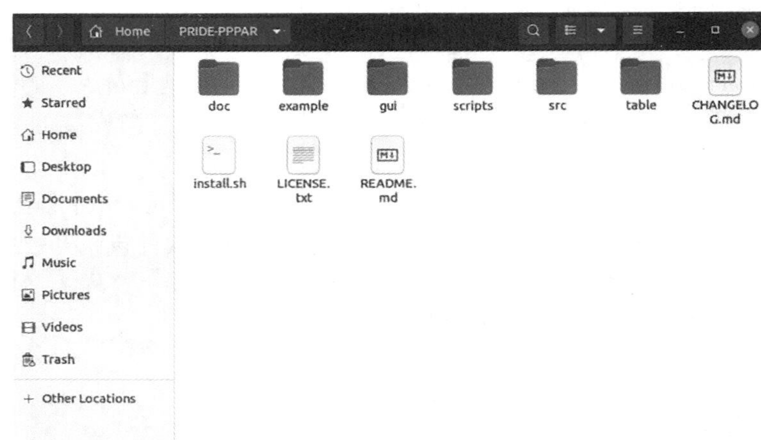

图 1. 2. 1　软件安装目录

2. 软件安装

(1)打开终端，运行 . /install. sh。

如果出现图 1. 2. 2 中的权限问题，则先运行 chmod +x install. sh，然后再运行 . /install. sh，运行后效果如图 1. 2. 3 所示。

```
mxd@mxd-vm:~/PRIDE-PPPAR$ ./install.sh
bash: ./install.sh: Permission denied
mxd@mxd-vm:~/PRIDE-PPPAR$
```

图 1. 2. 2　运行 . /install. sh 出现的问题

```
mxd@mxd-vm:~/PRIDE-PPPAR$ ./install.sh
rm -rf lib/.obj spp/.obj orbit/.obj tedit/.obj lsq/.obj redig/.obj arsig/.obj u
tils/.obj otl/.obj
rm -rf spp/*.o spp/*.mod
rm -rf lib/libcom.a
make -j4 -C lib
```

图 1. 2. 3　. /install. sh 运行成功

① 武汉大学 PRIDE 课题组[EB/OL].［2024-10-09］. http：//pride. whu. edu. cn/downLoad. shtml? newskindid=20210121093832891akxDBTWt8nkaa&tz=.

(2)完成安装。安装完成界面如图 1.2.4 所示。

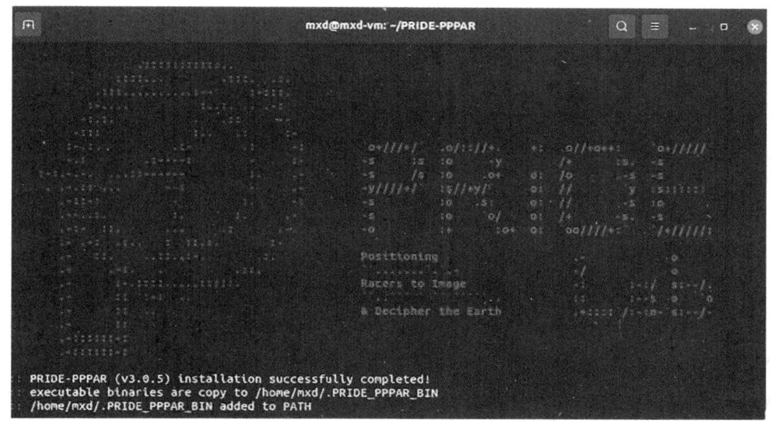

图 1.2.4　安装完成界面图

3. 安装验证

(1)运行/example 目录下的 test.sh 脚本，以验证安装的正确性和有效性。成功运行后，将通过执行不同的 PPP 算例来测试软件功能。

不同算例包括“static”(静态模式)、“kinematic”(动态模式)、“high-rate”(高频模式)、“PPP-AR”(模糊度固定)和“PPP-AR LAMBDA”(通过 LAMBDA 方法进行模糊度固定)。运行成功后，结果将保存在/example/results 目录中，可以通过比较结果文件和参考结果确保软件的安装正确且有效。不同结果文件表示的内容如表 1.2.3 所示。

表 1.2.3　不同文件表示的内容

文　件	内　容
amb_2020001_abmf	浮点模糊度
cst_2020001_abmf	整周模糊度约束(固定解)
htg_2020001_abmf	水平对流层梯度
log_2020001_abmf	RINEX 质量信息
pos_2020001_abmf	静态测站坐标
rck_2020001_abmf	接收机钟差
res_2020001_abmf	观测值残差
stt_2020001_abmf	相位残差
ztd_2020001_abmf	天顶对流层延迟
kin_2020001_abmf	动态测站坐标

4. 绘图

(1)首先安装 numpy。

输入命令：sudo apt-get install python3-numpy。

(2)安装 matplotlib。

输入命令：sudo apt-get install python3-matplotlib。

(3)绘图。

输入命令：plotkin. py 文件存储路径/位置解算文件 enuts_default。

1.2.3　算例

1. 算例运行步骤

(1)准备观测文件：首先准备好观测文件，软件运行方法如上文所述，如果需要修改命令行选项外的其他配置选项，基于软件包中“table”目录下的配置文件模板修改配置文件。

(2)下载外部文件：在未联网解算的情况下，需将下载的外部文件放置于相应目录下，包括精密产品、部分表文件与广播星历。联网情况下会自动下载。

(3)数据处理：调用 pdp3 进行数据处理，根据需要调整命令行参数。

(4)结果分析：数据处理后，查看定位结果并进行分析。

2. 运行算例

(1)在任意位置建立一个文件夹 work，将下载的数据 data 复制到该文件夹中，如图 1.2.5 所示。

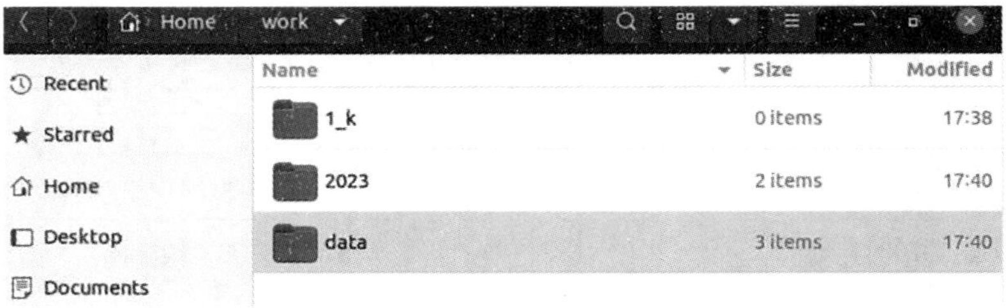

图 1.2.5　算例文件

(2)执行命令 pdp3 data/ssssdddf. yyt，进行数据处理。其中，ssss 代表四字符的测站名；ddd 代表三个字符的年积日；f 代表一天内的文件序号，有时也称为时段号，取值从 0~9，当为 0 时，表示文件包含了当天所有的数据；yy 代表两个字符的年份标识，比如 2018 年就取 18；t 代表数据类型(观测文件通常是 o)。

示例 1.1：动态 PPP；固定解

(1)输入命令：pdp3 data/jfng0030. 22o，具体内容如图 1.2.6 所示，默认模式为：K(动态)模式。

```
mxd@mxd-vm:~/work$ pdp3 data/jfng0030.22o
===> CheckExecutables ...
===> CheckExecutables done
:: Processing time range: 2022-01-03 00:00:00.000 <==> 2022-01-03 23:59:30.000
:: Processing interval: 30
:: Site name: jfng
:: Positioning mode: K
:: AR switch: A
:: Frequency combination: G12 R12 E15 C26 J12
:: Configuration file: /home/mxd/.PRIDE_PPPAR_BIN/config_template
:: RINEX observation file: /home/mxd/work/data/jfng0030.22o
===> ProcessSingleSession from 2022 003 to 2022 003 ...
===> PrepareTables ...
leap.sec          100%[===================>]     220  --.-KB/s    in 0.004s
sat_parameters    100%[===================>]  33.75K  --.-KB/s    in 0.05s
===> PrepareTables done
===> PrepareRinexNav ...
```

图 1.2.6　动态 PPP 数据处理

(2)创建算例目录：为动态 PPP 算例创建一个目录，例如通过命令 mkdir 1_k 创建名为 1_k 的文件夹。

(3)结果重命名和存储：将动态 PPP 的解算结果重命名并存入 1_k 文件夹中，以避免结果被覆盖。

(4)绘图分析。动态 PPP 固定解结果如图 1.2.7 所示。

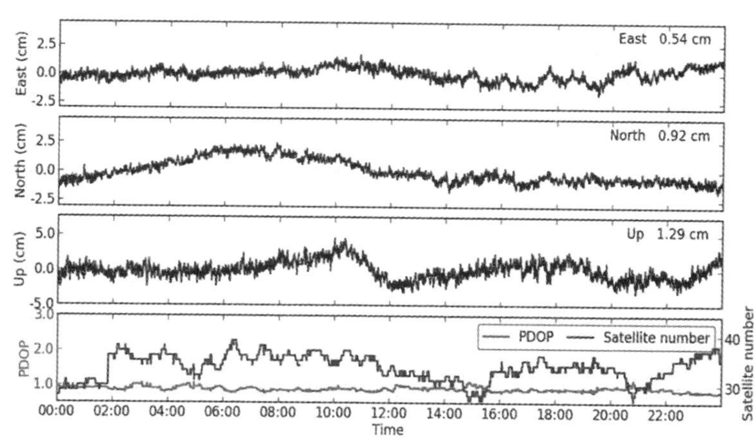

图 1.2.7　动态 PPP 固定解结果

示例 1.2：动态 PPP；浮点解

(1)输入命令：pdp3 -f data/jfng0030.22o。

(2)重命名结果，防止覆盖。

输入命令：mv 2022/003 1_k/float，将解算的动态 PPP 的结果放入 1_k 文件夹中。

(3)绘图分析。动态 PPP 浮点解结果如图 1.2.8 所示。

解算结果相比于固定解缺少 cst_文件，星间单差模糊度约束文件；解算精度差距不是很明显，高程方向固定解会更好一些。

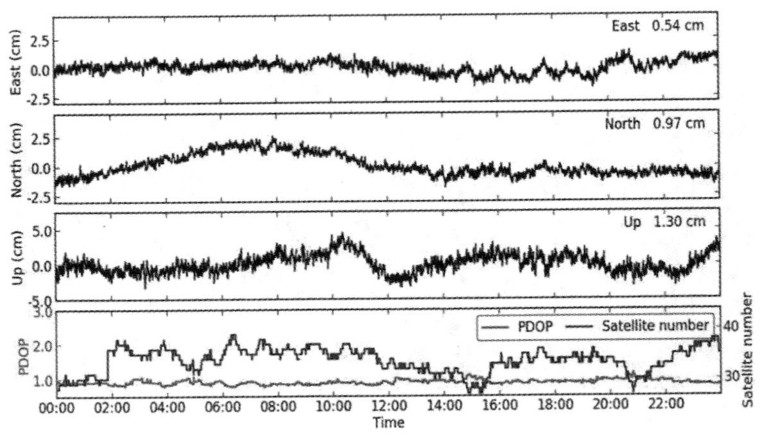

图 1.2.8　动态 PPP 浮点解结果

示例 1.3：静态 PPP

静态单天解需输入-m 或--mode 选项指定定位模式为 S 模式，输入-z 或--ztd 选项来指定 ZTD 模型为 PWC：60，其余保持默认配置即可。

在 work 目录下创建 2_s 目录。

打开终端，运行脚本 pdp3。

输入命令：pdp3 -hion -m s -z p60 -p v3 data/jfng0030.22o(其中-hion 表示使用高阶电离层改正；-m s(mode static)表示静态模式；-z p60 表示使用时长为 60 的分段函数来计算 ZTD；-p v3 表示使用第三类 VMF 映射函数(VMF3)。

(1)将解算的静态 PPP 的结果放入 2_s 文件夹。

(2)对于静态解用户可以使用 pbopos 将“pos_”文件转为 PBO 格式。

(3)结果分析，以 IGS 解文件中 jfng 测站坐标为参考坐标。

示例 1.4：小时解

短时段根据需求注意模糊度固定方法选择，默认当处理时长小于 6 小时时模糊度固定方法为 LAMBDA 方法，否则为取整法。

取整法：

(1)在 work 目录下创建 4_h 目录。

(2)打开终端，运行脚本 pdp3。

输入命令：pdp3 -s 2022/003 00：00：00 -e 2022/003 01：00：00 -x 1 data/jfng0030.22o，其中，-s 后为起始时间，-e 后为结束时间；-x 1 表示模糊度固定方法为取整法。

(3)将取整法解算结果放入 4_h 文件夹中。

(4)结果分析并绘图，如图 1.2.9 所示。

LAMBDA 方法：

(1)打开终端，运行脚本 pdp3。

输入命令：pdp3 -s 2022/003 00：00：00 -e 2022/003 01：00：00 -x 2 data/

jfng0030.22o，其中，-x 2 表示模糊度固定方法为 LAMBDA 方法。

(2)将取整法解算结果放入 4_h 文件夹中。

(3)结果分析并绘图，如图 1.2.10 所示。

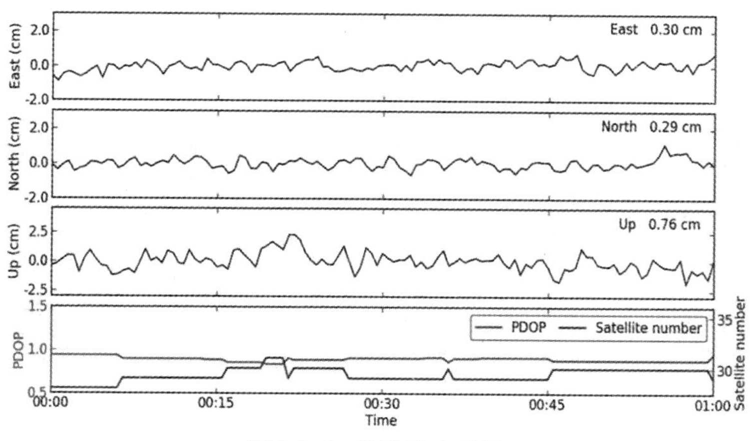

图 1.2.9　取整法小时解

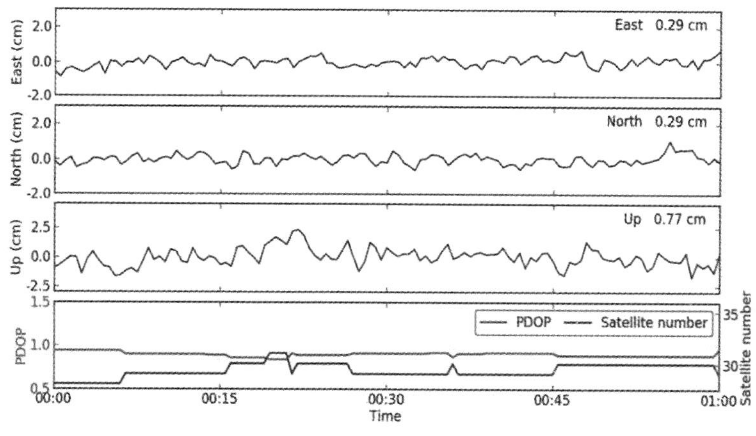

图 1.2.10　LAMBDA 法小时解

示例 1.5：不同系统组合

(1)单系统：

输入命令：pdp3 -sys G(或 R、C2、C3、E、J) data/jfng0030.22。

其中，G 代表 GPS；R 代表 GLONASS；C2 代表 BDS2；C3 代表 BDS3；E 代表 GALILEO；J 代表 QZSS。

(2)多系统：

如果运行多系统，输入为“GREC23J”其中多个，未输入该选项时默认使用这 5 个系统的全部卫星。

示例 1.6：多天解

(1)打开终端，运行脚本 pdp3。

输入命令：pdp3 -s 2022/003 -e 2022/004 data/jfng0030. 22o

其中，-s 代表起始时间，-e 代表结束时间，jfng0030. 22o 为 data 文件夹下要解算的第一个观测文件。

(2)运行结果如图 1. 2. 11 所示。

结果存放位置 2022/003-004。结果文件夹命名格式为“起始时间-结束时间”。

```
mxd@mxd-vm:~/work$ mkdir 5_m
mxd@mxd-vm:~/work$ mv 2022/003-004 5_m/003-004
mxd@mxd-vm:~/work$ cd 5_m
mxd@mxd-vm:~/work/5_m$ ls
003-004
mxd@mxd-vm:~/work/5_m$ cd 003-004
mxd@mxd-vm:~/work/5_m/003-004$ ls
abs_igs.atx          file_name            mersp3_2022003       res_2022003_jfng
amb_2022003_jfng     gpt3_1.grd           oceanload            sat_parameters
att_2022003          igserp               orb_2022003          sck_2022003
config.Xa7KjGh9TT    kin_2022003_jfng     orography_ell        sit.xyz
cst_2022003_jfng     leap.sec             orography_ell_1x1    stt_2022003_jfng
fcb_2022003          log_2022003_jfng     rck_2022003_jfng     ztd_2022003_jfng
```

图 1. 2. 11　多天解运行结果

1. 3　PRIDE PPP-AR GUI 版本安装

PRIDE PPP-AR GUI 版本安装目录如图 1. 3. 1 所示。

名称	修改日期	类型	大小
doc	2023/9/28 10:50	文件夹	
example	2023/9/28 10:50	文件夹	
gui	2023/9/28 10:50	文件夹	
scripts	2023/9/28 10:50	文件夹	
src	2023/9/28 10:50	文件夹	
table	2023/9/28 10:50	文件夹	
.gitignore	2023/9/28 10:50	文本文档	12 KB
ChangeLog.txt	2023/9/28 10:50	TXT 文件	5 KB
install.sh	2023/9/28 10:50	Shell Script	5 KB
LICENSE.txt	2023/9/28 10:50	TXT 文件	35 KB
README.md	2023/9/28 10:50	Markdown 源文件	9 KB

图 1. 3. 1　软件安装目录

注意：不要改变安装目录各文件或目录的相对位置，以及删除文件；不要安装到 C：\ Program Files(x86)或 C：\ Program Files 目录中，那样会因为文件夹访问权限问题不能更新 table 目录；此外，更新软件时请删除原有软件后再安装。

1. 3. 1　软件安装

在 Windows 环境下解压安装包，在解压后的安装文件内打开 gui 文件夹，双击 PRIDE _PPPAR. exe 进行安装即可。安装过程如下①：

① 武汉大学 PRIDE 课题组[EB/OL]. [2024-10-09]. http：//pride. whu. edu. cn/downLoad. shtml? newskindid = 20210121093832891akxDBTWt8nkaa&tz = .

(1)双击 PRIDE_PPPAR.exe。

(2)选择“I accept the agreement”，点击“Next”，如图 1.3.2 所示。

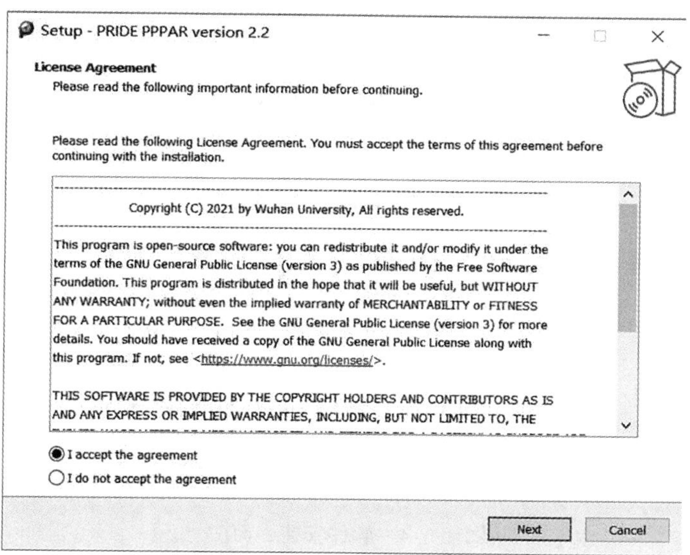

图 1.3.2　软件安装界面(1)

(3)选择安装路径，点击“Next”，如图 1.3.3 所示。

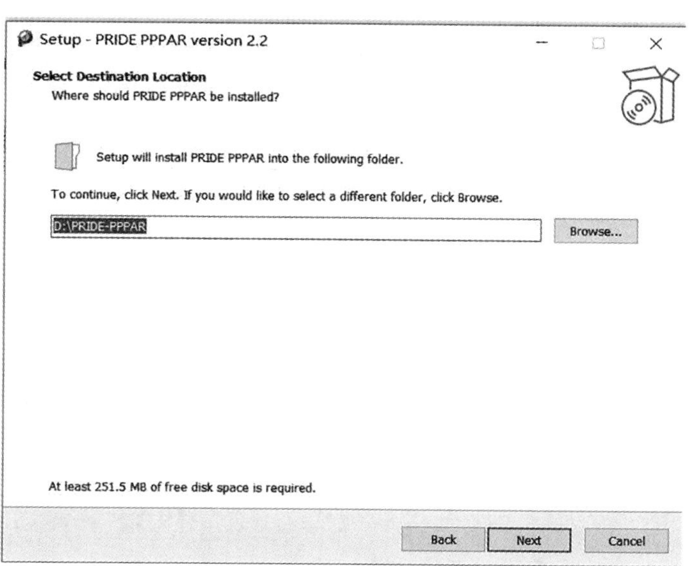

图 1.3.3　软件安装界面(2)

(4)选择建立桌面图标，点击“Next”，如图 1.3.4 所示。

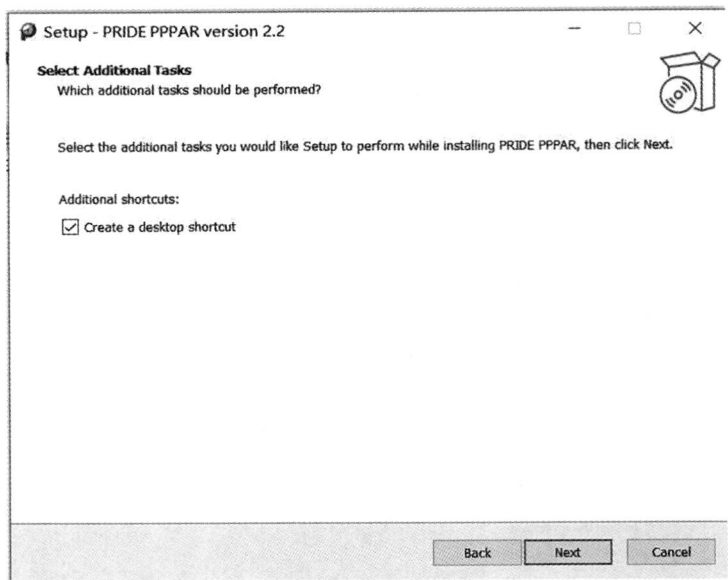

图 1.3.4　软件安装界面(3)

(5)选择安装(Install)，如图 1.3.5 所示。

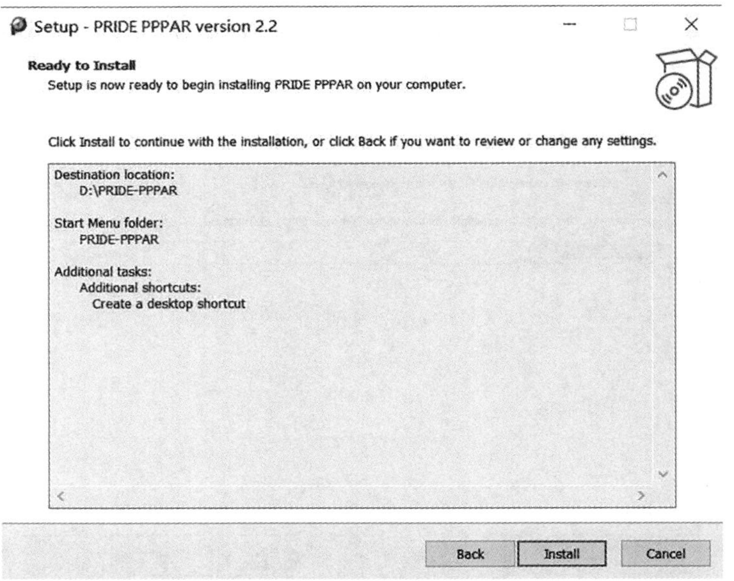

图 1.3.5　软件安装界面(4)

(6)安装完成，如图 1.3.6 所示。

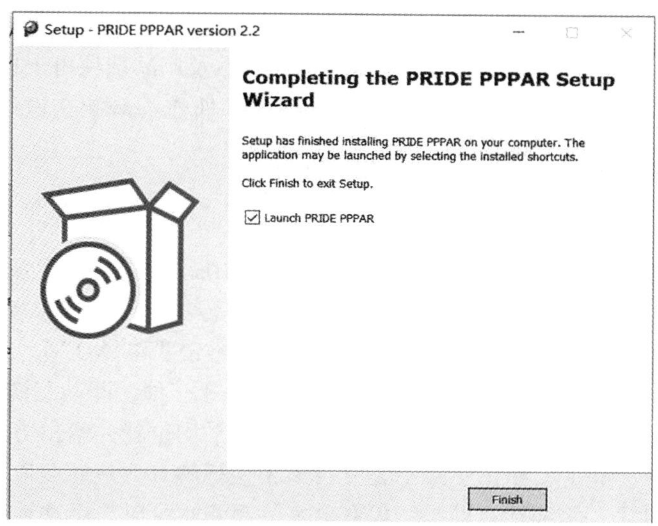

图 1.3.6　软件安装界面(5)

(7)软件主界面如图 1.3.7 所示。

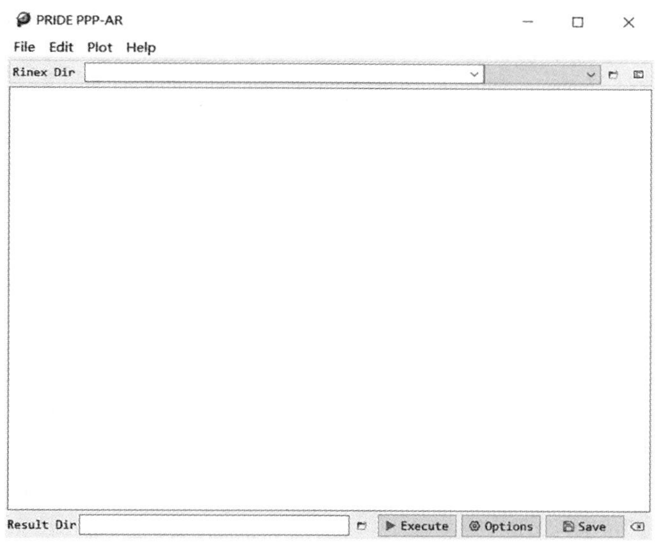

图 1.3.7　软件主界面

1.3.2　算例

1. 使用步骤

(1)选择需要处理的观测文件：点击软件主界面的文件夹图标，在弹出的文件路径选项框中选择要处理的观测文件所在路径；然后在文件夹图标左侧的组合框内选择需要处理的文件。若选择“ALL”则会处理该路径下的所有观测文件。

(2)选择需要解算的参数：点击“Options”按钮，设置采样间隔、数据处理模式(动态/静态)以及模糊度固定策略等参数；其中对流层估计参数及产品选项可根据实际需求选取。

(3)PPP 解算：点击“Execute”按钮，可对步骤(1)所选的观测文件进行 PPP 解算。

2. 软件功能项

1)General 选项

General 选项界面如图 1.3.8 所示。

(1)Interval：采样间隔，可选 30s、1s、2s、5s、10s、15s 等作为观测数据采样间隔，用户需要按照所计算的观测文件实际选择。

(2)Strict Editing：严格观测数据编辑选项，可选“YES”和“NO”。

(3)Positioning mode：分为 Kinematic、Static 和 Fixed 三种，即动态模式计算各历元测站位置，最后会记录在 kin 文件中；静态模式计算各历元平均位置并给出方差，最后会记录在 pos 文件中；固定位置模式参考 IGS 的 SNX 文件参考坐标解算，最后可以得到平均位置和方差，记录在 pos 文件中，需要注意的是，仅有 IGS 的观测站可以采用这种方法解算。

(4)Satellite system：参与解算的卫星系统。

(5)Excluded satellites：在参与解算的各系统卫星列表中剔除的卫星。

(6)Downweighted satellites：降低一些卫星(如 GEO 卫星)在定位解算时的权重。

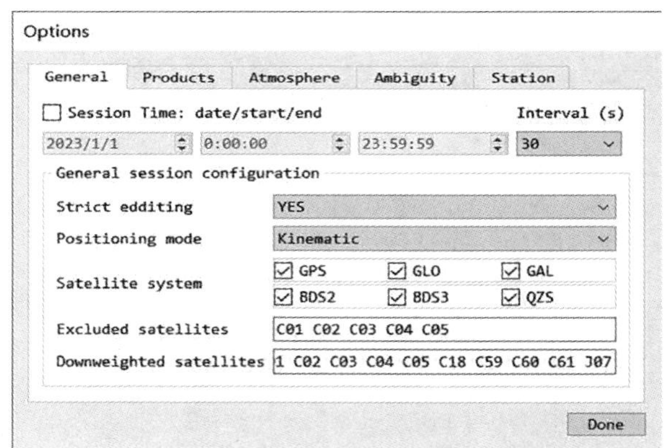

图 1.3.8　General 选项

2)Products 选项

Product dir 是存放产品的目录，默认在选定观测文件目录后会自动指定为其下一级的 product 目录；也可以用鼠标点击其右侧文件夹图标自定义路径。

产品选项：如图 1.3.9 所示，有 Sate Uite orbit(卫星轨道产品)、Satellite clock(钟差产品)、ERP 产品、Quaternions(四元数产品)(可选)和 Code/Phase bias(相位偏差产品)(可选)等；默认均为 Default，即前缀为 WUM0MGXRAP 的武汉大学 IGS 产品，如 product 目录缺少该产品，软件会自动地下载解压相关产品到观测文件所在目录下的 product 目录。另外，对于武汉大学的 RTS 产品，本软件 GUI 版不能自动下载，需要用户手动配置，而本软件 Linux 版能自动下载 RTS 产品进行解算。

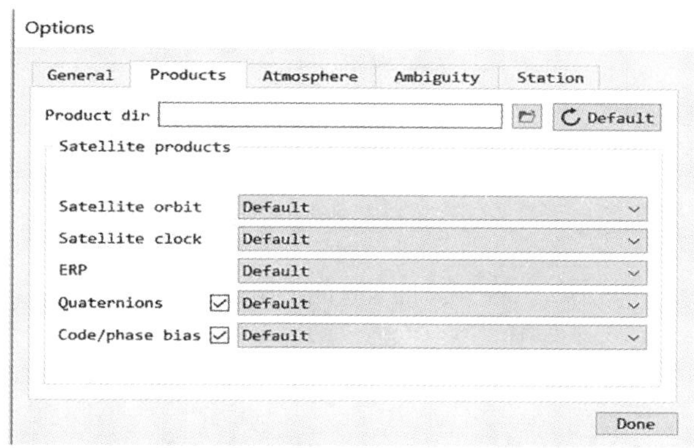

图 1.3.9 产品选项

如果想选用其他分析中心的产品，也可以自定义地更改 Default 为文件名，如图 1.3.10 所示。其中，如果缺少卫星姿态产品和相位偏差产品可以取消勾选。

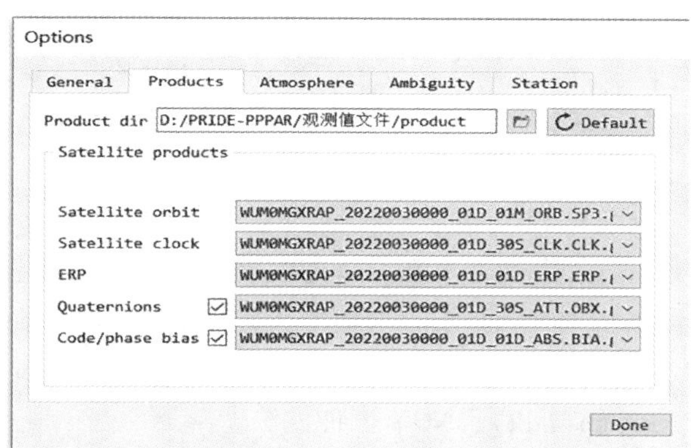

图 1.3.10 使用其他分析中心的产品

广播星历文件会自动地被下载并解压到自动创建的 nav 目录中，不需要用户设置。联网状态下如缺少广播星历 brdm 文件，软件会自动下载；如是非连网状态，则需用户预先下载好所需的当天的广播星历 brdm 文件，新建 nav 文件夹并放入其中。由于 2015 年及以前多系统广播星历 brdm 文件并不存在，软件会选择 GPS 系统的 brdc 文件进行计算。

软件工作目录：在软件主界面所选择的 RINEX 观测文件目录必须是包含观测文件的；接着 nav 目录下存放 brdm 广播星历；product 内存放卫星产品文件；然后在工作目录下的多级目录如“2022/003”内会生成结果文件，如图 1.3.11 所示。

3）Atmosphere（大气延迟）参数选项

Atmosphere（大气延迟）参数选项界面如图 1.3.12 所示。

（1）2nd-order ionosphere correction：是否二阶电离层改正。

（2）Troposphere mapping function：有 GMF、NIE（NMF）、VM1（VMF1）、VM3（VMF3）四种选项。

图 1.3.11 软件工作目录

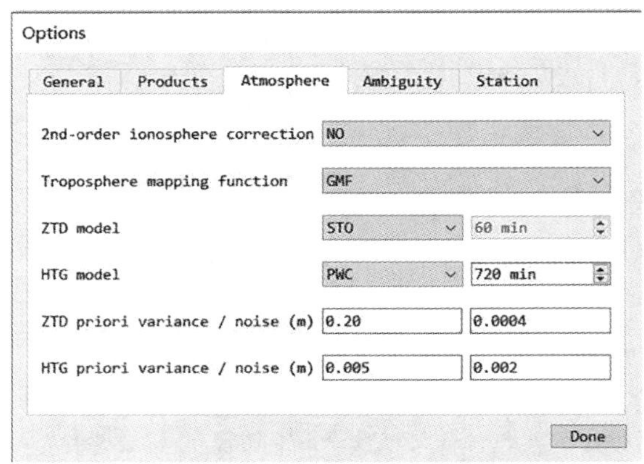

图 1.3.12 大气延迟参数选项

(3)ZTD model：天顶对流层估计方法，主要有 PWC(piece-wise constant，常以 60 分钟估计)和 STO(random walk)两种方法。

(4) HTG model：对流层水平梯度估计方法，主要有 PWC(piece-wise constant，常以 720 分钟估计)、STO(random walk)、NON 三种方法。

4) Ambiguity(模糊度)参数选项

Ambiguity(模糊度)参数选项界面如图 1.3.13 所示。

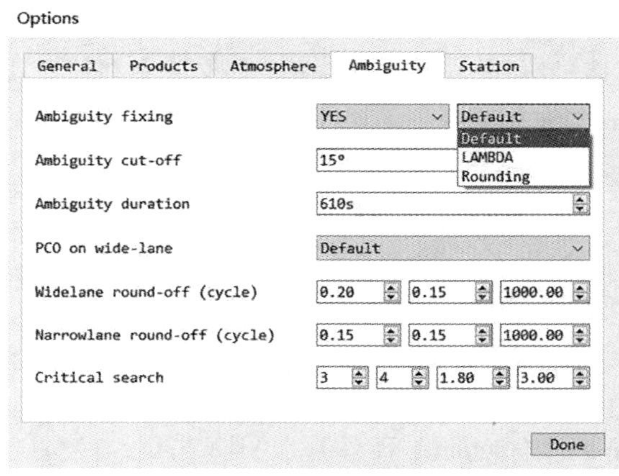

图 1.3.13 模糊度选项

(1) Ambiguity fixing：前者是模糊度固定与否，即计算采用固定解或浮点解；可选用 LAMBDA 方法或 Rounding 方法固定模糊度。

(2) Ambiguity cut-off：用于判断固定模糊度是否为有效的平均截止高度角。

(3) Ambiguity duration：模糊度固定的有效时间，单位为秒。

(4) PCO on wide-lane：是否在 MW 组合上进行 PCO 改正。

(5) Widelane round-off：判断宽巷模糊度固定的偏差、标准差以及阈值，单位为周。

(6) Narrowlane round-off：判断窄巷模糊度固定的偏差、标准差以及阈值，单位为周。

(7) Critical search：4 个参数依次是 LAMBDA 算法中剔除模糊度最大数量、保留模糊度最少数量、模糊度搜索的 ratio 最小值及阈值。

5) Station(测站)参数选项

Station(测站)参数选项如图 1.3.14 所示。

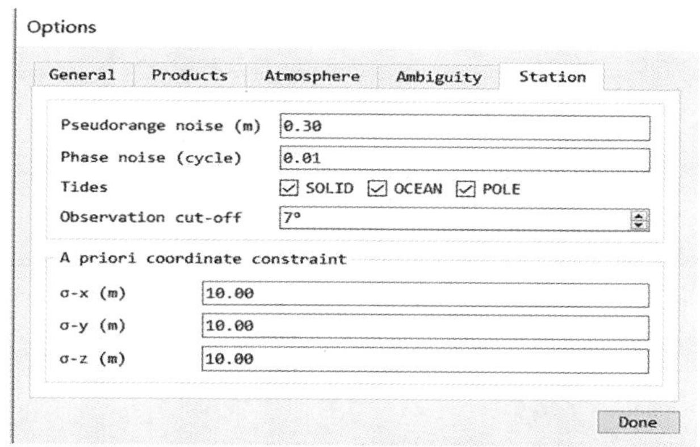

图 1.3.14　测站参数选项

(1) Pseudorange noise：伪距噪声，单位为 m。

(2) Phase noise：相位噪声，单位为周。

(3) Tides：固体潮改正、海潮负荷、地球极移等改正。

(4) Observation cut-off：数据预处理的截止高度角。

(5) A priori coordinate constraint：先验三维坐标约束。

3. 绘图

1) 绘图主界面

绘图主界面如图 1.3.15 所示。

(1) 菜单栏：主界面最上方是菜单栏，通过 File 栏的选项可以导入结果文件绘图，或者保存绘图。

(2) 工具栏：菜单栏的下方是工具栏，通过这些图标可以调整绘图的样式、数据显示的时间区间，以及可以打开游标功能等。

(3) 文件导入区：在工具栏下方是关于文件导入的功能区，通过点击按钮 kin、res、ztd 等结果文件可以绘制 ENU、res、elev、track、DOP、Nsats、Skyview、ztd 等图。

(4)绘图区：在文件导入功能区下面是绘图区，这是由 ENU、res、elev、track、DOP、Nsats、Skyview、ztd 等多个选项卡组成的，通过点击选项卡可以切换显示的绘图。

2)不同类型图片绘制

(1)绘制 ENU 图，如图 1.3.16 所示。

图 1.3.15　绘图界面图

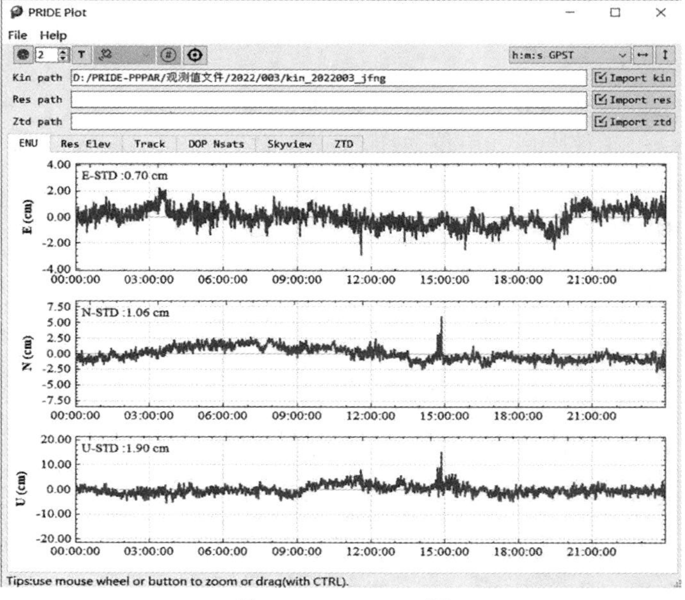

图 1.3.16　ENU-t 图

(2)绘制轨迹图(Track)，如图 1.3.17 所示。

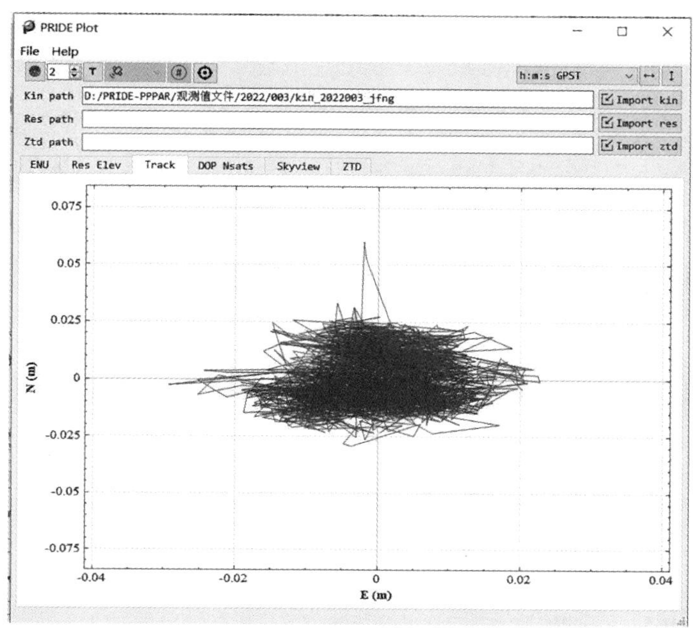

图 1.3.17 位置平面轨迹图

(3)绘制 DOP 值和可见卫星数(DOP Nsats)图，如图 1.3.18 所示。

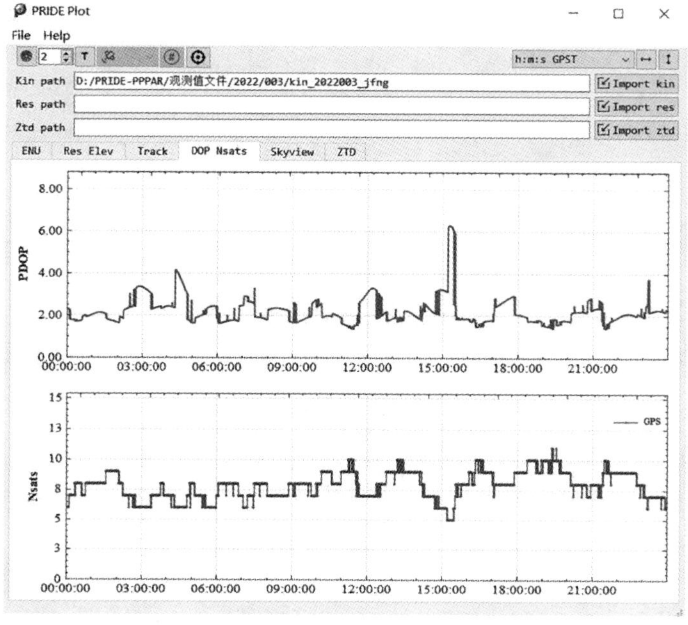

图 1.3.18 DOP Nsats-t 图

(4)绘制残差、卫星高度角图，如图 1.3.19 所示。

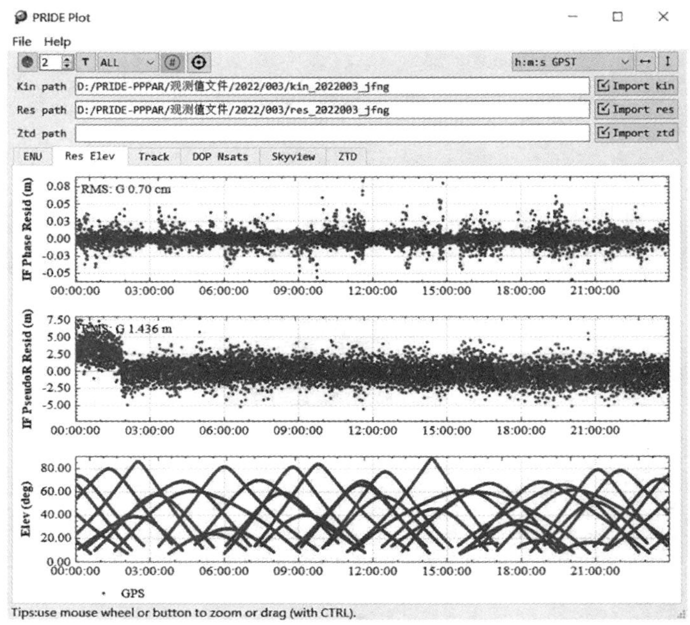

图 1.3.19　RES Elev-t 图

(5)绘制卫星天空图，如图 1.3.20 所示。

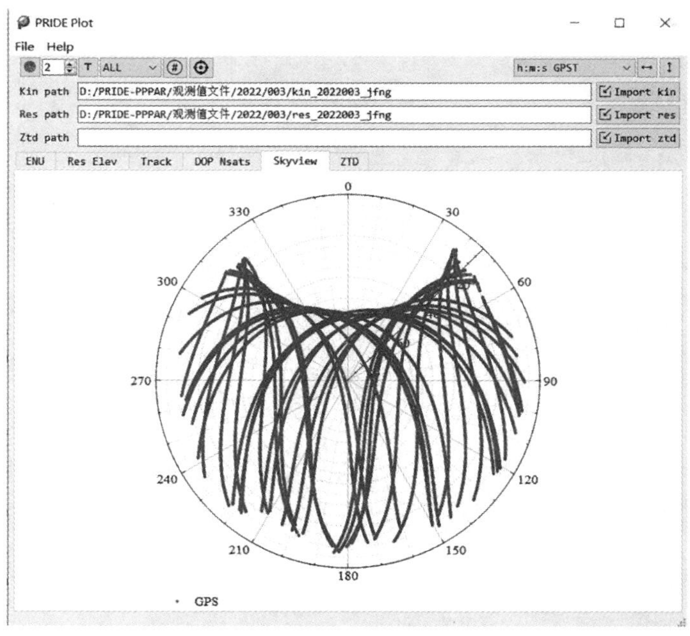

图 1.3.20　卫星天空视图

(6)绘制 ztd 图，如图 1.3.21 所示。

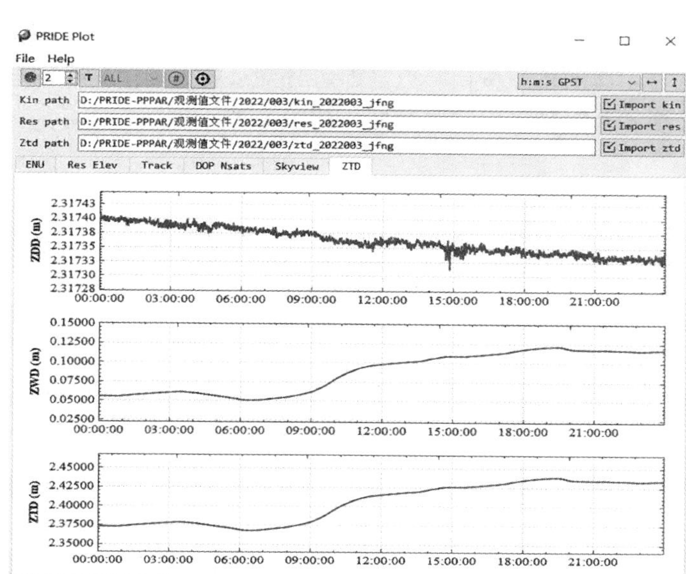

图 1.3.21　ZTD-t 图

3)辅助功能

(1)游标：点击工具栏游标开关按钮，当鼠标移入绘图区时，游标会跟随鼠标移动，同时显示横轴和纵轴数值。若再次点击游标按钮，就会隐藏游标，如图 1.3.22 所示。注意这项功能不适用于卫星天空视图。

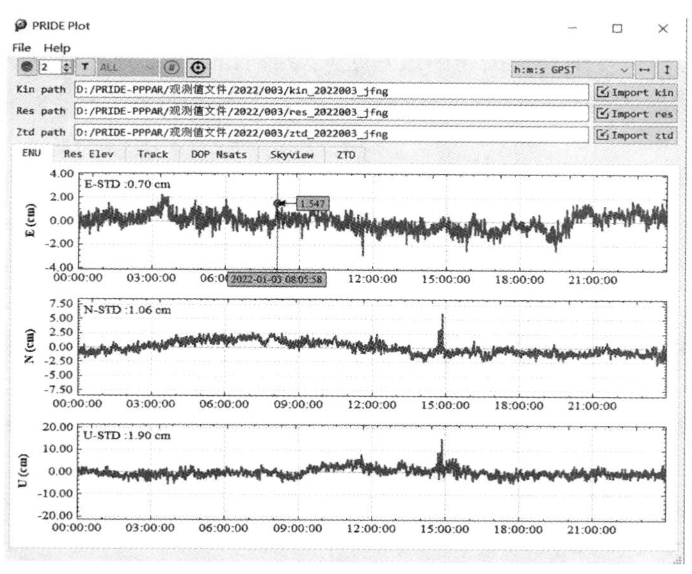

图 1.3.22　游标功能展示

(2)框选或移动数据区间：利用鼠标左键框选图中部分数据区间可以实现局部放大，利用鼠标滚轮也可实现以鼠标指针位置为中心的局部放大操作；如同时按住键盘的 Ctrl 键，并按住鼠标左键移动，可以左右移动鼠标指针所在的图。另外，工具栏最右侧有横轴和纵轴方向的数据显示区间复原按钮，点击即可分别重置视图中的数据显示区间，而敲击键盘空格键等价于横轴和纵轴方向同时复原，如图 1.3.23 所示。

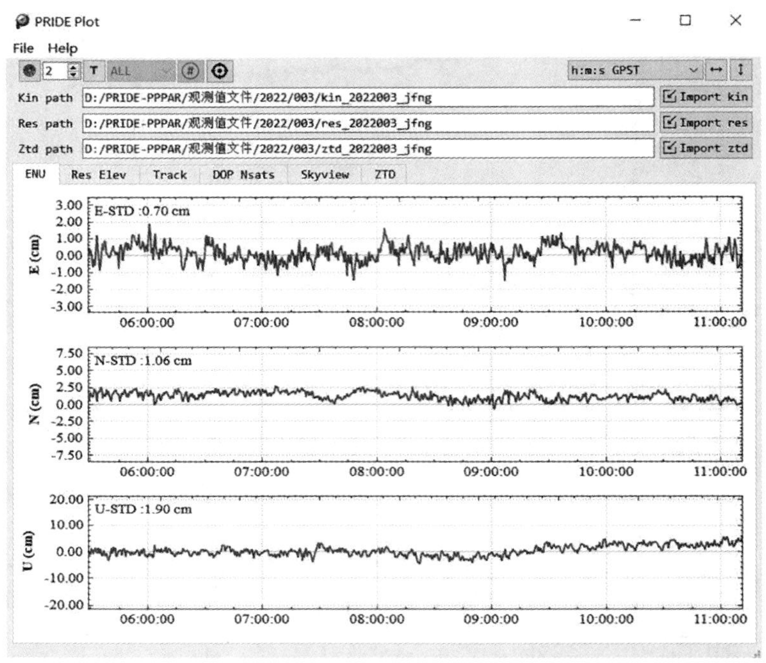

图 1.3.23　截取某一时段结果图

(3)更改图的样式：工具栏按钮的最左边三个控件的作用分别是改变绘图线色、线宽和刻度文字字体等，另外也可以根据右侧第一个组合框选择“h：m：s”等时间格式。

1.4　常见问题

1. 操作不当

(1)命令行指定采样率小于观测文件中的采样率。软件能够识别的采样率最小为两个观测历元之间的间隔，如果设置的采样率小于观测历元之间的间隔，则会报错。需要设置合适的采样率。

(2)处理时段太短，导致可用观测值不足。当配置文件中 Strict editing 为“YES”时，最低处理时段为 10 分钟；否则为 2 分钟，设置为“NO”。

(3)使用其他产品时未解压。把压缩文件中的 .Z 去掉即可。

(4)输入起始时刻与观测历元不一致。

(5)处理单 GLONASS 数据时进行模糊度固定。GLONASS 采用频分多址的方式，在不同频道上的硬件延迟不一致，所以无法进行模糊度固定。

(6) Table directory 或 Product directory 修改错误。找不到文件，用户在修改时主要检查路径设置。

2. 系统软件相关

(1) wget 版本较低。注意 wget 版本是否支持软件使用。升级 wget 或修改 pdb3 脚本 WgetDownload( ) 函数，删去 --show-progress 选项。

(2) 编译器版本问题，不会影响解算结果。

(3) 默认 shell 解释器不是 bash，更换 shell 解释器为 bash。

(4) 报错：warning：system tool curl not found。

如果未安装 curl，则根据需要安装 curl。输入如下命令：

```
sudo apt update
sudo apt install curl
```

其中，curl 主要用于下载 RTS 产品时对比本地文件与远程文件的大小，若文件大小不一致则下载远程文件。

3. 原始数据问题

(1) 观测文件缺失，检查观测文件。

(2) 观测文件格式不规范，修改文件格式。

(3) 观测文件中单个历元所给卫星数与实际卫星数不一致。

(4) 所用广播星历缺失数据时会导致 spp 计算失败。

(5) 处理高动态数据时需要注意历元匹配窗口。

4. 结果分析

(1) redig 运行失败，检查 log 文件、res 文件与 RINEX 文件、观测文件、广播星历。

①缺少双频观测值(log 文件与观测文件头部)。

②观测质量差或处理时长较短，可用观测值少(log 头部文件)。

③处理时长较长采用 LAMBDA 方法，导致矩阵维数较大，平差失败(rec 文件头部)。

(2) 动态 PPP 解算出现跳点问题。

一般是观测文件或者产品的问题，例如“跳点”附近观测卫星数变少。

(3) 结果不理想。

检查原始观测文件中记录的天线参考点坐标是否正确；检查各项配置，如短时段数据模糊度固定方法是否为 LAMBDA 等；绘制残差图，检查是否有残差较大的卫星，若有则禁用该卫星再次进行解算；BDS-2 GEO 卫星(C01-C05)由于轨道精度较低，在解算时可选择禁用。

(4) 使用其他分析中心的产品，需要修改配置文件，若不使用某个文件，请手动输入 None，以免自动下载该数据时由于数据类型不一致造成其他问题。

第2章　GREAT软件

2.1　GREAT软件介绍

随着GNSS系统的不断建设发展，GNSS数据处理面临着新的机遇与挑战：在空间段，随着BDS和Galileo系统的全面建成、QZSS和IRNSS等区域导航卫星系统的建设以及众多低轨导航卫星的逐步部署，越来越多的人造地球卫星开始播发导航信号，目前已有超过130颗在轨运行的导航卫星，且大部分均可播发至少3个频率的信号。在地面段，随着IGS、MGEX、iGMAS以及全球范围内其他机构或组织的地面跟踪网逐步建设并完善，越来越多的地面测站可以提供实时或事后观测数据，GNSS观测网的规模和数据量与日俱增。在用户端，随着智能化时代的到来，用户对于高精度、高频次时空基准信息的需求日益迫切，以自动驾驶、移动机器人等为代表的新兴技术对位置服务的精准性、时效性以及可靠性提出了更高的要求，单纯只依靠GNSS系统的位置服务已经无法满足复杂环境下的导航定位需求，多传感器融合的解决方案逐渐成为当前的发展趋势。为充分发挥GNSS系统的优势，同时结合其他相关前沿技术，满足各类科研与生产需求，克服现有软件在功能和性能方面的不足，研制一款功能全面、高精度、高效率、易扩展的现代化卫星大地测量与多源融合导航软件至关重要。

GREAT（GNSS+ REsearch，Application and Teaching）软件是由武汉大学测绘学院设计开发，用于空间大地测量数据处理、精密定位和定轨以及多源融合导航的综合性软件平台。软件中核心计算模块使用C++语言（C++17版本）编写，辅助脚本模块使用Python3和C-Shell语言实现自动化数据处理。软件中所有C++模块的编写都遵循Google开源项目代码风格，并且使用GIT工具进行版本控制。GREAT软件使用CMAKE工具进行编译管理，用户可以灵活选择GCC、Clang、MSVC等主流C++编译器。目前软件提供了Windows、Linux和MacOS平台的命令行应用程序。

为了确保长期的软件质量，GREAT的开发遵循对象化的原则，并将不同的功能划分为不同的模块。通过明确的职责划分和标准化的接口，确保了模块的可重用性、可扩展性和可维护性。这样，用户无须了解模块的数学公式即可调用接口获得预期结果，从而显著降低软件的维护和扩展复杂度。

目前，该软件提供以下核心功能：

（1）基于GNSS的高精度定位，包括RTK、PPP、PPP-AR和PPP-RTK。同时，可以完成频间码偏差（IFCB）、差分码偏差（DCB）、相位小数偏差（UPD）和区域大气改正数的估计。此外，还可以实现LEO星座增强的GNSS精密定位。上述功能均支持单频、双频和多频模式。

(2)基于因子图或滤波器的多源融合导航，其信息源包括 GNSS 接收器、视觉传感器、激光传感器、惯性传感器和高精度地图。

(3)支持 GPS、GLONASS、BDS、Galileo、QZSS 和 LEO 卫星的卫星精密轨道确定(POD)和精密钟差确定(PCE)。此外，还支持 GNSS 和 LEO 卫星的联合解算，以及 GNSS、SLR 和 VLBI 观测的联合解算。

(4)所有功能的可选模式包括后处理和实时模式。此外，软件还提供多线程模式，可以根据计算平台的实际性能独立设置。

目前已经开源了 GREAT 软件中 UPD 估计(GREAT-UPD)和 IFCB 估计(GREAT-IFCB)的应用程序，并计划发布精密定位解算模块的开源版本，此外也计划开源包括大地测量框架、低轨导航增强和多源融合导航在内的其他应用程序。

2.1.1　GREAT 软件架构

GREAT 软件遵循易于维护、可重用性、可扩展性和松耦合的设计原则，软件架构如图 2.1.1 所示。总体而言，软件由不同的库和应用程序组成，每个应用程序都是独立的命令行程序。所有应用程序通过链接一个或多个必要的库进行编译，不同的应用程序被划分为不同的功能组。除了现有的应用程序外，开发人员还可以灵活地组合模块化库，根据需要开发应用程序。

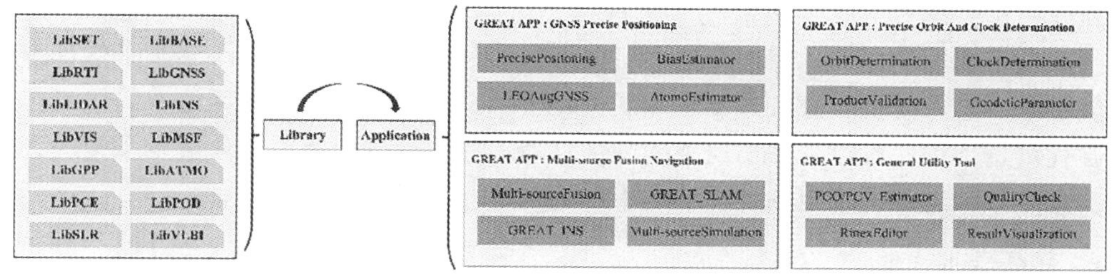

图 2.1.1　GREAT 软件架构

GREAT 软件的功能库可以根据功能分为三个模块：编码和存储模块、观测模块、功能模块，如图 2.1.2 所示。首先，编码和存储模块处理内存和外部磁盘之间的数据交换。在该模块中，LibSET 负责配置信息的输入，LibBASE 负责文件形式的数据交换，LibRTI 负责流形式的数据交换。其次，观测模块包含用于处理观测数据的库。LibGNSS、LibSLR 和 LibVLBI 分别对应 GNSS、SLR 和 VLBI 的观测数据。同时，LibINS、LibVIS 和 LibLIDAR 分别对应 INS、相机和 LiDAR 传感器的观测数据。最后，功能模块包含实现特定功能的库。在这些库中，LibGGOS 执行全球大地参数确定；LibPOD 和 LibPCE 执行轨道和钟差确定；LibGPP 执行偏差估计和精密定位；LibATMO 执行大气产品估计；LibMSF 执行多源融合导航。

功能模块中的一些库需要利用多个观测数据，例如大地参数确定(LibGGOS)需要多个空间大地观测数据，多源融合导航(LibMSF)需要多个传感器观测数据。为了减少程序模块的冗余，同一模块中的库彼此独立，功能模块的库仅依赖于观测模块的库。

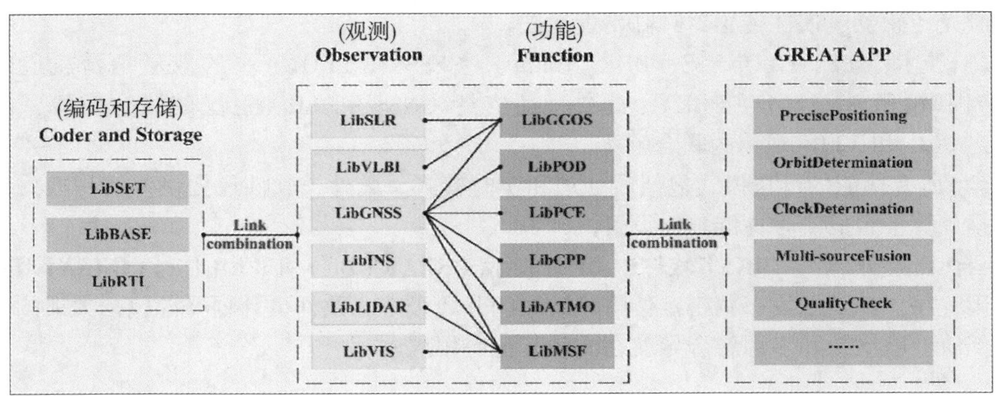

图 2.1.2　GREAT 软件功能库

此外，每个库可以根据其角色分为更小的模块。图 2.1.3 显示了软件中的基本类模块，它们是最小的单元。如图 2.1.3 所示，基本类模块有几种类型，即 I/O、编码器、偏差模型、力模型、数学工具、多传感器工具和估计器。其中，I/O 和编码器模块负责数据交换，提供传输协议(如 TCP、UDP 和串口)和编码格式(如 RINEX、RTCM 和 IMU 原始二进制)的支持。力模型模块用于卫星轨道积分，而偏差模型模块用于修正 GNSS 观测数据。此外，多传感器工具模块集成了来自多个传感器的数据，数学工具模块执行数值计算。这些模块采用最先进的算法，用户可以根据实际需要配置这些模块。至于估计器，软件提供了最小二乘模块、滤波器模块和图优化模块。所有估计器都使用统一的接口传递参数和方程信息，用户可以灵活切换不同的估计器。通过这种分类，软件减少了模块之间的耦合，允许修改或替换特定的类模块而不影响系统。

2.1.2　软件核心功能

1. 精密轨道和钟差估计

GREAT 支持多种轨道和钟差确定模式，其中批处理模式可以文件的形式提供超快速、快速和最终产品，而实时处理模式可以流的形式提供实时产品。对于实时处理模式，采用平方根信息滤波器(SRIF)，处理流程如图 2.1.4 所示。值得注意的是，POD 滤波器以 300 秒的采样率生成轨道和钟差，PCE 滤波器以 5 秒的采样率生成钟差。

首先，预处理模块检查当前历元所有观测数据的质量，然后识别异常值和周跳。之后，使用广播星历生成轨道和钟差参数的初始值。对于实时轨道，第一次测量更新后，结果将通过质量控制模块进行检查，并实现整数模糊度解算以获得最终结果。然后，轨道结果将转发给钟差估计器，后者基于精确轨道和高频观测值进行测量更新。钟差结果在第一次测量更新后也会进行检查，并通过重新计算获得最终钟差结果。最后，轨道和钟差广播器通过网络将实时轨道和钟差结果广播给下游用户。

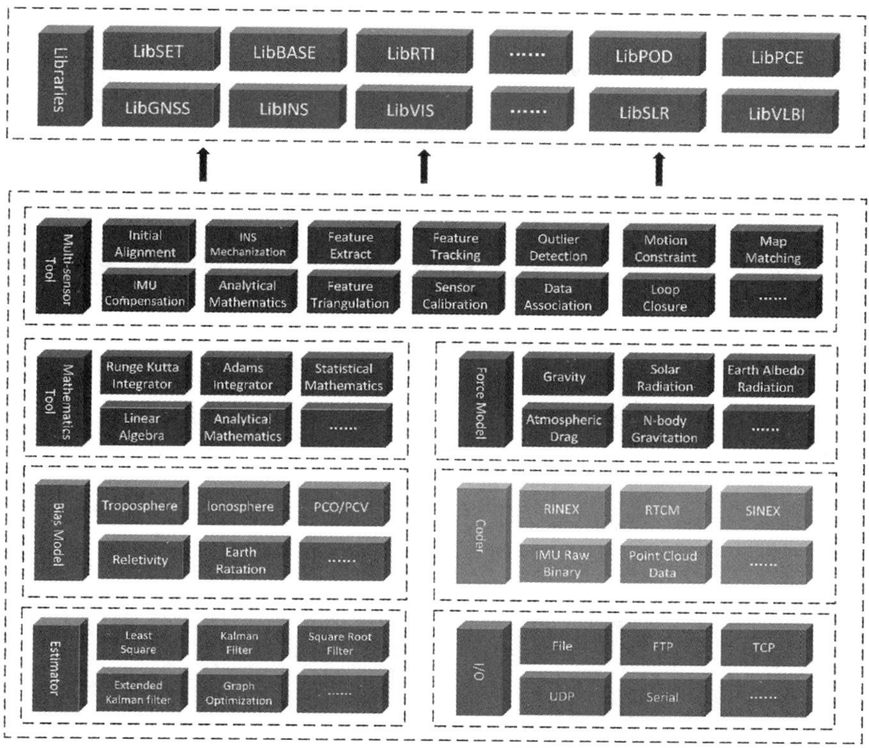

图 2.1.3 GREAT 软件的基本类模块

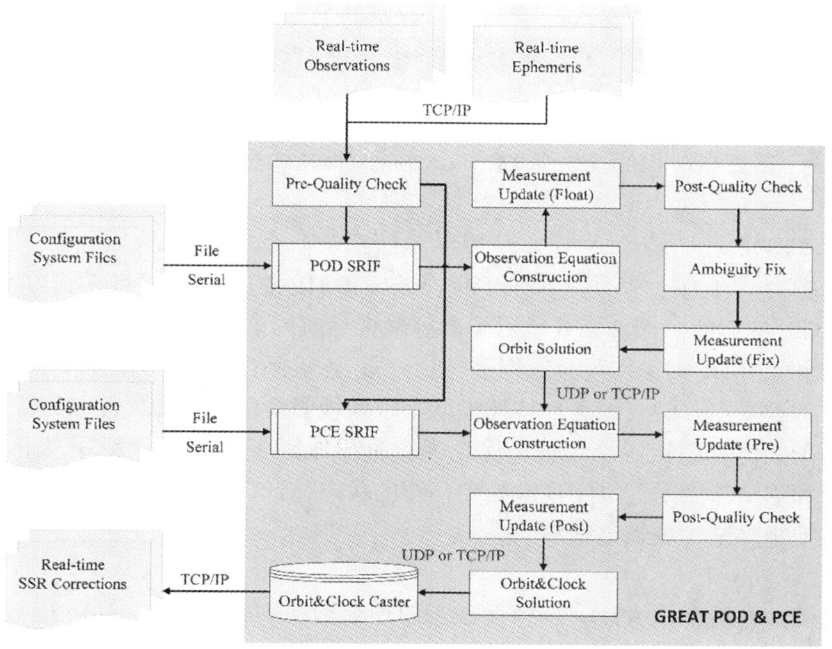

图 2.1.4 GREAT 软件精密轨道和钟差估计流程图

2. GNSS 精密定位

基于 GNSS 的实时精密定位系统由服务器端和用户端组成，如图 2.1.5 所示。服务器端包括两个主要组件：地面参考网络和数据处理中心。首先，地面参考网络的实时观测数据被传输到数据处理中心，数据处理中心还接收来自轨道和钟差广播器的实时精密轨道和钟差产品。通过观测数据和精密产品进行 UPD 估计，GREAT 软件可以提供包括超宽巷(EWL)、宽巷(WL)和窄巷(NL)在内的 UPD 产品。之后，进行多星座 PPP 及模糊度解算，以提取电离层和对流层校正。然后，服务器端经过网络广播轨道、钟差、UPD、电离层校正和对流层校正。最后，用户端接收来自服务器端的产品，并结合自身观测完成精密定位，以获得高精度定位结果。

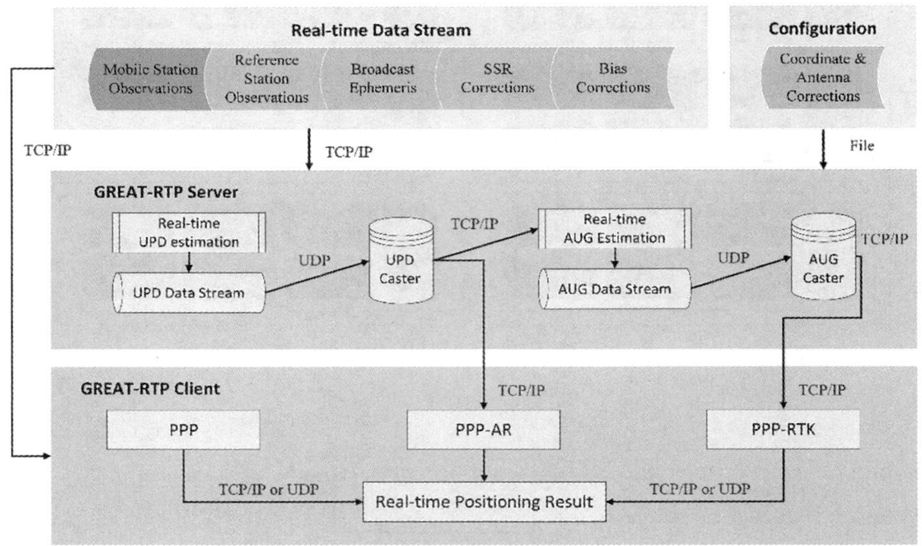

图 2.1.5　GREAT 软件中基于 GNSS 的实时精密定位系统处理流程图

3. 多源融合导航

在多源融合导航中，使用 GNSS/IMU/VIS/LiDAR 集成系统进行多源融合，并应用 Wang 等(2023)的策略。图 2.1.6 显示了多源融合导航的处理流程。首先，对来自 GNSS、相机、IMU 和 LiDAR 的输入观测数据进行预处理，包括 GNSS 观测的周跳检测、IMU 观测的预积分、激光点云的去畸变和特征提取，以及视觉观测的特征检测和跟踪。基于滑动窗口的因子图优化(FGO)估计器联合优化视觉重投影因子、IMU 预积分因子、LiDAR 扫描匹配因子和 GNSS 因子，以实现准确和鲁棒的状态估计。模糊度解算基于已解算的模糊度及其协方差矩阵来实现最终解算。

4. 大地测量解算

在全球大地参数确定方面，软件在观测层面集成了包括 GNSS、SLR 和 VLBI 在内的多种空间大地测量技术。图 2.1.7 显示了全球大地参数确定的处理流程。流程的第一步是预处理来自地面站的 GNSS 和 VLBI 观测数据，以及对球形大地测量卫星(如 LAGEOS)、

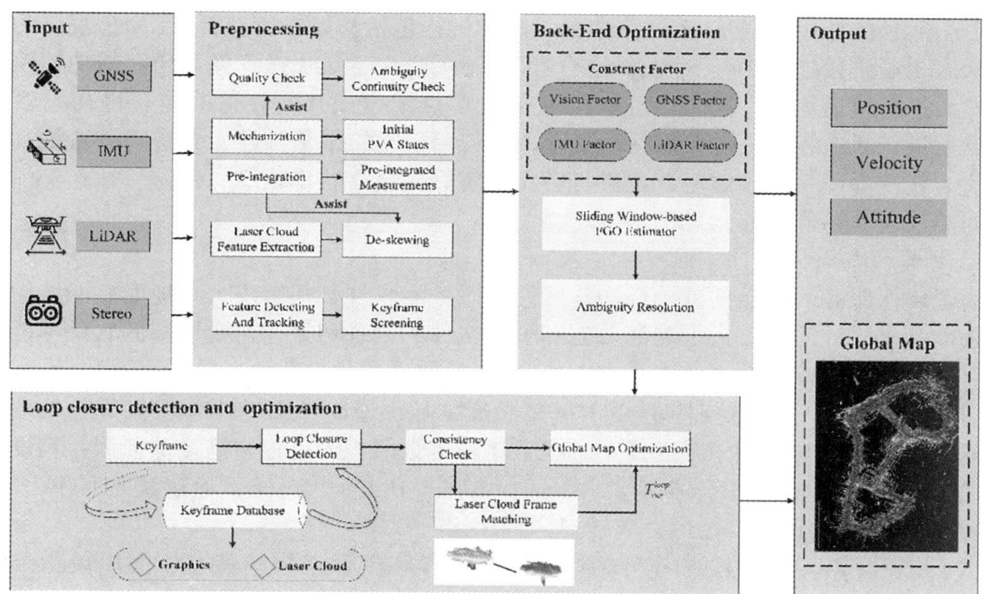

图 2.1.6　GREAT 软件中多源融合导航的处理流程图

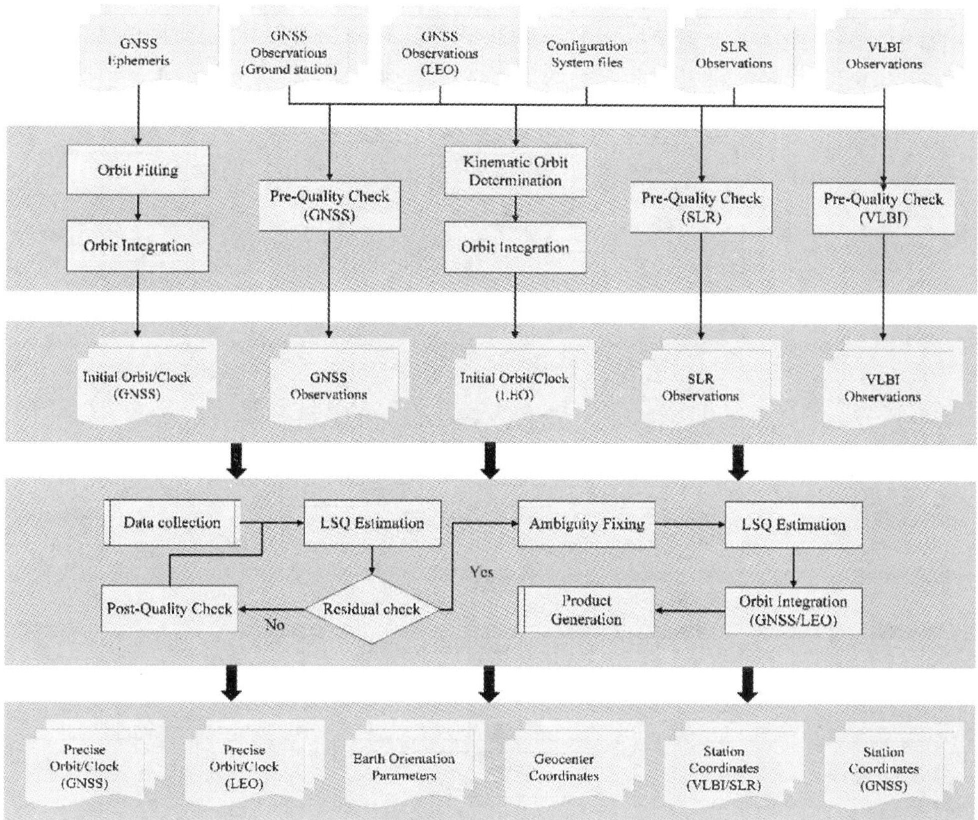

图 2.1.7　GREAT 软件中全球大地参数确定的处理流程图

GNSS 卫星和 LEO 卫星的 SLR 观测数据，具体过程包括初始轨道计算、GNSS 观测的周跳检测和 SLR 观测的校准等。对于初始轨道计算，GNSS 卫星通过广播星历获得初始轨道状态，然后进行轨道积分。同时，LEO 卫星通过单点定位或几何轨道确定获得初始轨道状态，然后进行轨道积分。在参数估计过程中，使用最小二乘估计器，并进行质量检查操作的迭代。获得高质量的预解后，再进行模糊度解算，最终获得轨道、钟差、站点坐标、地球定向参数(EOP)和地心运动的最终产品。

5. 解算效率优化

为了确保服务器产品的准确性和连续性，服务器软件必须解决大型地面站网络中数据的复杂性和多样性问题。大量观测数据和解算文件的准备和处理需要极高的软件性能。因此，有必要优化软件的计算效率。GREAT 使用的软件优化方法可以分为以下几类：

(1)算法设计：优化处理算法的时间复杂度，从而减少所需的工作量。优化处理算法时间复杂度的一个常见例子是选择一个在卫星轨道数值积分过程中满足截断误差精度要求的最优数值积分算法和积分器阶数(Montenbruck, 1992)。同样，通过适当的算法加快 SRIF 中 QR 分解的速度，也可以有效提高程序运行效率。

(2)处理器架构：GREAT 充分利用现代处理器和内存架构的特点，使用单指令多数据(SIMD)技术在矩阵处理中实现指令级并行(ILP)，以及使用块算法来提高内存数据的空间局部性。

(3)并行计算：现代处理器集成了多个计算核心。为了充分利用这些计算资源，数据处理中的计算热点被分解为多个可以并行解决的子问题。例如，大量数据的 I/O、卫星的轨道积分和站点的方程构建可以在并行计算核心上实现。图 2.1.8 显示了软件并行优化后

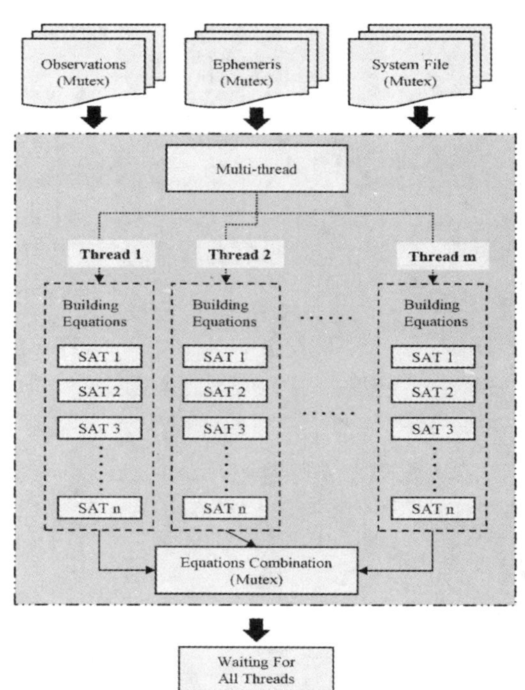

图 2.1.8 GREAT 软件中并行优化后的观测处理示意图

的观测处理示意图。

用户可以根据自己的硬件性能、应用场景的时效性要求和其他实际情况，选择最有效的策略来运行 GREAT，遵循上述优化方法。

2.2 GREAT-UPD 使用教程

GREAT-UPD 是 GREAT 软件中的一个重要模块，主要用于多频 GNSS 未校准相位延迟(UPD)估计。GREAT-UPD 开源软件遵循面向对象的原则，可以在几种常见的操作系统(如 Windows、Linux 和 Macintosh)上编译和运行。它由 3 个可移植程序库组成，分别是 libUPD、libMat 和 libGnut。libUPD 库主要负责 UPD 估计，包括 UPD 估计中涉及的辅助数据的编码、解码和存储，以及 UPD 算法的实现。libMat 和 libGnut 是软件的辅助库。libMat 是一个名为 newmat 的开源 C++矩阵库，它提供了标准的矩阵操作。libGnut 库来源于开源 GNSS 软件 G-Nut，包括 GNSS 数据的解码和存储以及基本参数配置模块。GREAT-UPD 的特点是：

(1)支持多系统 GNSS UPD 估计：GPS(G)、GLONASS(R)、伽利略(E)、北斗(C)卫星。

(2)支持超宽巷(EWL)、宽巷(WL)和窄巷(NL) UPD 估计。值得注意的是，目前不支持 GLONASS 卫星的 EWL UPD 估计。

(3)所有用于 Windows、Linux、Macintosh 的可执行二进制 AP(应用程序)以及库和 AP 的整个源程序都包含在包中。

(4)采用开源、跨平台的编译工具 CMake，方便用户定制自己的可执行 AP 程序。

(5)提供周跳检测工具，高效批量处理 Python 脚本(下载 GNSS 数据、周跳检测、UPD 估计及 UPD 绘图分析脚本)。

2.2.1 软件安装环境配置

1. 环境要求

包中的 Windows 可执行 CUI AP 是由 VS (Microsoft Visual Studio) 2017 在 Windows 10 (64 位)上构建的。文件夹中包含了所有必需的动态链接库。此外还在 CentOS Linux release 7.7.1908 和 x64 CPU 上构建了 CUI AP 和 Linux 共享库并进行了测试。对于 Macintosh，CUI AP 和动态库是在 MacOS 10.15.3 上使用 AppleClang 11.0.3.11030032 构建的，内核版本为 Darwin 19.3.0。

此外，用户可以使用开源、跨平台的编译工具 CMake 在他们自己的操作系统(Windows、Linux 或 Macintosh)上构建可执行的二进制 AP。

2. 许可协议

GREAT-UPD 是一个开源软件，遵循 GNU 通用公共许可证(版本 3)(https://www.gnu.org/licenses/gpl-3.0.html)。

2.2.2　下载与安装

软件包可通过网站(https://geodesy.noaa.gov/gps-toolbox)获取。将程序包 GREAT-UPD_<ver>.zip 解压到相应的目录<install_dir>(<ver>表示版本号)。GREAT-UPD 目录结构如下:

GREAT-UPD_<ver>	
./bin	Windows/Linux/Macintosh * 的可执行二进制 AP
./src	GREAT-UPD 软件的源程序 *
./app	UPD 估计的主要功能 *
./LibUPD	UPD 估计库的源程序 *
./LibMat	newmat 库的源程序 *
./LibGnut	G-Nut 库的源程序 *
./sample data	AP 的样本数据 *
./upd_2020001	GREAT-UPD AP 样本数据 *
./util	工具库 *
./batch_process	批处理 Python 脚本用于 UPD 估计 *
./PreEdit	周跳检测工具 & 样本数据 *
./upd_analysis	UPD 绘图和分析脚本 *
./doc	文件数据 *
./UPD_config	用于 GREAT-UPD * 的示例 XML 文件
GREAT-UPD_1.0.pdf	用户手册

1. Windows

GNSS UPD 估算可以使用 <install_dir>/GREAT-UPD_<ver>/bin/Windows 目录下已有的程序，也可以自己编译一个可执行程序。下面将说明如何在 Windows 中构建 GREAT-UPD。

(1)通过网站(https://cmake.org/download/)获取并安装 CMake。请注意，CMake 至少是 3.0.0 版。

(2)执行 cmake-gui。

(3)执行“Browse Source…”，然后选择目录<install_dir>/GREAT-UPD_<ver>，或者将目录 <install_dir>/GREAT-UPD_<ver> 中的 CMakeList.txt 拖到 cmake-gui 界面。然后将属性“Where to build the binaries”修改为<install_dir>/GREAT-UPD_<ver>/build。

(4)执行“Configure”，并为项目选择集成开发环境(Integrated Development Environment，IDE)(仅在第一次单击“Configure”按钮时出现)，如图 2.2.1 所示。

(5)执行“Generate”，将构建文件写入<install_dir>/GREAT-UPD_<ver>/build。

(6)执行“Open Project”，然后在相应的 IDE 中编译源代码，如图 2.2.2 所示。

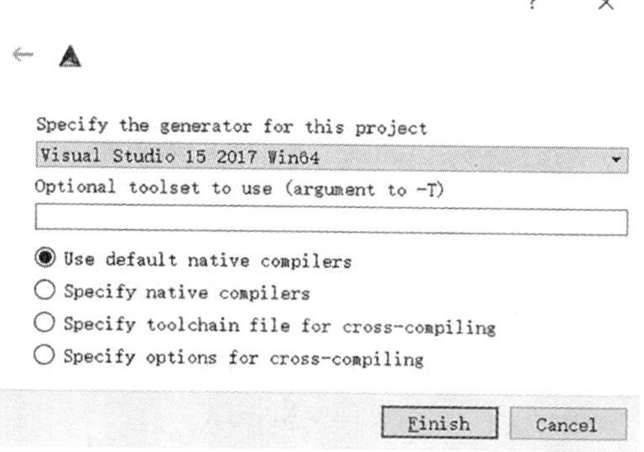

图 2.2.1　IDE 选择示例

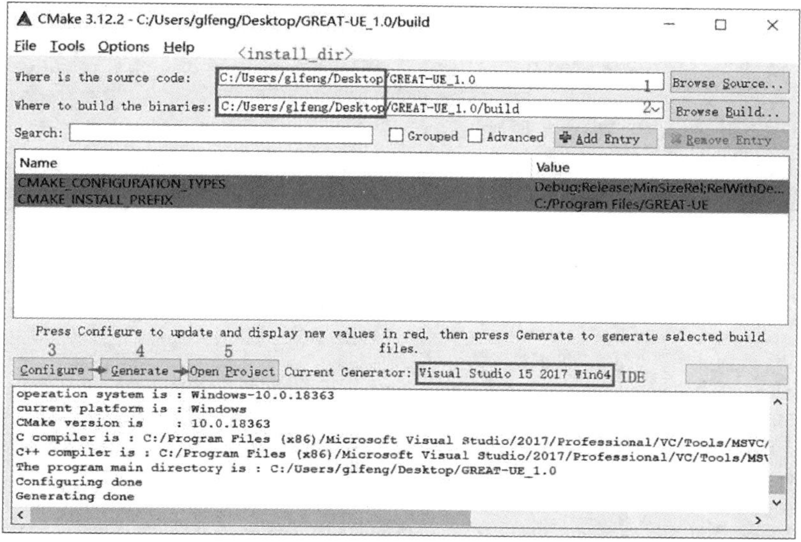

图 2.2.2　GREAT-UPD 在 Windows 环境下的编译过程

2. Linux/Macintosh

对于 Linux/Macintosh 环境，可以使用文件夹<install_dir>/GREAT-UPD_<ver>/bin/<platform>（Linux/Macintosh）下的现有程序来估算 UPD。对于 Linux 环境，在此之前请输入：

```
"export LD_LIBRARY_PATH=<install_dir>/GREAT-UPD_<ver>/bin/Linux"
```

加载当前终端中相关的共享库。也可以按照以下说明重建 GREAT-UPD：

(1)通过网站(https：//cmake.org/download/)获取 CMake 并安装。请注意，CMake 版本的最低要求是 3.0.0。

(2)在<install_dir>/GREAT-UPD_<ver> 目录下创建“build”目录，并将该目录更改为“build”。

```
>> mkdir <install_dir>/GREAT-UPD_<ver>/build
>> cd <install_dir>/GREAT-UPD_<ver>/build
```

(3)执行“cmake ../”，然后执行“make”来编译源代码。可执行的 GREAT-UPD 可以在<install_dir>/GREAT-UPD_<ver>/build/Bin. 中找到。

```
>>cmake ../
>>make
```

图 2.2.3 为在 Linux 下 GREAT-UPD 的编译过程。

```
[glfeng@swarm02 greatUE]$
[glfeng@swarm02 greatUE]$ mkdir build
[glfeng@swarm02 greatUE]$ cd build/
[glfeng@swarm02 build]$ cmake3 ../
-- The C compiler identification is GNU 4.8.5
-- The CXX compiler identification is GNU 4.8.5
-- Check for working C compiler: /usr/bin/cc
-- Check for working C compiler: /usr/bin/cc -- works
-- Detecting C compiler ABI info
-- Detecting C compiler ABI info - done
-- Detecting C compile features
-- Detecting C compile features - done
-- Check for working CXX compiler: /usr/bin/c++
-- Check for working CXX compiler: /usr/bin/c++ -- works
-- Detecting CXX compiler ABI info
-- Detecting CXX compiler ABI info - done
-- Detecting CXX compile features
-- Detecting CXX compile features - done
-- Performing Test COMPILER_SUPPORTS_CXX11
-- Performing Test COMPILER_SUPPORTS_CXX11 - Success
-- Performing Test COMPILER_SUPPORTS_CXX0X
-- Performing Test COMPILER_SUPPORTS_CXX0X - Success
-- operation system is : Linux-3.10.0-1062.9.1.el7.x86_64
-- current platform is : Linux
-- CMake version is    : 3.10.0-1062.9.1.el7.x86_64
-- C compiler is : /usr/bin/cc
-- C++ compiler is : /usr/bin/c++
-- The program main directory is : /workfs/glfeng/project/great/greatUE
-- Configuring done
-- Generating done
-- Build files have been written to: /workfs/glfeng/project/great/greatUE/build
[glfeng@swarm02 build]$ make
make: Warning: File `Makefile' has modification time 28 s in the future
make[1]: Warning: File `CMakeFiles/Makefile2' has modification time 28 s in the future
make[2]: Warning: File `libMat/CMakeFiles/libMat.dir/flags.make' has modification time 28 s in the future
Scanning dependencies of target libMat
make[2]: warning:  Clock skew detected.  Your build may be incomplete.
make[2]: Warning: File `libMat/CMakeFiles/libMat.dir/flags.make' has modification time 28 s in the future
[  1%]
[  2%]
[  3%]
```

图 2.2.3　Linux 下 GREAT-UPD 的编译过程

2.2.3　算例

按照惯例，我们首先有以下定义：

YYYY：4 位数的年份；YY：2 位数年份；MM：2 位数月份；DD：2 位数日；DOY：3 位数的 DOY(年积日)。

注意，本会话中提到的 Python 脚本需要 Python3. * 环境。

1. 数据准备

要进行 EWL 或 WL UPD 估计，通常需要从全球或区域网络下载 GNSS 观测数据。在

UPD 估计中也应考虑差分码偏差(DCB)校正。注意一些观测文件会缺少 GLONASS 频率数，BDS 系统广播星历也需要 BDS 系统卫星诱导码偏校正。因此，使用广播星历作为 GLONASS 和 BDS UPD 估计的输入文件。对于 GPS EWL UPD 估计，应校正 GPS Block IIF 卫星的频间时钟偏差(IFCB)。对于 NL UPD 估计，输入文件包括 ambupd 文件和 WL UPD 文件。利用得到的 WL UPD 结果，采用轮合策略对 WL 歧义进行修正。然后，利用浮动无电离层(IF)模糊度和固定 WL 模糊度估算 NL UPD。IF 模糊度可以通过精密单点定位(PPP)浮动解来估计，而 WL 模糊度则来自 Melbourne-Wübbena (MW)组合。

GREAT-UPD 提供 Python 脚本来下载 GNSS 观测和导航文件以及 DCB 文件，这些文件位于文件夹<install_dir>/GREAT-UPD_<ver>/util/batch_process 下：

download_obs. py　下载 CDDIS 提供的多系统 GNSS 观测文件。
-ftp：//cddis. gsfc. nasa. gov/pub/gps/data/daily/YYYY/日期

download_dcb. py　下载 CODE 提供的 GPS 和 GLONASS DCB 文件。
-http：//ftp. aiub. unibe. ch/CODE/YYYY

download_nav. py　下载 GPS，GLONASS 和多系统 GNSS 广播星历文件。
-ftp：//cddis. gsfc. nasa. gov/pub/gps/data/daily/YYYY/brdc
-ftp：//cddis. gsfc. nasa. gov/pub/gps/data/campaign/mgex/daily/rinex3/YYYY/brdm

2. 数据预处理

下载完 GNSS UPD 估计数据后，在进行 EWL/WL UPD 估计前，需要进行数据预处理。GREAT-UPD 提供了名为“GREAT-PreEdit”的数据预处理工具，可以确定 geometry-free (GF)和 Melbourne-Wubbena 周期探测，排除异常观测值，消除短周跳等。配置文件以 XML (Extensible Markup Language)格式表示。用户可以根据不同的目的修改配置文件中的设置。周跳检测工具的输出为 ambflag 文件。

要在单个项目中运行“GREAT-PreEdit”，用户只需要输入命令行：

```
>>cd<project_dir>
>> <install_dir>\ GREAT-UPD_<ver>\ util \ PreEdit \ <platform>\ GREAT-PreEdit -x PreEdit_CONFIG. xml
```

同时，如果用户希望逐站点逐日进行批处理，建议使用名为“PreEdit. py”的 Python 脚本。这个 Python 脚本位于<install_dir>/GREAT-UPD_<ver>/util/batch_process 文件夹下。可以输入“PreEdit. py -h”或“PreEdit. py --help”获取帮助信息，如图 2. 2. 4 所示。

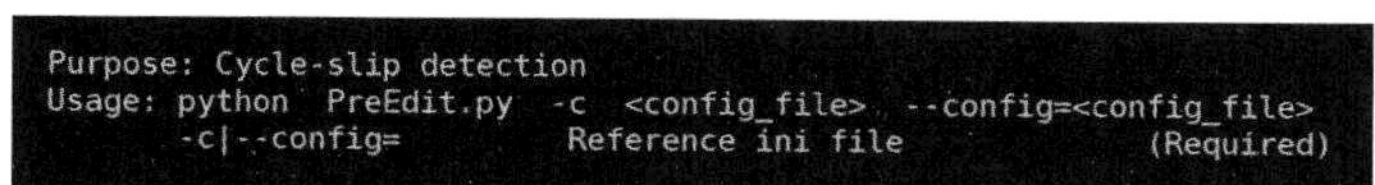

图 2. 2. 4 “PreEdit. py”的帮助信息

要运行此脚本，用户需要准备一个初始化文件(. ini)。“PreEdit. py”的初始化文件格式如图 2.2.5 所示。此外，“sitelist”的格式如图 2.2.6 所示。

```
[project]
; Begin Time: Year-Mon-Day
ymd_beg = 2020-01-15
; End Time  : Year-Mon-Day
ymd_end = 2020-01-20
; Begin Time in Every Day: Hour:Min:Sec
hms_beg = 00:00:00
; End Time in Every Day  : Hour:Min:Sec
hms_end = 23:55:00
; System  : G or GC or GCE or GCRE
satsys = GCER
; SiteList: Site List
sitelist = /works/sitelist
; Interval: Sample Interval in Seconds
interval = 30
; Reference XML Path
ref_xml = ref_turboedit.xml
; Working Directory
work_dir = /works/turboedit
; Software Name
software = /works/GREAT-TURBOEDIT

[process]
; Minimum Cutoff Elevation in Degree
minimum_elev = 7

[data]
; File Directory
; -YYYY- can be replaced by 4-digit year
; -DDD- can be replaced by 3-digit DOY (Day of Year)
nav_dir = /works/nav/-YYYY-/-DDD-
obs_dir = /works/obs/-YYYY-/-DDD-
ambflag_dir = /works/ambflag/-YYYY--DDD-
```

图 2.2.5　“PreEdit. py”初始化文件格式

```
sitelist
1 anmg
2 ascg
3 bor1
4 cas1
5 cpvg
```

图 2.2.6　“sitelist”的格式

3. UPD 估计

在进行 UPD 估计之前，用户需要生成配置文件。要在单个项目中运行“GREAT-UPD”，用户只需要输入命令行：

```
>> cd <install_dir>/GREAT-UPD_<ver>/bin/<platform>
>>. /GREAT-UPD -xUPD_CONFIG. xml
```

同时，如果用户想要逐个站点、逐日地批量处理 UPD 估计，建议使用名为“upd. py”的 Python 脚本。Python 脚本位于 <install_dir>/GREAT-UPD_<ver>/util/batch_process 文件夹下。可以输入“upd. py -h”或“upd. py --help”获取帮助信息，如图 2.2.7 所示。

```
Purpose: UPD estimation script
Usage: python  upd.py  -c  <config_file>  --config=<config_file>
       -c|--config=          Reference ini file               (Required)
```

图 2.2.7 “upd. py”的帮助信息

要运行此脚本，用户需要准备一个初始化文件(. ini)。“upd . py”的初始化文件格式如图 2.2.8 所示。

```
[project]
; Begin Time: Year-Mon-Day
ymd_beg = 2020-01-15
; End Time   : Year-Mon-Day
ymd_end = 2020-01-20
; Begin Time in Every Day: Hour:Min:Sec
hms_beg = 00:00:00
; End Time in Every Day   : Hour:Min:Sec
hms_end = 23:55:00
; System  : G or C or E or R
satsys = G
; SiteList: Site List
sitelist = /works/sitelist
; Interval: Sample Interval in Seconds
interval = 30
; Reference XML Path
sat_rm = C01+C02
; Working Directory
work_dir = /works/upd
; Software Name
software = /works/GREAT-UPD

[process]
; UPD Mode  : WL or NL or EWL or EWL_EPOCH or WL+NL[first WL, then NL]
upd_mode = WL

[data]
; File Directory
; -YYYY- can be replaced by 4-digit year
; -DDD- can be replaced by 3-digit DOY (Day of Year)
dcb_dir = /works/dcb
nav_dir = /works/nav/-YYYY-/-DDD-
obs_dir = /works/obs/-YYYY-/-DDD-
upd_dir = /works/-YYYY--DDD-
ifcb_dir = /works/-YYYY--DDD-
ambflag_dir = /works/-YYYY--DDD-
ambupd_dir = /works/-YYYY--DDD-
```

图 2.2.8 “upd . py”初始化文件格式

4. 结果绘制和分析工具

GREAT-UPD 提供了 UPD 的绘图和分析脚本，这些脚本是用 MATLAB 语言编写的，可以在 Windows/Linux/Macintosh 环境下运行。它们在 MATLAB R2016a，R2017a 版本下进行了测试。每个脚本的说明如下：

<install_dir>/GREAT-UPD_<ver>/util/upd_analysis/NL&EWL_epoch

batch_epoch. m	批处理脚本绘制 NL/EWL_epoch UPD
draw_epoch_upd. m	绘制 NL/EWL_epoch UPD 的时间序列和标准差(STD)
read_epoch_upd_file. m	读取 NL/EWL_epoch UPD 文件

<install_dir>/GREAT-UPD_<ver>/util/upd_analysis/WL&EWL

batch_day. m	批处理脚本绘制 EWL/WL UPD
draw_day_upd. m	绘制 EWL/WL UPD 的时间序列和 STD
read_day_upd_files. m	读取 EWL/WL UPD 文件

<install_dir>/GREAT-UPD_<ver>/util/upd_analysis/NL&EWL_epoch

batch_res. m　　　　　　批处理脚本绘制 EWL/WL/NL 残差

draw_updres. m　　　　　绘制 UPD 残差分布，计算平均残差值以及在±0. 15 和±0. 25 周期内 UPD 残差的百分比

read_updres_file. m　　　读取 UPD 残留文件

以 Galileo 卫星为例，基于 2019 年 DOY 091～120 的观测资料，对 Galileo 卫星的 EWL、WL、NL upd 进行了估算和分析。这里选择 E01 卫星作为参考卫星。

draw_day_upd（EWL）：图 2. 2. 9 显示了 2019 年 DOY 091～120 几颗 Galileo 卫星的 EWL UPD 序列。

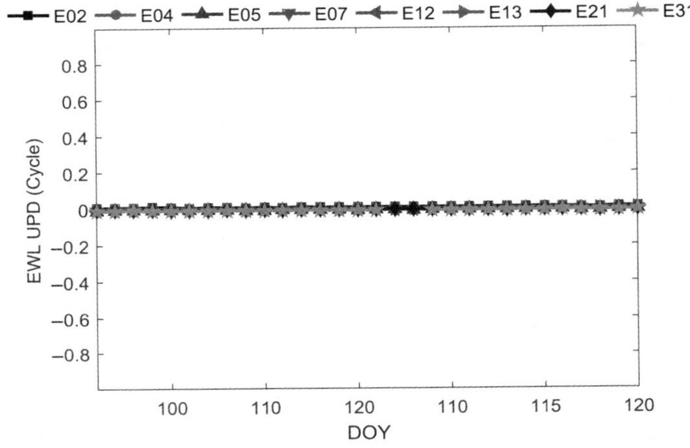

图 2. 2. 9　2019 年 DOY 091～120 Galileo 卫星 EWL UPD

draw_day_upd（WL）：图 2. 2. 10 显示了 2019 年 DOY 091～120 几颗 Galileo 卫星的 WL UPD 序列。

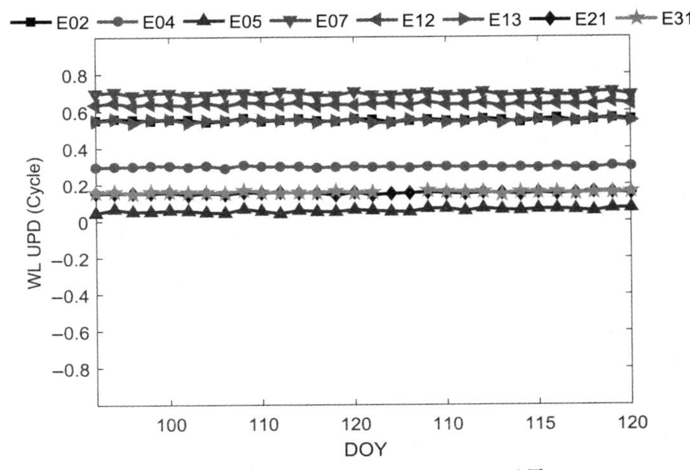

图 2. 2. 10　2019 年 DOY 091～120 Galileo 卫星 WL UPD

draw_epoch_upd（NL）：图 2.2.11 显示了 2019 年 DOY 094 几颗 Galileo 卫星的 NL UPD 序列。

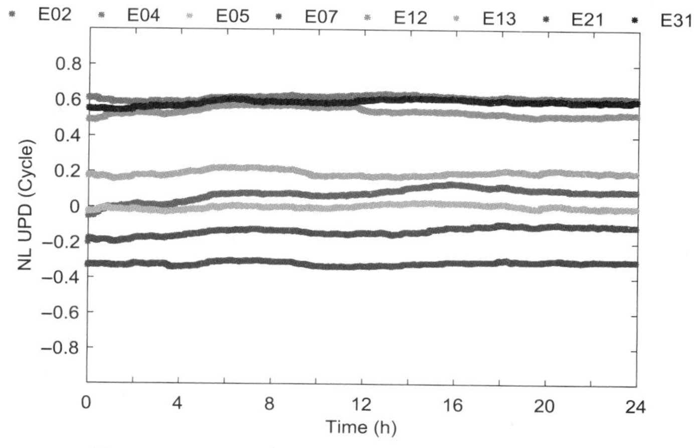

图 2.2.11 2019 年 DOY 094 Galileo 卫星 NL UPD

WL_STD/NL_STD：图 2.2.12 为各 Galileo 卫星 WL 和 NL UPD 的 STD。WL 和 NL UPD 的平均 STD 分别为 0.0066 和 0.0233 个周期。

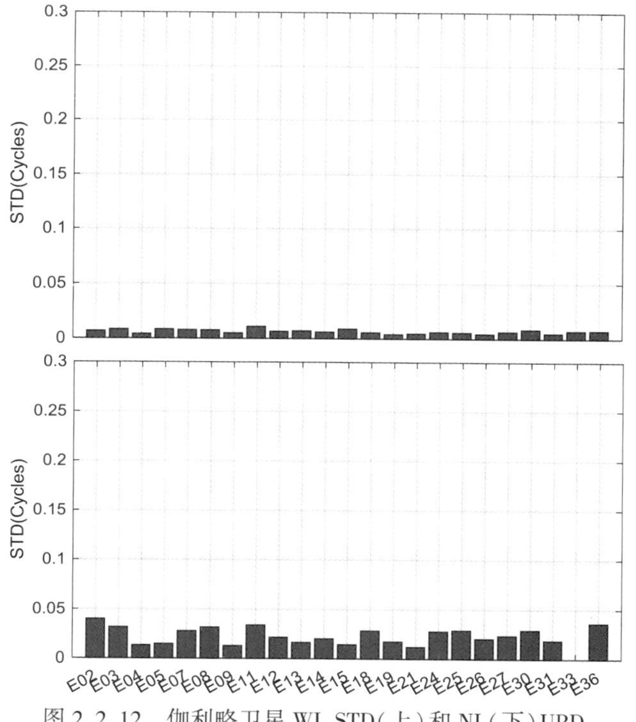

图 2.2.12 伽利略卫星 WL STD(上)和 NL(下)UPD

draw_updres：残差被定义为由 UPD 修正的相应浮点数歧义的小数部分。图 2.2.13 为 2019 年 DOY 094 的 Galileo WL(左)和 NL(右)残差分布，以及平均残差值和±0.15、±0.25周期内 WL、NL 残差的百分比。

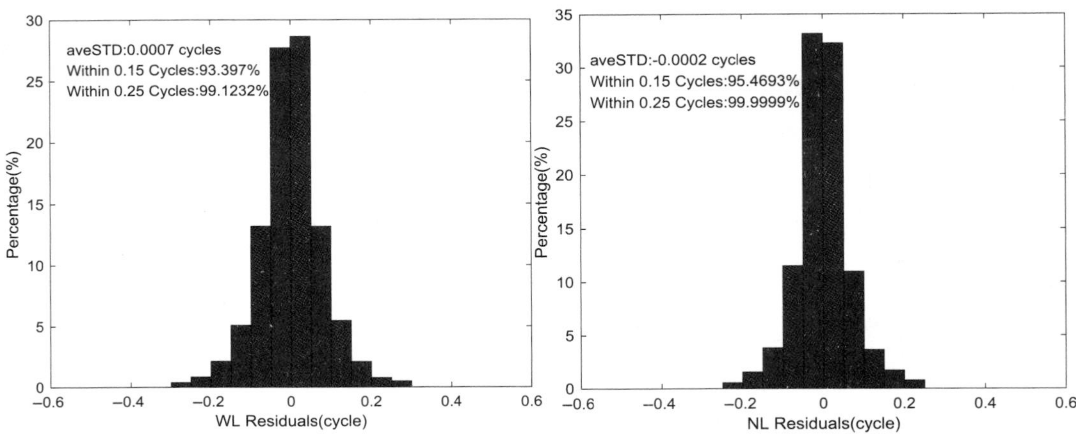

图 2.2.13　2019 年 DOY 094 伽利略 WL(左)和 NL(右)残差分布

5. 配置 GREAT-UPD 的 XML

按照惯例，我们首先要了解以下字母所代表的含义：

(1)YYYY：4 位数的年份；YY：2 位数年份；MM：2 位数月份；DD：2 位数日；

(2)DOY：3 位数的 DOY(年月日)；

(3)hh：2 位数小时；mm：2 位数分钟；ss：2 位数秒；

(4)SITE：站点名称的大写格式；Site：网站名称的小写格式。

包含处理选项(processing options)、解决方案选项(solution options)和文件选项(file options)的配置文件。它用 XML 格式表示，其中包含指示各种选项的“Keyword = Value”表格记录。以“<! --”开头的文本和以“-->”结尾的文本在一行中是注释。表 2.2.1 显示了 XML 文件的格式。

表 2.2.1　**XML 文件的格式**

Item	Descriptions	Element in XML File
General Settings for UPD Estimation (First Level Element)		**<gen>**
Begin Time	Set begin time in form of GPS time. The format is, "YYYY-MM-DD hh:mm:ss".	<beg>
End Time	Set end time in form of GPS time. The format is, "YYYY-MM-DD hh:mm:ss".	<end>
Station List	Set station list for UPD estimation.	<rec>

续表

Item	Descriptions	Element in XML File
Satellite System	Set satellite system for UPD estimation. Note that only one system is allowed here.	<sys>
Sampling Interval	Set sampling interval of UPD estimation.	<int>
Excluded Satellites	Set the excluded satellites for UPD estimation. Fill in the PRN numbers of the satellites separated by spaces.	<sat_rm>
Input Files Settings for UPD Estimation (First Level Element)		**<inputs>**
RINEX OBS File	RINEX observationfile used for UPD estimation. Note that it supports RINEX 2.10, 2.11, 2.12, 3.00, 3.01, 3.02, 3.03, 3.04 OBS.	<rinexo>
RINEX NAV File	RINEXnavigation file used for UPD estimation. Note that it supports RINEX 2.10, 2.11, 2.12, 3.00, 3.01, 3.02, 3.03, 3.04 NAV. Only GLONASS decoder is provided.	<rinexn>
DCB File	DCBfile used for EWL/EWL_epoch/WL UPD estimation. It is in CODE format.	<biabern>
Ambupd File	Ambupd file used for NL UPD estimation.	<ambupd>
Ambflag File	Ambflag file used for EWL/EWL_epoch/WL UPD estimation.	<ambflag>
WL UPD File	WL UPD file used for NL UPD estimation.	<upd>
IFCB File	IFCB file used for EWL/EWL_epoch UPD estimation.	<ifcb>
Processing Settings for UPD Estimation (First Level Element)		**<process>**
UPD Mode	Set mode of UPD estimation, the corresponding attribute is "updmode". The value of "updmode" is optional: - EWL: EWL UPD estimation - EWL_epoch: epoch-wisely EWL UPD estimation - WL: WL UPDestimation - NL: NL UPD estimation	
bds_code_bias_corr	whether to correct BDS satellite-induced code bias. The value is optional: -true: correct -false: not correct	
Output Files Settings for UPD Estimation (First Level Element)		**<outputs>**
Append	Whether to rewrite the log in original log file, the corresponding attribute is "append". The value of "append" is optional: - true: append - false: not append	

续表

Item	Descriptions	Element in XML File
Verb	Set log file output level, the corresponding attribute is "verb". The value of "verb" isoptional: - 0/1/2/3/4/5 (5: highest > 0: lowest)	
Log File	Set output log file.	<log>
UPD File	Set output UPD file.	<upd>

译:

项　目	描　　述	XML 文件中的元素
UPD 估计的一般设置(第一级元素)		<gen>
Begin Time	以 GPS 时间设置开始时间。格式为"YYYY-MM-DD hh: mm: ss"。	<beg>
End Time	以 GPS 时间设置结束时间。格式为"YYYY-MM-DD hh: mm: ss"。	<end>
Station List	设置 UPD 估算的站点列表。	< rec >
Satellite System	设置卫星系统进行 UPD 估计。注意这里只允许一个系统。	< sys >
Sampling Interval	设置 UPD 估计的采样间隔。	< int >
Excluded Satellites	设置排除的卫星进行 UPD 估计。填写以空格分隔的卫星的 PRN 号。	< sat_rm>
UPD 估计的输入文件设置(一级元素)		**<inputs>**
RINEX OBS File	用于 UPD 估计的 RINEX 观测文件。请注意,它支持 RINEX 2.10、2.11、2.12、3.00、3.01、3.02、3.03、3.04 OBS。	< rinexo >
RINEX NAV File	用于 UPD 估计的 RINEX 导航星历。请注意,它支持 RINEX 2.10、2.11、2.12、3.00、3.01、3.02、3.03、3.04 NAV。只提供 GLONASS 解码器。	< rinexn >
DCBFile	用于 EW, /EWL_epoch/WLUPD 估计的 DCB 文件。CODE 格式。	< biabern >
Ambupd File	用于 NL UPD 估计的 Ambupd 文件。	< ambupd >
Ambflag File	用于 EWL/EWL_epoch/WL UPD 估计的 Ambflag 文件。	< ambflag >
WL UPD File	用于 NL UPD 估计的 WL UPD 文件。	<upd>
IFCB 文件	用于 EWL/EWL_epoch UPD 估计的 IFCB 文件。	< ifcb>
UPD 估算的处理设置(一级元素)		**<process>**
UPD Mode	设置 UPD 估计模式,对应属性为"updmode"。"updmode"的值是可选的: —EWL: EWL UPD 估计 —EWL_epoch: epoch-wise EWL UPD 估计 —WL: WL UPD 估计 —NL: NL UPD 估计	

续表

项　目	描　　述	XML 文件中的元素
bds_code_bias_corr	是否纠正 BDS 卫星引起的码偏差。可选： true：是 false：否	
UPD 估计的输出文件设置(一级元素)		**<outputs>**
Append	是否重写原日志文件中的日志，对应属性为“append”。“append”的值为可选： -true：是 -false：否	
Verb	设置日志文件输出级别，对应属性为“verb”。“verb”的值是可选的： - 0/1/2/3/4/5(5：最高 > 0：最低)	
Log File	设置输出日志文件	<log>
UPD File	设置输出 UPD 文件	<upd>

NL UPD 估计、WL UPD 估计、EWL/EWL_epoch UPD 估计的 XML 示例如图 2.2.14、图 2.2.15、图 2.2.16 所示。

```
<config>
<!-- general descriptions -->
 <gen>
   <beg> 2019-11-03 00:00:00 </beg> <!-- beg time -->
   <end> 2019-11-03 23:55:30 </end> <!-- end time -->
   <sys> GAL </sys>                 <!-- GNSS system: GPS/GLO/BDS/GAL -->
   <rec> ABMF </rec>                <!-- processing sites -->
   <int> 30 </int>                  <!-- sampling interval -->
   <sat_rm>  </sat_rm>              <!-- exclude certain satellites during UPD estimation -->
 </gen>

<!-- input descriptions -->
 <inputs>
   <ambupd> ABMF_ambupd_2019307 </ambupd> <!-- ambupd decoder: provide float IF and widelane ambiguities -->
   <rinexn> brdm3070.19p </rinexn>        <!-- nav RINEX decoder -->
   <upd> upd_wl_2019307_E </upd>          <!-- upd decoder: provide widelane upd -->
 </inputs>

<!-- mode of UPD estimation: WL(widelane)/EWL(extra-widelane)/NL(narrowlane)/EWL_epoch -->
<process updmode="NL" />

<gps>
  <band> 1 2 5 </band>
</gps>

<gal>
  <band> 1 5 7 </band>
</gal>

<bds>
  <band> 2 7 6 </band>
</bds>

<glo>
  <band> 1 2 </band>
</glo>

<!-- output descriptions  -->
<outputs append="false" verb="2">
  <log> LOGRT.log </log>          <!-- log encoder -->
  <upd> upd_nl_2019307_E </upd>   <!-- upd encoder -->
</outputs>

</config>
```

图 2.2.14　NL UPD 估计的 XML 示例

```
<config>
 <!-- general descriptions -->
 <gen>
    <beg> 2017-01-01 01:00:00 </beg> <!-- beg time -->
    <end> 2017-01-01 23:55:00 </end> <!-- end time -->
    <sys> GLO </sys>                 <!-- GNSS system: GPS/GLO/BDS/GAL -->
    <rec> AUCK </rec>                <!-- processing sites -->
    <int> 30 </int>                  <!-- sampling interval -->
    <sat_rm>  </sat_rm>              <!-- exclude certain satellites during UPD estimation -->
 </gen>

 <!-- input descriptions -->
 <inputs>
    <rinexo> auck0010.17o </rinexo>           <!-- obs RINEX decoder -->
    <rinexn> brdm0010.17p </rinexn>           <!-- nav RINEX decoder -->
    <ambflag> auck0010.17o.ambflag </ambflag>  <!-- ambflag decoder: cycle slip [GPS:L1/L2,GAL:E1/E5a,BDS:B1/B2,GLO:G1/G2] -->
    <biabern> P1C11701.DCB P1P21701.DCB P2C21701_RINEX.DCB </biabern> <!-- code bias decoder -->
 </inputs>

 <!-- mode of UPD estimation: WL(widelane)/EWL(extra-widelae)/NL(narrowlane)/EWL_epoch -->
 <!-- choose whether to correct BDS satellite-induced code bias -->
 <process updmode="WL" bds_code_bias_corr="true"/>

<gps>
   <band> 1 2 5 </band>
</gps>

<gal>
   <band> 1 5 7 </band>
</gal>

<bds>
   <band> 2 7 6 </band>
</bds>

<glo>
   <band> 1 2 </band>
</glo>

 <!-- output descriptions  -->
 <outputs append="false" verb="2">
    <log> LOGRT.log </log>          <!-- log encoder -->
    <upd> upd_wl_2017001_R </upd>   <!-- upd encoder -->
 </outputs>

</config>
```

图 2.2.15　WL UPD 估计的 XML 示例

```
<config>
 <!-- general descriptions -->
 <gen>
    <beg> 2017-01-01 01:00:00 </beg> <!-- beg time -->
    <end> 2017-01-01 23:55:00 </end> <!-- end time -->
    <sys> GPS </sys>                 <!-- GNSS system: GPS/GLO/BDS/GAL -->
    <rec> AUCK </rec>                <!-- processing sites -->
    <int> 30 </int>                  <!-- sampling interval -->
    <sat_rm>  </sat_rm>              <!-- exclude certain satellites during UPD estimation -->
 </gen>

 <!-- input descriptions -->
 <inputs>
    <rinexo> auck0010.17o </rinexo>            <!-- obs RINEX decoder -->
    <rinexn> brdm0010.17p </rinexn>            <!-- nav RINEX decoder -->
    <ambflag> auck0010.17o.ambflag </ambflag>   <!-- ambflag decoder: cycle slip [GPS:L2/L5,GAL:E5a/E5b,BDS:B2/B3 -->
    <biabern> P1C11701.DCB P1P21701.DCB P2C21701_RINEX.DCB </biabern> <!-- code bias decoder -->
    <ifcb> ifcb_2017001 </ifcb>                 <!-- optional: ifcb decoder -->
 </inputs>

 <!-- mode of UPD estimation: WL(widelane)/EWL(extra-widelae)/NL(narrowlane)/EWL_epoch -->
 <!-- choose whether to correct BDS satellite-induced code bias -->
 <process updmode="EWL" bds_code_bias_corr="true"/>  <!-- "EWL" for EWL UPD estimation, "EWL_epoch" for epoch-wisely EWL UPD estimation -->

<gps>
   <band> 1 2 5 </band>
</gps>

<gal>
   <band> 1 5 7 </band>
</gal>

<bds>
   <band> 2 7 6 </band>
</bds>

<glo>
   <band> 1 2 </band>
</glo>

 <!-- output descriptions  -->
 <outputs append="false" verb="2">
    <log> LOGRT.log </log>          <!-- log encoder -->
    <upd> upd_ewl_2017001_G </upd>  <!-- upd encoder -->
 </outputs>

</config>
```

图 2.2.16　EWL/EWL_epoch UPD 估计的 XML 示例

2.3 GREAT-IFCB 使用教程

2.3.1 软件安装环境配置

1. 环境要求

包中的 Windows 可执行 CUI AP 是在 Windows 10（64 位）上由 VS（Microsoft Visual Studio）2017 构建的。文件夹中包含所有必要的动态链接库。此外，Linux 的 CUI AP 和共享库是在 CentOS Linux 7.7.1908 版和 x64 CPU 上构建和测试的。对于 Macintosh，CUI AP 和动态库是由 AppleClang 11.0.3.11030032 在 MacOS 10.15.3 上构建的，其内核版本为 Darwin 19.3.0。

此外，用户可以使用开源的跨平台编译工具 CMake 在他们自己的操作系统(Windows、Linux 或 Macintosh)上构建可执行的二进制 AP。

2. 许可协议

GREAT-IFCB 是一个开源软件，遵循 GNU 通用公共许可证(版本 3)(https://www.gnu.org/licenses/gpl-3.0.html)。

2.3.2 下载与安装

该软件包可以在网站（https://geodesy.noaa.gov/gps-toolbox)下载。将程序包 GREAT-IFCB_<ver>.zip 解压到适当的目录 <install_dir>(<ver> 表示版本号)。GREAT-IFCB 目录结构如下：

GREAT-IFCB_<ver>	
./bin	Windows/Linux/Macintosh 系统下的可执行文件
./src	GREAT-IFCB 软件的源码文件
./app	IFCB 估计的主函数代码
./LibIFCB	IFCB 估计的功能库函数代码
./LibMat	IFCB 估计的矩阵库函数代码
./LibGnut	G-Nut 第三方库函数代码
./sample data	算例数据
./IFCB_2021001	GREAT-IFCB 程序的算例数据
./util	工具文件夹
./PythonScriptss	IFCB 估计的 Python 脚本
./PreEdit	周跳探测工具的算例数据
./doc	说明文档路径
IFCB_CONFIG.xml	GREAT-IFCB 程序配置文件示例
GREAT-IFCB_1.0.pdf	用户手册

1. Windows

要生成多频 GNSS IFCB 产品，可以使用文件夹 <install_dir>/GREAT-IFCB_<ver>/bin/

Windows 下的现有程序，或者自行编译可执行程序。以下说明展示了如何在 Windows 中构建 GREAT-IFCB 可执行程序，如图 2. 3. 1、图 2. 3. 2 所示。

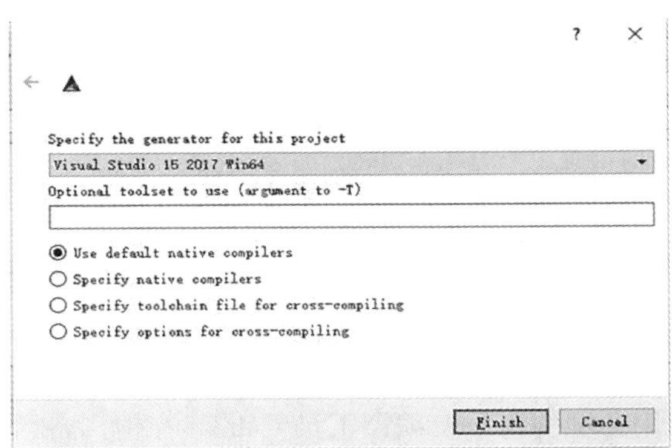

图 2. 3. 1　CMake 配置 GREAT-IFCB

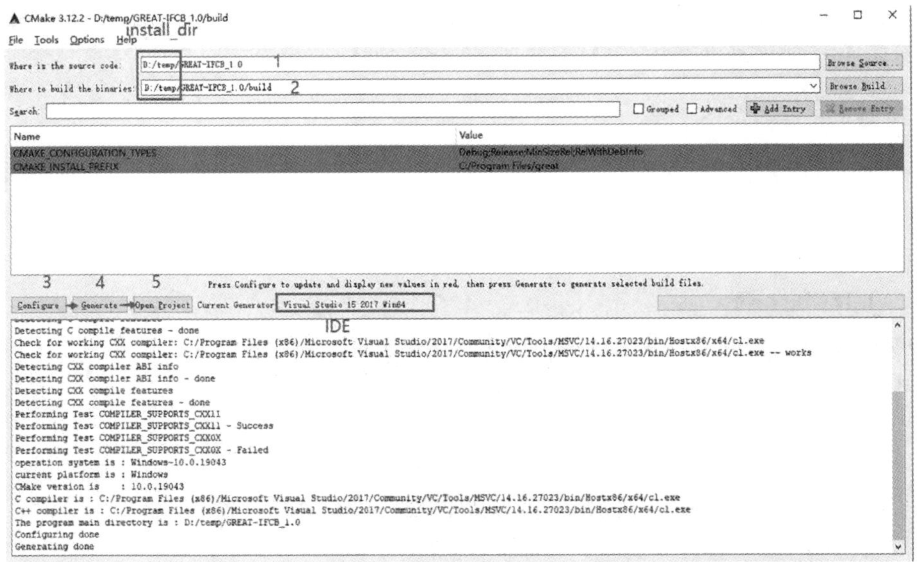

图 2. 3. 2　CMake 路径配置示例

（1）通过网站（https：//cmake. org/download/）获取 CMake 并安装。请注意，CMake 的最低版本要求是 3. 0. 0。

（2）执行 cmake-gui，然后执行“Browse Source…”选择文件夹 <install_dir>/GREAT-IFCB_<ver>，或者将目录 <install_dir>/GREAT-IFCB_<ver> 中的 CMakeList. txt 拖到 cmake-gui 的界面上。最后，将“Where to build the binaries”属性修改为 <install_dir>/GREAT-IFCB_<ver>/build。

（3）执行“Configure”并选择项目的集成开发环境（IDE）（仅在第一次点击“Configure”按钮时出现）。需要注意的是，用户可以指定特定的 IDE 或其他构建工具，特别是在你不想使用默认选项时。同样，编译器路径也可以指定。

(4)执行“Generate”，将构建文件写入 <install_dir>/GREAT-IFCB_<ver>/build。

(5)执行“Open Project”，然后在相应的 IDE 中编译源代码。

(6)如果用户习惯使用 Windows 上的命令行提示符而不是 GUI 操作，请参考以下 Linux/Macintosh 的说明。

2. Linux/Macintosh

对于 Linux/Macintosh 环境，用户可以使用文件夹 <install_dir>/GREAT-IFCB_<ver>/bin/<platform>（Linux/Macintosh）下的现有程序来估计 IFCB。在此之前，请在终端中输入 export LD_LIBRARY_PATH=<install_dir>/GREAT-IFCB_<ver>/bin/Linux 以加载相关的共享库。也可以按照以下说明在 Linux/Macintosh 上重新构建 GREAT-IFCB 可执行程序。

(1)在网站（https：//cmake. org/download/）下载 CMake 并安装。请注意，CMake 的最低版本要求是 3. 0. 0。

(2)在目录 <install_dir>/GREAT-IFCB_<ver> 中创建“build”目录并切换到该目录。

```
>> mkdir <install_dir>/GREAT-IFCB_<ver>/build
>> cd <install_dir>/GREAT-IFCB_<ver>/build
```

(3)执行 cmake ../，再执行 make 以编译源代码。可执行的 GREAT-IFCB 可以在<install_dir>/GREAT-IFCB_<ver>/build/Bin 中找到。

```
>> cmake ../
>> make
```

系统 CMake 配置结果示例如图 2. 3. 3 所示。

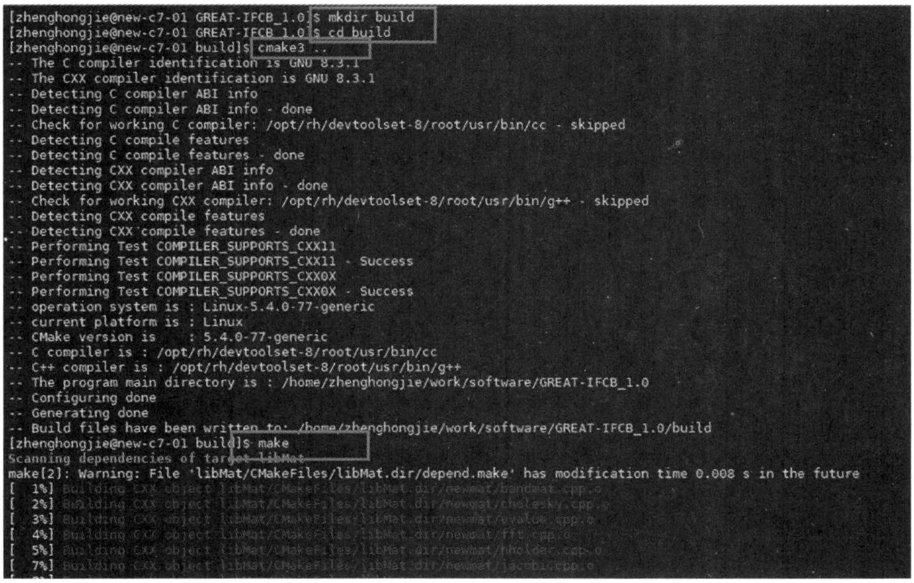

```
[zhenghongjie@new-c7-01 GREAT-IFCB_1.0]$ mkdir build
[zhenghongjie@new-c7-01 GREAT-IFCB_1.0]$ cd build
[zhenghongjie@new-c7-01 build]$ cmake3 ..
-- The C compiler identification is GNU 8.3.1
-- The CXX compiler identification is GNU 8.3.1
-- Detecting C compiler ABI info
-- Detecting C compiler ABI info - done
-- Check for working C compiler: /opt/rh/devtoolset-8/root/usr/bin/cc - skipped
-- Detecting C compile features
-- Detecting C compile features - done
-- Detecting CXX compiler ABI info
-- Detecting CXX compiler ABI info - done
-- Check for working CXX compiler: /opt/rh/devtoolset-8/root/usr/bin/g++ - skipped
-- Detecting CXX compile features
-- Detecting CXX compile features - done
-- Performing Test COMPILER_SUPPORTS_CXX11
-- Performing Test COMPILER_SUPPORTS_CXX11 - Success
-- Performing Test COMPILER_SUPPORTS_CXX0X
-- Performing Test COMPILER_SUPPORTS_CXX0X - Success
-- operation system is : Linux-5.4.0-77-generic
-- current platform is : Linux
-- CMake version is    : 5.4.0-77-generic
-- C compiler is : /opt/rh/devtoolset-8/root/usr/bin/cc
-- C++ compiler is : /opt/rh/devtoolset-8/root/usr/bin/g++
-- The program main directory is : /home/zhenghongjie/work/software/GREAT-IFCB_1.0
-- Configuring done
-- Generating done
-- Build files have been written to: /home/zhenghongjie/work/software/GREAT-IFCB_1.0/build
[zhenghongjie@new-c7-01 build]$ make
Scanning dependencies of target libMat
make[2]: Warning: File 'libMat/CMakeFiles/libMat.dir/depend.make' has modification time 0.008 s in the future
[  1%] Building CXX object libMat/CMakeFiles/libMat.dir/newmat/bandmat.cpp.o
[  2%] Building CXX object libMat/CMakeFiles/libMat.dir/newmat/cholesky.cpp.o
[  3%] Building CXX object libMat/CMakeFiles/libMat.dir/newmat/evalue.cpp.o
[  4%] Building CXX object libMat/CMakeFiles/libMat.dir/newmat/fft.cpp.o
[  5%] Building CXX object libMat/CMakeFiles/libMat.dir/newmat/hholder.cpp.o
[  7%] Building CXX object libMat/CMakeFiles/libMat.dir/newmat/jacobi.cpp.o
```

图 2. 3. 3　系统 CMake 配置结果示例

在这里，CMake 将自动找到系统上的默认 C/C++ 编译器及其构建工具。

如果 CMake 报告找不到编译器错误，如“CMake Error：CMAKE_C_COMPILER not set”，应根据链接(https://stackoverflow.com/questions/45933732/how-to-specify-a-compiler-in-cmake)指定 C/C++ 编译器的路径。同样，也可以根据链接(https://cmake.org/cmake/help/latest/manual/cmake-generators.7.html)为 CMake 指定构建工具。

2.3.3 算例

按照惯例，我们首先要了解以下字母的含义：

YYYY：4 位数的年份；YY：2 位数年份；MM：2 位数月份；DD：2 位数日；DOY：3 位数的 DOY(年积日)。

注意，本会话中提到的 Python 脚本需要 Python3.* 环境。

1. 数据准备

生成多频 GNSS IFCB 产品所需的输入文件，包括观测文件、广播星历文件、差分码偏差(DCB)文件和多频周跳文件。以下将详细描述这些输入文件。

GNSS 全球网络的观测数据可以从 CDDIS 下载。GNSS 观测数据的数量会影响 IFCB 估计结果的质量，因此不建议使用较少站点的观测数据。BDS 广播星历用于 BDS 卫星引起的码偏差校正。因此，广播星历作为 BDS 的 IFCB 估计输入文件(GPS 和 Galileo 的 IFCB 估计可以不使用广播星历)。DCB 文件用于获取码特定 IFCB(CIFCB)的值。由地球物理研究所(IGG)提供的 DCB 产品包括多 GNSS 和多频，因此建议在 IFCB 估计中使用。

同时，GREAT-IFCB 提供了 Python 脚本，可实现更方便地下载 GNSS 观测和导航文件以及 DCB 文件，这些脚本位于 <install_dir>/GREAT-IFCB_<ver>/util/batch_process 文件夹下：

download_dcb.py	Download mutli-GNSS DCB files provided by IGG. -ftp://igs.gnsswhu.cn/pub/gps/products/mgex/dcb/YYYY

多频周跳文件是自定义文件，包含模糊度周跳的信息。GREAT-IFCB 提供了名为“GREAT-PreEdit”的可执行程序来获取周跳文件。GREAT-PreEdit 可以确定无几何(GF)和 Melbourne-Wubbena 周跳，排除观测异常值，消除短弧等。GREAT-PreEdit 的配置文件以可扩展标记语言(XML)格式表示。用户可以根据不同的目的修改配置文件中的设置。由 GREAT-PreEdit 生成的周跳文件可以直接用于 IFCB 估计。

GREAT-PreEdit 的可执行程序位于<install_dir>/GREAT-IFCB_<ver>/util/PreEdit/<platform> 文件夹下。要在单个项目中运行 GREAT-PreEdit，用户只需输入以下命令行：

```
>> cd <project_dir>
>> <install_dir>\GREAT-IFCB_<ver>\util\PreEdit\<platform>\GREAT-PreEdit -x PreEdit_CONFIG.xml
```

同时，如果用户希望逐站点和逐天进行批处理，建议使用名为“PreEdit.py”的 Python 脚本。该 Python 脚本位于 <install_dir>/GREAT-IFCB_<ver>/util/batch_process 文件

夹下。可以输入“PreEdit. py -h”或“PreEdit. py --help”获取帮助信息，如图 2. 3. 4 所示。

```
Purpose: Cycle-slip detection
Usage: python  PreEdit.py  -c  <config_file>  --config=<config_file>
     -c|--config=          Reference ini file              (Required)
```

图 2. 3. 4　PreEdit. py 脚本帮助选项示例

要运行此脚本，用户需要准备一个初始化文件（. ini）。图 2. 3. 5 显示了 PreEdit. py 初始化文件的格式。此外，sitelist 的格式如图 2. 3. 6 所示。

```
[project]
; Begin Time: Year-Mon-Day
ymd_beg = 2020-01-15
; End Time  : Year-Mon-Day
ymd_end = 2020-01-20
; Begin Time in Every Day: Hour:Min:Sec
hms_beg = 00:00:00
; End Time in Every Day  : Hour:Min:Sec
hms_end = 23:55:00
; System  : G or GC or GCE or GCRE
satsys = GCER
; SiteList: Site List
sitelist = /works/sitelist
; Interval: Sample Interval in Seconds
interval = 30
; Reference XML Path
ref_xml = ref_turboedit.xml
; Working Directory
work_dir = /works/turboedit
; Software Name
software = /works/GREAT-TURBOEDIT

[process]
; Minimum Cutoff Elevation in Degree
minimum_elev = 7

[data]
; File Directory
; -YYYY- can be replaced by 4-digit year
; -DDD- can be replaced by 3-digit DOY (Day of Year)
nav_dir = /works/nav/-YYYY-/-DDD-
obs_dir = /works/obs/-YYYY-/-DDD-
ambflag_dir = /works/ambflag/-YYYY--DDD-
```

图 2. 3. 5　PreEdit. py 脚本初始化文件格式说明

```
sitelist
1 anmg
2 ascg
3 bor1
4 cas1
5 cpvg
```

图 2. 3. 6　sitelist 文件格式示例

2. IFCB 估计

在进行 IFCB 估计之前，用户需要生成配置文件。GREAT-IFCB 的输出将包括 IFCB 估计结果文件。

要在单个项目中运行“GREAT-IFCB”，用户只需输入以下命令行：

```
>> cd<install_dir>/GREAT-IFCB_<ver>/bin/<platform>
>> ./GREAT-IFCB -x IFCB_CONFIG.xml
```

同时，如果用户希望逐日进行 IFCB 估计的批处理，建议使用名为“ifcb. py”的 Python 脚本。该 Python 脚本位于 <install_dir>/GREAT-IFCB_<ver>/util/batch_process 文件夹下。可以输入“ifcb. py -h”(见图 2. 3. 7)或“ifcb. py --help”获取帮助信息。

```
usage: ifcb.py [-h] configfile

IFCB estimation batch-process script

positional arguments:
  configfile  configure ini file

optional arguments:
  -h, --help  show this help message and exit
```

图 2. 3. 7　ifcb. py 帮助选项显示的示例

要运行此脚本，用户需要准备一个初始化文件（. ini）。图 2. 3. 8 显示了 ifcb. py 初始化文件的格式。

```
[project]
; Begin Time: Year-Mon-Day
ymd_beg = 2021-01-01
; End Time   : Year-Mon-Day
ymd_end = 2021-01-02
; Begin Time in Every Day: Hour:Min:Sec
hms_beg = 00:00:00
; End Time in Every Day  : Hour:Min:Sec
hms_end = 23:55:00
; System   : G or C or E (Space separated)
satsys = G  E
; GPS BAND : (Space separated)
gps_band = 1 2 5
; GAL BAND : (Space separated)
gal_band = 1 5 7
; BDS BAND : (Space separated)
bds_band = 2 7 6
; SiteList: Site List Directory
sitelist = /works/site_list_ifcb
; Interval: Sample Interval in Seconds
interval = 30
; Working Directory
work_dir = /works/-YYYY--DDD-
; GREAT-IFCB Executable program Directory
software = /works/GREAT-IFCB_1.0/build/Bin/great_ifcb

[data]
; File Directory
; -YYYY- can be replaced by 4-digit year
; -DDD- can be replaced by 3-digit DOY (Day of Year)
dcb_dir = /works/dcb/-YYYY--DDD-
nav_dir = /works/nav/-YYYY--DDD-
obs_dir = /works/obs/-YYYY--DDD-
ambflag_dir = /works/ambflag/-YYYY--DDD-
ambflag13_dir = /works/ambflag13/-YYYY--DDD-
```

图 2. 3. 8　ifcb. py 脚本初始化配置文件格式说明

3. 结果绘制与分析工具

GREAT-IFCB 提供了用于绘制和分析 IFCB 估计结果的 Python 脚本，这些脚本位于 <install_dir>/GREAT-IFCB_<ver>/util/ifcb_analysis 文件夹下。每个脚本的描述如下：

draw_ifcb. py	绘制 GPS、Galileo 和 BDS 的 IFCB 估计结果。
draw_rms_ifcb. py	绘制 IFCB 估计的均方根(RMS)统计数据。
utils. py	常用功能，如读取 IFCB 结果文件。
gnss_time. py	提供 GNSS 时间相关功能。

以 2021 年第 001 到 006 天的 GPS 卫星 IFCB 估计为例。

draw_ifcb. py：可以输入"draw_ifcb. py -h"(见图 2.3.9)或"draw_ifcb. py --help"获取帮助信息。图 2.3.10 显示了 2021 年第 001 到 006 天的 GPS 卫星 IFCB 序列估计。

```
usage: draw_ifcb.py [-h] beg_year beg_doy days system data_dir

draw IFCB series script

positional arguments:
  beg_year    beg year of IFCB products. (e.g. 2021)
  beg_doy     beg doy of IFCB products. (e.g. 001)
  days        days of IFCB products. (e.g. 10)
  system      satellite system of IFCB products. (e.g. G or GE or GCE)
  data_dir    directory of IFCB products. (-YYYY- can be repleaced by 4-digit year;
-DDD- can be repleaced by 3-digit year; e.g. /works/-YYYY--DDD-)

optional arguments:
  -h, --help  show this help message and exit
```

图 2.3.9　draw_ifcb. py 脚本帮助选项显示的示例

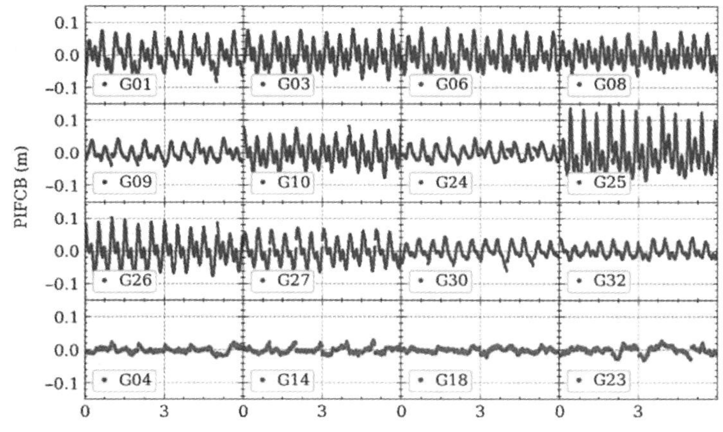

图 2.3.10　IFCB 估计产品的绘图结果示例

draw_rms_ifcb. py：可以输入"draw_rms_ifcb. py -h"(见图 2.3.11)或"draw_rms_ifcb. py --help"获取帮助信息，绘图效果如图 2.3.12 所示。

```
usage: draw_rms_ifcb.py [-h] beg_year beg_doy days system data_dir

draw RMS of IFCB series script

positional arguments:
  beg_year    beg year of IFCB products. (e.g. 2021)
  beg_doy     beg doy of IFCB products. (e.g. 001)
  days        days of IFCB products. (e.g. 10)
  system      satellite system of IFCB products. (e.g. G or GE or GCE)
  data_dir    directory of IFCB products. (-YYYY- can be repleaced by 4-digit year;
              -DDD- can be repleaced by 3-digit year; e.g. /works/-YYYY--DDD-)

optional arguments:
  -h, --help  show this help message and exit
```

图 2.3.11　draw_rms_ifcb.py 脚本帮助信息示例

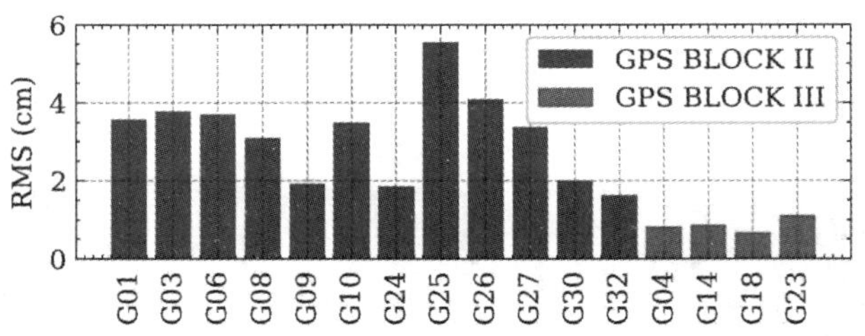

图 2.3.12　IFCB 估计产品的 RMS 统计结果绘图实例

4. 配置 GREAT-PreEdit 的 XML

包含处理选项、解决方案选项和文件选项的配置文件以 XML 格式表示，其中包含表示各种选项的“Keyword = Value”形式的记录。以“<! -”开头并以“->”结尾的文本被视为注释。表 2.3.1 显示了配置 GREAT-PreEdit 的 XML 文件的格式。

表 2.3.1　**配置 GREAT-PreEdit 的 XML 文件格式**

Item	Descriptions	Element in XML File
General Settings for PreEdit (First Level Element)		**<gen>**
Begin Time	Set begin time in form of GPS time. The format is, "YYYY-MM-DD hh: mm: ss".	<beg>
End Time	Set end time in form of GPS time. The format is, "YYYY-MM-DD hh: mm: ss".	<end>
Station List	Set station list for cycle slip detection.	<rec>
Satellite Systems	Set satellite systems for cycle slip detection.	<sys>
Sampling Interval	Set sampling interval of cycle slip detection.	<int>
Input Files Settings for PreEdit (First Level Element)		**<inputs>**
RINEX OBS File	RINEX observationfile used for cycle slip detection. Note that it supports RINEX 2.10, 2.11, 2.12, 3.00, 3.01, 3.02, 3.03, 3.04 OBS.	<rinexo>
RINEX NAV File	RINEXnavigation file used for cycle slip detection. Note that it supports RINEX 2.10, 2.11, 2.12, 3.00, 3.01, 3.02, 3.03, 3.04 NAV.	<rinexn>

续表

Item	Descriptions	Element in XML File
Satellite Settings for PreEdit (First Level Element)		**<gps>/<bds>/<gal>/<glo>**
Satellite PRN List	Set the satellites for cycle slip detection. Fill in the PRN numbers of the satellites separated by spaces.	<sat>
Band	Set observation band of specified satellite system. - GPS: 1->L1, 2->L2, 5->L5 - GAL: 1->E1, 5->E5a, 7->E5b - BDS: 2->B1, 7->B2, 6->B3 - GLO: 1->G1, 2->G2	<band>
Processing Settings for PreEdit (First Level Element)		**<process>**
Elevation Mask	Set elevation mask angle in degree, the corresponding attribute is "minimum_elev".	
PreEdit Settings for PreEdit (First Level Element)		**<PreEdit>**
Use Ephemeris	Check whether use broadcast ephemeris, the corresponding attribute is "valid". The value of "valid" is optional: - true: use broadcast ephemeris - false: not use broadcast ephemeris	<ephemeris>
Check PC Combination	Whether check thedifference between PC combination and geometric distance. Optional "attribute-value" pairs are showed as follows, - "pc_limit": threshold of residuals in meter, its value can be any positive number - "valid": "true" or "false", which means check or not	<check_pc>
Check LWLG	whether check MW+GF combination of the two specified bands. Optional "attribute-value" pairs are showed as follows, - "lw_limit": threshold of residuals in cycle (MW), its value can be any positive number - "lg_limit": threshold of residuals in cycle (GF), its value can be any positive number - "lg_rms_limit": threshold of standard deviation of residuals in cycle (GF), its value can be any positive number - "valid": "true" or "false", which means check or not	<check_lwlg>
Large Gap	Ambiguity is inserted if data missing is longer than this setting, the corresponding attribute is "gap_limit". The value of "gap_limit" can be any positive number, unit: second.	<length_gap>
Short Arc	Data piece shorter than this setting is considered as short piece, the corresponding attribute is "short_limit". The value of "short_limit" can be any positive number, unit: second.	<length_short>

续表

Item	Descriptions	Element in XML File
Check Statistics	Whether check statistics. Optional "attribute-value" pairs are showed as follows, - "min_percent": the percentage of epochs (> 4 satellites) in all epochs - "min_mean_nprn": minimum mean satellite number (total observation number divided by epoch number) - "max_mean_namb": maximum mean ambiguity number (total ambiguity number divided by satellitenumber) - "valid": "true" or "false", which means check or not	<statistical_threshold>
Output Files Settings for PreEdit (First Level Element)		**<outputs>**
Append	Whether to rewrite the log in original log file, the corresponding attribute is "append". Thevalue of "append" is optional: - true: append - false: not append	
Verb	Set log file output level, the corresponding attribute is "verb". The value of "verb" is optional: - 0/1/2/3/4/5 (5: highest > 0: lowest)	
Log File	Set output log file.	<log>
Ambflag File	Set output Ambflag file.	<ambflag>

PreEdit 的 XML 配置文件示例如图 2.3.13 所示。

```xml
<config>
 <gen>                                    <!-- general descriptions -->
   <beg> 2017-07-29 00:00:00 </beg> <!-- beg time -->
   <end> 2017-07-29 23:59:59 </end> <!-- end time -->
   <sys> GPS GAL BDS GLO </sys>       <!-- GNSS system: GPS/GLO/BDS/GAL -->
   <rec> GOP7 </rec>                  <!-- processing sites -->
   <int> 30 </int>                    <!-- sampling interval -->
 </gen>

 <inputs>                                <!-- input descriptions -->
   <rinexo> gop72100.17o </rinexo> <!-- obs RINEX decoder -->
   <rinexn> brdm2100.17p </rinexn> <!-- nav RINEX decoder -->
 </inputs>

<gps>                       <!-- list of GPS satellites and observation bands -->
  <sat> G01  G02  G03  G04  G05  G06  G07  G08  G09  G10 </sat>
  <band> 1 2 </band>        <!-- 1->L1,2->L2,5->L5 -->
</gps>

<gal>                       <!-- list of Galileo satellites and observation bands -->
  <sat> E01  E02  E03  E04  E05  E06  E07  E08  E09  E10 </sat>
  <band> 1 5 </band>        <!-- 1->E1,5->E5a,7->E5b -->
</gal>

<bds>                       <!-- list of BDS satellites and observation bands -->
  <sat> C01  C02  C03  C04  C05  C06  C07  C08  C09  C10 </sat>
  <band> 2 7 </band>        <!-- 2->B1,7->B2,6->B3 -->
</bds>

<glo>                       <!-- list of GLONASS satellites and observation bands -->
  <sat> R01  R02  R03  R04  R05  R06  R07  R08  R09  R10 </sat>
  <band> 1 2 </band>        <!-- 1->G1,2->G2 -->
</glo>

<process  minimum_elev="7"  />  <!-- minimum elevation -->

<turboedit>                                            <!-- turboedit settings -->
 <ephemeris    valid="true"   />                      <!-- whether use ephemeris, For PC check and elev check should set true -->
 <check_pc     pc_limit="250"  valid="true" />        <!-- whether check range residuals, unit: m -->
 <check_lwlg   lw_limit="4"  lg_limit="1"  lg_rms_limit="2" valid="true" /> <!-- whether check MW+GF combination, unit: cycle -->
 <length_gap   gap_limit="600"   />                   <!-- ambiguity is inserted if data missing longer, unit:s, default 600s -->
 <length_short short_limit="300" />                   <!-- data piece shorter considered as short piece, unit:s, default 1800s -->
 <statistical_threshold min_percent="60"  min_mean_nprn="4"  max_mean_namb="3"  valid="true" />  <!-- statistical threshold -->
</turboedit>

 <outputs append="false" verb="1">                     <!-- output descriptions  -->
   <log> LOGRT.xml.log </log>                          <!-- log encoder -->
   <ambflag> ambflag/$(rec)-DOY-0.-YY-o.ambflag </ambflag> <!-- ambflag encoder -->
 </outputs>
</config>
```

图 2.3.13　PreEdit 的 XML 配置文件示例

5. 配置 GREAT-IFCB 的 XML

包含处理选项、解决方案选项和文件选项的配置文件以 XML 格式表示，其中包含表示各种选项的“Keyword = Value”形式的记录。以“<! -”开头并以“->”结尾的文本被视为注释。表 2.3.2 显示了配置 GREAT-IFCB 的 XML 文件的格式。

表 2.3.2　**配置 GREAT-IFCB 的 XML 文件的格式**

Item	Descriptions	Element in XML File
General Settings for IFCB Estimation (First Level Element)		**<gen>**
Begin Time	Set begin time in form of GPS time. The format is, "YYYY-MM-DD hh: mm: ss".	<beg>
End Time	Set end time in form of GPS time. The format is, "YYYY-MM-DD hh: mm: ss".	<end>
StationList	Set station list for IFCB estimation.	<rec>
Satellite System	Set satellite system for IFCB estimation. Note that only one system is allowed here.	<sys>
Sampling Interval	Set sampling interval of IFCB estimation.	<int>
Excluded Satellites	Set the excluded satellites for IFCB estimation. Fill in the PRN numbers of the satellites separated by spaces.	<sat_rm>
Input Files Settings for IFCB Estimation (First Level Element)		**<inputs>**
RINEX OBS File	RINEX observationfile used for IFCB estimation. Note that it supports RINEX 2.10, 2.11, 2.12, 3.00, 3.01, 3.02, 3.03, 3.04 OBS.	<rinexo>
RINEX NAV File	RINEXnavigation file used for IFCB estimation. Note that it supports RINEX 2.10, 2.11, 2.12, 3.00, 3.01, 3.02, 3.03, 3.04 NAV.	<rinexn>
DCB File	DCBfile used for IFCB estimation. It is in IGG format.	<biabern>
Ambflag File	Ambflag file of freq1/2 used for IFCB estimation.	<ambflag>
Ambflag File	Ambflag file of freq1/3 used for IFCB estimation.	<ambflag13>
Satellite Systems Settingsfor IFCB Estimation (First Level Element)		**<gps> or <bds> or <gal>**
Band	band used in each system	<band>
Freq	order of using band in combined observations	<freq>
Output Files Settings for IFCB Estimation (First Level Element)		**<outputs>**
Append	Whether torewrite the log in original log file, the corresponding attribute is "append". The value of "append" is optional: - true: append - false: not append	
Verb	Set log file output level, the corresponding attribute is "verb". The value of "verb" is optional: - 0/1/2/3/4/5 (5: highest > 0: lowest)	
Log File	Set output log file.	<log>
IFCB File	Set output IFCB file.	<ifcb>

IFCB 估计程序 XML 配置文件示例，如图 2.3.14 所示。

```xml
<?xml version="1.0" encoding="utf-8"?>
<config>
<!-- general descriptions -->
<gen>
    <beg> 2021-01-03 00:00:00 </beg> <!-- beg time -->
    <end> 2021-01-03 23:55:00 </end> <!-- end time -->
    <sys> GPS BDS GAL </sys>         <!-- GNSS system: GPS/BDS/GAL -->
    <rec> SOLO        </rec>         <!-- processing sites -->
    <int> 30             </int>         <!-- sampling interval -->
    <sat_rm> </sat_rm>              <!-- exclude certain satellites during IFCB estimation -->
</gen>

<!-- input descriptions -->
<inputs>
    <rinexn> brdm0030.21p </rinexn> <!-- obs RINEX decoder -->
    <rinexo> solo0030.21o </rinexo> <!-- nav RINEX decoder -->
    <biabern>CAS0MGXRAP_20210030000_01D_01D_DCB.BSX</biabern> <!-- code bias decoder -->
    <ambflag> ambflag/solo0030.21o.ambflag </ambflag> <!-- ambflag decoder: cycle slip of freq1/2 [ Corresponding to <freq> tag]-->
    <ambflag13> ambflag13/solo0030.21o.ambflag13 </ambflag13> <!-- ambflag decoder: cycle slip of freq2/3 [ Corresponding to <freq> tag] -->
</inputs>

<!-- system descriptions -->
<gps>
    <band>1 2 5</band>  <!-- band used in GPS observations -->
    <freq>1 2 3</freq>  <!-- order of using GPS band in combined observations -->
</gps>
<bds>
    <band>2 7 6</band>  <!-- band used in BDS observations -->
    <freq>1 2 3</freq>  <!-- order of using BDS band in combined observations -->
</bds>
<gal>
    <band>1 5 7</band>  <!-- band used in GAL observations -->
    <freq>1 2 3</freq>  <!-- order of using GAL band in combined observations -->
</gal>

<!-- output descriptions  -->
<outputs append="false" verb="0">
    <log> LOGRT.log </log>           <!-- log encoder -->
    <ifcb> ifcb_2021003_GCE </ifcb> <!-- upd encoder -->
</outputs>
</config>
```

图 2.3.14　IFCB 估计程序 XML 配置文件示例

6. 周跳文件格式

Ambflag 文件是 GREAT-PreEdit 的输出文件，它是一个包含站点周跳信息的文本文件。它是 IFCB 估计的输入文件之一。该文件通过 CR/LF 分隔为记录或行。每条记录由多个字段组成。表 2.3.3 显示了 ambflag 文件的格式。注意：为了适应批处理 Python 脚本，须将 ambflag 文件命名为"siteDOY0. YYo. ambflag"。

表 2.3.3　**ambflag 文件格式**

No	Header Label (Columns 61-80)	Header Section Description	Formats
1	SOFTWARE/DATE	- Name of program creating current file - Date and time of filecreation	A20,20X, A16,4X
2	STATION	- Name of station	A4,56X
3	SYS/FREQ1/FREQ2	- Different satellite systems (GPS/GAL/GLO/BDS) - The first band used to cycle slip (MW+GF check) - The second band used to cycle slip (MW+GF check) Frequency: GPS=>L1, L2, L5 GAL=>E1, E5a, E5b BDS=>B1, B2, B3 GLO=>G1, G2	A3,3X, A3,3X, A3,45X

续表

No	Header Label (Columns 61-80)	Header Section Description	Formats
4	BEGIN TIME	- Begin Time of the cycle slip information (4-digit-year, month, day, hour, min, sec) - Time system (fixed as GPST)	I6,4I4,F7.2 11X,A4,16X
5	END TIME	- End Time of the cycle slip information (4-digit-year,month, day, hour, min, sec) - Time system (fixed as GPST)	I6,4I4,F7.2 11X,A4,16X
6	INTERVAL	- Interval in seconds	F10.2,50X
7	END OF HEADER	-Last record in the header section	60X
No	DataRecord/Field	Data SectionDescription	Formats
1	Cycle slip Messages	A linecontains cycle slip and some additional information.	
(1)	Ambiguity flag	The flag which indicates theavailability of GNSS observations. AMB: Available observation arcs, whichmeans you need to insert or update ambiguities. BAD: Not re-initialize ambiguities, only exclude bad observations. DEL: Unavailable observation arcs due to long-term data interruption or poor data quality.	A3, 3X
(2)	PRN number	PRN number ofGNSS satellite.	A3
(3)	Begin epoch	Begin epoch (from the start time, at certain intervals).	I8
(4)	End epoch	End epoch (from the start time, at certain intervals).	I8
(5)	Reason descriptions	The description of ambiguity flag.	4X,A16

ambflag 文件格式示例如图 2.3.15 所示。

```
     GREAT-PreEdit                                        05-May-2020    SOFTWARE / DATE
AREG                                                                       STATION
GPS     L1     L2                                                          SYS / FREQ1 / FREQ2
GAL     E1     E5a                                                         SYS / FREQ1 / FREQ2
GLO     G1     G2                                                          SYS / FREQ1 / FREQ2
BDS     B1     B2                                                          SYS / FREQ1 / FREQ2
  2020  01  01  00  00  00.00           GPST                               BEGIN TIME
  2020  01  01  23  55  00.00           GPST                               END TIME
     30.00                                                                 INTERVAL
                                                                           END OF HEADER
AMB   E04        1     314    RN_biggap
AMB   E12        1     314    RN_biggap
AMB   E14        1     107    RN_biggap
AMB   E19        1     314    RN_biggap
AMB   E21        1     314    RN_biggap
AMB   E26        1     182    RN_biggap
AMB   E33        1     314    RN_biggap
AMB   G01        1     314    RN_biggap
AMB   G03        1     314    RN_biggap
DEL   G04        1    2798    RN_mixed
AMB   G08        1     121    RN_biggap
```

图 2.3.15 ambflag 文件格式示例

7.IFCB 文件格式

IFCB 文件是 GREAT-IFCB 的输出文件,包含 IFCB 记录。每行表示指定卫星的一个 IFCB 记录。表 2. 3. 4 显示了 IFCB 文件的格式。

表 2. 3. 4 **IFCB 文件格式**

No	Record/Field	Description	Formats
1	IFCB messages	A linecontains IFCB information, which consists of the following fields.	
(1)	Epoch time	Itindicates the valid time of IFCB. The format is showed as follows. - " EPOCH-TIME" - Modified Julian Day - Time of a day in seconds	 1X,A 2X,I6 2X,F8. 1
(2)	IFCB messages	A linecontains value and standard deviation of IFCB for specified satellite. -Availability indicator (" " => available, "x" => unavailable) - PRN number - IFCB value, unit: cycle - standard deviation of IFCB - Number of stations used for specified satellite IFCB estimation	 A1 A3 8X,F10. 3 F10. 3 I5

IFCB 文件格式如图 2. 3. 16 所示。

```
 EPOCH-TIME   58689   86040.0
 G01           -0.011     0.005   54
xG02            0.000 10000.000    0
 G03           -0.019     0.007   43
xG04            0.000 10000.000    0
xG05            0.000 10000.000    0
 G06            0.012     0.032   28
xG07            0.000 10000.000    0
 G08            0.017     0.008   72
 G09            0.001     0.009   59
 G10           -0.011     0.007   30
 EPOCH-TIME   58689   86070.0
 G01           -0.013     0.006   54
xG02            0.000 10000.000    0
 G03           -0.020     0.008   42
xG04            0.000 10000.000    0
xG05            0.000 10000.000    0
 G06            0.011     0.005   28
xG07            0.000 10000.000    0
 G08            0.016     0.008   72
 G09            0.001     0.006   59
 G10
```

图 2. 3. 16 IFCB 文件格式示例

2. 4 GREAT-PVT 使用教程

2. 4. 1 软件编译与安装

该软件包可以在网站 https://github. com/GREAT-WHU 下载。将软件包 GREAT-PVT_

<ver>. zip 解压到适当的目录<install_dir>，GREAT-PVT 目录结构如表 2.4.1 所示。

表 2.4.1 **GREAT-PVT 软件目录结构**

目录/文件	目录/文件	说　明
./bin		可执行程序
	./Linux	Linux 系统可执行程序
	./Windows	Windows 系统可执行程序
./src		源代码
	./app	GREAT-PVT 主程序
	./LibGREAT	PPP、RTK 解算库
	./LibGnut	Gnut 库
	./third-party	三方库(Eigen)
	CMakeLists. txt	CMakeLists 文件
./ sample_data		算例数据
	./PPPFLT_2023304	PPP 算例
	./RTKFLT_2020351	RTK 算例
./util		脚本工具
	./ batch_process	PPP 批处理脚本
	./plot	画图脚本
	./poleut1	地球定向参数生成程序
./doc		文档文件
	GREAT_PPP. xml	PPP 配置文件模板
	GREAT_RTK. xml	RTK 配置文件模板
	GREAT-PVT_1. 0. pdf	用户指南

1. Windows 环境

使用文件夹<install_dir>/GREAT-PVT_<ver>/bin/Windows 下的现有程序，或者自行编译可执行程序。以下说明展示了如何在 Windows 中构建 GREAT-PVT 可执行程序。

(1)通过网站(https://cmake. org/download/)获取并安装 CMake。请注意，CMake 版本的最低要求是 3.0.0。

(2)执行 cmake-gui。

(3)执行“Browse Source...”，然后选择目录<install_dir>/GREAT-PVT_<ver>/src，或者将目录<install_dir>/GREAT-PVT_<ver>/src 中的 CMakeList. txt 拖放到 cmake-gui 界面。然后将属性“Where to build the binaries”修改为<install_dir>/GREAT-PVT_<ver>/src/build。

(4)执行“Configure”，并为项目选择集成开发环境(Integrated Development

Environment，IDE)(仅在第一次单击“Configure”按钮时出现)，如图 2.4.1 所示。

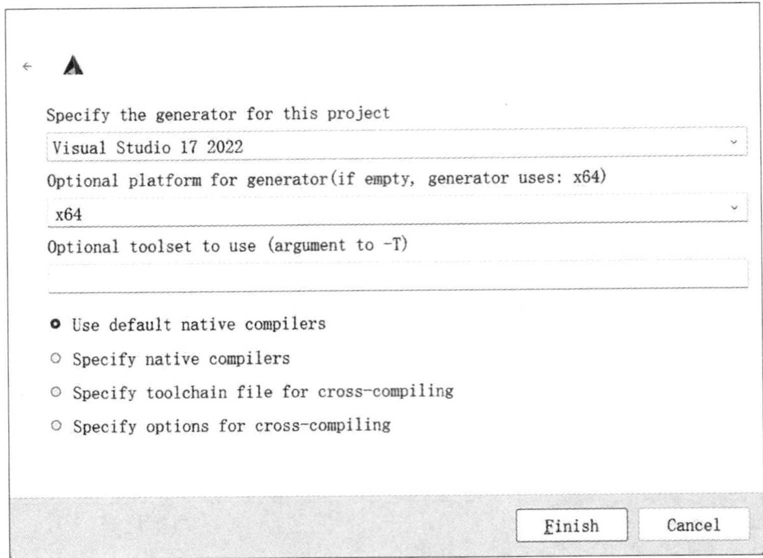

图 2.4.1　IDE 选择示例

(5)配置三方库路径，如图 2.4.2 所示。

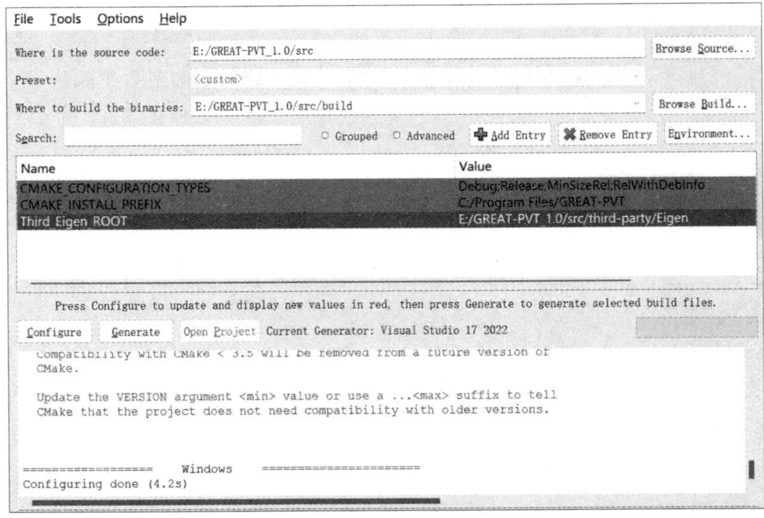

图 2.4.2　配置三方库路径

(6)执行“Generate”，将构建文件写入<install_dir>/GREAT-PVT_<ver>/src/build，如图 2.4.3 所示。

(7)执行“Open Project”，然后在相应的 IDE 中编译源代码。

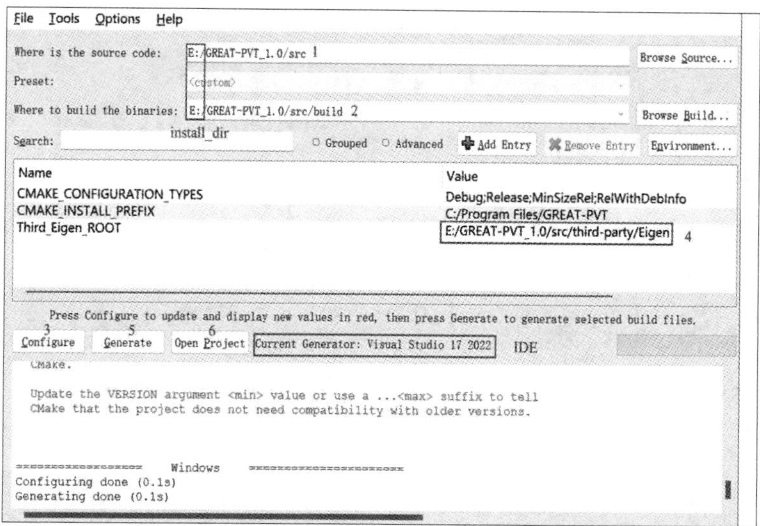

图 2.4.3 GREAT-PVT 在 Windows 环境下的编译过程

2. Linux 环境

对于 Linux 环境，用户可以使用文件夹<install_dir>/GREAT-PVT<ver>/bin/<platform>(Linux)下的现有程序。在此之前，请在终端中输入 export LD_LIBRARY_PATH=<install_dir>/GREAT-PVT_<ver>/bin/Linux，以此加载相关的共享库。也可以按照以下说明在 Linux 上重新构建 GREAT-PVT 可执行程序。

(1)登录网站(https://cmake.org/download/)下载 CMake 安装包并安装(见图 2.4.4)。请注意，CMake 的最低版本要求是 3.0.0。

(2)在目录<install_dir>/GREAT-PVT_<ver>/src 中创建“build”目录并切换到该目录。

```
mkdir build
cd build/
```

(3)执行 cmake3 ../然后执行 make -j8 以编译源代码。GREAT-PVT 的可执行程序可以在<install_dir>/GREAT-PVT_<ver>/src/build_Linux/Bin 中找到。

```
cmake3 ..
make -j8
```

在这里，CMake 将自动找到系统上的默认 C/C++ 编译器及其构建工具。如果 CMake 报告找不到编译器错误，如“CMake Error: CMAKE_C_COMPILER not set”，应根据链接(https://stackoverflow.com/questions/45933732/how-to-specify-a-compiler-in-cmake)指定 C/C++ 编译器的路径。同样，可以根据链接(https://cmake.org/cmake/help/latest/manual/cmake-generators.7.html)为 CMake 指定构建工具。

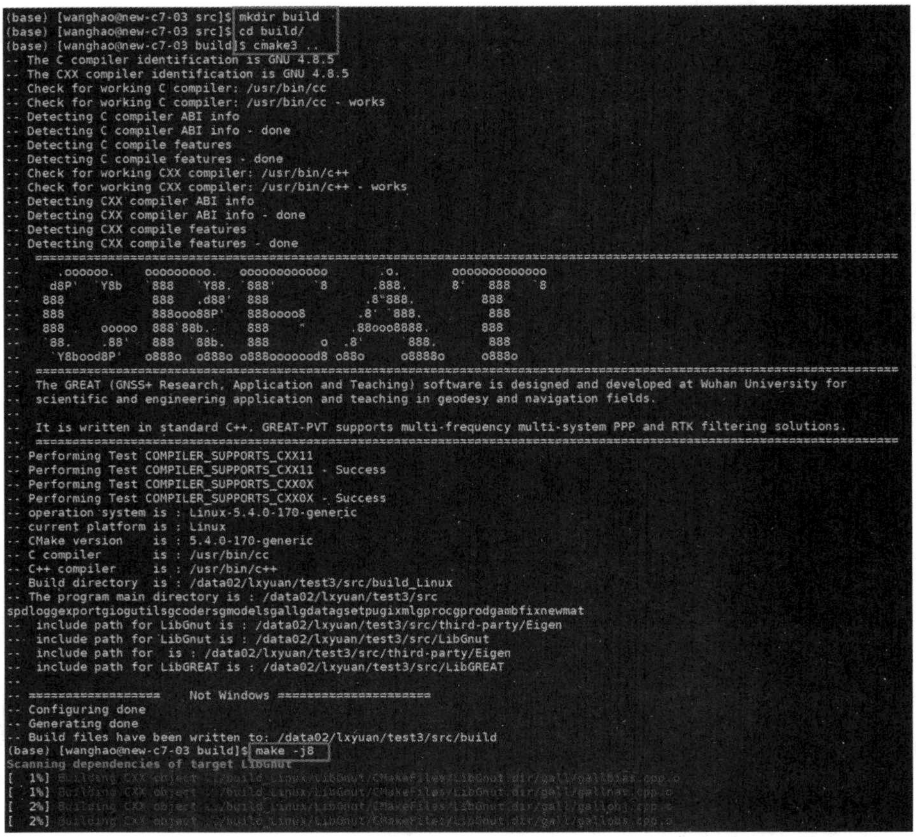

```
(base) [wanghao@new-c7-03 src]$ mkdir build
(base) [wanghao@new-c7-03 src]$ cd build/
(base) [wanghao@new-c7-03 build]$ cmake3 ..
-- The C compiler identification is GNU 4.8.5
-- The CXX compiler identification is GNU 4.8.5
-- Check for working C compiler: /usr/bin/cc
-- Check for working C compiler: /usr/bin/cc - works
-- Detecting C compiler ABI info
-- Detecting C compiler ABI info - done
-- Detecting C compile features
-- Detecting C compile features - done
-- Check for working CXX compiler: /usr/bin/c++
-- Check for working CXX compiler: /usr/bin/c++ - works
-- Detecting CXX compiler ABI info
-- Detecting CXX compiler ABI info - done
-- Detecting CXX compile features
-- Detecting CXX compile features - done
--  ==========================================================================================
--     .oooooo.    ooooooooo.   oooooooooooo       .o.       oooooooooooo
--    d8P'  `Y8b   `888   `Y88. `888'     `8      .888.      8'   888   `8
--   888            888   .d88'  888             .8"888.          888
--   888            888ooo88P'   888oooo8       .8' `888.         888
--   888     ooooo  888`88b.     888    "      .88ooo8888.        888
--   `88.    .88'   888  `88b.   888       o  .8'     `888.       888
--    `Y8bood8P'   o888o  o888o o888ooooood8 o88o     o8888o     o888o
--  ==========================================================================================
--  The GREAT (GNSS+ Research, Application and Teaching) software is designed and developed at Wuhan University for
--  scientific and engineering application and teaching in geodesy and navigation fields.
--
--  It is written in standard C++. GREAT-PVT supports multi-frequency multi-system PPP and RTK filtering solutions.
--  ==========================================================================================
-- Performing Test COMPILER_SUPPORTS_CXX11
-- Performing Test COMPILER_SUPPORTS_CXX11 - Success
-- Performing Test COMPILER_SUPPORTS_CXX0X
-- Performing Test COMPILER_SUPPORTS_CXX0X - Success
-- operation system is : Linux-5.4.0-170-generic
-- current platform is : Linux
-- CMake version    is : 5.4.0-170-generic
-- C compiler       is : /usr/bin/cc
-- C++ compiler     is : /usr/bin/c++
-- Build directory  is : /data02/lxyuan/test3/src/build_Linux
-- The program main directory is : /data02/lxyuan/test3/src
spdloggexportgiogutilsgcodersgmodelsgallgdatagsetpugixmlgprocgprodgambfixnewmat
--  include path for LibGnut is : /data02/lxyuan/test3/src/third-party/Eigen
--  include path for LibGnut is : /data02/lxyuan/test3/src/LibGnut
--  include path for  is : /data02/lxyuan/test3/src/third-party/Eigen
--  include path for LibGREAT is : /data02/lxyuan/test3/src/LibGREAT
--
-- =================   Not Windows ====================
-- Configuring done
-- Generating done
-- Build files have been written to: /data02/lxyuan/test3/src/build
(base) [wanghao@new-c7-03 build]$ make -j8
Scanning dependencies of target LibGnut
[  1%] Building CXX object ../build_Linux/LibGnut/CMakeFiles/LibGnut.dir/gall/gallbias.cpp.o
[  1%] Building CXX object ../build_Linux/LibGnut/CMakeFiles/LibGnut.dir/gall/gallnav.cpp.o
[  2%] Building CXX object ../build_Linux/LibGnut/CMakeFiles/LibGnut.dir/gall/gallobj.cpp.o
[  2%] Building CXX object ../build_Linux/LibGnut/CMakeFiles/LibGnut.dir/gall/gallobs.cpp.o
```

图 2.4.4　Linux 系统 CMake 配置结果示例

2.4.2　软件和工具使用说明

1. 数据下载

GREAT-PVT 软件所需的输入文件包括观测值、广播星历、精密轨道、精密钟差、差分码偏差(Differential Code Bias，DCB)、频率间钟偏差(Inter-frequency Clock Bias，IFCB)、未校准相位硬件延迟(Uncalibrated Phase Delay，UPD)、IGS 天线文件、行星星历文件、海潮文件、地球定向参数文件，其中 GRAET-UPD 与 GREAT-IFCB 已经在 https://github.com/GREAT-WHU 上公开，表 2.4.2 和表 2.4.3 分别列出了 GREAT-PVT 软件所需输入文件的格式说明和获取方式。

表 2.4.2　**GREAT-PVT 所需输入文件及文件格式说明**

输入文件	文件描述	文件格式说明
RINEXO	GNSS 观测值	https://files.igs.org/pub/data/format/rinex304.pdf
RINEXN	广播星历	https://files.igs.org/pub/data/format/rinex304.pdf

续表

输入文件	文件描述	文件格式说明
SP3	精密轨道	https://files.igs.org/pub/data/format/sp3d.pdf
RINEXC	精密钟差	https://files.igs.org/pub/data/format/rinex_clock304.txt
DCB	差分码偏差	https://files.igs.org/pub/data/format/sinex_bias_100.pdf
IFCB	频率间钟偏差	https://github.com/GREAT-WHU/GREAT-IFCB/blob/main/doc/GREAT-IFCB_1.0.pdf
UPD	未校准相位硬件延迟	https://github.com/GREAT-WHU/GREAT-UPD/blob/main/doc/GREAT-UPD_1.0.pdf
jpleph_de405	行星星历	https://ssd.jpl.nasa.gov/planets/eph_export.html
oceanload	海潮文件	http://holt.oso.chalmers.se/loading/example_blq.html
poleut1	地球定向参数文件	参见 2.4.3 小节
atx	天线文件	https://files.igs.org/pub/station/general/antex14.txt

表 2.4.3　**GREAT-PVT 输入文件及数据获取方式说明**

输入文件	文件描述	数据获取方式说明
RINEXO	GNSS 观测值	https://cddis.nasa.gov/archive/gnss/data/daily/
RINEXN	广播星历	https://cddis.nasa.gov/archive/gnss/data/daily/2024/brdc/
SP3	精密轨道	https://cddis.nasa.gov/archive/gnss/products/
RINEXC	精密钟差	https://cddis.nasa.gov/archive/gnss/products/
DCB	差分码偏差	https://cddis.nasa.gov/archive/gnss/products/bias/
IFCB	频率间钟偏差	https://github.com/GREAT-WHU/GREAT-IFCB
UPD	未校准相位硬件延迟	https://github.com/GREAT-WHU/GREAT-UPD
jpleph_de405	行星星历	https://ssd.jpl.nasa.gov/ftp/eph/planets/Linux/
oceanload	海潮文件	http://holt.oso.chalmers.se/loading
poleut1	地球定向参数文件	参见 2.4.3 小节
atx	天线文件	https://files.igs.org/pub/station/general/pcv_archive/

2. GREAT-PVT 软件使用

1)单天解算

在进行 GREAT-PVT 精密定位解算之前，用户需要生成 XML(Extensible Markup Language，可扩展标记语言)格式的配置文件。为方便参考和修改，分别为 PPP 和 RTK 解算提供了名为“GREAT_PPP.xml”和“GREAT_RTK.xml”的模板配置文件，该文件位于<install_dir>/GREAT-PVT_<ver>/doc 文件夹下。

要在单个项目中运行 GREAT-PVT，用户只需要输入命令行：

```
1. cd <path_to_config>
2. <path_to_executable>/GREAT-PVT -x <CONFIG>. xml
```

<path_to_config>、<path_to_executable>和<CONFIG>分别表示配置文件路径、GREAT-PVT 可执行程序的路径和 xml 配置文件名。

2）多天解算

GREAT-PVT 提供了 PPP 批处理解算 Python 脚本和示例数据，位于文件夹<install_dir>/GREAT-PVT_<ver>/util/batch_process 中，文件目录结构如表 2.4.4 所示。

表 2.4.4　**PPP 批处理文件目录结构**

目录/文件	说　明
./data	批处理示例数据
./ini	配置文件
./project	批处理结果输出文件夹
./PythonScripts	Python 脚本文件
./sitelist	测站列表
./xml	批处理模板 xml

PythonScripts 文件夹下各脚本描述如表 2.4.5 所示。

表 2.4.5　**PPP 批处理脚本文件说明**

Python 脚本	说　明
run_cmd_pppflt_multi. py	PPP 批量解算主程序脚本
gnss_sitelist_io. py	提供 GNSS 测站文件的读取总接口
gnss_ini_tool. py	用于管理数据池，读取输入数据
gnss_print_tool. py	负责将解算过程的关键信息和状态实时输出到终端
gnss_run_tool. py	提供命令行的操作和执行功能
gnss_timestran_tool. py	负责 GNSS 数据处理中的时间格式转换与计算
gnss_xml_tool. py	对 XML 配置文件的解析与生成

表 2.4.6 给出了 ./ini 文件下 run_pppflt. ini 配置文件说明，首先介绍以下字母所代表的含义：

YYYY：4 位数的年份；YY：2 位数的年份；MM：2 位数月份；DD：2 位数天；

DOY：3 位数年积日；

hh：2 位数小时；mm：2 位数分钟；ss：2 位数秒；
SITE：测站名。

表 2.4.6 **PPP 批处理配置文件说明**

配置节点	说　　明
beg_time	起始时间<YYYY DOY>
end_time	结束时间<YYYY DOY>
int_time	解算时间间隔(天)
site_path	测站列表路径
project_path	结果输出文件路径
great_pppflt	GREAT-PVT 可执行程序路径
great_pppflt_xml	批处理模板 xml 文件路径
rinexo_name	观测值文件名 例如<SITE><DOY>0. <YY>o
rinexc_name	精密钟差文件名 例如 COD0MGXFIN_<YYYY><DOY>0000_01D_30S_CLK. CLK
rinexn_name	广播星历文件名 例如 brdc <DOY>0. <YY>p
bia_name	差分码偏差文件名 例如 CAS0MGXRAP_<YYYY><DOY>0000_01D_01D_DCB. BSX
sp3_name	精密星历文件名 例如 COD0MGXFIN_<YYYY><DOY>0000_01D_05M_ORB. SP3
ifcb_name	频率间钟偏差文件名 例如 ifcb_<YYYY><DOY>
upd_name	未校准相位硬件延迟文件名 例如 upd_wl_<YYYY><DOY>_GREC upd_nl_<YYYY><DOY>_GREC
systerm_de	行星星历文件 jpleph_de405_great
systerm_atx	天线文件 igs20_2290. atx
systerm_blq	海潮文件 oceanload
systerm_eop	地球定向参数文件 poleut1
systerm_path	系统文件路径
rinexo_path	观测值文件路径
rinexc_path	精密钟差文件路径
rinexn_path	广播星历文件路径

续表

配置节点	说　　明
bia_path	差分码偏差文件路径
sp3_path	精密星历文件路径
ifcb_path	频率间钟偏差文件路径
upd_path	未校准相位硬件延迟文件路径

将数据准备在 ./data 文件夹下后，设置配置文件“run_pppflt. ini”，如图 2.4.5 所示，在运行脚本前，用户首先通过以下命令安装依赖项包：

```
1. pip install lxml
```

进行多天 PPP 解算，用户需输入命令：

```
2. python3 <install_dir>/GREAT-PVT_<ver>/util/batch_process/PythonScripts/run_cmd_pppflt_multi.py -year <YYYY> -beg <DOY> -end <DOY> -ini <install_dir>/GREAT-PVT_<ver>/util/batch_process/ini/run_pppflt.ini
```

运行完毕后，“project ”文件夹中会生成<YYYY>_<DOY>格式批处理结果文件夹，文件夹中包含每天的 xml 配置文件和 flt 结果文件。

```
[great_pppflt]
#起始时间
beg_time = 2023 305
#结束时间
end_time = 2023 306
#解算间隔
int_time = 1
#测站列表
site_path = /mnt/e/GREAT-PVT_1.0/util/batch_process/sitelist/site_list_ppp.txt
#结果输出文件
project_path = /mnt/e/GREAT-PVT_1.0/util/batch_process/project
#GREAT-PVT可执行程序
great_pppflt = /mnt/e/GREAT-PVT_1.0/bin/Linux/GREAT_PVT
#批处理模板xml
great_pppflt_xml = /mnt/e/GREAT-PVT_1.0/util/batch_process/xml/GREAT_PPP.xml

[data_pool]
#输入文件及路径
rinexo_name = <SITE><DOY>0.<YY>o
rinexc_name = COD0MGXFIN_<YYYY><DOY>0000_01D_30S_CLK.CLK
rinexn_name = brdc<DOY>0.<YY>p
bia_name = CAS0MGXRAP_<YYYY><DOY>0000_01D_01D_DCB.BSX
sp3_name = COD0MGXFIN_<YYYY><DOY>0000_01D_05M_ORB.SP3
ifcb_name = ifcb_<YYYY><DOY>
upd_name = upd_wl_<YYYY><DOY>_GREC~upd_nl_<YYYY><DOY>_GREC
systerm_de = jpleph_de405_great
systerm_atx = igs20_2290.atx
systerm_blq = oceanload
systerm_eop = poleut1
systerm_path = /mnt/e/GREAT-PVT_1.0/util/batch_process/data/sys
rinexo_path = /mnt/e/GREAT-PVT_1.0/util/batch_process/data/obs/<YYYY>/<DOY>
rinexc_path = /mnt/e/GREAT-PVT_1.0/util/batch_process/data/clk
rinexn_path = /mnt/e/GREAT-PVT_1.0/util/batch_process/data/rinexn
bia_path = /mnt/e/GREAT-PVT_1.0/util/batch_process/data/bia
sp3_path = /mnt/e/GREAT-PVT_1.0/util/batch_process/data/sp3
ifcb_path = /mnt/e/GREAT-PVT_1.0/util/batch_process/data/ifcb
upd_path = /mnt/e/GREAT-PVT_1.0/util/batch_process/data/upd
```

图 2.4.5　PPP 批处理 ini 配置文件

3. 结果绘图和分析工具

GREAT-PVT 提供了 Python 脚本来绘制和分析 PPP 与 RTK 结算结果，这些脚本位于文件夹<install_dir>/GREAT-PVT_<ver>/util/plot 中，文件目录结构如表 2.4.7 所示。

表 2.4.7 **PPP 批处理文件目录结构**

目录/文件	说　明
./data_ppp	PPP 结果文件
./data_rtk	RTK 结果文件
./ PythonScripts	画图脚本
./output	PPP 绘图结果输出文件

1) PPP 结果绘制

在进行 PPP 结果绘制之前，确保已安装以下第三方库：

```
tqdm
matplotlib
numpy
```

用户需要准备以下两类文件：

SINEX 文件，将其放入./data_ppp/snx/文件夹下；

GREAT-PVT 解算得到的浮点解与固定解的文件，浮点解文件放入./data_ppp/sta_float/文件夹下，固定解文件放入./data_ppp/sta_fix/ 文件夹下。

数据文件准备好后，首先使用“snx_to_crd.py”脚本将 sinex 文件转换为自定义测站精密坐标 crd 文件，打开“snx_to_crd.py”脚本，可在主函数中修改时间和文件路径，相关说明可见表 2.4.8。图 2.4.6 给出了配置示例，运行完毕后会在./data_PPP/crd 文件夹下输出 crd 文件。

表 2.4.8 **snx_to_crd.py 配置说明**

配置节点	说　明
year	年<YYYY>
day	天<DOY>
sinex_path	sinex 文件路径(输入)
crd_path	crd 文件路径(输出)

打开“ppp_plot.py”，可修改测站列表信息、时间和文件路径等，相关配置说明参见表 2.4.9。图 2.4.7 给出了配置示例，运行完毕后会在./output 文件夹下生成该日的结果文件，其中 png 文件为对应测站的误差序列图，sum 文件为相关统计数据。

```
# 年
year = 2023
# 年积日
day = 305
# snx 文件夹路径
sinex_path = rf"..\data_ppp\snx"
# crd 文件夹路径（输出目录）
crd_path = rf"..\data_ppp\crd"
```

图 2.4.6　snx_to_crd.py 配置示例

表 2.4.9　**ppp_plot.py 配置说明**

配置节点	说　　明
siteList	测站列表<SITE>
year	年<YYYY>
day	天<DOY>
type1	数据类型 1(ppp-float)
type2	数据类型 2(ppp-fix)
fltpath1	对应 type1 的数据路径(输入)
fltpath2	对应 type2 的数据路径(输入)
savepath	保存的结果路径(输出)
crd_path	crd 文件路径(输入)

```
siteList = [
    "AC23", "AC24", "WUH2", "POTS", "GODN", "GODS",
    "MBAR", "SGOC", "ASCG", "PARK", "CPVG","ALIC","HERS"
]

# 数据的年份
year = 2023
# 数据的年积日
day = 305
# 设置数据类型：浮点解(ppp-float)或者固定解(ppp-fixed)
type1 = "PPP-float"
type2 = "PPP-fixed"

# 对应 type1 的测站数据
fltPath1 = rf"..\data_ppp\sta_float"
# 对应 type2 的测站数据
fltPath2 = rf"..\data_ppp\sta_fix"
# 保存的结果目录
savePath = rf"..\output"
# gnss_crd_io.py 脚本输出的 crd 文件路径
crdPath = rf"..\data_ppp\crd\snx_igs_2023_305.crd"
```

图 2.4.7　ppp_plot.py 配置示例

2) RTK 结果绘制

在进行 PPP 结果绘制之前，确保已安装以下第三方库：

```
pandas
matplotlib
numpy
```

在./data_rtk 文件夹中存放 GREAT-PVT 解算的 RTK 结果文件与参考真值文件。

打开“rtk_plot. py”脚本，可修改 RTK 结果文件和参考坐标文件路径，相关说明参见表 2.4.10。图 2.4.8 给出了配置示例，运行“rtk_plot. py”即可得到 RTK 结果与参考值在 ENU 方向上的误差序列。

表 2.4.10 **rtk_plot 配置说明**

配置节点	说　　明
calc_result_file	RTK 结果坐标文件
true_value_file	参考真值坐标文件

```
# 文件路径
calc_result_file = r'../data_rtk/SEPT-RTK.flt'
true_value_file = r'../data_rtk/TC_CombinedtoGNSS.txt'
```

图 2.4.8　rtk_plot. py 配置

2.4.3　算例数据处理说明

1. PPP 算例

1)数据准备

PPP 算例数据在文件夹 <install_dir>/GREAT-IFCB_<ver>/sample_data/ PPPFLT_2023305，选取 2023 年 11 月 1 日 HERS 站和 ALIC 站数据进行 PPP 解算，文件目录结构如表 2.4.11 所示。

表 2.4.11 **PPP 算例文件目录结构**

目录/文件	说　　明
./gnss	GNSS 数据文件夹
./model	系统文件夹
./obs	观测值文件夹
./upd	upd 文件夹
./xml	xml 配置文件夹
./result	结果输出文件夹

2)参数配置

(1)设置浮点解或固定解：

若计算 PPP 浮点解则需要将 xml 文件中<fix_mode>节点设为“NO”，而计算 PPP 固定解则需要将<fix_mode>节点设为“SEARCH”，此外，计算固定解还需输入 UPD 文件，并且输入的精密轨道、钟差和 DCB 产品需要与 UPD 生成所使用产品保持一致。

(2)设置静态解或动态解：

若计算 PPP 静态解则需要将 xml 文件中<pos_kin >节点设为“false”，<noise_crd>节点设为 0；而计算 PPP 动态解则需要将<pos_kin >节点设为“true”，此外，将<noise_crd>节点设为 100。

(3)设置双频、多频解：

GREAT-PVT 支持无电离层组合、非差非组合 PPP 解算，其中无电离层组合支持双频解算，非差非组合支持双频与多频解算。在./xml 文件夹下分别提供了双频与多频 PPP 解算 xml 配置文件。

3)数据解算

PPP 数据解算分为以下几步：

(1)在 Visual Studio 解决方案资源管理器中打开 app 文件夹，单击鼠标右键选择 GREAT_PVT，将 GREAT_PVT 设为启动项目，如图 2.4.9 所示。

图 2.4.9　GREAT_PVT 设为启动项目

(2)单击鼠标右键，选择 GREAT_PVT，选择属性，将算例所在目录设为工作目录，并设置命令参数，如图 2.4.10 所示。

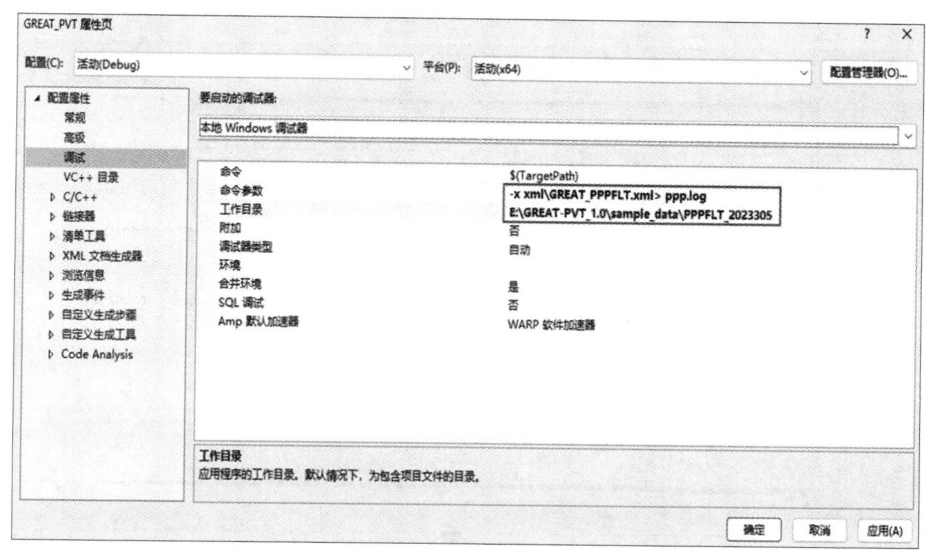

图 2.4.10　PPP 解算命令参数和工作目录设置

(3)运行 GREAT-PVT 即可，如图 2.4.11 所示。

图 2.4.11　运行 GREAT-PVT

4)结果绘制

对于每一个站点，我们计算了 24 小时内的静态和仿动态 PPP 浮点解与固定解，为了确保评估结果准确，使用 IGS 日解坐标作为参考值，绘制东、北、天(East、North、Up，ENU)方向上误差序列图，图 2.4.12、图 2.4.13 分别为 HERS 站和 ALIC 站四系统双频静态 PPP 结果，图 2.4.14、图 2.4.15 分别为 HERS 站和 ALIC 站四系统双频仿动态 PPP 结果。

计算 HERS 和 ALIC 测站 24 小时内 ENU 三个方向上误差的均方根值(Root Mean Square，RMS)和模糊度固定率，统计结果如表 2.4.12 和 2.4.13 所示，与 PPP 浮点解三个方向 RMS 相比，固定解 PPP 三个方向上 RMS 的统计分量有所减小，尤其在东方向上，HERS 站静态解和动态解分别减小了 31.6%和 44.4%，ALIC 站静态解和动态解分别减小了 26.3%和 28.6%。

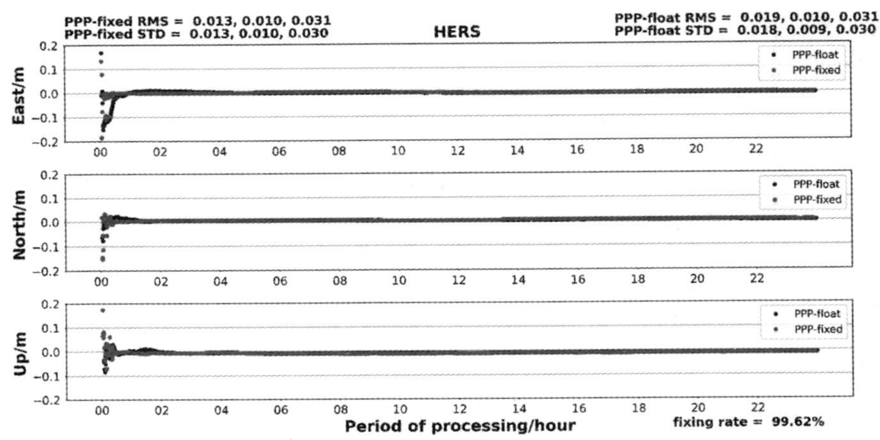

图 2.4.12　HERS 站静态 PPP 浮点解与固定解误差

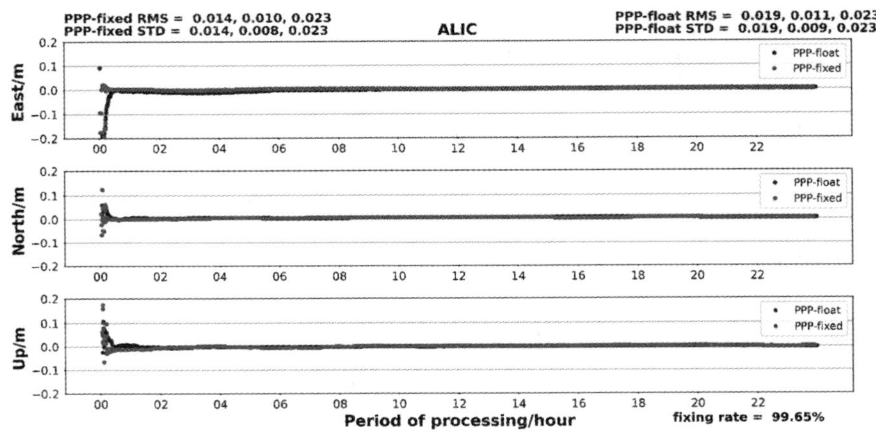

图 2.4.13　ALIC 站静态 PPP 浮点解与固定解误差

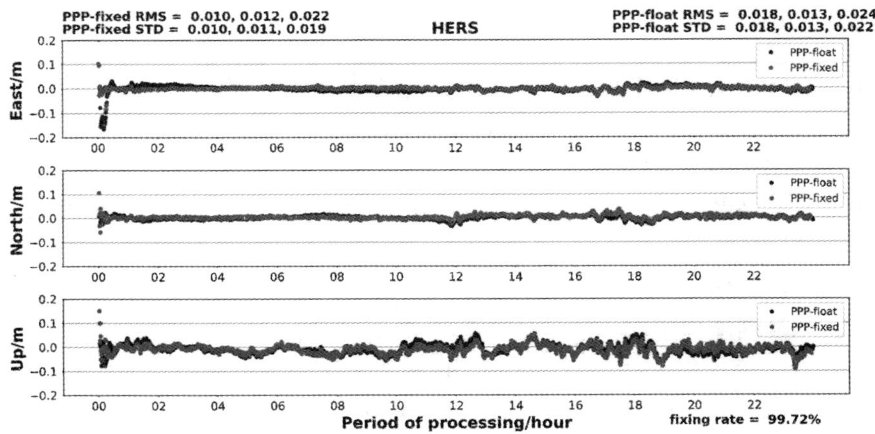

图 2.4.14　HERS 站仿动态 PPP 浮点解与固定解误差

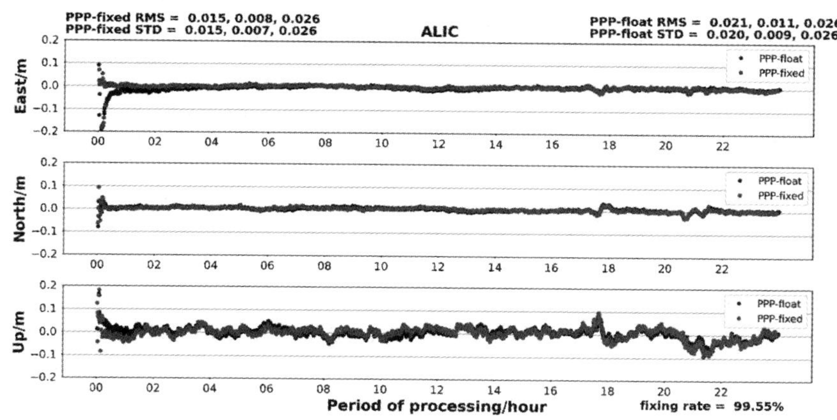

图 2.4.15 ALIC 站仿动态 PPP 浮点解与固定解误差

表 2.4.12 **HERS 站 PPP 解算统计结果**

解类型	RMS(cm)			固定率
	East	North	Up	
静态浮点解	1.9	1.0	3.1	—
静态固定解	1.3	1.0	3.1	99.62%
动态浮点解	1.8	1.3	2.4	—
动态固定解	1.0	1.2	2.2	99.72%

表 2.4.13 **ALIC 站 PPP 解算统计结果**

解类型	RMS(cm)			固定率
	East	North	Up	
静态浮点解	1.9	1.1	2.3	—
静态固定解	1.4	1.0	2.3	99.65%
动态浮点解	2.1	1.1	2.6	—
动态固定解	1.5	0.8	2.6	99.55%

2. RTK 算例

1)数据准备

RTK 算例数据在文件夹<install_dir>/GREAT-IFCB_<ver>/sample_data/ RTKFLT_2020351 中，该数据为城市环境下车载数据，GNSS 观测数据由 septentrio 接收机采集，流动站为 WUDA 站，参考真值为 IE 软件 RTK/INS 紧组合结果，文件目录结构如表 2.4.14 所示。

表 2.4.14　**RTK 算例文件目录结构**

目录/文件	说　明
./gnss	GNSS 数据文件夹
./model	系统文件夹
./obs	观测值文件夹
./reference	参考真值文件
./xml	xml 配置文件夹
./result	结果输出文件夹

2)参数配置

GREAT-PVT 支持单双频混合 RTK 解算，/xml 文件下提供了 RTK xml 示例配置文件“GREAT_RTKFLT. xml ”。

3)数据解算

RTK 数据解算分为以下几步：

(1)在 Visual Studio 解决方案资源管理器中打开 app 文件夹，单击鼠标右键，选择 GREAT_PVT，将 GREAT_PVT 设为启动项目，如图 2.4.16 所示。

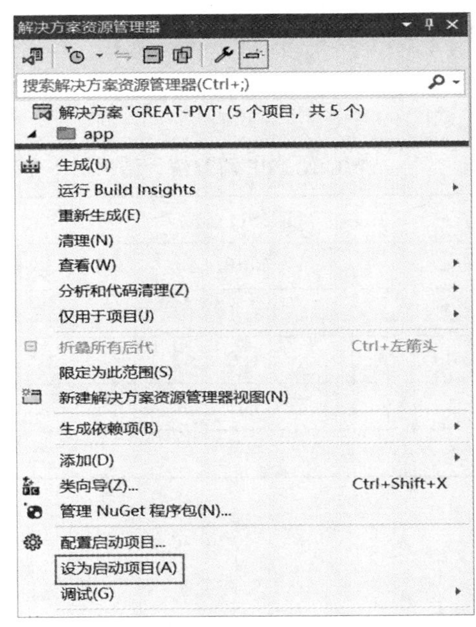

图 2.4.16　GREAT_PVT 设为启动项目

(2)单击鼠标右键，选择 GREAT_PVT，再选择属性，将算例所在目录设为工作目录，并设置命令参数，如图 2.4.17 所示。

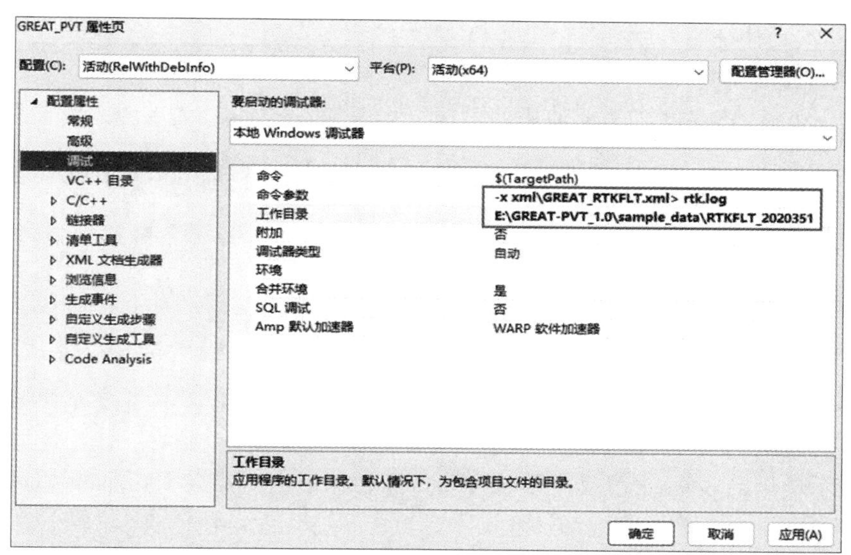

图 2.4.17 RTK 解算命令参数和工作目录设置

(3)运行即可，如图 2.4.18 所示。

图 2.4.18 运行 GREAT-PVT

4)结果绘制

将 GREAT-PVT 计算的 RTK 结果与参考真值结果按照 5.3.2 小节绘制 ENU 误差序列图，图 2.4.19 为示例数据 RTK 解算的 ENU 误差序列图，结果显示在观测环境较好的条件下，三个方向上的误差维持在 1 分米以内，ENU 方向上 RMS 统计结果为(0.12，0.30，0.51)m。

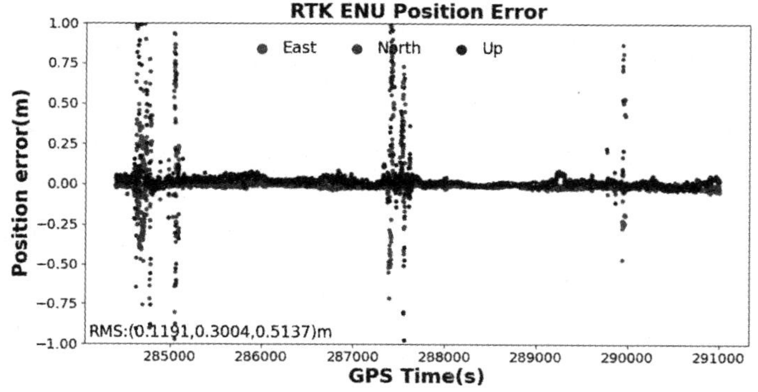

图 2.4.19 示例数据 RTK 结果 ENU 误差序列

3. poleut1 文件说明

1) 可执行程序与使用说明

在生成 poleut1 产品时，需要使用的可执行程序为 conveop，需要输入的命令行为：

```
./conveop $ filename -inp $ filename_old -out $ filename_new -year<YYYY>
```

其中，$ filename 是需要下载的 finals2000A. data 文件，具体下载路径为：

```
https://cddis.nasa.gov/archive/products/iers
https://datacenter.iers.org/data/10/finals2000A.data
```

-inp 表示输入的 poleut1 产品，用于读取表头信息和文件格式，参数 $ filename_old 为旧的 poleut1 产品；

-out 表示输出的 poleut1 产品，不包含旧产品中的信息，参数 $ filename_new 为新生成的 polrut1 产品；

-year 用于控制生成 poleut1 产品的时间段。

此外，在工作目录下还应提供跳秒文件 leap_seconds。具体命令示例如下：

```
./conveop finals2000A.data -inp poleut1 -out poleut1_new -year 2024
```

2) 产品文件说明

图 2.4.20 为生成的 poleut1 产品的示例，其中开始日期为命令行给出的 year 参数所代表年份的 1 月 1 日向前推 30 日，截止日期则是 year 参数所代表年份下一年的 1 月 1 日向后推 30 日与所下载的 finals2000A. data 文件中的能够更新到的天数二者中的较小值。如果 year 参数为空，开始日期和截止日期则与输入的 poleut1 产品保持一致。产品的时间间隔为一天。需要用到的产品及单位从左到右详细说明见表 2.4.15。

```
+pole&ut1
% UT1 type = UT1R
% Start&End%Interval =    60280   60625   1.00
% Num. of Vars&Units =     5  0.1D+01  0.1D+01  0.1D+01  0.1D+01  0.1D+01
% Format = (f9.2,1x,2f10.6,f15.7,2f10.3,6(1x,a1))
%% MJD        XPOLE     YPOLE      UT1-TAI          DPSI      DEPSI    PRED_ID
 60280.00   0.224305  0.223935    -36.9884799      0.000      0.000 I I I - - -
 60281.00   0.222071  0.222430    -36.9884607      0.000      0.000 I I I - - -
 60282.00   0.219794  0.220875    -36.9884422      0.000      0.000 I I I - - -
 60283.00   0.217420  0.219115    -36.9884091      0.000      0.000 I I I - - -
 60284.00   0.214571  0.217536    -36.9883969      0.000      0.000 I I I - - -
 60285.00   0.211936  0.215746    -36.9884039      0.000      0.000 I I I - - -
 60286.00   0.208772  0.214113    -36.9884002      0.000      0.000 I I I - - -
 60287.00   0.205670  0.212065    -36.9883599      0.000      0.000 I I I - - -
 60288.00   0.203013  0.210473    -36.9883052      0.000      0.000 I I I - - -
 60289.00   0.199952  0.209451    -36.9882879      0.000      0.000 I I I - - -
 60290.00   0.196871  0.208244    -36.9883071      0.000      0.000 I I I - - -
 60291.00   0.193357  0.207726    -36.9883613      0.000      0.000 I I I - - -
 60292.00   0.189583  0.206787    -36.9884319      0.000      0.000 I I I - - -
 60293.00   0.185845  0.205745    -36.9884815      0.000      0.000 I I I - - -
 60294.00   0.181994  0.204722    -36.9885548      0.000      0.000 I I I - - -
 60295.00   0.178144  0.203403    -36.9886599      0.000      0.000 I I I - - -
 60296.00   0.174426  0.202336    -36.9887453      0.000      0.000 I I I - - -
 60297.00   0.170661  0.201214    -36.9888360      0.000      0.000 I I I - - -
 60298.00   0.167464  0.200619    -36.9889686      0.000      0.000 I I I - - -
 60299.00   0.164895  0.200433    -36.9891348      0.000      0.000 I I I - - -
 60300.00   0.162559  0.200456    -36.9893678      0.000      0.000 I I I - - -
 60301.00   0.160059  0.200780    -36.9896609      0.000      0.000 I I I - - -
 60302.00   0.157580  0.201308    -36.9899867      0.000      0.000 I I I - - -
 60303.00   0.155062  0.201492    -36.9903172      0.000      0.000 I I I - - -
```

图 2.4.20　poleut1 文件示例

表 2.4.15 **poleut1 文件说明**

名称	说　　明
MJD	儒略日/天
XPOLE	极移 X 分量/arcsec
YPOLE	极移 Y 分量/arcsec
UT1-TAI	日长变化/seconds

此外，DPSI 和 DEPSI 是章动相关参数，PRED_ID 为标签值，I 表示 IERS，P 表示预测值。

4. PPP XML 配置文件说明

配置文件格式为 xml，其中包含输入输出文件设置、处理方案、解算策略等信息。每行中以"<! --"开始并以"-->"结尾的部分为注释。表 2.4.16 展示了 PPP XML 配置文件的格式。

表 2.4.16 **PPP XML 配置文件说明**

项目	说　　明	XML文件中的标签或属性
GREAT_PPPFLT 的基础设置(一级节点)		**<gen>**
开始时刻	设置开始时刻的 GPS 时，格式为"YYYY-MM-DD hh：mm：ss"	<beg>
结束时刻	设置结束时刻的 GPS 时，格式为"YYYY-MM-DD hh：mm：ss"	<end>
卫星系统	设置参与解算的卫星系统	<sys>
测站列表	设置参与解算的测站列表，4 位字符	<rec>
采样频率	设置观测值的采样频率	<int>
估计方法	默认为滤波	<est>
GREAT_PPPFLT 的输入文件设置(一级节点)		**<inputs>**
RINEX 观测值文件	用于解算的 RINEX 观测值文件。支持 RINEX 2.10，2.11，2.12，3.00，3.01，3.02，3.03，3.04 格式	<rinexo>
RINEX 广播星历文件	用于解算的 RINEX 广播星历文件。支持 RINEX 2.10，2.11，2.12，3.00，3.01，3.02，3.03，3.04 格式	<rinexn>
精密钟差文件	用于解算的精密钟差文件	<rinexc>
精密星历文件	用于解算的精密星历文件	<sp3>
天线文件	用于天线相位中心改正的卫星天线信息文件	<atx>
海洋潮汐文件	用于潮汐改正的海洋潮汐文件	<blq>
行星星历文件	用于计算行星参数	<de>

续表

项目	说　　明	XML文件中的 标签或属性
EOP 参数文件	用于计算旋转矩阵的地球自转参数文件	<eop>
DCB 文件	用于进行差分码偏差改正的 DCB 文件	<bias>
IFCB 文件	频率间钟偏差文件	<ifcb>
UPD 文件	未校准的相位硬件延迟文件，用于模糊度固定	<upd>
GREAT_PPPFLT 的输出文件设置(一级节点)		**<outputs>**
日志文件	用于记录输出的日志信息	<log>
PPP 日志文件	用于记录 PPP 计算过程中输出的日志信息	<ppp>
计算结果	PPPFLT 的计算结果文件	<flt>
GREAT_PPPFLT 的解算设置(一级节点)		**<process>**
相位观测值	是否使用载波相位观测值： --true：使用 --false：不使用	<phase>
对流层参数	是否估计对流层参数： --true：估计 --false：不估计	<tropo>
电离层参数	是否估计电离层参数： --true：估计 --false：不估计	<iono>
多普勒观测值	是否使用多普勒观测值 --true：使用 --false：不使用	<doppler>
对流层模型	使用的对流层模型	<tropo_model>
待估参数的先验 sigma	测站坐标	<sig_init_crd>
	测站速度	<sig_init_vel>
	对流层	<sig_init_ztd>
	模糊度	<sig_init_amb>
	Galileo 的系统间偏差和频率间偏差	<sig_init_gal>
	GLONASS 的系统间偏差和频率间偏差	<sig_init_glo>
	BDS 的系统间偏差和频率间偏差	<sig_init_bds>
	电离层	<sig_init_vion>
截止高度角	可用卫星观测值的最小高度角	<minimum_elev>

续表

项目	说　明	XML文件中的标签或属性
观测值组合	用于解算的观测值组合方式 --IONO_FREE：无电离层组合，支持双频 --RAW_ALL：非差非组合，支持双频和多频	<obs_combination>
最大验后残差	用于残差编辑的验后残差阈值	<max_res_norm>
坐标约束	坐标约束方法： --est：估计值约束 --fix：固定解约束 --kin：动态约束	<crd_constr>
动态模式	是否为动态模式： --true：是 --false：不是	<pos_kin>
最小卫星个数	参与解算卫星个数的最小阈值	<min_sat>
观测值加权	确定观测值权重的方法	<obs_weight>
北斗卫星码偏差	是否改正北斗卫星的码偏差： --true：是 --false：不是	<bds_code_bias_corr>
周跳探测	周跳探测模型 --default 默认	<slip_model>
观测值频率	用于解算的观测值频率个数	<frequency>
GREAT_PPPFLT 的滤波设置(一级节点)		**<filter>**
滤波算法	使用的滤波算法： --srcf：平方根容积滤波 --kalman：卡尔曼滤波	method_flt
待估参数的先验噪声	测站坐标白噪声	noise_crd
	测站速度白噪声	noise_vel
	接收机钟速白噪声	noise_dclk
	接收机钟差白噪声	noise_clk
	电离层白噪声	noise_vion
	对流层的随机游走噪声	rndwk_ztd
	模糊度的随机游走噪声	rndwk_amb
	GLONASS isb/ifb 的随机游走噪声	rndwk_glo
	Galileo isb/ifb 的随机游走噪声	rndwk_gal
	BDS isb/ifb 的随机游走噪声	rndwk_bds
	GPS ifb 的随机游走噪声	rndwk_gps

续表

项目	说　明	XML文件中的标签或属性
GREAT_PPPFLT 的模糊度固定设置(一级节点)		**<ambiguity>**
固定模式	是否进行模糊度固定： --NO：不进行模糊度固定 --SEARCH：进行模糊度固定	<fix_mode>
UPD 模式	使用 UPD 产品进行模糊度固定	<upd_mode>
部分模糊度固定	是否进行部分模糊度固定： --NO：不进行 --YES：进行	<part_fix>
部分模糊度固定的个数	部分模糊度固定模式下最小模糊度固定个数	<part_fix_num>
Ratio 值	LAMBDA 方法进行模糊度固定中 ratio 检验的值	<ratio>
参考卫星	是否设置参考卫星 --NO：不设置 --YES：设置	<set_refsat>
最小共视时间	进行模糊度固定时对同一颗卫星的最小共视时间	<min_common_time>
超宽巷观测值	对不同观测值组合进行模糊度固定的相关设置： --alpha&maxdev：置信区间参数 --maxsig：最大 sigma 值	<extra_widelane_decision>
宽巷观测值		<widelane_decision>
窄巷观测值		<narrowlane_decision>
GREAT_PPPFLT 的卫星设置(一级节点)		**<gps>/<bds>/<gal>/<glo>**
观测值的先验 sigma	伪距	sigma_C
	载波相位	sigma_L
频率	卫星频率，对应频段，可选值 1/2/3/4/5	<freq>
卫星	卫星 PRN 号	<sat>
频段	设置不同卫星系统对应频段的观测值 --GPS：1->L1，2->L2，5->L5 --GAL：1->E1，5->E5a，7->E5b，8->E5，6->E6 --BDS：2->B1I，7->B2I，6->B3I，1->B1C，5->B2a，9->B2b，8->B2a+b --GLO：1->G1，2->G2	<band>

PPP XML 配置文件示例如图 2.4.21 至图 2.4.25 所示。

```xml
<gen>
    <beg> 2023-11-01 00:00:00 </beg>     <!--> begin time <!-->
    <end> 2023-11-01 23:59:30 </end>     <!--> end time <!-->
    <int> 30                  </int>     <!--> sampling interval <!-->
    <sys> GPS GAL BDS GLO     </sys>     <!--> system ex: GPS GAL GLO QZS BDS SBS <!-->
    <rec> ALIC GODN           </rec>     <!--> site (4-char upper) <!-->
    <est> FLT                 </est>     <!--> Estimator : FLT <!-->
</gen>

<inputs>
    <rinexo>  <!--> rinex obs file <!-->
        obs\alic3050.23o
        obs\godn3050.23o
    </rinexo>
    <rinexn> gnss\brdc3050.23p </rinexn>  <!--> rinex nav file <!-->
    <rinexc> gnss\COD0MGXFIN_20233050000_01D_30S_CLK.CLK </rinexc>  <!--> precise satellite clock offset file <!-->
    <sp3> gnss\COD0MGXFIN_20233050000_01D_05M_ORB.SP3 </sp3>  <!--> precise orbit file <!-->
    <de> model\jpleph_de405_great </de>  <!--> Planetary ephemeris file <!-->
    <atx> model\igs20_2290.atx </atx>  <!--> Antenna correction file <!-->
    <blq> model\oceanload </blq>  <!--> oceanload file <!-->
    <eop> model\poleut1 </eop>  <!--> ERP file <!-->
    <bias> gnss\CAS0MGXRAP_20233050000_01D_01D_DCB.BSX </bias>  <!--> DCB file <!-->
    <!--><ifcb> gnss\ifcb_2023305 </ifcb><!-->  <!--> IFCB file, for GPS 3 frequency <!-->
    <upd> upd\upd_wl_2023305_GEC upd\upd_nl_2023305_GEC  </upd>  <!--> uncalibrated phase delay, for fixing ambiguity <
</inputs>

<outputs append="false" verb="0">  <!--> output file: whether append & verb: the larger the value, the more detailed th
    <log type="CONSOLE" name="ppp" level="INFO"/>  <!--> log file <!-->
    <ppp> .\result\$(rec)-PPP </ppp>  <!--> ppp log file <!-->
    <flt> .\result\$(rec)-PPP.flt </flt>  <!--> result file <!-->
</outputs>
```

图 2.4.21　PPP XML 配置文件示例(一)

```xml
<gps sigma_C="0.6" sigma_L="0.01">  <!--> GPS pseudorange sigma & phase sigma <!-->
    <sat>  <!--> satellite prn <!-->
        G01 G02 G03 G04 G05 G06 G07 G08 G09 G10
        G11 G12 G13 G14 G15 G16 G17 G18 G19 G20
        G21 G22 G23 G24 G25 G26 G27 G28 G29 G30
        G31 G32
    </sat>
    <band> 1 2 </band>  <!--> the satellite frequency, for example, C5X, is represented as 5 <!-->
    <freq> 1 2 </freq>  <!--> satellite frequency, corresponding to band, optional value 1/2/3/4/5 <!-->
</gps>
<glo sigma_C="0.6" sigma_L="0.01">  <!--> GLO pseudorange sigma & phase sigma <!-->
    <sat>
        R01 R02 R03 R04 R05 R06 R07 R08 R09 R10
        R11 R12 R13 R14 R15 R16 R17 R18 R19 R20
        R21 R22 R23 R24 <!-- R25 R26  -->
    </sat>
    <band> 1 2 </band>
    <freq> 1 2 </freq>
</glo>
<gal sigma_C="0.6" sigma_L="0.01">  <!--> GAL pseudorange sigma & phase sigma <!-->
    <sat>
        E01 E02 E03 E04 E05 E06 E07 E08 E09 E10
        E11 E12 E13 E14 E15 E16 E17 E18 E19 E20
        E21 E22 E23 E24 E25 E26 E27 E28 E29 E30
        E31 E32 E33 E34 E35 E36
    </sat>
    <band> 1 5 </band>
    <freq> 1 2 </freq>
</gal>
```

图 2.4.22　PPP XML 配置文件示例(二)

```xml
<bds sigma_C="0.6" sigma_L="0.01">  <!--> BDS pseudorange sigma & phase sigma <!-->
    <sat>
        <!-- C01 C02 C03 C04 C05 --> C06 C07 C08 C09 C10
        C11 C12 C13 C14 C15 C16 C17 C18 C19 C20
        C21 C22 C23 C24 C25 C26 C27 C28 C29 C30
        C31 C32 C33 C34 C35 C36 C37 C38 C39
        C41 C42 C43 C44 C45 C46 <!-- C47 C48 C49 C50
        C51 C52 C53 C54 C55 C56 C57 C58 C59 C60 -->
    </sat>
    <band> 2 6 </band>
    <freq> 1 2 </freq>
</bds>
<qzs sigma_C="0.6" sigma_L="0.01">  <!--> QZS pseudorange sigma & phase sigma <!-->
    <sat>
        J01 J02 J03 J04
    </sat>
    <band> 1 2 </band>
    <freq> 1 2 </freq>
</qzs>
```

图 2.4.23　PPP XML 配置文件示例(三)

```
<process>
    <phase>              true              </phase>  <!--> use phase obs (true/false) <!-->
    <tropo>              true              </tropo>  <!--> estimate trop param (true/false) <!-->
    <iono>               true              </iono>  <!--> estimate iono param (true/false) <!-->
    <doppler>            false             </doppler>  <!--> use doppler obs (true/false) <!-->
    <tropo_model>        saastamoinen      </tropo_model>  <!--> trop model <!-->
    <sig_init_crd>       30                </sig_init_crd>  <!--> initial sigma of coordinate <!-->
    <sig_init_vel>       10                </sig_init_vel>  <!--> initial sigma of velocity <!-->
    <sig_init_ztd>       10                </sig_init_ztd>  <!--> initial sigma of ztd <!-->
    <sig_init_amb>       30                </sig_init_amb>  <!--> initial sigma of ambiguity <!-->
    <sig_init_gal>       10                </sig_init_gal>  <!--> initial sigma of Galileo isb/ifb <!-->
    <sig_init_glo>       10                </sig_init_glo>  <!--> initial sigma of GLONASS isb/ifb <!-->
    <sig_init_bds>       10                </sig_init_bds>  <!--> initial sigma of BDS isb/ifb <!-->
    <sig_init_vion>      100               </sig_init_vion>  <!--> initial sigma of slant iono <!-->
    <minimum_elev>       7                 </minimum_elev>  <!--> cut-off satellite elevation(deg) <!-->
    <obs_combination>    RAW_ALL           </obs_combination>  <!--> obs comb type (IONO_FREE/RAW_ALL) <!-->
    <max_res_norm>       3                 </max_res_norm>  <!--> posterior residual threshold <!-->
    <crd_constr>         est               </crd_constr>  <!--> coordinate constraint method (EST/FIX/KIN) <!-->
    <pos_kin>            false             </pos_kin>  <!--> kinematic mode (true/false) <!-->
    <min_sat>            5                 </min_sat>  <!--> min satellite number <!-->
    <obs_weight>         SINEL             </obs_weight>  <!--> weigh model of obs <!-->
    <bds_code_bias_corr> true              </bds_code_bias_corr>  <!--> whether to correct BDS codeBias (true/fal
    <slip_model>         default           </slip_model>  <!--> cycle slip detect method <!-->
    <frequency>          2                 </frequency>  <!--> frequency number <!-->
</process>
```

图 2.4.24　PPP XML 配置文件示例(四)

```
<filter
    method_flt="srcf"
    noise_crd="0"
    noise_vel="1"
    noise_clk = "1000"
    noise_dclk="100"
    noise_vion="100"
    rndwk_ztd="6"
    rndwk_amb="0"
    rndwk_glo = "20"
    rndwk_gal = "20"
    rndwk_bds = "20"
    rndwk_gps = "20"
/>

<ambiguity>
    <fix_mode> NO </fix_mode>  <!--> ambiguity fixed mode (NO/SEARCH) <!-->
    <upd_mode> UPD </upd_mode>  <!--> upd mode <!-->
    <part_fix> YES </part_fix>  <!--> part_fix (YES/NO) <!-->
    <part_fix_num> 4 </part_fix_num>  <!--> threshold in partial ambiguity fixing <!-->
    <ratio> 2.0 </ratio>  <!--> threshold in LAMBDA method <!-->
    <set_refsat> YES </set_refsat>  <!--> set_refsat (YES/NO) <!-->
    <min_common_time> 1 </min_common_time>  <!--> minimum common time/seconds <!-->
    <extra_widelane_decision maxdev = "0.07" maxsig = "0.10" alpha = "1000" />  <!--> extra widelane setting, alpha&ma
    <widelane_decision maxdev = "0.25" maxsig = "0.12" alpha = "1000" />  <!--> widelane setting, option: alpha&maxdev
    <narrowlane_decision maxdev = "0.35" maxsig = "0.12" alpha = "1000" />  <!--> narrowlane setting, option: alpha&ma
</ambiguity>
```

图 2.4.25　PPP XML 配置文件示例(五)

5. RTK XML 配置文件说明

配置文件格式为 xml，其中包含了输入输出文件设置、处理方案、解算策略等信息。每行中以"<! --"开始并以"-->"结尾的部分为注释。表 2.4.17 展示了 RTK XML 配置文件的格式。

表 2.4.17　**RTK XML 配置文件说明**

项目	说　明	XML文件中的标签或属性
GREAT_RTKFLT 的基础设置(一级节点)		**<gen>**
开始时刻	设置开始时刻的 GPS 时，格式为"YYYY-MM-DD hh：mm：ss"	<beg>
结束时刻	设置结束时刻的 GPS 时，格式为"YYYY-MM-DD hh：mm：ss"	<end>

续表

项目	说　明	XML文件中的标签或属性
卫星系统	设置参与解算的卫星系统	<sys>
测站列表	设置参与解算的测站列表，4 位字符	<rec>
基准站	设置基准站，4 位字符	<base>
流动站	设置流动站，4 位字符	<rover>
采样频率	设置观测值的采样频率	<int>
GREAT_RTKFLT 的基站坐标设置(一级节点)		<receiver>
基站坐标	设置 RTK 基准站坐标 id：基站名称 X、Y、Z：基站坐标	<rec>
GREAT_RTKFLT 的输入文件设置(一级节点)		**<inputs>**
RINEX 观测值文件	用于进行解算的 RINEX 观测值文件。支持 RINEX 2.10, 2.11, 2.12, 3.00, 3.01, 3.02, 3.03, 3.04 格式。	<rinexo>
RINEX 广播星历文件	用于进行解算的 RINEX 广播星历文件。支持 RINEX 2.10, 2.11, 2.12, 3.00, 3.01, 3.02, 3.03, 3.04 格式。	<rinexn>
天线文件	用于天线相位中心改正的卫星天线信息文件	<atx>
海洋潮汐文件	用于潮汐改正的海洋潮汐文件	<blq>
行星星历文件	用于计算行星参数	<de>
EOP 文件	用于计算旋转矩阵的地球自转参数文件	<eop>
GREAT_RTKFLT 的输出文件设置(一级节点)		**<outputs>**
日志文件	用于记录输出的日志信息	<log>
RTK 日志文件	用于记录 RTK 计算过程中输出的日志信息	<ppp>
计算结果	RTKFLT 的计算结果文件	<flt>
GREAT_RTKFLT 的解算设置(一级节点)		**<process>**
相位观测值	是否使用载波相位观测值： --true：使用 --false：不使用	<phase>
对流层参数	是否估计对流层参数： --true：估计 --false：不估计	<tropo>
电离层参数	是否估计电离层参数： --true：估计 --false：不估计	<iono>

续表

项目	说　明	XML文件中的标签或属性
多普勒观测值	是否使用多普勒观测值 --true：使用 --false：不使用	<doppler>
对流层模型	使用的对流层模型	<tropo_model>
待估参数的先验 sigma	测站坐标	<sig_init_crd>
	测站速度	<sig_init_vel>
	对流层	<sig_init_ztd>
	模糊度	<sig_init_amb>
	Galileo 的系统间偏差和频率间偏差	<sig_init_gal>
	GLONASS 的系统间偏差和频率间偏差	<sig_init_glo>
	BDS 的系统间偏差和频率间偏差	<sig_init_bds>
	电离层	<sig_init_vion>
截止高度角	可用卫星观测值的最小高度角	<minimum_elev>
观测值组合	用于解算的观测值组合方式 --RAW_MIX：单双频混合	<obs_combination>
最大验后残差	用于残差编辑的验后残差阈值	<max_res_norm>
动态模式	是否为动态模式： --true：是 --false：不是	<pos_kin>
最小卫星个数	参与解算卫星个数的最小阈值	<min_sat>
观测值加权	确定观测值权重的方法	<obs_weight>
基准站坐标	基准站坐标确定方式： --CFILE：从配置文件中读取 --spp：单点定位	<basepos>
北斗卫星的码偏差	是否改正北斗卫星的码偏差： --true：是 --false：不是	<bds_code_bias_corr>
周跳探测	周跳探测模型 --default 默认	<slip_model>
观测值频率	用于解算的观测值频率个数	<frequency>

续表

项目	说　明	XML文件中的标签或属性
GREAT_RTKFLT 的滤波设置(一级节点)		**<filter>**
滤波算法	使用的滤波算法： --srcf：平方根容积滤波 --kalman：卡尔曼滤波	method_flt
待估参数的先验噪声	测站坐标白噪声	noise_crd
	测站速度白噪声	noise_vel
	接收机钟差白噪声	noise_dclk
	对流层的随机游走噪声	rndwk_ztd
重置模糊度	模糊度参数的重置时间间隔	reset_amb
GREAT_RTKFLT 的模糊度固定设置(一级节点)		**<ambiguity>**
固定模式	是否进行模糊度固定： --NO：不进行模糊度固定 --SEARCH：进行模糊度固定	<fix_mode>
部分模糊度固定	是否进行部分模糊度固定： --NO：不进行 --YES：进行	<part_fix>
部分模糊度固定的个数	部分模糊度固定模式下最小模糊度固定个数	<part_fix_num>
Ratio 值	LAMBDA 方法进行模糊度固定中 ratio 检验的值	<ratio>
最小共视时间	进行模糊度固定时对同一颗卫星的最小共视时间	<min_common_time>
超宽巷观测值	对不同观测值组合进行模糊度固定的相关设置： --alpha&maxdev：置信区间参数 --maxsig：最大的 sigema 值	<extra_widelane_decision>
宽巷观测值		<widelane_decision>
窄巷观测值		<narrowlane_decision>
GREAT_RTKFLT 的卫星设置(一级节点)		**<gps>/<bds>/<gal>/<glo>**
观测值的先验 sigma	伪距	sigma_C
	载波相位	sigma_L
频率	卫星频率，对应频段，可选值 1/2/3/4/5	<freq>
波段	设置不同卫星系统对应频段的观测值 --GPS：1->L1，2->L2，5->L5 --GAL：1->E1，5->E5a，7->E5b，8->E5，6->E6 --BDS：2->B1I，7->B2I，6->B3I，1->B1C，5->B2a，9->B2b，8->B2a+b --GLO：1->G1，2->G2	<band>

RTK XML 配置文件示例如图 2.4.26 至图 2.4.29 所示。

```
<gen>
   <beg> "2020-12-16 07:00:00" </beg>  <!--> begin time <!-->
   <end> "2020-12-16 08:50:00" </end>  <!--> end time <!-->
  <sys > GPS  GAL  BDS </sys>  <!--> system ex: GAL GLO QZS BDS SBS <!-->
  <rec>  SEPT WUDA </rec>  <!--> site (4-char upper) <!-->
  <base> WUDA </base>  <!--> base site (4-char upper) <!-->
  <rover> SEPT </rover>  <!--> rover site (4-char upper) <!-->
  <int> 1 </int>  <!--> sampling interval <!-->
</gen>

<receiver>
   <rec id="WUDA" X="-2267761.0442"  Y="5009370.8908"  Z="3220970.5961"/>  <!--> base site coordinate <!-->
/receiver>

<inputs>
  <rinexo> obs\SEPT3510.20O  obs\WUDA3510.20O </rinexo>  <!--> rinex obs file <!-->
  <rinexn> gnss\brdm3510.20p </rinexn>  <!--> rinex nav file <!-->
  <atx>    model\igs20_2290.atx </atx>  <!--> Antenna correction file <!-->
  <blq> model\oceanload </blq>  <!--> oceanload file <!-->
  <de>  model\jpleph_de405_great </de>  <!--> Planetary ephemeris file <!-->
  <eop> model\poleut1 </eop>  <!--> ERP file <!-->
</inputs>


<outputs>
  <log  type="BASIC"  level="INFO" />  <!--> log file <!-->
  <ppp> result/$(rec)-RTK </ppp> <!--> RTK log file <!-->
  <flt> result/$(rec)-RTK.flt </flt>  <!--> result file <!-->
</outputs>
```

图 2.4.26　RTK XML 配置文件示例(一)

```
<process>
 <phase>                true            </phase>  <!--> use phase obs (true/false) <!-->
 <tropo>                false           </tropo>  <!--> estimate trop param (true/false) <!-->
 <iono>                 false           </iono>  <!--> estimate iono param (true/false) <!-->
 <doppler>              false           </doppler>  <!--> use doppler obs (true/false) <!-->
 <tropo_model>          saastamoinen    </tropo_model>  <!--> trop model <!-->
 <sig_init_crd>         30              </sig_init_crd>  <!--> initial sigma of coordinate <!-->
 <sig_init_vel>         10              </sig_init_vel>  <!--> initial sigma of velocity <!-->
 <sig_init_ztd>         10              </sig_init_ztd>  <!--> initial sigma of ztd <!-->
 <sig_init_amb>         30              </sig_init_amb>  <!--> initial sigma of ambiguity <!-->
 <sig_init_gal>         10              </sig_init_gal>  <!--> initial sigma of Galileo isb/ifb <!-->
 <sig_init_glo>         10              </sig_init_glo>  <!--> initial sigma of GLONASS isb/ifb <!-->
 <sig_init_bds>         10              </sig_init_bds>  <!--> initial sigma of BDS isb/ifb <!-->
 <sig_init_vion>        100             </sig_init_vion>  <!--> initial sigma of slant iono <!-->
 <minimum_elev>         7               </minimum_elev>  <!--> cut-off satellite elevation(deg) <!-->
 <obs_combination>      RAW_MIX         </obs_combination>  <!--> obs comb type <!-->
 <max_res_norm>         3               </max_res_norm>  <!--> posterior residual threshold <!-->
 <pos_kin>              true            </pos_kin>  <!--> kinematic mode (true/false) <!-->
 <min_sat>              5               </min_sat>  <!--> min satellite number <!-->
 <obs_weight>           SINEL           </obs_weight>  <!--> weigh model of obs <!-->
 <basepos>              CFILE           </basepos>  <!--> Base station coordinate acquisition method(CFILE/spp) <!-->
 <bds_code_bias_corr>   true            </bds_code_bias_corr>  <!--> whether to correct BDS codeBias (true/false) <!-->
 <slip_model>           default         </slip_model>  <!--> cycle slip detect method <!-->
 <frequency>            2               </frequency>  <!--> frequency number <!-->
</process>
```

图 2.4.27　RTK XML 配置文件示例(二)

```
<filter
  method_flt="kalman"
  noise_crd="30"
  noise_vel="1"
  noise_dclk="100"
  rndwk_ztd="6"
  reset_amb="0"
/>
<!--filter
        method_flt   filter method(srcf, kalman)
        noise_crd    noise of rec coordinate
        noise_vel    noise of rec velocity
        noise_dclk   noise of rec dclk
        rndwk_ztd    random walk of ztd
        reset_amb    time interval of ambiguity reset
/-->

<ambiguity>
   <fix_mode> SEARCH </fix_mode>  <!--> ambiguity fixed mode (NO/SEARCH) <!-->
   <part_fix>  YES  </part_fix>  <!--> part_fix (YES/NO) <!-->
   <part_fix_num>  3  </part_fix_num>  <!--> threshold in partial ambiguity fixing <!-->
   <ratio>  2.5  </ratio>  <!--> threshold in LAMBDA method <!-->
   <min_common_time>  0  </min_common_time>  <!--> minimum common time/seconds <!-->
   <extra_widelane_decision  maxdev = "0.1" maxsig = "0.10" alpha = "1000" />  <!--> extra widelane setting, alpha&maxdev(
   <widelane_decision      maxdev = "0.275" maxsig = "0.10" alpha = "1000" />  <!--> widelane setting, option: alpha&maxdev(
   <narrowlane_decision    maxdev = "0.375" maxsig = "0.10" alpha = "1000" />  <!--> narrowlane setting, option: alpha&maxde
</ambiguity>
```

图 2.4.28　RTK XML 配置文件示例(三)

```
<bds sigma_C="3" sigma_L="0.03" > <!--> BDS pseudorange sigma & phase sigma <!-->
<freq> 1 2 </freq> <!--> the satellite frequency, for example, C5X, is represented as 5 <!-->
<band> 2 6 </band> <!--> satellite frequency, corresponding to band, optional value 1/2/3/4/5 <!-->
</bds>

<gps sigma_C="2" sigma_L="0.02" >
 <freq> 1 2 </freq>
 <band> 1 2 </band>
</gps>

<gal sigma_C="3" sigma_L="0.03" >
 <freq> 1 2 </freq>
 <band> 1 5 </band>
</gal>

<glo sigma_C="4" sigma_L="0.04" >
 <freq> 1 2 </freq>
 <band> 1 2 </band>
</glo>
```

图 2.4.29　RTK XML 配置文件示例(四)

6. flt 结果文件说明

flt 文件记录了 PPP 或 RTK 定位解算结果及其精度指标，具体如表 2.4.18 所示。

表 2.4.18　**GREAT-PVT 结果文件说明**

列号	列名(列 1-19)	列说明	单位	格式
1	Seconds of Week	GPS 周内秒	s	F10.4, 3X
2	X-ECEF	ECEF（地心地固系）下 X 轴坐标	m	F12.4, 3X
3	Y-ECEF	ECEF（地心地固系）下 Y 轴坐标	m	F12.4, 3X
4	Z-ECEF	ECEF（地心地固系）下 Z 轴坐标	m	F12.4, 3X
5	Vx-ECEF	ECEF（地心地固系）下 X 轴速度	m/s	F7.4, 3X
6	Vy-ECEF	ECEF（地心地固系）下 Y 轴速度	m/s	F7.4, 3X
7	Vz-ECEF	ECEF（地心地固系）下 Z 轴速度	m/s	F7.4, 3X
8	X-RMS	ECEF（地心地固系）下 X 坐标 RMS	m	F6.4, 3X
9	Y-RMS	ECEF（地心地固系）下 Y 坐标 RMS	m	F6.4, 3X
10	Z-RMS	ECEF（地心地固系）下 Z 坐标 RMS	m	F6.4, 3X
11	Vx-RMS	ECEF（地心地固系）下 X 轴方向解算速度的 RMS	m/s	F6.4, 3X
12	Vy-RMS	ECEF（地心地固系）下 Y 轴方向解算速度的 RMS	m/s	F6.4, 3X
13	Vz-RMS	ECEF（地心地固系）下 Z 轴方向解算速度的 RMS	m/s	F6.4, 3X
14	NSat	可见卫星数量	#	I2, 3X
15	PDOP	PDOP 值	#	F3.2, 3X
16	sigma0	单位权中误差	m	F5.2, 3X
17	AmbStatus	模糊度固定情况(e.g. Float or Fix)	#	A5, 3X
18	Ratio	Ratio 值	#	F4.2, 3X
19	Quality	数据质量指标	#	I1

GREAT-PVT 结果输出文件示例如图 2.4.30 所示。

#Seconds of Week	X-ECEF	Y-ECEF	Z-ECEF	Vx-ECEF	Vy-ECEF	Vz-ECEF	X-RMS	Y-RMS	Z-RMS	Vx-RMS	Vy-RMS	Vz-RMS	NSat	PDOP	sigma0	AmbStatus	Ratio	Quality
# (s)	(m)	(m)	(m)	(m/s)	(m/s)	(m/s)	(m)	(m)	(m)	(m/s)	(m/s)	(m/s)	(#)	(#)	(m)			
259260.0000	1130760.6201	-4831297.5510	3994154.7241	0.0000	0.0000	0.0000	0.6276	1.8155	1.4432	0.0000	0.0000	0.0000	30	0.89	1.03	Float	0.00	6
259290.0000	1130760.4998	-4831298.2487	3994154.8923	0.0000	0.0000	0.0000	0.0332	0.1301	0.1156	0.0000	0.0000	0.0000	29	0.94	0.49	Fixed	3.43	2
259320.0000	1130760.9377	-4831299.3549	3994155.5148	0.0000	0.0000	0.0000	0.3544	0.8252	0.6264	0.0000	0.0000	0.0000	29	0.94	0.90	Float	0.00	5
259350.0000	1130760.9385	-4831298.6322	3994155.2549	0.0000	0.0000	0.0000	0.0083	0.0525	0.0557	0.0000	0.0000	0.0000	28	0.96	1.12	Fixed	2.52	1
259380.0000	1130760.7413	-4831298.6283	3994155.3184	0.0000	0.0000	0.0000	0.2109	0.3677	0.2529	0.0000	0.0000	0.0000	29	0.93	1.09	Float	0.00	4
259410.0000	1130760.7440	-4831298.6474	3994155.3270	0.0000	0.0000	0.0000	0.1706	0.2727	0.1819	0.0000	0.0000	0.0000	29	0.93	1.15	Float	0.00	4
259440.0000	1130760.7860	-4831298.5354	3994155.2582	0.0000	0.0000	0.0000	0.1423	0.2121	0.1380	0.0000	0.0000	0.0000	29	0.91	0.87	Float	0.00	4
259470.0000	1130760.7474	-4831298.4749	3994155.1607	0.0000	0.0000	0.0000	0.1220	0.1738	0.1113	0.0000	0.0000	0.0000	30	0.89	1.51	Float	0.00	3
259500.0000	1130760.7249	-4831298.4856	3994155.1333	0.0000	0.0000	0.0000	0.1060	0.1470	0.0936	0.0000	0.0000	0.0000	30	0.89	1.61	Float	0.00	3
259530.0000	1130760.7569	-4831298.4493	3994155.1111	0.0000	0.0000	0.0000	0.0714	0.0628	0.0307	0.0000	0.0000	0.0000	30	0.89	0.89	Fixed	4.55	1
259560.0000	1130760.6777	-4831298.6190	3994155.1469	0.0000	0.0000	0.0000	0.0033	0.0190	0.0204	0.0000	0.0000	0.0000	30	0.89	1.63	Fixed	2.18	1
259590.0000	1130760.7895	-4831298.5126	3994155.1523	0.0000	0.0000	0.0000	0.0748	0.1026	0.0673	0.0000	0.0000	0.0000	30	0.88	1.38	Float	0.00	3
259620.0000	1130760.6789	-4831298.6169	3994155.1447	0.0000	0.0000	0.0000	0.0061	0.0244	0.0243	0.0000	0.0000	0.0000	30	0.88	0.91	Fixed	2.24	1
259650.0000	1130760.7365	-4831298.5791	3994155.1596	0.0000	0.0000	0.0000	0.0612	0.0842	0.0562	0.0000	0.0000	0.0000	30	0.88	1.52	Float	0.00	2
259680.0000	1130760.6771	-4831298.6125	3994155.1402	0.0000	0.0000	0.0000	0.0027	0.0122	0.0118	0.0000	0.0000	0.0000	29	0.93	1.20	Fixed	6.28	1
259710.0000	1130760.6771	-4831298.6123	3994155.1394	0.0000	0.0000	0.0000	0.0026	0.0116	0.0112	0.0000	0.0000	0.0000	29	0.91	1.05	Fixed	10.15	1
259740.0000	1130760.6782	-4831298.6195	3994155.1455	0.0000	0.0000	0.0000	0.0026	0.0143	0.0133	0.0000	0.0000	0.0000	29	0.91	0.86	Fixed	13.63	1
259770.0000	1130760.6777	-4831298.6138	3994155.1396	0.0000	0.0000	0.0000	0.0024	0.0106	0.0102	0.0000	0.0000	0.0000	30	0.90	1.30	Fixed	15.02	1
259800.0000	1130760.6777	-4831298.6122	3994155.1373	0.0000	0.0000	0.0000	0.0022	0.0100	0.0097	0.0000	0.0000	0.0000	30	0.90	1.15	Fixed	8.90	1
259830.0000	1130760.6738	-4831298.5924	3994155.1179	0.0000	0.0000	0.0000	0.0015	0.0057	0.0055	0.0000	0.0000	0.0000	30	0.90	0.91	Fixed	2.16	1
259860.0000	1130760.6774	-4831298.6106	3994155.1358	0.0000	0.0000	0.0000	0.0021	0.0091	0.0089	0.0000	0.0000	0.0000	30	0.90	0.91	Fixed	20.83	1

图 2.4.30　GREAT-PVT 结果输出文件示例

第3章　RTKLIB 软件

3.1　RTKLIB 简介

RTKLIB 是日本东京海洋大学 Tomoji Takasu 教授开发的一款用于实时运动定位和高精度定位的软件包。RTKLIB 由一个便携式程序库和多个使用该程序库的 Aps(应用程序)组成①。RTKLIB 具有强大的图形输出功能，可对原始观测数据卫星可见性、卫星天空视图、DOP 值、多路径及卫星高度角进行图形化显示，为质量分析提供了可视化条件(陈佳清，2016)。

RTKLIB 包括以下功能：

(1)支持 GPS、GLONASS、BDS、Galileo、QZSS 等多个 GNSS 系统的标准和精密定位算法。

(2)支持 GNSS 的动态、静态等多种实时和后处理定位模式(宋佳等，2017)，例如，Single、DGPS/DGNSS、Kinematic、Static、Moving-Baseline、Fixed、PPP-Kinematic、PPP-Static 和 PPP-Fixed。

(3)支持多种 GNSS 的标准格式和协议：RINEX 2.10、2.11、2.12(OBS/NAV/GNAV/HNAV/LNAV/QNAV)，RINEX 3.00、3.01、3.02(OBS/NAV)，RINEX 3.02(CLK)，RTCM ver. 2.3，RTCM ver. 3.1，RTCMver. 3.2，BINEX，NTRIP 1.0，NMEA 0183，SP3-c，ANTEX 1.4，IONEX 1.0，NGS PCV and EMS 2.0 等。

(4)支持多个 GNSS 接收机的专门数据格式：NovAtel：OEM4/V/6，OEM3，OEMStar，Superstar II；Hemisphere：Eclipse，Crescent；u-blox：LEA-4T/5T/6T；SkyTraq：S1315F，JAVAD GRIL/GREIS，Furuno GW-10-II/III and NVS NV08C BINR 等。

(5)支持 Serial、TCP/IP、NTRIP、local log file (record and playback)、FTP/HTTP 多种外部通信方式。

(6)提供了许多库函数和 API(应用程序接口)：卫星和导航系统函数、矩阵和矢量函数、时间和字符串函数、坐标转换、输入和输出函数、调试跟踪函数、定位模型、大气模型、天线模型、地球潮汐模型、大地水准面模型、基准转换、RINEX 函数、星历与时钟功能、精密星历与时钟函数、接收机原始数据函数、RTCM 函数、谷歌地球、KML 转换器、SBAS 函数、数据流输入输出函数、整周模糊度解算、标准定位、精密定位、后处理

① GITHUB. RTKLIB：An Open Source Program Package for GNSS Positioning[EB/OL]. [2024-10-09]. http：//www.rtklib.com.

定位等(张倍倍，2021)。

(7)包括 GUI(图形用户界面)和 CUI(命令行用户界面)应用程序，见表 3.1.1。本书将对常用的程序 RTKNAVI、RTKPOST、RTKPLOT 进行介绍。

表 3.1.1　**RTKLIB GUI/CUI 应用程序**

功　　能	GUI 应用程序	CUI 应用程序
应用程序启动器	RTKLAUNCH	—
实时定位	RTKNAVI	RTKRCV
通信服务器	STRSVR	STR2STR
后处理定位	RTKPOST	RNX2RTKP
RINEX 转换器	RTKCONV	CONVBIN
观测数据和结果文件输出(图解)	RTKPLOT	—
GNSS 数据和产品下载	RTKGET	—
NTRIP 浏览器	SRCTBLBROWS	—

为了轻松使用 RTKLIB 中的各种应用程序，RTKLIB 提供了 AP 启动应用程序 RTKLAUNCH(如图 3.1.1 所示)，用户可以单击 RTKLAUNCH 窗口中的图标或在任务托盘图标中选择弹出的菜单以运行 RTKLIB 中的各种应用程序。①

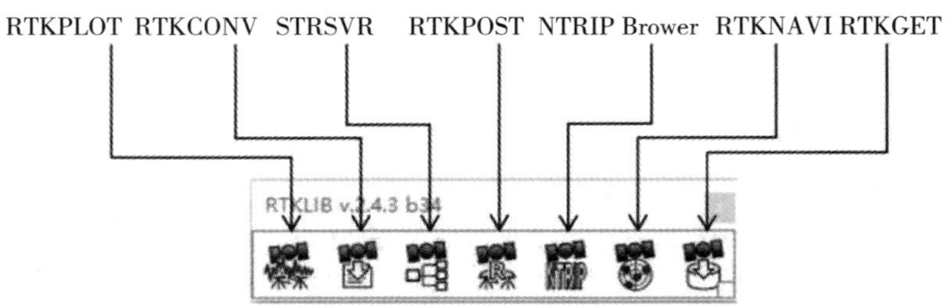

图 3.1.1　RTKLAUNCH 窗口和应用程序图标

3.2　RTKLIB 下载

RTKLIB 官方下载网址：https：//www. rtklib. com/。

GitHub 下载网站：https：//github. com/tomojitakasu/RTKLIB/tree/master。

RTKLIB 官网提供了众多版本的 RTKLIB 下载方式，下载内容分为两种类型(见图

① RTKLIB ver. 2. 4. 2 Manual[EB/OL]. (2013-04-29)[2024-10-09]. https：//www. rtklib. com/prog/manual_2. 4. 2. pdf.

3.2.1)：一种是 rtklib_<ver>_bin.zip(适用于 Windows 的应用软件包)；另一种是 rtklib_<ver>.zip(源代码和应用软件包)。(<ver>表示版本号)

通过官网或 GitHub 完成程序包的下载之后，将解压后的程序包 rtklib_<ver>.zip 或 rtklib_<ver>_bin.zip 存放到适当的目录<安装目录>。RTKLIB 文件夹目录结构如图 3.2.2 所示(在 rtklib_<ver>_bin.zip 中不包括带有"＊"的目录)。

Version	Date	Binary AP Package for Windows	Full Package with Source Programs
0.2.0	2006/12/16	-	rtklib_0.2.0.zip (2.8MB)
1.0.0	2007/01/25	-	rtklib_1.0.0.zip (10.5MB)
1.1.0	2007/03/20	-	rtklib_1.1.0.zip (6.2MB)
2.1.0	2008/07/15	-	rtklib_2.1.0.zip (22.9MB)
2.2.0	2009/01/31	rtklib_2.2.0_bin.zip (10.7MB)	rtklib_2.2.0.zip (23.4MB)
2.2.1	2009/05/17	rtklib_2.2.1_bin.zip (15.3MB)	rtklib_2.2.1.zip (30.6MB)
2.2.2	2009/09/07	rtklib_2.2.2_bin.zip (21.4MB)	rtklib_2.2.2.zip (33.8MB)
2.3.0	2009/12/17	rtklib_2.3.0_bin.zip (26.7MB)	rtklib_2.3.0.zip (35.8MB)
2.4.0	2010/08/08	rtklib_2.4.0_bin.zip (17.4MB)	rtklib_2.4.0.zip (26.5MB)
2.4.1	2011/06/11	rtklib_2.4.1_bin.zip (16.5MB)	rtklib_2.4.1.zip (26.4MB)
2.4.2	2013/04/29	rtklib_2.4.2_bin.zip (30.4MB)	rtklib_2.4.2.zip (55.2MB)

These are just old archives for recording. To download of the newest version, please visit the following GitHub links.

Version	Date	Binary APs for Windows	Source Programs and Data
2.4.2 p13	2018/01/29	GitHub	GitHub
2.4.3 b34	2020/12/29	GitHub	GitHub

图 3.2.1　RTKLIB 历史版本下载

图 3.2.2　RTKLIB 文件夹目录结构

程序包下载完成之后，要执行 GUI AP，请在<安装目录> \ rtklib_ <ver> \ bin 中查找对应的可执行文件(.exe 文件)；要执行 CUI AP，请在命令路径中添加<安装目录> \ rtklib_ <ver> \ bin。本书仅对 GUI AP 的使用进行介绍。GUI AP 的可选设置保存在 INI 文件中(＊.INI)，通常放在<安装目录>\ rtklib_<ver>\ bin 目录下。

另外，RTKLIB 官网还提供了不同版本的使用说明文档和实例数据集，用户可根据需求自行下载，下载界面如图 3.2.3 所示。

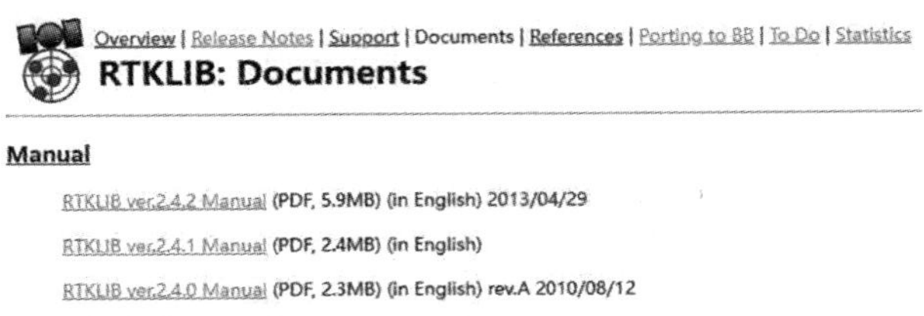

图 3.2.3　使用说明文档和实例数据集下载

3.3　实时定位程序——RTKNAVI

3.3.1　RTKNAVI 简介

应用程序 RTKNAVI 可以通过 Serial、TCP Client、TCP Server、Ntrip Client、File 等方式输入 GNSS 接收机的原始观测数据流，并进行实时定位处理。启动 RTKNAVI 程序，RTKNAVI 主窗口如图 3.3.1 所示，通过点击不同的功能按钮可对 RTKNAVI 进行多种设置。

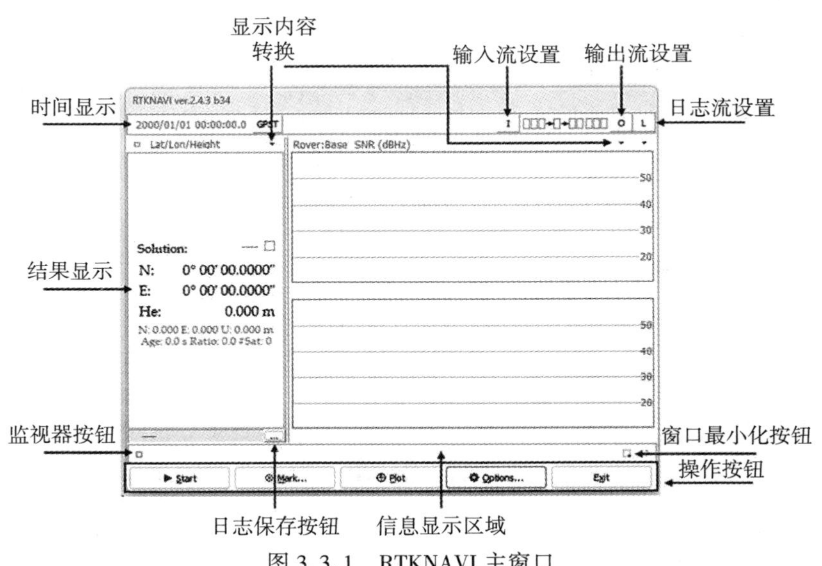

图 3.3.1　RTKNAVI 主窗口

(1)输入流设置：使用RTKNAVI进行实时定位时，用户必须输入来自GNSS接收机的原始观测数据和卫星星历。要设置输入流，单击主窗口上方的“I”按钮，用户可以看到如图3.3.2所示的“Input Streams”对话框。

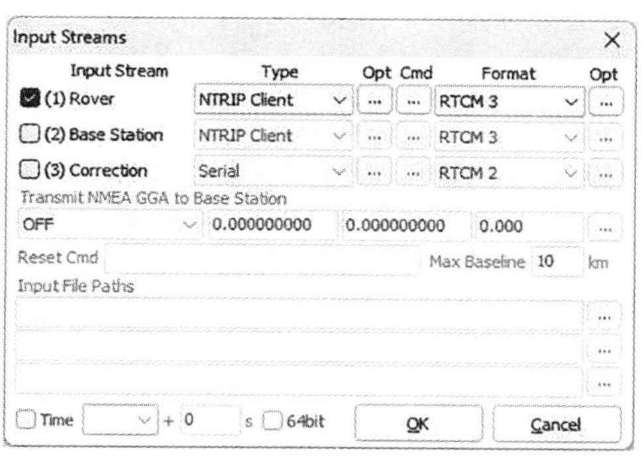

图3.3.2 “Input Streams”对话框

用户可根据不同的定位模式，在对话框中检查并设置Rover、Base station或Correction的输入流类型，输入流类型包括Serial、TCP Client、TCP Server、NTRIP Client、File、FTP、HTTP，点击“Opt”标签下的“...”按钮可对不同类型输入流进行操作(注：如果输入流类型选择Serial、TCP Client或TCP Server，点击“Cmd”标签下的“...”按钮即可通过命令行的形式将该流的启动/关闭命令发送给GNSS接收机)。设置完输入流类型之后，用户还需要从“format”下拉菜单的选项中选择数据流格式。数据流格式包括RTCM 2、RTCM 3、NovAtel OEM7、NovAtel OEM3、u-blox UBX等。不同数据流类型详细操作以及格式可查阅RTKLIB manual文件，在本书的“3.3.2 RTKNAVI实例”中将对输入流数据类型为File、NTRIP Client的进行实例演示。

(2)输出流设置：用户要设置输出流，可单击主窗口右上角的“O”按钮，可以看到如图3.3.3所示的“Output Streams”对话框。对话框中最多可以配置两个独立的输出流，在对话框中检查并设置解算结果的输出流类型，包括Serial、TCP Client、TCP Server、NTRIP Server、File，这些选项类似于输入流。设置完输出流类型之后，用户还必须选择以下输出格式选项：Lat/Lon/Height、X/Y/Z-ECEF、E/N/U-Baseline、NMEA0183。

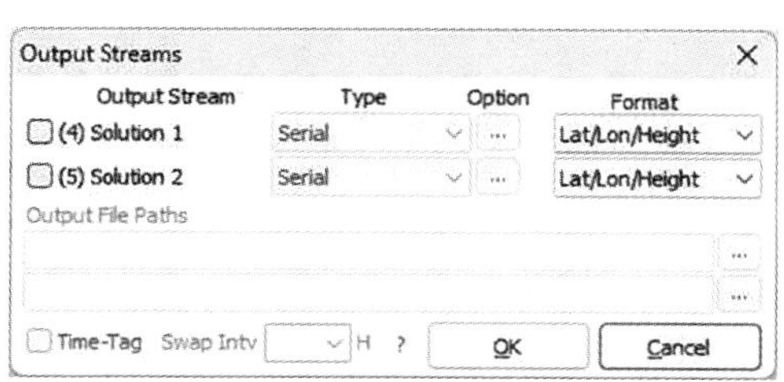

图3.3.3 “Output Streams”对话框

(3)日志流设置：单击主界面右上方的“L”按钮可配置日志流。点击之后用户可以看到如图 3.3.4 所示的“Log Streams”对话框。日志流类型包括 Serial、TCP Client、TCP Server、NTRIP Server、NTRIP Caster、File。

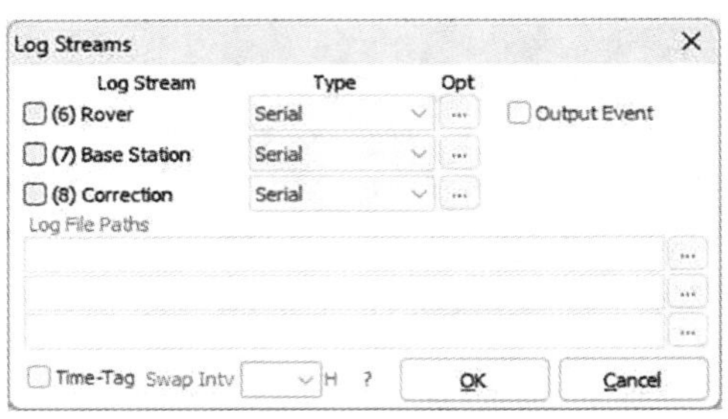

图 3.3.4　“Log Streams”对话框

(4)要配置定位选项，可点击“Options”按钮，并在“Options”对话框中设置选项，如图 3.3.5 所示的这些选项可以通过在对话框中按下“Save”按钮并选择文件路径保存到配置文件中。单击“Load”按钮，选择配置文件，可以从配置文件中加载这些选项。

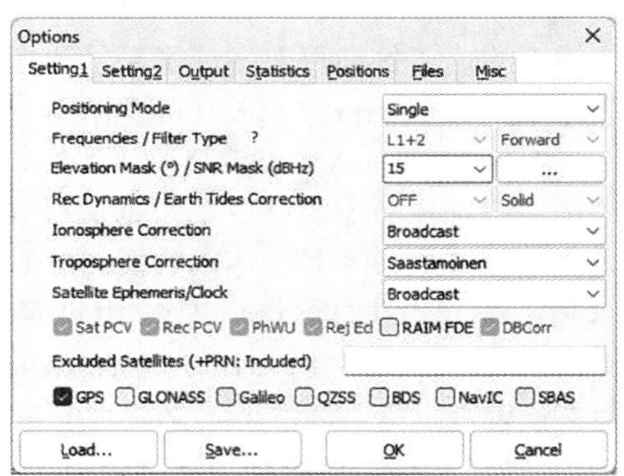

图 3.3.5　“Options”(Setting1)对话框

(5)数据流状态显示：单击“Start”按钮，每个流的状态显示在如图 3.3.6 所示的右上方的指示灯上。从左起，分别显示了输入流动站、输入基准站、输入校正、定位过程、输出方案 1、输出方案 2、流动站日志、基准站日志和校正流日志的流程/处理状态。[实际操作界面中灰色表示未使用，橙色表示正在等待连接，深绿色表示已连接或正在运行，浅绿色表示数据激活(输入、输出或处理)，红色表示通信出错。]在图 3.3.6 中主窗口的下方中间信息显示区域也显示了一些状态信息。

(6)当输入的观测数据和星历数据完整且生效后，RTKNAVI 计算出定位结果，并在主窗口左侧显示定位结果，同时显示定位结果状态(FIX、FLOAT、DGPS、SBAS、SINGLE 或 PPP)、E/N/U 或 X/Y/Z 方向的标准差、Age (Age of differential)、Ratio(模糊度验证的比率因子)和#Sat(有效卫星数)。如果需要切换定位结果显示的格式，可单击结果显示区域右上角的▼按钮，切换到如图 3.3.7 所示的不同显示格式，从左(上)至右

(下)依次为：Lat/Lon/Height（度）、Lat/Lon/Height（度/分/秒）、X/Y/Z-ECEF（m）、E/N/U-Baseline（m）、Pitch/Yaw/Length-Baseline（deg，m）。

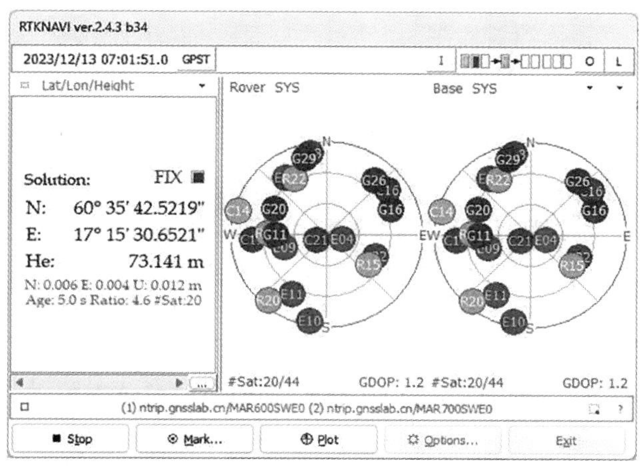

图 3.3.6 RTKNAVI 主窗口(运行中)

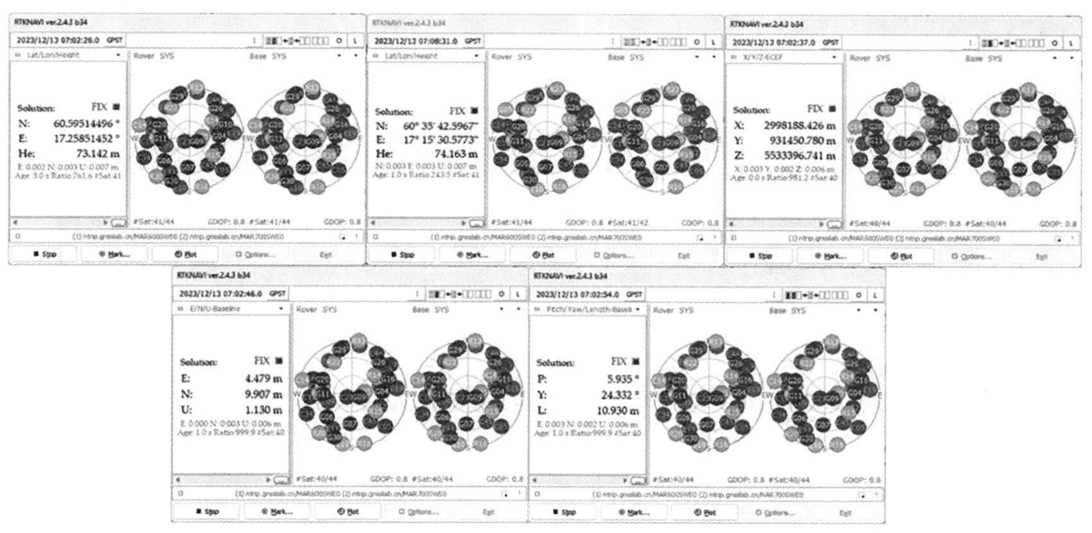

图 3.3.7 RTKNAVI 解决方案状态显示

(7)要切换时间显示的格式，请按主窗口中上方的“GPST”按钮。时间系统可切换为GPST、UTC、LT(当地时间)和 GPST（GPS 周/TOW）。

(8)主窗口右侧区域可以显示观测卫星信噪比状态或天空图中的可见卫星，如图3.3.8 所示。按状态显示选择右上角的第一个▼按钮，可以切换流动站和基准站之间的SNR、天空图、基线长度。按状态显示选择右上角的第二个▼按钮，可切换不同频率下的SNR、天空图等。在信噪比图或天空图中，未使用的卫星显示为灰色，不同信噪比所对应的颜色为“745…(绿色)40…(黄色)35…(紫色)<25(dBHZ)(灰色)。信噪比图中卫星 ID

的颜色表示卫星系统为：GPS(G)(绿色)、GLONASS(R)(黄色)、Galileo(E)(紫色)、QZSS(J)(蓝色)、北斗(C)(红色)和 SBAS(S)(灰色)。

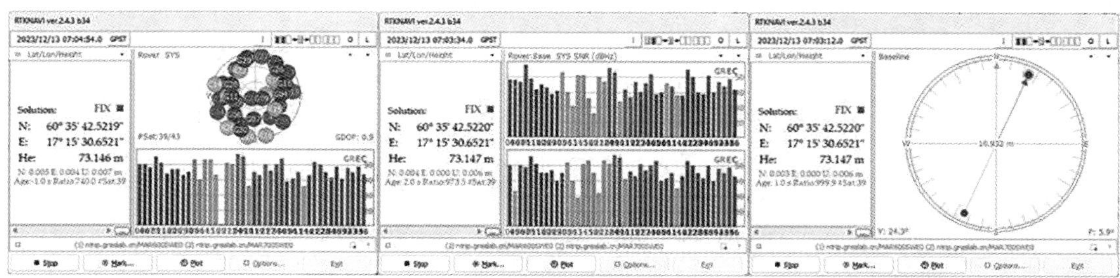

图 3.3.8　RTKNAVI 卫星和信号状态显示

(9)通过按下"Plot"按钮，可执行 RTKPLOT 将流动站位置绘制在图形上。具体显示结果将在后文实例中展示。

(10)通过在主窗口中按左下方的□按钮，可以看到"RTK Monitor"窗口，如图 3.3.9 所示。通过这个窗口，可以看到 RTKNAVI 的内部状态。用户可以使用左上角的下拉菜单选择查看以下内容：

①RTK：内部定位过程的一般情况；

②Obs Data：输入观测数据；

③Nav Data：导航文件信息；

④Time/Iono：时间和电离层参数；

⑤Streams：输入、输出和日志流的状态；

⑥Sat Status：卫星状态；

⑦States：估计滤波器的状态向量值；

⑧Covariance：估计滤波器的协方差矩阵；

⑨SBASMsgs：对输入的 SBAS 消息进行 HEX 转储；

⑩SBAS Long：SBAS 长期卫星改正；

⑪SBAS Iono：SBAS 电离层延迟改正；

⑫SBAS Fast：SBAS 快速改正；

⑬RTCM Msgs：RTCM 2/3 消息状态；

⑭RTCM DGPS：RTCM DGPS 改正；

⑮RTCM SSR：RTCM SSR 改正；

⑯Station Info：测站信息；

⑰Input：输入流数据的转储；

⑱Output：输出流数据的转储；

⑲Error/Warning：错误或警告消息。

(11)单击主窗口右下方的 按钮，可以将主窗口最小化为 Windows 桌面任务栏中的一个图标。要恢复主窗口，双击"任务"→托盘→图标或在"任务"→托盘→图标上单击鼠标右键，选择菜单“Main Window...”。

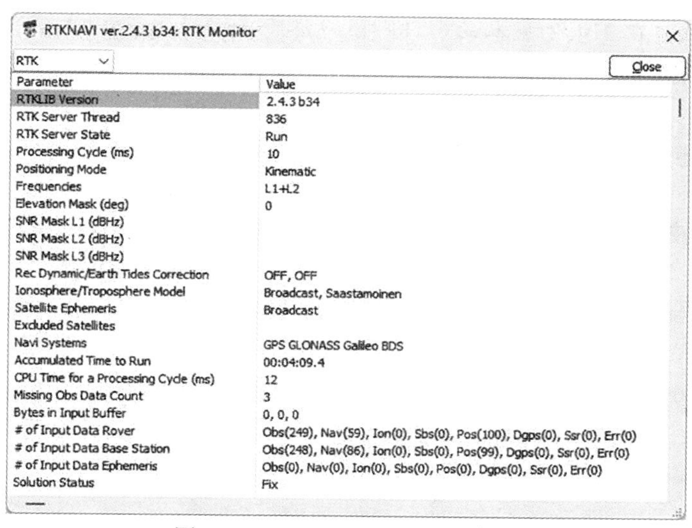

图 3.3.9　RTKNAVI Monitor 窗口

3.3.2　RTKNAVI 实例

本书将以 Kinematic 定位模式为例，介绍 RTKNAVI 的使用过程。

实例 1：采用 RTKLIB 官网提供的实例数据集-sample2 进行实时 Kinematic 定位模式演示。

(1) 双击 bin 文件下的 rtknavi. exe，启动 RTKNAVI 程序，RTKNAVI 主窗口如图 3.3.10 所示。

(2)使用 RTKNAVI 进行实时定位时，必须输入来自 GNSS 接收机的原始观测数据等信息。要设置输入流，点击图 3.3.1 中主窗口上方的“输入流设置”按钮，就可以看到如图 3.3.10 所示的“Input Streams”对话框。当选择定位模式为 Kinematic 时，需要有两个测站(流动站、基准站)的数据流输入。因为在本实例中，数据是以文件方式输入的，所以数据流类型设置为“File”。输入流设置为“File”后，需要在窗口下方的“Input File Paths”中分

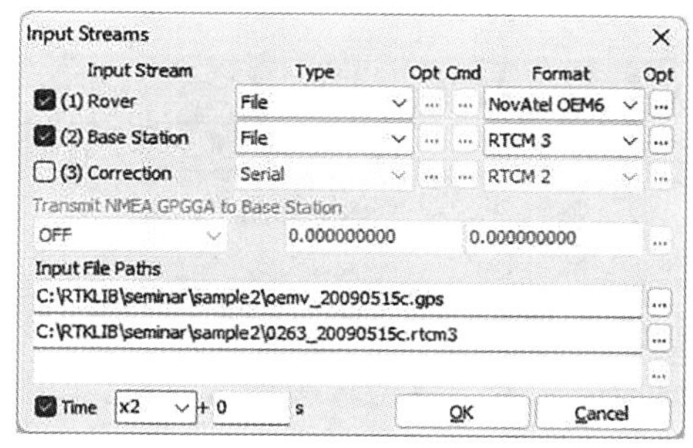

图 3.3.10　RTKNAVI 的输入流对话框(实例 1)

别输入流动站和基准站的数据文件地址（注：在数据流类型为其他格式时，“Input File Paths”是无法进行任何操作的）。根据输入数据流的格式，将流动站的数据格式设置为 NovAtel OEM6（注：在 2.4.3 版本的 RTKLIB 中没有此格式，所以本实例使用的是 2.4.2 版本），基准站的数据格式设置为 RTCM 3。最后点击“OK”按钮即完成输入数据流的相关设置。

（3）Options-Setting1 设置：如图 3.3.11 所示，将“Positioning Mode”设置为 Kinematic；“Frequencies”可根据接收机接收的数据频率进行选择，本实例中设置为“L1+L2”；滤波方式默认为前向滤波，不可更改；截止高度角设置为 20°；信噪比也可以根据不同高度角进行设置，点击“…”按钮，显示如图 3.3.12 所示的“SNR Mask”对话框，在对话框中设置信噪比阈值，如果“流动站”和“基准站”都未选中，这些信噪比设置将不被应用，本实例中未进行信噪比阈值设置；电离层、对流层等各项改正可根据不同定位模式进行设置。在本实例中，电离层改正使用的是广播星历，对流层改正使用的是 Saastamoinen 模型，星历采用的是广播星历；卫星导航系统可根据输入数据流所支持的系统进行选择，本实例中仅选择了 GPS 系统。

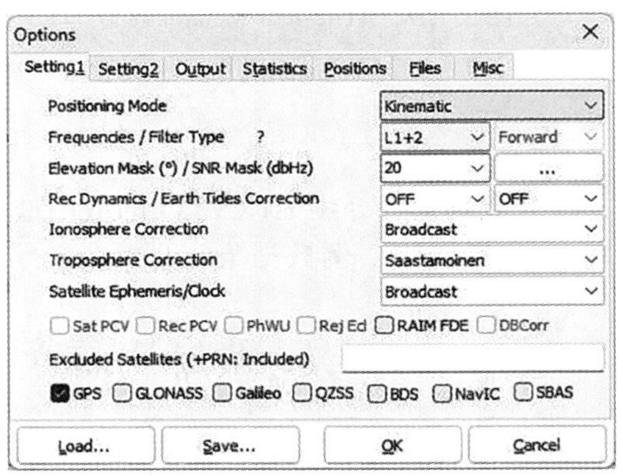

图 3.3.11　“Options-Setting1”对话框

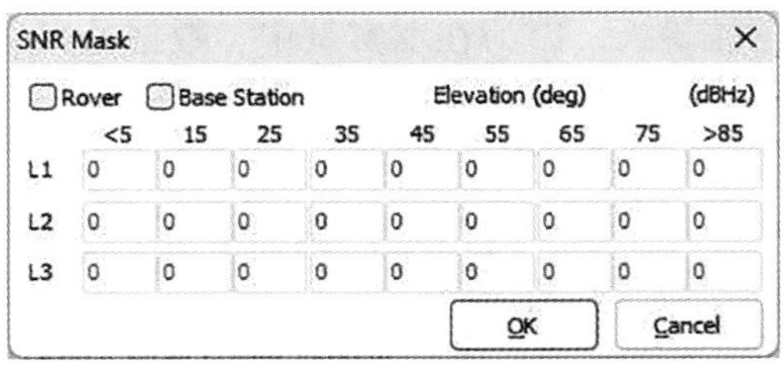

图 3.3.12　“SNR Mask”对话框

（4）Options-Setting2 设置：“Integer Ambiguity Res”设置为 Continuous；“Min Ratio to Fix Ambiguity”一般设置为 3.0；其余参数均采用默认设置，如图 3.3.13 所示。

（5）Options-Output 设置：RTKNAVI 中的“Solution Format”默认格式为 Lat/Lon/Height 且不可更改；“Output Header”和“Output Processing Options”均设置为 OFF，在 RTKNAVI

中“Output Processing Options”默认为 OFF 且不可更改；“Time Format”设置为 hh：mm：ss GPST；“# of Decimals”设置为 3；“Latitude/Longitude Format”设置为 ddd. dddddddd；其余参数均采用默认设置，如图 3. 3. 14 所示。

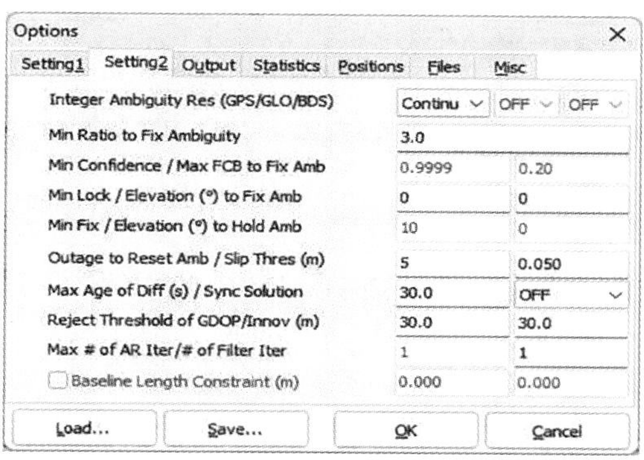

图 3. 3. 13　“Options-Setting2”对话框

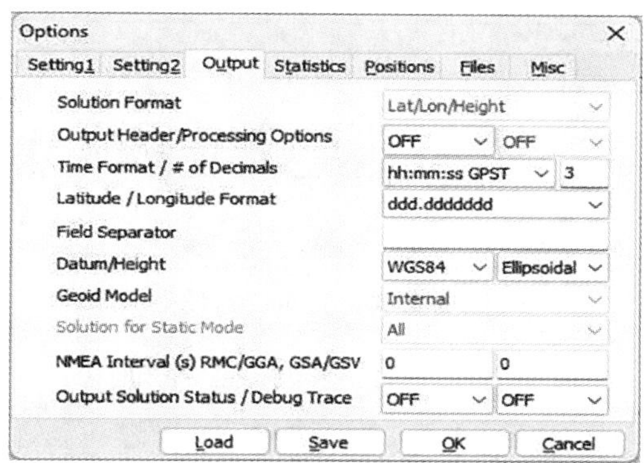

图 3. 3. 14　“Options-Output”对话框

(6)“Options-Statistics”中的参数全部采用默认设置。

(7) Options-Positions 设置：因为在本实例中不知道流动站和基准站的接收机天线信息，所以将“Antenna Type”设置为 *，Delta-E/N/U 采用默认设置，如果明确知道接收机天线信息，就可以在相应位置进行设置；基准站坐标采用的是 RTCM Amtenna Position，如果知道基准站坐标，就可以选择相应的坐标格式进行输入，如图 3. 3. 15 所示。

(8) Options-Files 设置：因为本实例中的定位模式选取的是 Kinematic，所以在“Files”中仅对 Satellite/Receiver Antenna PCV File ANTEX/NGS PCV 进行设置，文件选取为 RTKLIB 程序包中的 igs14. atx，如图 3. 3. 16 所示。用户也可自行下载最近的 . atx 文件。

(9) Options-Misc 中的参数全部采用默认设置。

完成以上操作之后点击主窗口下方的“Start”按钮，在 RTKNAVI 主窗口中会出现如图 3. 2. 17～图 3. 2. 19 所示的画面，显示内容会随时间的变化而变化。如需切换窗口显示内容，请参考 3. 3 节中 RTKNAVI 设置内容的(5)～(8)。

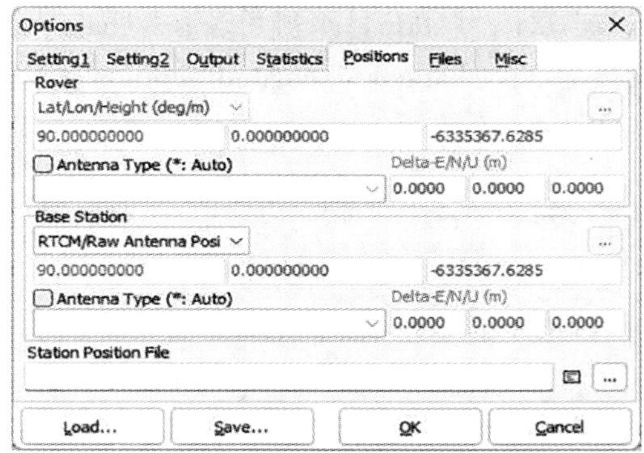

图 3. 3. 15　“Options-Positions”对话框

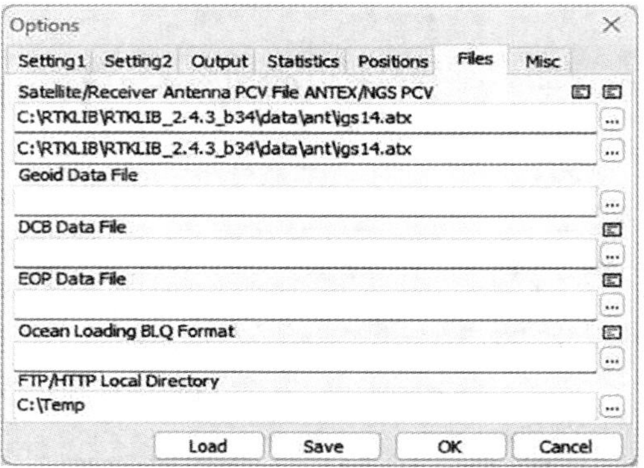

图 3. 3. 16　“Files”对话框

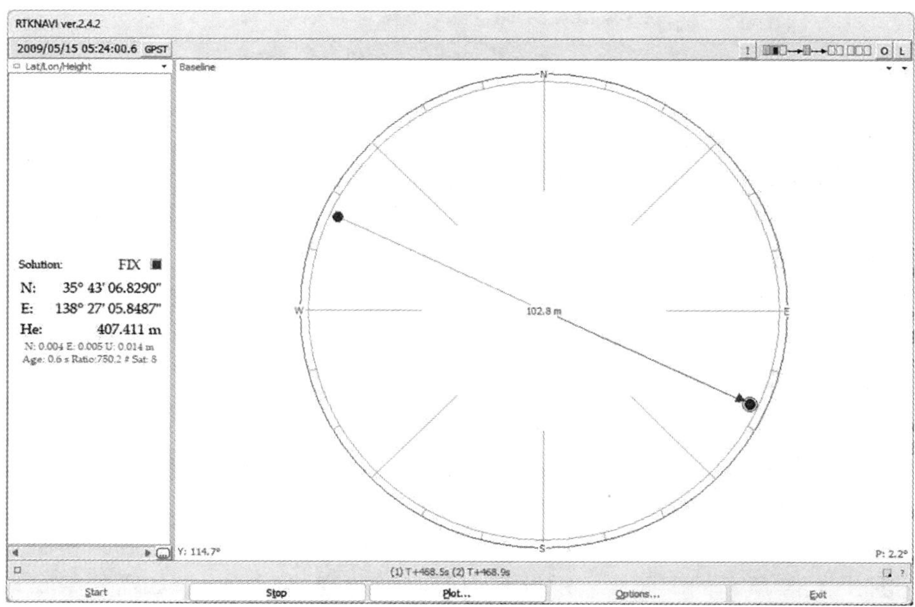

图 3. 3. 17　基线长度显示

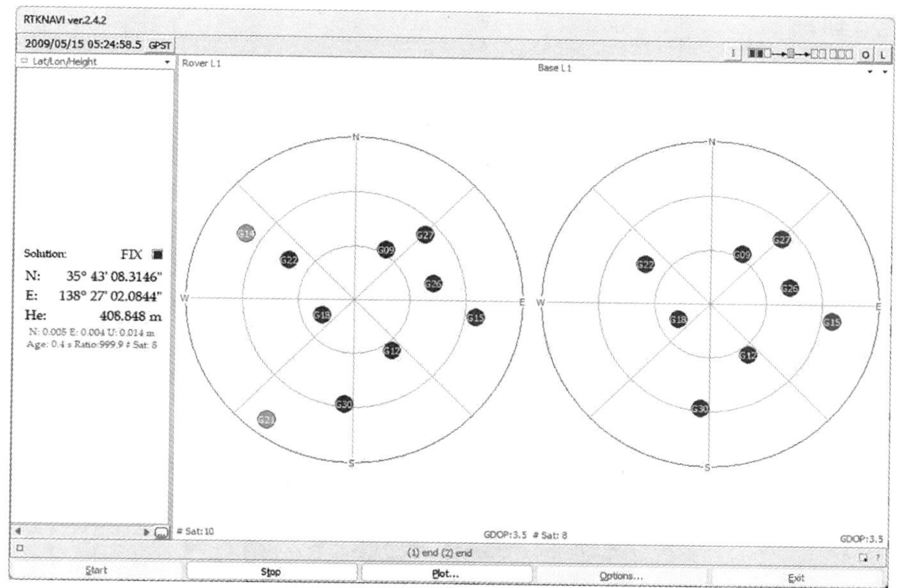

图 3.3.18　卫星数目显示

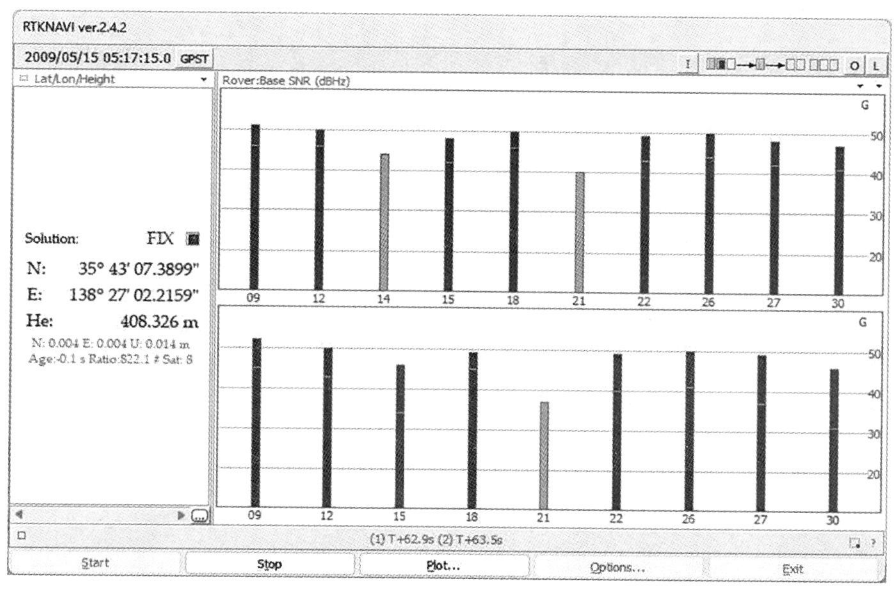

图 3.3.19　信噪比显示

点击“Plot”按钮之后，用户就可以使用 RTKPLOT 查看解算结果信息。在 Gnd Trk 选项下，用户可以看到流动站位置随时间实时发生变化。为了能清楚地看到流动站位置在地图上的变化，本实例将数据集-sample2 中的“nirasaki”地图加载到 RTKPLOT 中，加载方法为：①点击“File”按钮；②点击下拉框中的“Open Map Image...”；③选择地图所在的文件位置点击打开，即可将地图加载到 RTKPLOT 中。流动站最终轨迹显示结果如图 3. 3. 20 所示。

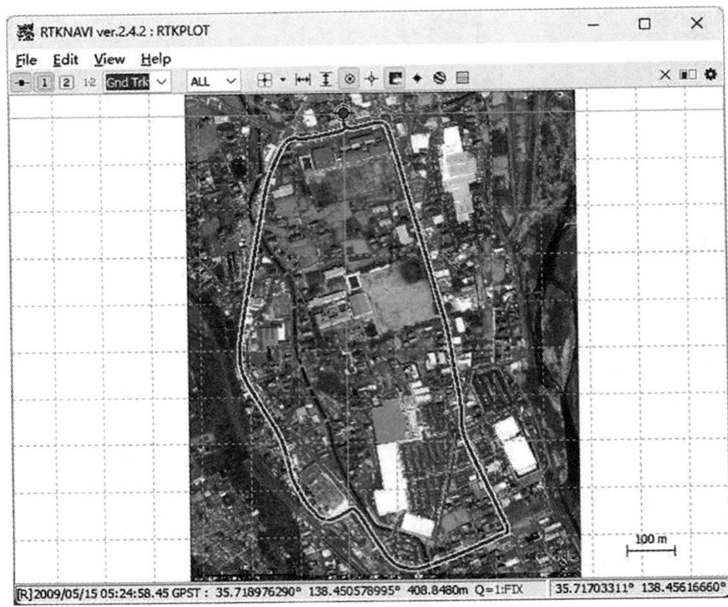

图 3. 3. 20　流动站轨迹显示结果

点击“Gnd Trk”选项的下拉框，选择“Position”，即可看到如图 3. 3. 21 所示的流动站相对于基准站在三维方向上的距离差。结果图分为三部分，上半部分表示流动站相对于基准站在东西方向的距离差，中间部分表示流动站相对于基准站在南北方向的距离差，下半部分表示流动站相对于基准站在高程方向的距离差。

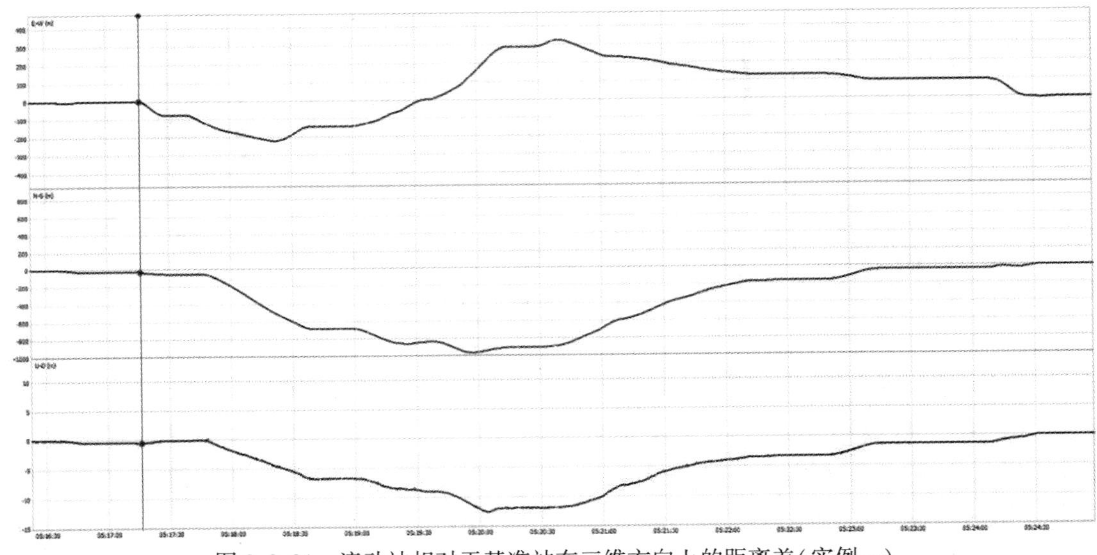

图 3. 3. 21　流动站相对于基准站在三维方向上的距离差(实例一)

点击 RTKNAVI 主窗口左下方的□按钮，将弹出“RTK Monitor”窗口，点击窗口左上方的下拉框，选中“Solution1”，即可看到如图 3. 3. 22 所示的流动站的解算结果。图中第一、二列表示解算时间；第三、四、五列分别为流动站的纬度、经度、高程；第六列为解算结果的类型；第七列为卫星数目；第八、九、十列分别为 N、E、U 方向上的标准差；第十一、十二、十三列分别为 NE、EU、UN 方向的协方差；第十四、十五列分别为 age、ratio 值。

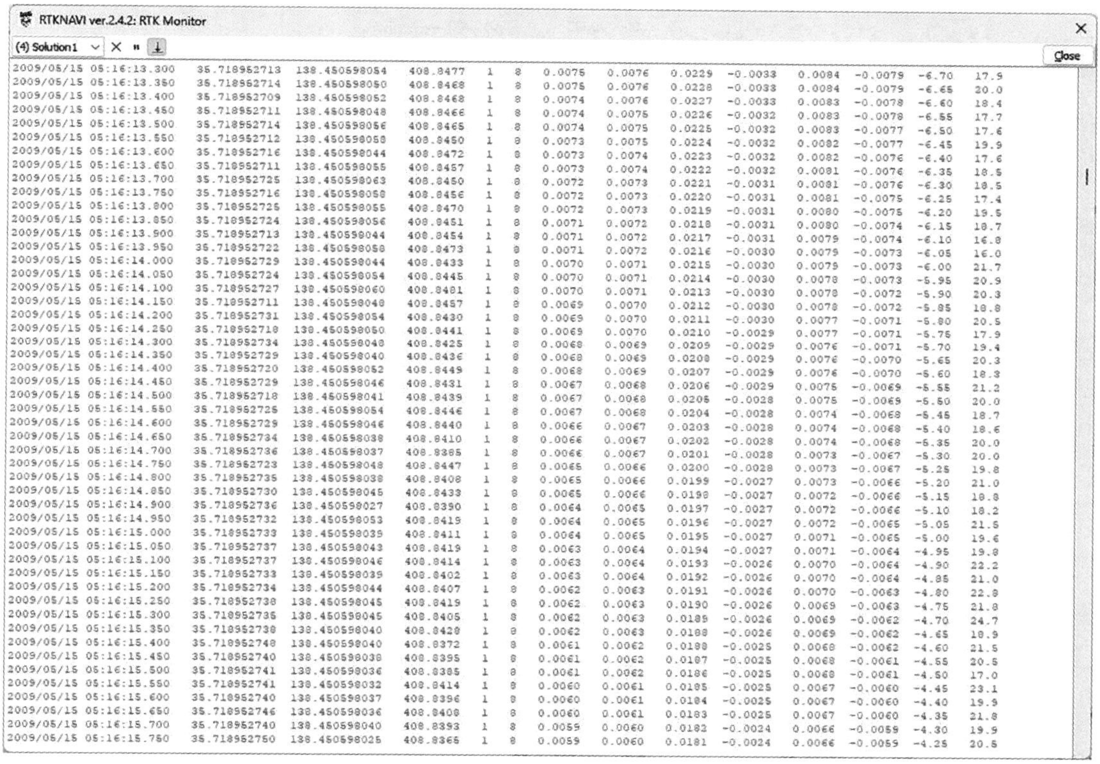

RTKNAVI ver.2.4.2: RTK Monitor

(4) Solution1　　Close

```
2009/05/15 05:16:13.300  35.718952713  138.450598054  408.8477  1  8  0.0075  0.0076  0.0229  -0.0033  0.0084  -0.0079  -6.70  17.9
2009/05/15 05:16:13.350  35.718952714  138.450598050  408.8468  1  8  0.0075  0.0076  0.0228  -0.0033  0.0084  -0.0079  -6.65  20.0
2009/05/15 05:16:13.400  35.718952709  138.450598052  408.8468  1  8  0.0074  0.0076  0.0227  -0.0033  0.0083  -0.0078  -6.60  18.4
2009/05/15 05:16:13.450  35.718952711  138.450598048  408.8466  1  8  0.0074  0.0075  0.0226  -0.0032  0.0083  -0.0078  -6.55  17.7
2009/05/15 05:16:13.500  35.718952714  138.450598056  408.8465  1  8  0.0074  0.0075  0.0225  -0.0032  0.0083  -0.0077  -6.50  17.6
2009/05/15 05:16:13.550  35.718952712  138.450598058  408.8450  1  8  0.0073  0.0075  0.0224  -0.0032  0.0082  -0.0077  -6.45  19.9
2009/05/15 05:16:13.600  35.718952716  138.450598044  408.8472  1  8  0.0073  0.0074  0.0223  -0.0032  0.0082  -0.0076  -6.40  17.6
2009/05/15 05:16:13.650  35.718952711  138.450598055  408.8457  1  8  0.0073  0.0074  0.0222  -0.0032  0.0081  -0.0076  -6.35  18.5
2009/05/15 05:16:13.700  35.718952725  138.450598063  408.8450  1  8  0.0072  0.0073  0.0221  -0.0031  0.0081  -0.0076  -6.30  18.5
2009/05/15 05:16:13.750  35.718952716  138.450598058  408.8456  1  8  0.0072  0.0073  0.0220  -0.0031  0.0081  -0.0075  -6.25  17.4
2009/05/15 05:16:13.800  35.718952725  138.450598055  408.8470  1  8  0.0072  0.0073  0.0219  -0.0031  0.0080  -0.0075  -6.20  19.5
2009/05/15 05:16:13.850  35.718952724  138.450598056  408.8451  1  8  0.0071  0.0072  0.0218  -0.0031  0.0080  -0.0074  -6.15  18.7
2009/05/15 05:16:13.900  35.718952713  138.450598044  408.8454  1  8  0.0071  0.0072  0.0217  -0.0031  0.0079  -0.0074  -6.10  16.8
2009/05/15 05:16:13.950  35.718952722  138.450598058  408.8473  1  8  0.0071  0.0072  0.0216  -0.0030  0.0079  -0.0073  -6.05  16.0
2009/05/15 05:16:14.000  35.718952729  138.450598044  408.8433  1  8  0.0070  0.0071  0.0215  -0.0030  0.0079  -0.0073  -6.00  21.7
2009/05/15 05:16:14.050  35.718952724  138.450598054  408.8445  1  8  0.0070  0.0071  0.0214  -0.0030  0.0078  -0.0073  -5.95  20.9
2009/05/15 05:16:14.100  35.718952727  138.450598060  408.8401  1  8  0.0070  0.0071  0.0213  -0.0030  0.0078  -0.0072  -5.90  20.3
2009/05/15 05:16:14.150  35.718952711  138.450598040  408.8457  1  8  0.0069  0.0070  0.0212  -0.0030  0.0078  -0.0072  -5.85  18.8
2009/05/15 05:16:14.200  35.718952731  138.450598054  408.8430  1  8  0.0069  0.0070  0.0211  -0.0030  0.0077  -0.0071  -5.80  20.5
2009/05/15 05:16:14.250  35.718952718  138.450598050  408.8441  1  8  0.0069  0.0070  0.0210  -0.0029  0.0077  -0.0071  -5.75  17.9
2009/05/15 05:16:14.300  35.718952734  138.450598048  408.8425  1  8  0.0068  0.0069  0.0209  -0.0029  0.0076  -0.0071  -5.70  19.4
2009/05/15 05:16:14.350  35.718952729  138.450598040  408.8436  1  8  0.0068  0.0069  0.0208  -0.0029  0.0076  -0.0070  -5.65  20.3
2009/05/15 05:16:14.400  35.718952720  138.450598052  408.8449  1  8  0.0068  0.0069  0.0207  -0.0029  0.0076  -0.0070  -5.60  18.3
2009/05/15 05:16:14.450  35.718952729  138.450598046  408.8431  1  8  0.0067  0.0068  0.0206  -0.0029  0.0075  -0.0069  -5.55  21.2
2009/05/15 05:16:14.500  35.718952718  138.450598041  408.8439  1  8  0.0067  0.0068  0.0205  -0.0028  0.0075  -0.0069  -5.50  20.0
2009/05/15 05:16:14.550  35.718952725  138.450598054  408.8446  1  8  0.0067  0.0068  0.0204  -0.0028  0.0074  -0.0068  -5.45  18.7
2009/05/15 05:16:14.600  35.718952729  138.450598046  408.8440  1  8  0.0066  0.0067  0.0203  -0.0028  0.0074  -0.0068  -5.40  18.6
2009/05/15 05:16:14.650  35.718952734  138.450598038  408.8410  1  8  0.0066  0.0067  0.0202  -0.0028  0.0074  -0.0068  -5.35  20.0
2009/05/15 05:16:14.700  35.718952736  138.450598037  408.8385  1  8  0.0066  0.0067  0.0201  -0.0028  0.0073  -0.0067  -5.30  20.0
2009/05/15 05:16:14.750  35.718952723  138.450598048  408.8447  1  8  0.0065  0.0066  0.0200  -0.0028  0.0073  -0.0067  -5.25  19.8
2009/05/15 05:16:14.800  35.718952735  138.450598038  408.8408  1  8  0.0065  0.0066  0.0199  -0.0027  0.0073  -0.0066  -5.20  21.0
2009/05/15 05:16:14.850  35.718952730  138.450598045  408.8433  1  8  0.0065  0.0066  0.0198  -0.0027  0.0072  -0.0066  -5.15  18.8
2009/05/15 05:16:14.900  35.718952736  138.450598027  408.8390  1  8  0.0064  0.0065  0.0197  -0.0027  0.0072  -0.0066  -5.10  18.2
2009/05/15 05:16:14.950  35.718952732  138.450598053  408.8419  1  8  0.0064  0.0065  0.0196  -0.0027  0.0072  -0.0065  -5.05  21.5
2009/05/15 05:16:15.000  35.718952733  138.450598039  408.8411  1  8  0.0064  0.0065  0.0195  -0.0027  0.0071  -0.0065  -5.00  19.6
2009/05/15 05:16:15.050  35.718952737  138.450598043  408.8419  1  8  0.0063  0.0064  0.0194  -0.0027  0.0071  -0.0064  -4.95  19.8
2009/05/15 05:16:15.100  35.718952737  138.450598046  408.8414  1  8  0.0063  0.0064  0.0193  -0.0026  0.0070  -0.0064  -4.90  22.2
2009/05/15 05:16:15.150  35.718952733  138.450598039  408.8402  1  8  0.0063  0.0064  0.0192  -0.0026  0.0070  -0.0064  -4.85  21.0
2009/05/15 05:16:15.200  35.718952734  138.450598044  408.8407  1  8  0.0062  0.0063  0.0191  -0.0026  0.0070  -0.0063  -4.80  22.8
2009/05/15 05:16:15.250  35.718952738  138.450598045  408.8419  1  8  0.0062  0.0063  0.0190  -0.0026  0.0069  -0.0063  -4.75  21.8
2009/05/15 05:16:15.300  35.718952736  138.450598045  408.8405  1  8  0.0062  0.0063  0.0189  -0.0026  0.0069  -0.0062  -4.70  24.7
2009/05/15 05:16:15.350  35.718952738  138.450598040  408.8428  1  8  0.0062  0.0063  0.0188  -0.0026  0.0069  -0.0062  -4.65  18.9
2009/05/15 05:16:15.400  35.718952748  138.450598040  408.8372  1  8  0.0061  0.0062  0.0188  -0.0025  0.0068  -0.0062  -4.60  21.5
2009/05/15 05:16:15.450  35.718952740  138.450598038  408.8395  1  8  0.0061  0.0062  0.0187  -0.0025  0.0068  -0.0061  -4.55  20.5
2009/05/15 05:16:15.500  35.718952741  138.450598036  408.8385  1  8  0.0061  0.0062  0.0186  -0.0025  0.0068  -0.0061  -4.50  17.0
2009/05/15 05:16:15.550  35.718952741  138.450598032  408.8414  1  8  0.0060  0.0061  0.0185  -0.0025  0.0067  -0.0060  -4.45  23.1
2009/05/15 05:16:15.600  35.718952740  138.450598037  408.8396  1  8  0.0060  0.0061  0.0184  -0.0025  0.0067  -0.0060  -4.40  19.9
2009/05/15 05:16:15.650  35.718952746  138.450598036  408.8408  1  8  0.0060  0.0061  0.0183  -0.0025  0.0067  -0.0060  -4.35  21.8
2009/05/15 05:16:15.700  35.718952740  138.450598040  408.8393  1  8  0.0059  0.0060  0.0182  -0.0024  0.0066  -0.0059  -4.30  19.9
2009/05/15 05:16:15.750  35.718952750  138.450598025  408.8365  1  8  0.0059  0.0060  0.0181  -0.0024  0.0066  -0.0059  -4.25  20.5
```

图 3. 3. 22　流动站解算结果(实例 1)

实例 2：通过向武汉大学申请实时数据流账号，进行实时 Kinematic 定位模式演示。关于 RTS(Real-Time Service)的相关信息，可以前往 IGS 实时服务官网：https：//igs. org/rts/进行查看。

(1)双击 bin 文件下的 rtknavi. exe，启动 RTKNAVI 程序。

(2)点击主窗口上方的输入流设置“I”按钮，就可以看到如图 3. 3. 23 所示的“Input Streams”对话框。在本实例中，数据流类型设置为 NTRIP Client。输入流设置为“NTRIP Client”后，需要点击“Opt”标签下的“...”按钮，输入 NTRIP Caster 地址：ntrip. gnsslab. cn，端口号为：2101，然后输入实时数据流账号和密码，点击图 3. 3. 24 中左下角的“Browse...”按钮就会出现如图 3. 3. 25 所示的挂载点(Mountpoint)列表。本实例中选取的挂载点分别为 MAR600SWE0(流动站)、MAR700SWE0(基准站)。挂载点选择完成之后点击

“OK”按钮，即可完成输入数据流的设置。根据输入数据流的格式，将流动站和基准站的数据格式设置为 RTCM3。最后，点击“OK”按钮即可完成输入数据流的相关设置。

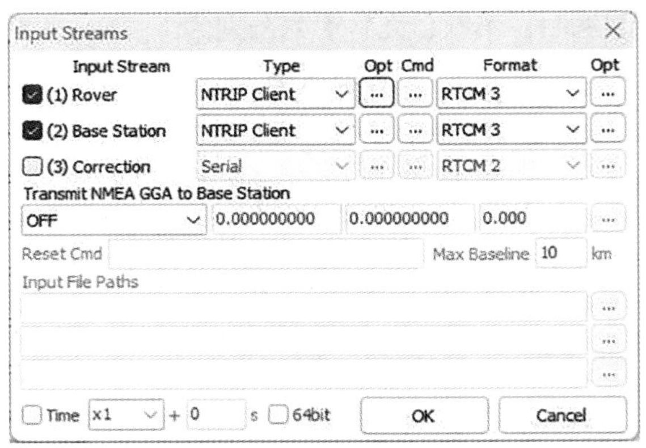

图 3. 3. 23　RTKNAVI 的输入流对话框(实例 2)

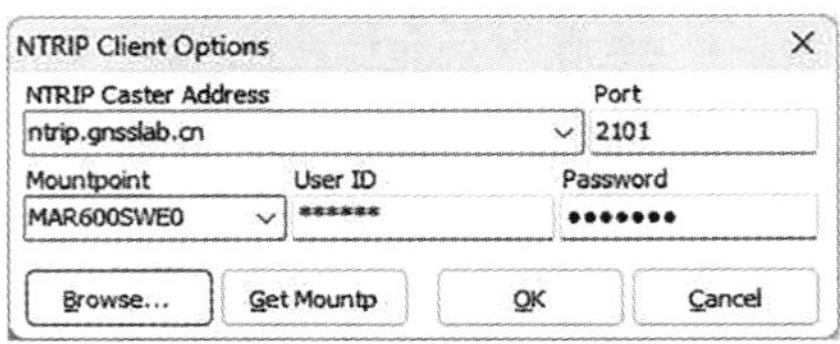

图 3. 3. 24　“NTRIP Client”设置对话框

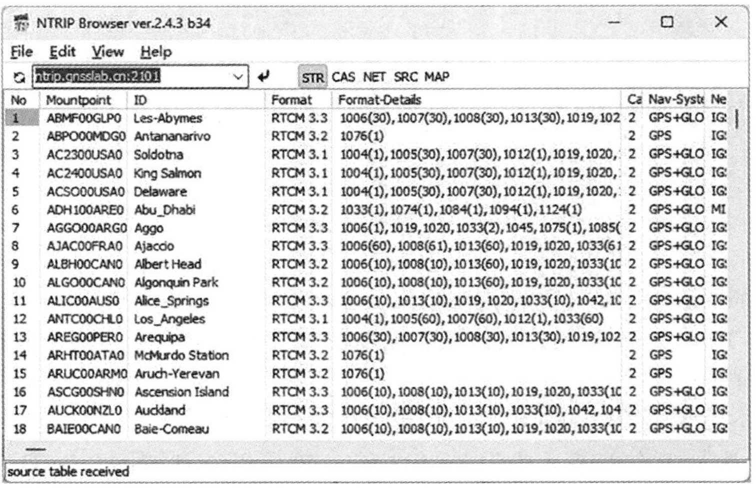

图 3. 3. 25　“NTRIP Browser”对话框

(3)Options-Setting1 设置：如图 3. 3. 26 所示，将“Positioning Mode”设置为 Kinematic；“Frequencies”可根据接收机接收到的数据频率进行选择，本实例中设置为“L1+L2”；滤波方式默认为前向滤波，不可更改；截止高度角设置为 15°；信噪比也可以根据不同的高度角进行设置，点击“...”按钮，在对话框中设置信噪比阈值，如果“流动站”和“基准站”都未选中，这些信噪比设置将不被应用。本实例中未进行信噪比阈值设置；电离层、对流层等各种改正可根据不同定位模式进行设置。在本实例中，电离层改正使用广播星历进行改正，对流层改正使用 Saastamoinen 模型进行改正，星历采用的是广播星历；卫星导航系统可根据输入数据流所支持的系统进行选择，本实例中选择了 GPS、GLONASS、Galileo、BDS 系统。

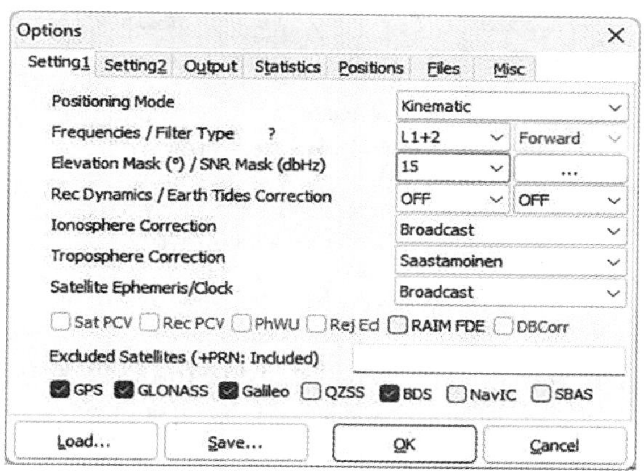

图 3.3.26 “Options-Setting1”对话框

(4) Options-Setting2 设置：“Integer Ambiguity Res”设置为 Continuous；“Min Ratio to Fix Ambiguity”一般设置为 3.0；其余参数均采用默认设置，如图 3.3.27 所示。

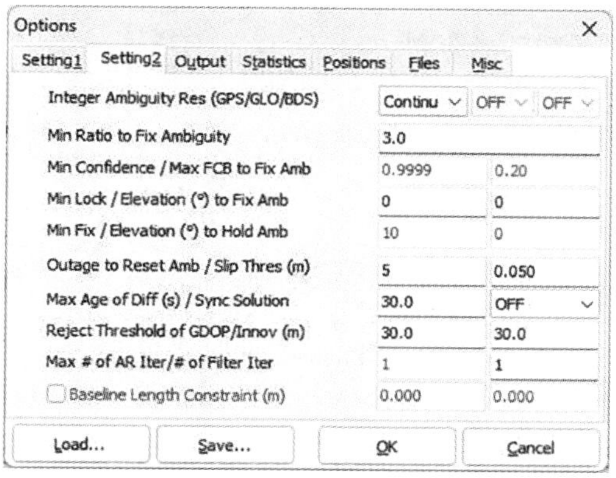

图 3.3.27 “Options-Setting2”对话框

(5) Options-Output 设置：RTKNAVI 中的“Solution Format”默认格式为 Lat/Lon/Height 且不可更改；“Output Header”和“Output Processing Options”均设置为 OFF，在 RTKNAVI 中“Output Processing Options”默认为 OFF 且不可更改；“Time Format”设置为 hh：mm：ss GPST；“# of Decimals”设置为 3；“Latitude/Longitude Format”设置为 ddd.dddddddd；其余

参数均采用默认设置，如图 3.3.28 所示。

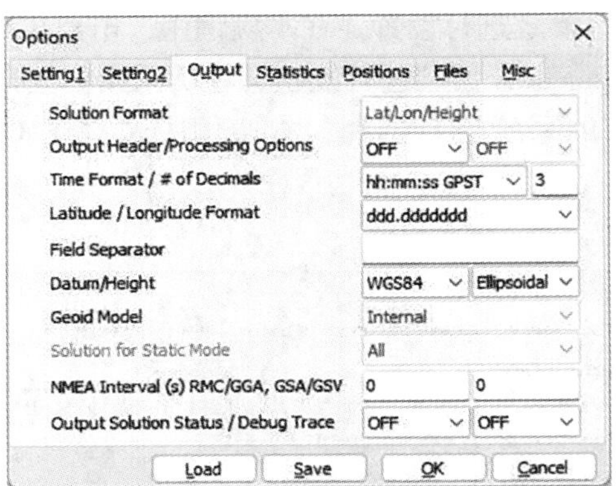

图 3.3.28　“Options-Output”对话框

(6) Options-Statistics 中的参数全部采用默认设置。

(7) Options-Positions 设置：因为在本实例中不知道流动站和基准站的接收机天线信息，所以将“Antenna Type”设置为＊，Delta-E/N/U 采用默认设置，如果明确知道接收机天线信息，可以在相应位置进行设置；基准站坐标采用的是 RTCM Amtenna Position，如果知道基准站坐标，就可以选择相应的坐标格式输入，如图 3.3.29 所示。

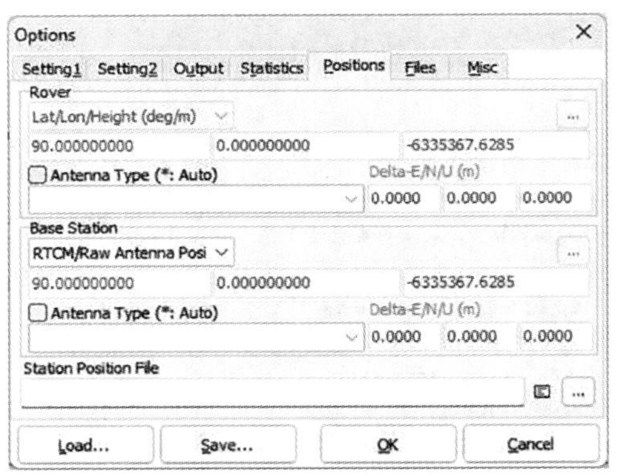

图 3.3.29　“Options-Positions”对话框

(8) Options-Files 设置：因为本实例中的定位模式选取的是 Kinematic，所以在 Files 中仅对 Satellite/Receiver Antenna PCV File ANTEX/NGS PCV 进行设置，文件选取为下载最新的 igs20.atx 文件，如图 3.3.30 所示。

(9) Options-Misc 中的参数全部采用默认设置。

设置完成之后点击主窗口下方的“Start”按钮，在 RTKNAVI 主窗口中会出现如图 3.3.31 所示的画面，与实例 1 类似。

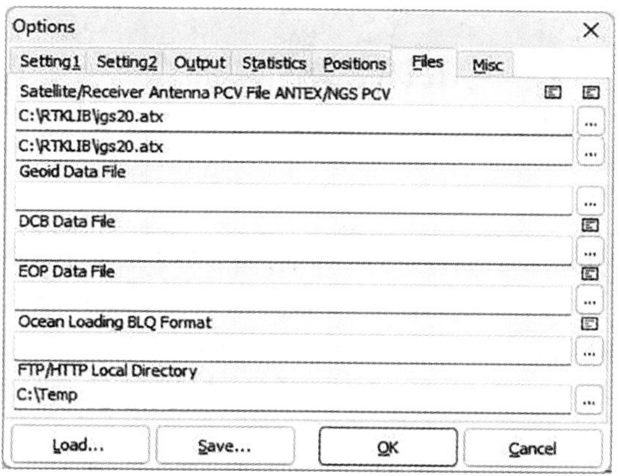

图 3.3.30 “Files”对话框

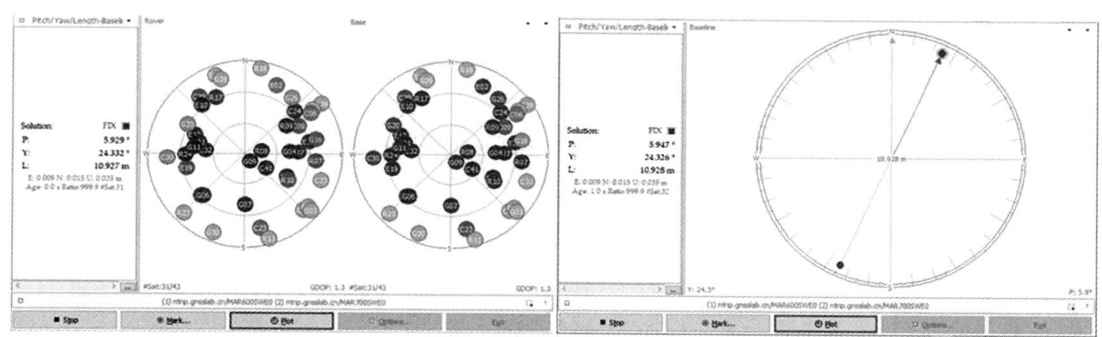

图 3.3.31 RTKNAVI 主窗口(实例 2 运行中)

点击“Plot”按钮，出现 RTKPLOT 界面，点击“Gnd Trk”选项下拉框，选择“Position”，即可看到如图 3.3.32 所示的流动站相对于基准站在三维方向上的距离差。图中每个区域的含义与实例 1 相同。

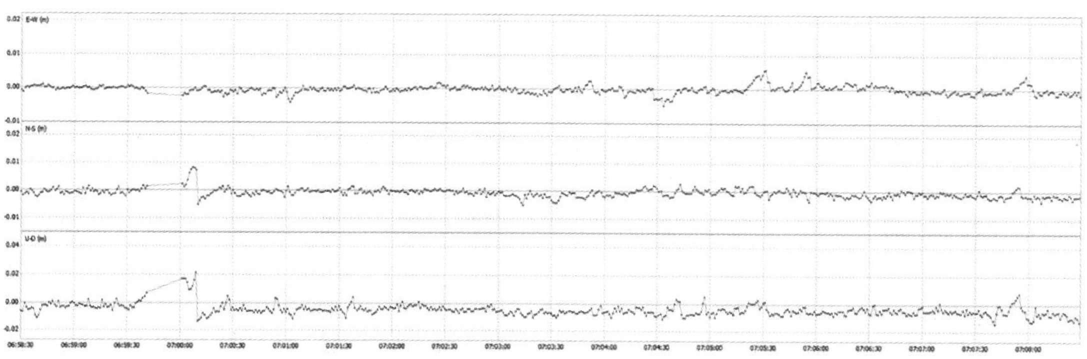

图 3.3.32 流动站相对于基准站在三维方向上的距离差(实例 2)

3.4　后处理分析软件——RTKPOST

3.4.1　RTKPOST 简介

RTKLIB 包含一个后处理分析软件 RTKPOST。RTKPOST 可输入标准 RINEX 2.10、2.11、2.12、3.00、3.01、3.0 版本的观测数据和导航信息文件(GPS、GLONASS、Galileo、QZSS、北斗和 SBAS)，并支持 Single、DGPS/DGNSS、Kinematic、Static、PPP-Kinematic 和 PPP-Static 等多种定位模式解算。启动 RTKPOST 程序，RTKPOST 主窗口如图 3.4.1 所示。

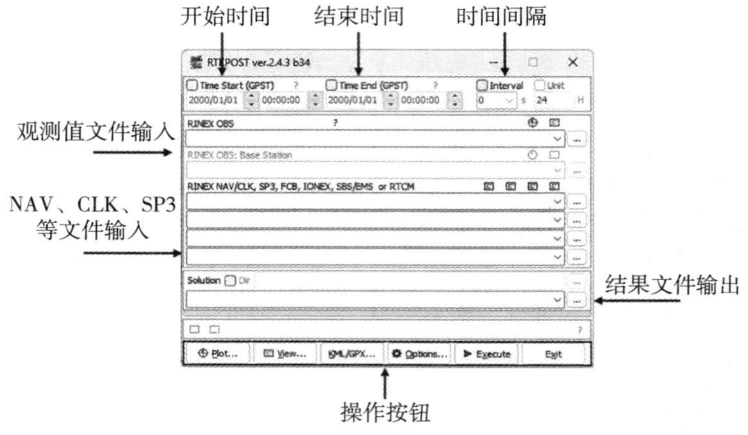

图 3.4.1　RTKPOST 主窗口

RTKPOST 中的设置选项与 RTKNAVI 中的设置类似，其中有两处不同的地方(见图 3.4.2)：①"Setting1"中的"Filter Type"可以选择 Forward、Backward、Combined；②"Output"中的"Solution Format"可以选择 Lat/Lon/Height、X/Y/Z-ECEF、E/N/U-Baseline、NMEA-A0183。

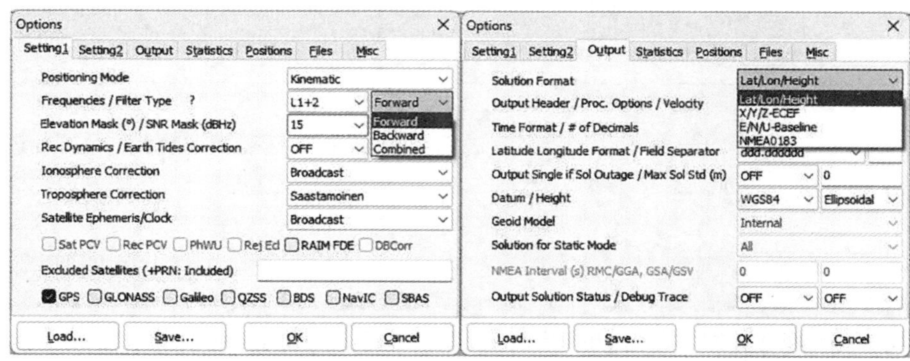

图 3.4.2　RTKPOST 与 RTKNAVI 的 Options 窗口不同之处

3.4.2 RTKPOST 实例

本书将从 Kinematic、PPP Static 两种定位模式演示如何操作 RTKPOST。

实例 1：Kinematic

(1)在武汉大学 IGS 数据中心下载了 pol2、bik0 站 2023 年 6 月 1 日(年积日 152)的观测值文件、广播星历文件，数据下载网址：http://www.igs.gnsswhu.cn/index.php/home/data_product/igs.html。

(2)选择 Kinematic 定位模式时，需要在主窗口分别点击“RINEX OBS：Rover”“RINEX OBS：Base Station”“RINEX NAV”标签下的“...”按钮，分别输入下载的流动站 pol2 观测值文件(pol21520.22o)、基准站 bik0(bik01520.22o)观测值文件、导航文件，如图 3.4.3 所示。完成以上输入后，在“Solution”标签下的观测值文件目录中自动生成 .pos 解算结果文件，用户也可以点击右方的“...”按钮自定义解算结果文件的目录。

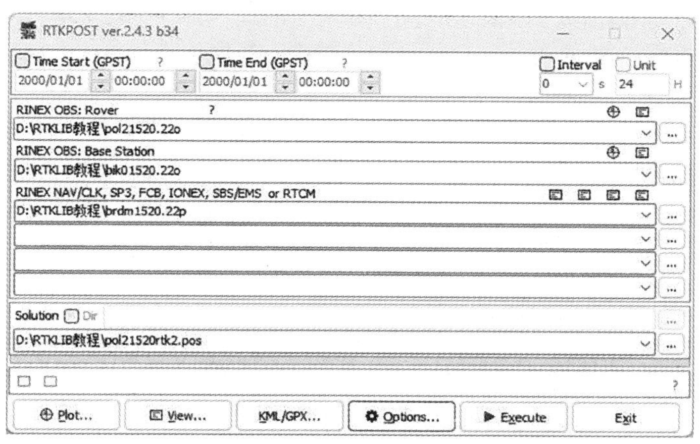

图 3.4.3 Kinematic 主窗口设置

(3)Options-Setting1 设置：点击窗口下方的“Options...”按钮进行参数设置，将“Positioning Mode”设置为 Kinematic；“Frequencies”，可根据接收机接收的数据频率进行选择。本实例中设置为“L1+L2”；滤波方式默认为前向滤波；截止高度角设置为 15°；本实例中未进行信噪比阈值设置。在本实例中，电离层改正使用广播星历进行改正，对流层改正使用 Saastamoinen 模型进行改正，星历采用的是广播星历；卫星导航系统可根据观测值文件中所支持的系统进行选择，本实例中选择了 GPS 系统，如图 3.4.4 所示。

(4)Options-Setting2 设置：“Integer Ambiguity Res”设置为 Fix and Hold；Output、Statistics 中的设置与 RTKNAVI 中的设置一样。

(5)Positions 设置：根据观测文件中的天线类型以及 Delta-E/N/U 进行设置，流动站、基准站的天线类型分别为 TPSCR.G3、JAV_RINGANT_G3T，Delta-E/N/U 分别为(0.0780，0.0000，0.0000)、(0.1300，0.0000，0.0000)。根据从 CDDIS 官网下载的 .snx 文件，将基准站 bik0 的坐标(42°51′15.1″，74°31′59.5″，743)输入至 Base Station 标签下输入框中，

如图 3.4.5 所示。

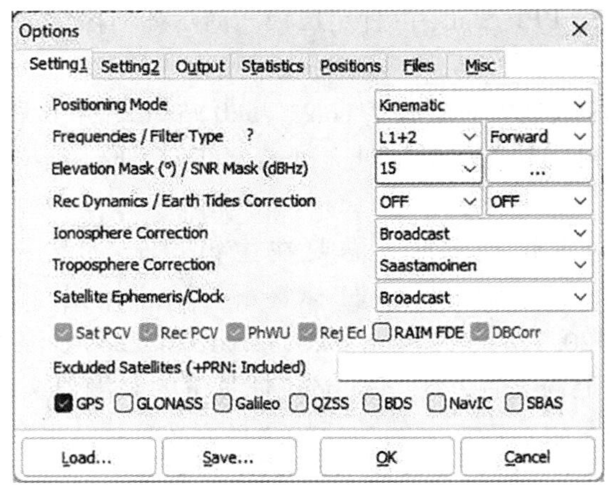

图 3.4.4　RTKPOST 中"Options-Setting1"对话框(实例 1)

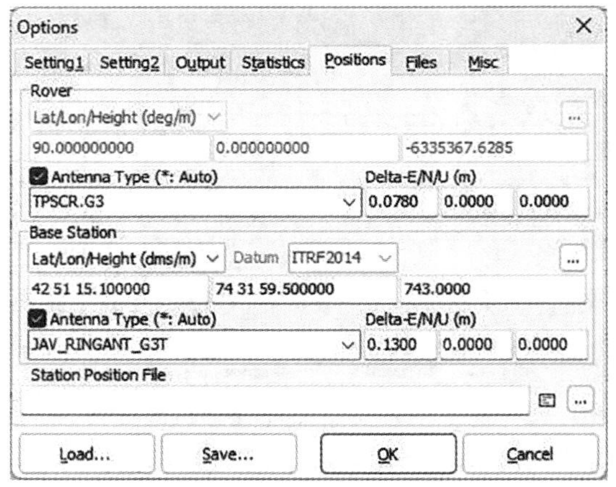

图 3.4.5　RTKPOST 中"Options-Positions"对话框(实例 1)

(6)Options-Files 设置：因为本实例中的定位模式选取的是 Kinematic，所以在"Files"中仅对 Satellite/Receiver Antenna PCV File ANTEX/NGS PCV 进行设置，天线文件选取为下载的 igs20.atx，如图 3.4.6 所示。下载地址为：https：//files.igs.org/pub/station/general/。

(7)Options-Misc 中的参数全部采用默认设置。完成以上设置之后，点击"Execute"按钮，即可进行解算，解算完成之后在 RTKPOST 主窗口中会出现如图 3.4.7 中黑方框所示的完成标志，如图 3.4.7 所示。

解算完成后，点击主窗口下方的"Plot"按钮，用户就可以使用 RTKPLOT 进行解算结果信息的查看。点击"Gnd Trk"选项下拉框，选择"Position"，即可看到如图 3.4.8 所示的流动站相对于基准站在三维方向上的距离差。图中每条线所代表的含义均与 3.2 节中所提到的含义相同。

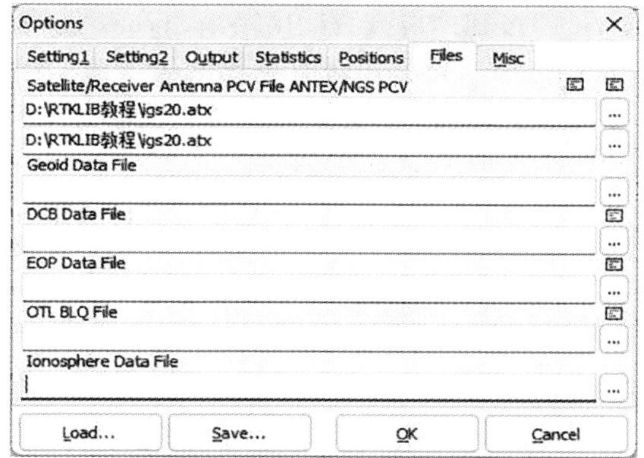

图 3.4.6　RTKPOST 中“Options-Files”对话框(实例 1)

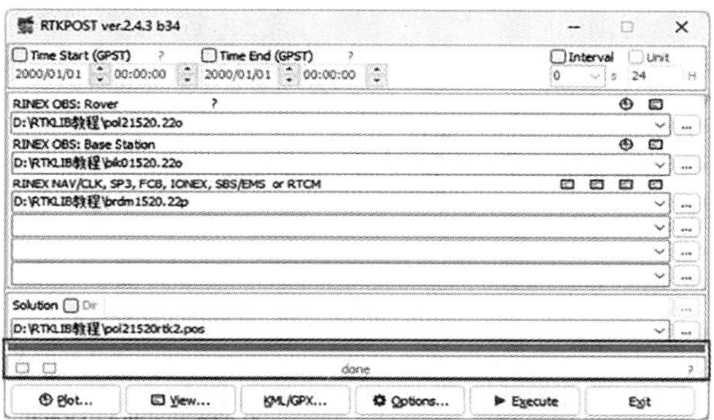

图 3.4.7　RTKPOST 解算完成标志

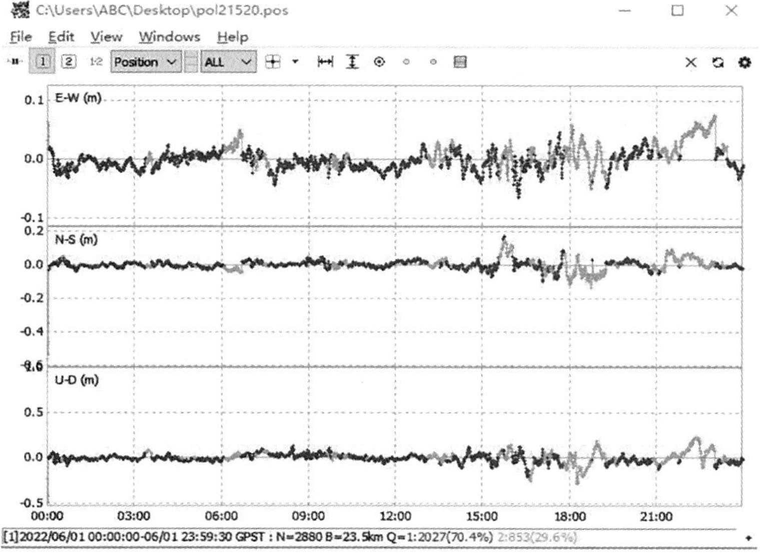

图 3.4.8　Kinematic 定位模式解算结果显示——RTKPLOT 输出

点击主窗口下方的“View”按钮即可查看输出结果 . pos 文件的结果，图 3. 4. 9 中 GPST 表示解算时间；latitude/longitude/height 分别为流动站的纬度、经度、高程；Q 为解算结果的类型；ns 为卫星数目；sdn、sde、sdu 分别为 N、E、U 方向上的标准差；sdne、sdeu、sdun 分别为 NE、EU、UN 方向的协方差。

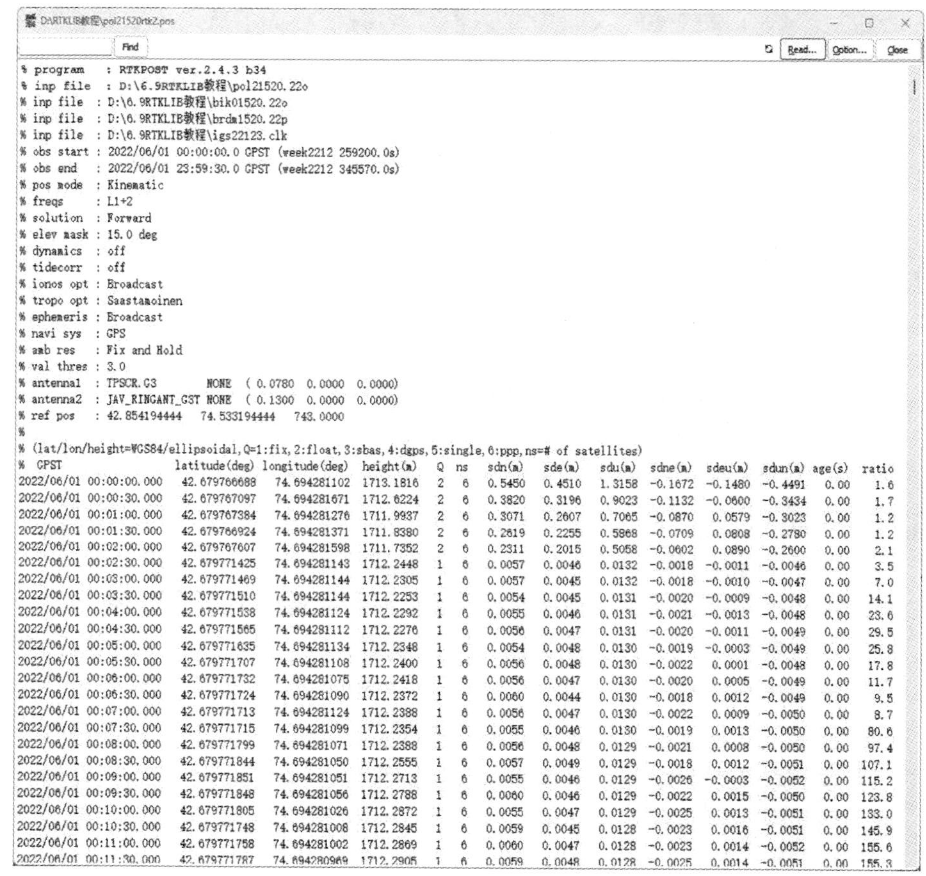


```
% program    : RTKPOST ver.2.4.3 b34
% inp file   : D:\6.9RTKLIB教程\pol21520.22o
% inp file   : D:\6.9RTKLIB教程\bik01520.22o
% inp file   : D:\6.9RTKLIB教程\brdm1520.22p
% inp file   : D:\6.9RTKLIB教程\igs22123.clk
% obs start  : 2022/06/01 00:00:00.0 GPST (week2212 259200.0s)
% obs end    : 2022/06/01 23:59:30.0 GPST (week2212 345570.0s)
% pos mode   : Kinematic
% freqs      : L1+2
% solution   : Forward
% elev mask  : 15.0 deg
% dynamics   : off
% tidecorr   : off
% ionos opt  : Broadcast
% tropo opt  : Saastamoinen
% ephemeris  : Broadcast
% navi sys   : GPS
% amb res    : Fix and Hold
% val thres  : 3.0
% antenna1   : TPSCR.G3         NONE  ( 0.0780  0.0000  0.0000)
% antenna2   : JAV_RINGANT_G3T NONE  ( 0.1300  0.0000  0.0000)
% ref pos    : 42.854194444   74.533194444   743.0000
%
% (lat/lon/height=WGS84/ellipsoidal,Q=1:fix,2:float,3:sbas,4:dgps,5:single,6:ppp,ns=# of satellites)
%  GPST                    latitude(deg) longitude(deg) height(m)  Q  ns   sdn(m)   sde(m)   sdu(m)  sdne(m)  sdeu(m)  sdun(m) age(s)  ratio
2022/06/01 00:00:00.000   42.679766688   74.694281102  1713.1816   2   6   0.5450   0.4510   1.3158  -0.1672  -0.1480  -0.4491   0.00    1.6
2022/06/01 00:00:30.000   42.679767097   74.694281671  1712.6224   2   6   0.3820   0.3196   0.9023  -0.1132  -0.0600  -0.3434   0.00    1.7
2022/06/01 00:01:00.000   42.679767384   74.694281276  1711.9937   2   6   0.3071   0.2607   0.7065  -0.0870   0.0579  -0.3023   0.00    1.2
2022/06/01 00:01:30.000   42.679766924   74.694281371  1711.8380   2   6   0.2619   0.2255   0.5868  -0.0709   0.0808  -0.2780   0.00    1.2
2022/06/01 00:02:00.000   42.679767607   74.694281598  1711.7352   2   6   0.2311   0.2015   0.5058  -0.0602   0.0890  -0.2600   0.00    2.1
2022/06/01 00:02:30.000   42.679771425   74.694281143  1712.2448   1   6   0.0057   0.0046   0.0132  -0.0018  -0.0011  -0.0046   0.00    3.5
2022/06/01 00:03:00.000   42.679771469   74.694281144  1712.2305   1   6   0.0057   0.0045   0.0132  -0.0018  -0.0010  -0.0047   0.00    7.0
2022/06/01 00:03:30.000   42.679771510   74.694281144  1712.2253   1   6   0.0054   0.0045   0.0131  -0.0020  -0.0009  -0.0048   0.00   14.1
2022/06/01 00:04:00.000   42.679771538   74.694281124  1712.2292   1   6   0.0055   0.0046   0.0131  -0.0021  -0.0013  -0.0048   0.00   23.6
2022/06/01 00:04:30.000   42.679771565   74.694281112  1712.2276   1   6   0.0056   0.0047   0.0131  -0.0020  -0.0011  -0.0049   0.00   29.5
2022/06/01 00:05:00.000   42.679771635   74.694281134  1712.2348   1   6   0.0054   0.0048   0.0130  -0.0019  -0.0003  -0.0049   0.00   25.8
2022/06/01 00:05:30.000   42.679771707   74.694281108  1712.2400   1   6   0.0056   0.0048   0.0130  -0.0022   0.0001  -0.0048   0.00   17.8
2022/06/01 00:06:00.000   42.679771732   74.694281075  1712.2418   1   6   0.0056   0.0047   0.0130  -0.0020   0.0005  -0.0049   0.00   11.7
2022/06/01 00:06:30.000   42.679771724   74.694281090  1712.2372   1   6   0.0060   0.0044   0.0130  -0.0018   0.0012  -0.0049   0.00    9.5
2022/06/01 00:07:00.000   42.679771713   74.694281124  1712.2388   1   6   0.0056   0.0047   0.0130  -0.0022   0.0009  -0.0050   0.00    8.7
2022/06/01 00:07:30.000   42.679771715   74.694281099  1712.2354   1   6   0.0055   0.0046   0.0130  -0.0019   0.0013  -0.0050   0.00   80.6
2022/06/01 00:08:00.000   42.679771799   74.694281071  1712.2388   1   6   0.0056   0.0048   0.0129  -0.0021   0.0008  -0.0050   0.00   97.4
2022/06/01 00:08:30.000   42.679771844   74.694281050  1712.2555   1   6   0.0057   0.0049   0.0129  -0.0018   0.0012  -0.0051   0.00  107.1
2022/06/01 00:09:00.000   42.679771851   74.694281051  1712.2713   1   6   0.0055   0.0046   0.0129  -0.0026  -0.0003  -0.0052   0.00  115.2
2022/06/01 00:09:30.000   42.679771848   74.694281056  1712.2788   1   6   0.0060   0.0046   0.0129  -0.0022   0.0015  -0.0050   0.00  123.8
2022/06/01 00:10:00.000   42.679771805   74.694281026  1712.2872   1   6   0.0055   0.0047   0.0129  -0.0025   0.0013  -0.0051   0.00  133.0
2022/06/01 00:10:30.000   42.679771748   74.694281008  1712.2845   1   6   0.0059   0.0045   0.0128  -0.0023   0.0016  -0.0051   0.00  145.9
2022/06/01 00:11:00.000   42.679771758   74.694281002  1712.2869   1   6   0.0060   0.0047   0.0128  -0.0023   0.0014  -0.0052   0.00  155.6
2022/06/01 00:11:30.000   42.679771787   74.694280969  1712.2905   1   6   0.0059   0.0048   0.0128  -0.0025   0.0014  -0.0051   0.00  155.3
```

图 3. 4. 9　. pos 文件显示结果

实例 2：PPP Static

(1)在武汉大学 IGS 数据中心下载 2023 年 6 月 1 日(年积日 152)pol2 测站的观测值文件、广播星历文件、clk、sp3 文件 。

(2)选择 PPP Static 定位模式时，只需要在主窗口分别点击“RINEX OBS：Rover”“RINEX NAV”标签下的“...”按钮，分别输入下载的流动站 pol2 观测值文件(pol21520. 22o)、导航文件、clk 文件、sp3 文件，如图 3. 4. 10 所示。完成以上输入后，在“Solution”标签下的观测值文件目录下自动生成 . pos 解算结果文件，用户也可以点击右侧的“...”按钮自定义解算结果文件的目录。

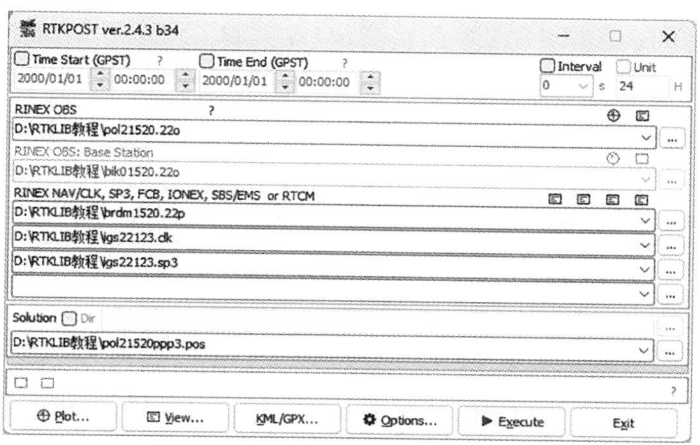

图 3.4.10 “PPP Static”主窗口设置

（3）Options-Setting1 设置：如图 3.4.11 所示，将“Positioning Mode”设置为 PPP Static；“Frequencies”可根据接收机接收的数据频率进行选择，本实例中设置为“L1+L2”；滤波方式默认为前向滤波；截止高度角设置为 15°；本实例中未进行信噪比阈值设置；电离层、对流层等各种改正可根据不同定位模式进行设置。在本实例中，电离层改正选择的是 Iono-Free LC，对流层改正选择的是 Estimate ZTD，星历选择的是 Precise；勾选“Sat PCV”“Rec PCV”“PhWU”“Rej Ed”“DBCorr”；本实例中卫星导航系统选择了 GPS 系统。

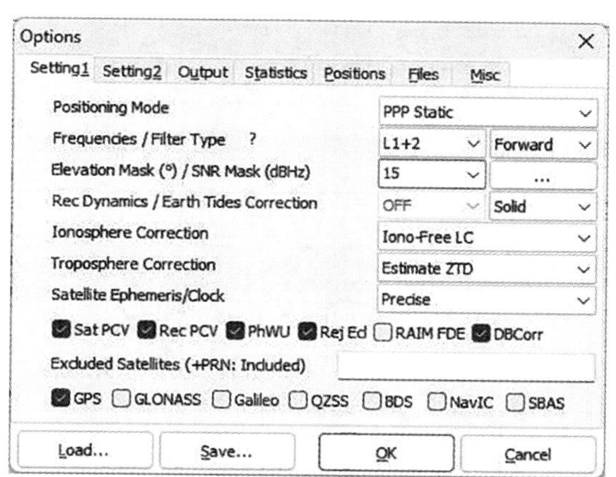

图 3.4.11 RTKPOST 中“Options-Setting1”对话框(实例 2)

（4）Options-Setting2 设置：“Integer Ambiguity Res”设置为 Fix and Hold；Output、Statistics 中的设置均采用默认参数。

（5）Positions 设置：因为选取的是 PPP Static 定位模式，所以“Base Station”中的设置均不需改动，根据观测文件中的信息将流动站的天线类型设置为 TPSCR. G3，将“Delta-E/N/U”设置为(0.0780，0.0000，0.0000)，如图 3.4.12 所示。

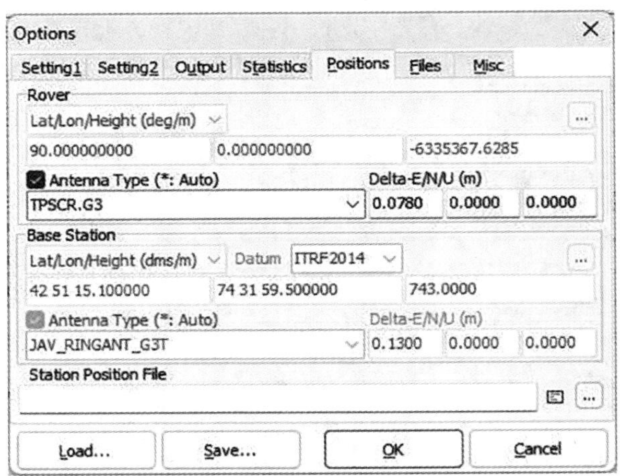

图 3.4.12　RTKPOST 中 Options-Positions 对话框(实例 2)

(6) Options-Files 设置：本实例中对 Satellite/Receiver Antenna PCV File ANTEX/NGS PCV 进行设置，天线文件选取为下载的 igs20.atx(见图 3.4.13)；DCB Data File 和 EOP Data File 选择的是从 CDDIS 官网下载的 DCB 文件与 ERP 文件。

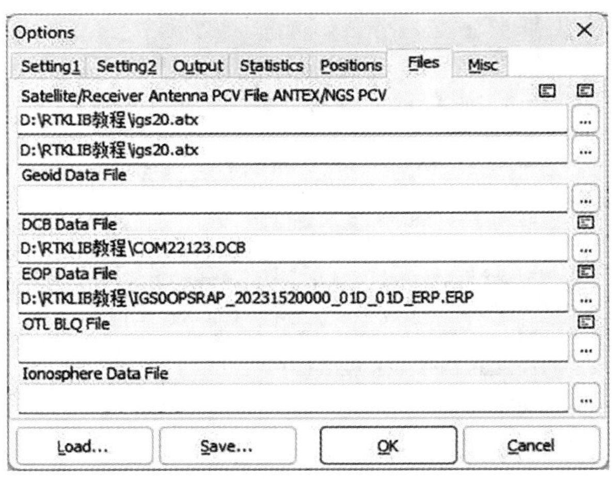

图 3.4.13　RTKPOST 中"Files"对话框(实例 2)

(7) Options-Misc 中的参数全部采用默认设置。完成以上设置之后，点击"Execute"按钮，即可进行解算。解算完成后，点击主窗口下方的"Plot"按钮，用户就可以使用 RTKPLOT 查看解算结果信息。点击"Gnd Trk"选项下拉框，选择"Position"，即可看到如图 3.4.14 所示的流动站相对于基准站在三维方向上的距离差。从图 3.4.14 中可以看出，每条曲线都存在明显的收敛过程。

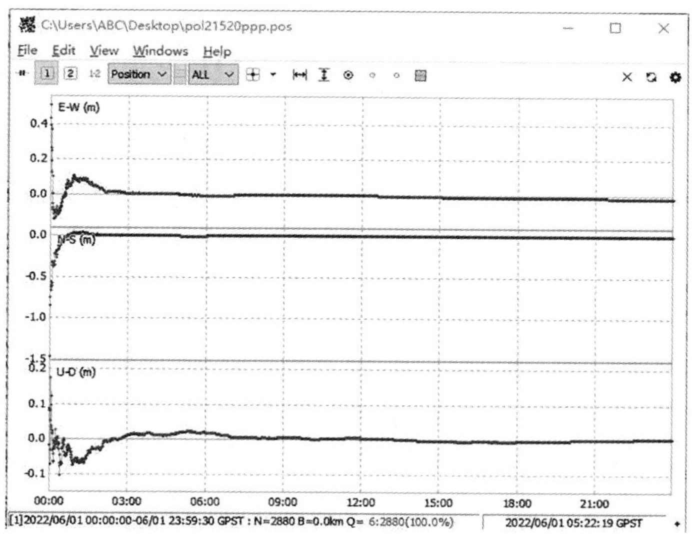

图 3.4.14 PPP Static 定位模式解算结果显示—RTKPLOT 输出

点击主窗口下方的"View"按钮即可查看输出结果 .pos 文件的结果，如图 3.4.15 所示，结果文件中各部分含义与实例 1 中相同。

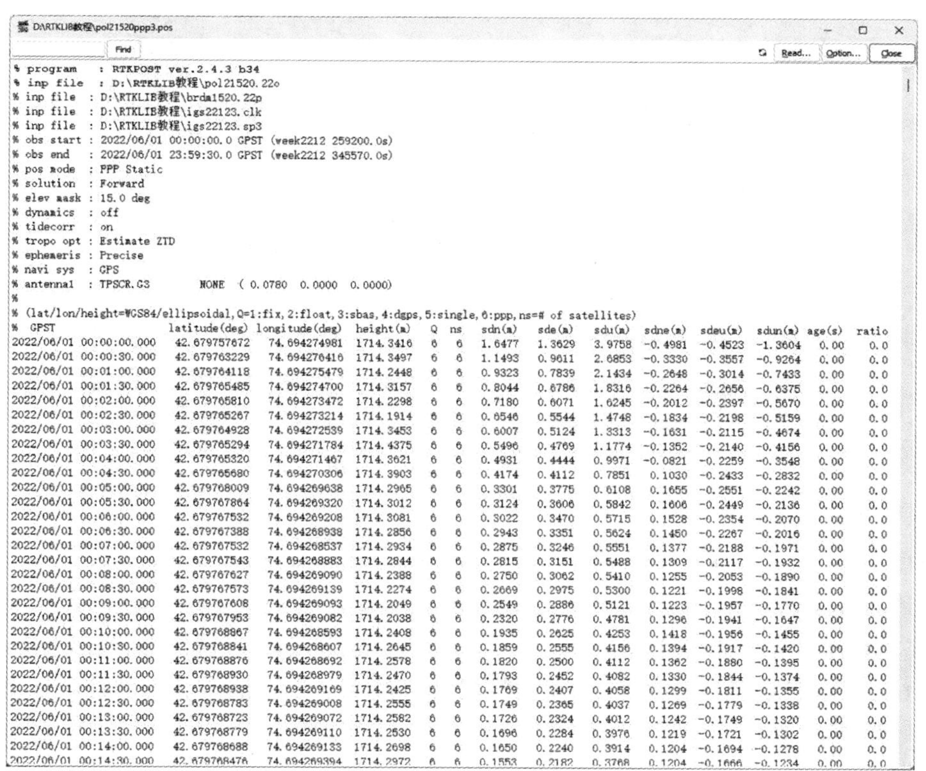

```
% program    : RTKPOST ver.2.4.3 b34
% inp file   : D:\RTKLIB教程\pol21520.22o
% inp file   : D:\RTKLIB教程\brdm1520.22p
% inp file   : D:\RTKLIB教程\igs22123.clk
% inp file   : D:\RTKLIB教程\igs22123.sp3
% obs start  : 2022/06/01 00:00:00.0 GPST (week2212 259200.0s)
% obs end    : 2022/06/01 23:59:30.0 GPST (week2212 345570.0s)
% pos mode   : PPP Static
% solution   : Forward
% elev mask  : 15.0 deg
% dynamics   : off
% tidecorr   : on
% tropo opt  : Estimate ZTD
% ephemeris  : Precise
% navi sys   : GPS
% antenna1   : TPSCR.G3       NONE  ( 0.0780  0.0000  0.0000)
%
% (lat/lon/height=WGS84/ellipsoidal,Q=1:fix,2:float,3:sbas,4:dgps,5:single,6:ppp,ns=# of satellites)
%  GPST                   latitude(deg) longitude(deg) height(m)  Q  ns  sdn(m)  sde(m)  sdu(m)  sdne(m)  sdeu(m)  sdun(m) age(s) ratio
2022/06/01 00:00:00.000  42.679757672  74.694274981  1714.3416  6  6  1.6477  1.3629  3.9758  -0.4981  -0.4523  -1.3604  0.00  0.0
2022/06/01 00:00:30.000  42.679763229  74.694276416  1714.3497  6  6  1.1493  0.9611  2.6853  -0.3330  -0.3557  -0.9264  0.00  0.0
2022/06/01 00:01:00.000  42.679764118  74.694275479  1714.2448  6  6  0.9323  0.7839  2.1434  -0.2648  -0.3014  -0.7433  0.00  0.0
2022/06/01 00:01:30.000  42.679765485  74.694274700  1714.3157  6  6  0.8044  0.6786  1.8316  -0.2264  -0.2656  -0.6375  0.00  0.0
2022/06/01 00:02:00.000  42.679765810  74.694273472  1714.2298  6  6  0.7180  0.6071  1.6245  -0.2012  -0.2397  -0.5670  0.00  0.0
2022/06/01 00:02:30.000  42.679765267  74.694273214  1714.1914  6  6  0.6546  0.5544  1.4748  -0.1834  -0.2198  -0.5159  0.00  0.0
2022/06/01 00:03:00.000  42.679764928  74.694272539  1714.3453  6  6  0.6007  0.5124  1.3313  -0.1631  -0.2115  -0.4674  0.00  0.0
2022/06/01 00:03:30.000  42.679765294  74.694271784  1714.4375  6  6  0.5496  0.4769  1.1774  -0.1352  -0.2140  -0.4156  0.00  0.0
2022/06/01 00:04:00.000  42.679765320  74.694271467  1714.3621  6  6  0.4931  0.4444  0.9971  -0.0821  -0.2259  -0.3548  0.00  0.0
2022/06/01 00:04:30.000  42.679765680  74.694270306  1714.3903  6  6  0.4174  0.4112  0.7851   0.1030  -0.2433  -0.2832  0.00  0.0
2022/06/01 00:05:00.000  42.679768009  74.694269638  1714.2965  6  6  0.3301  0.3775  0.6108   0.1655  -0.2551  -0.2242  0.00  0.0
2022/06/01 00:05:30.000  42.679767864  74.694269320  1714.3012  6  6  0.3124  0.3606  0.5842   0.1606  -0.2449  -0.2136  0.00  0.0
2022/06/01 00:06:00.000  42.679767532  74.694269208  1714.3081  6  6  0.3022  0.3470  0.5715   0.1528  -0.2354  -0.2070  0.00  0.0
2022/06/01 00:06:30.000  42.679767388  74.694268938  1714.2856  6  6  0.2943  0.3351  0.5624   0.1450  -0.2267  -0.2016  0.00  0.0
2022/06/01 00:07:00.000  42.679767532  74.694268537  1714.2934  6  6  0.2875  0.3246  0.5551   0.1377  -0.2188  -0.1971  0.00  0.0
2022/06/01 00:07:30.000  42.679767543  74.694268883  1714.2844  6  6  0.2815  0.3151  0.5488   0.1309  -0.2117  -0.1932  0.00  0.0
2022/06/01 00:08:00.000  42.679767627  74.694269090  1714.2388  6  6  0.2750  0.3062  0.5410   0.1255  -0.2053  -0.1890  0.00  0.0
2022/06/01 00:08:30.000  42.679767573  74.694269139  1714.2274  6  6  0.2669  0.2975  0.5300   0.1221  -0.1998  -0.1841  0.00  0.0
2022/06/01 00:09:00.000  42.679767608  74.694269093  1714.2049  6  6  0.2549  0.2886  0.5121   0.1223  -0.1957  -0.1770  0.00  0.0
2022/06/01 00:09:30.000  42.679767953  74.694269082  1714.2038  6  6  0.2320  0.2776  0.4781   0.1296  -0.1941  -0.1647  0.00  0.0
2022/06/01 00:10:00.000  42.679768867  74.694268593  1714.2408  6  6  0.1935  0.2625  0.4253   0.1418  -0.1956  -0.1455  0.00  0.0
2022/06/01 00:10:30.000  42.679768841  74.694268607  1714.2645  6  6  0.1859  0.2555  0.4156   0.1394  -0.1917  -0.1420  0.00  0.0
2022/06/01 00:11:00.000  42.679768876  74.694268692  1714.2578  6  6  0.1820  0.2500  0.4112   0.1362  -0.1880  -0.1395  0.00  0.0
2022/06/01 00:11:30.000  42.679768930  74.694268979  1714.2470  6  6  0.1793  0.2452  0.4082   0.1330  -0.1844  -0.1374  0.00  0.0
2022/06/01 00:12:00.000  42.679768938  74.694269169  1714.2425  6  6  0.1769  0.2407  0.4058   0.1299  -0.1811  -0.1355  0.00  0.0
2022/06/01 00:12:30.000  42.679768783  74.694269008  1714.2555  6  6  0.1749  0.2365  0.4037   0.1269  -0.1779  -0.1338  0.00  0.0
2022/06/01 00:13:00.000  42.679768723  74.694269072  1714.2582  6  6  0.1726  0.2324  0.4012   0.1242  -0.1749  -0.1320  0.00  0.0
2022/06/01 00:13:30.000  42.679768779  74.694269110  1714.2530  6  6  0.1696  0.2284  0.3976   0.1219  -0.1721  -0.1302  0.00  0.0
2022/06/01 00:14:00.000  42.679768688  74.694269133  1714.2698  6  6  0.1650  0.2240  0.3914   0.1204  -0.1694  -0.1278  0.00  0.0
2022/06/01 00:14:30.000  42.679768478  74.694269394  1714.2972  6  6  0.1553  0.2182  0.3768   0.1204  -0.1666  -0.1234  0.00  0.0
```

图 3.4.15 .pos 文件结果

3.5　观测数据质量分析软件——RTKPLOT

利用 RTKPOST 和 RTKNAVI 解算的结果可以通过 RTKPLOT 图形用户界面来查看和绘制定位解算结果。同时，RTKPLOT 还可用来查看和分析 RINEX 观测数据，以及卫星能见度分析。

要查看并分析 RINEX 观测数据，先点击菜单“File”，再选择下拉框中的“Open Obs Data”，选择 RINEX 观测文件和导航文件。用户可以选择多个 RINEX 文件。如果想单独阅读 RINEX 导航文件，可点击菜单“File”，选择下拉框中的“Open Nav Data”，选择 RINEX 导航文件。如果正确读取了输入文件，用户就可以看到卫星可见度图。用户也可以采用鼠标左键或右键拖动的方式来改变时间跨度。

要配置 RTKPLOT 的绘图选项，点击工具条最右侧的齿轮按钮，并使用如图 3.5.1 所示的“Options”对话框设置选项。

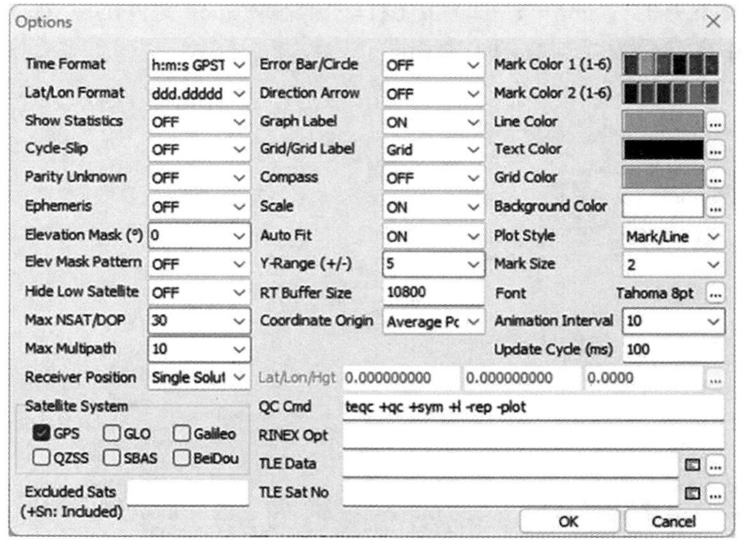

图 3.5.1　RTKPLOT Options 对话框

通过选择工具栏中的下拉菜单，可以切换到天空图(skyplot)中的卫星可见度图(见图 3.5.2)或可见卫星数量图(见图 3.5.3)、卫星数目及 DOP 值图(见图 3.5.4)、信噪比/多路径/高度角图(SNR/MP/EL)(见图 3.5.5)和信噪比/多路径-高度角图(SNR/MP-EL)(见图 3.5.6)。为了显示信噪比曲线，观测数据必须包含信噪比信息。为了显示正确的多径图，观测数据必须包含双频。

图 3.5.2 卫星可见度图

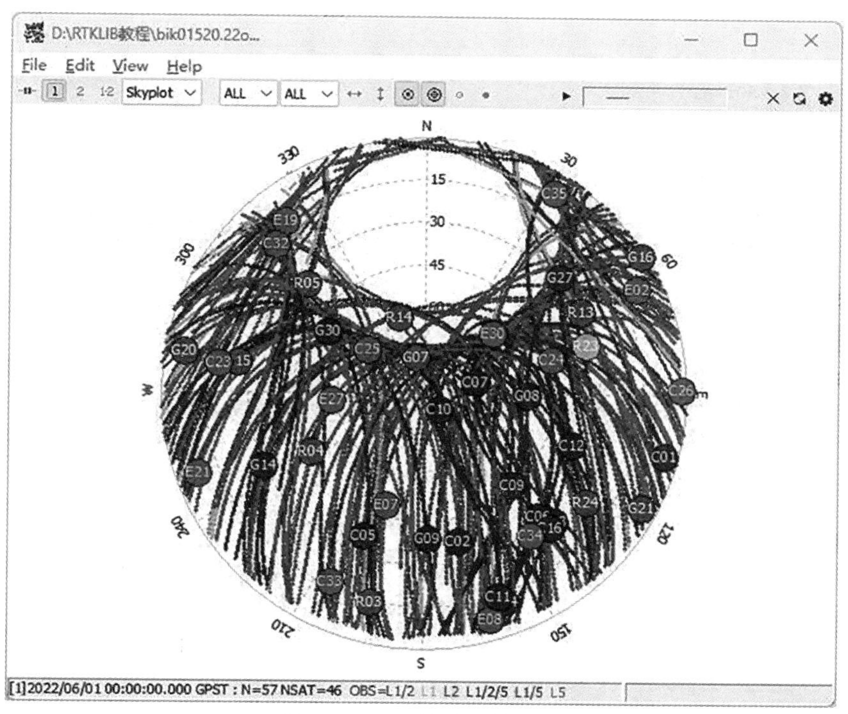

图 3.5.3 可见卫星数量图

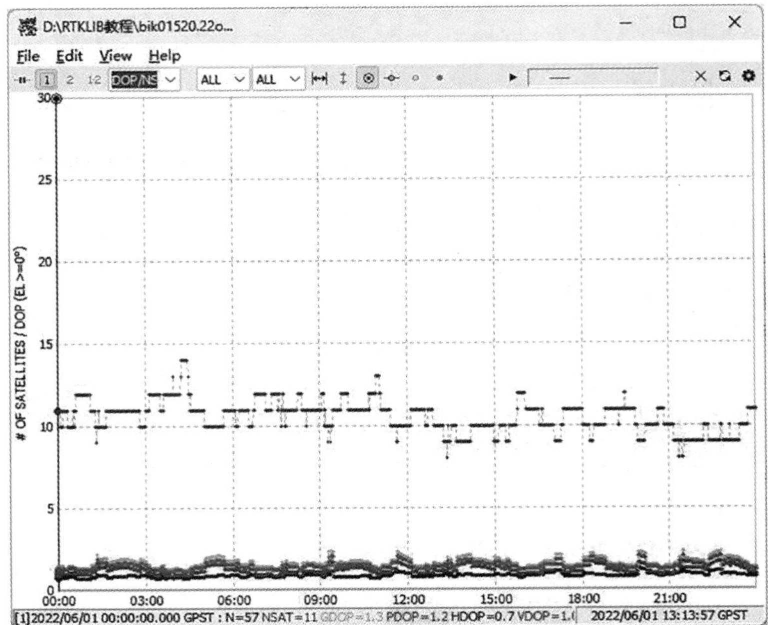

图 3.5.4 卫星数目及 DOP 值图

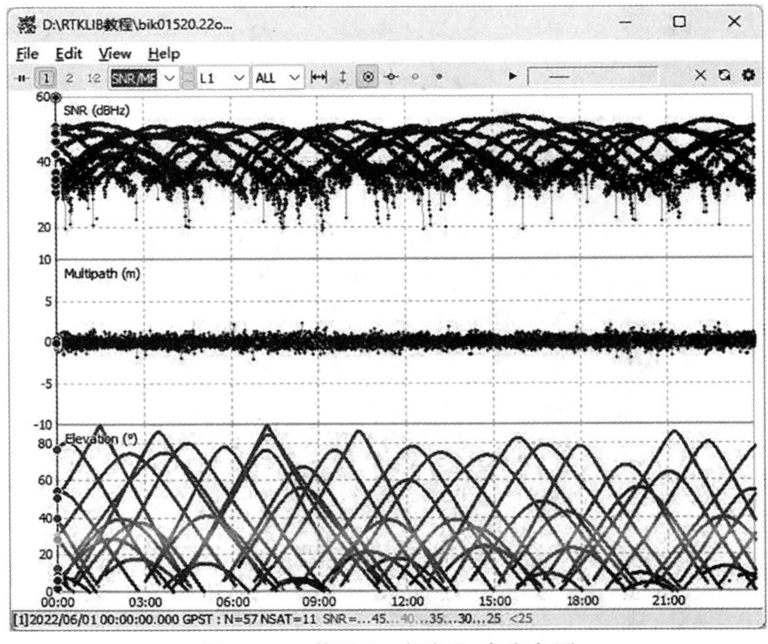

图 3.5.5 信噪比/多路径/高度角图

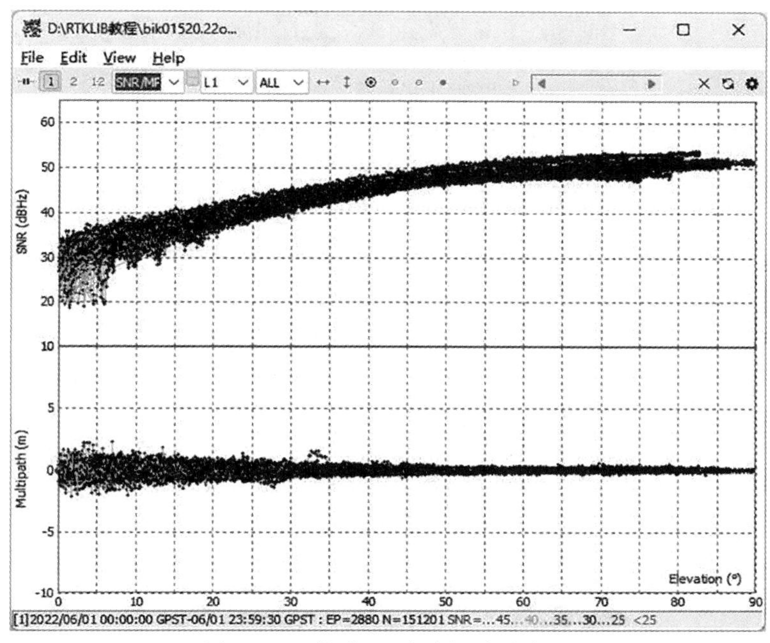

图 3.5.6 信噪比/多路径-高度角图

3.6 常见问题与解决方法

(1)在 RTKNAVI 和 RTKPOST 的“Options”选项中启用 RAIM FDE 功能可能会导致许多数据处理结果被剔除。

解决方法：这一选项是进行数据完好性检验的工具，在数据质量比较差时启用该功能可能会改善处理结果，但是由于该算法功能并不完善，所以一般不启用 RAIM FDE 功能。

(2)使用 RTKPOST 进行数据处理时，出现如图 3.6.1 所示的情况(没有处理结果)。

图 3.6.1 Q=0 的情况

解决方法：在“Options”对话框的“Output”部分，按照图 3.6.2 中黑色方框内的指示进行设置。此操作将在数据处理期间创建一个后缀名为 . trace 的文件。通过查看该文件，可以识别处理过程中遇到的各种问题，例如缺失星历信息(参见图 3.6.3)，针对这些问题要进行相应的调整。

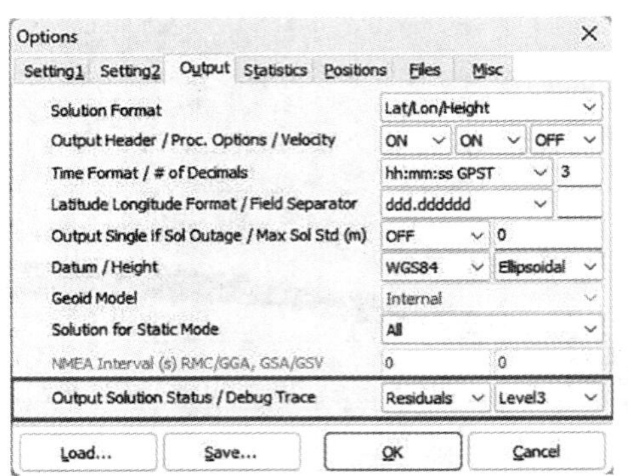

图 3.6.2　Output Solution Status/Debug Trace 设置

```
no ephemeris 2022/05/31 23:59:59.919 sat= 4
no prec ephem 2022/06/01 00:00:00 sat= 7
no ephemeris 2022/05/31 23:59:59.931 sat= 7
no prec ephem 2022/06/01 00:00:00 sat= 8
no ephemeris 2022/05/31 23:59:59.930 sat= 8
no prec ephem 2022/06/01 00:00:00 sat= 9
no ephemeris 2022/05/31 23:59:59.927 sat= 9
no prec ephem 2022/06/01 00:00:00 sat=14
no ephemeris 2022/05/31 23:59:59.924 sat=14
no prec ephem 2022/06/01 00:00:00 sat=20
no ephemeris 2022/05/31 23:59:59.917 sat=20
no prec ephem 2022/06/01 00:00:00 sat=27
no ephemeris 2022/05/31 23:59:59.924 sat=27
no prec ephem 2022/06/01 00:00:00 sat=30
no ephemeris 2022/05/31 23:59:59.929 sat=30
```

图 3.6.3　.trace 文件部分内容

(3)使用 2.4.3 版本的 RTKPLOT 读取观测值文件，在进行观测数据质量分析时，会出现如图 3.6.4 所示的错误提醒。

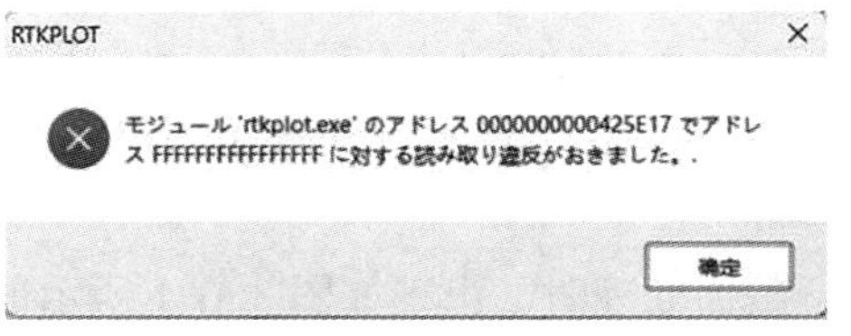

图 3.6.4　RTKPLOT 读取错误提醒

解决方法：此问题为 2.4.3 版本软件的 bug，所以需要等新的版本修复或者使用其他版本(如 2.4.2 版本)的 RTKPLOT 进行观测数据质量分析。

第 4 章　GAMIT 软件

4.1　GAMIT 简介

GAMIT 开发始于 20 世纪 70 年代末，是世界上最著名的 GNSS 数据处理软件之一，其代码开源且容易获取。GLOBK 发展于 20 世纪 80 年代中期，最初是为了解决甚长基线干涉测量技术(Very Long Baseline Interferometry，VLBI)的数据开发问题，并于 1989 年扩展修改支持 GAMIT 输出结果文件，于 1990 年支持处理激光测距(Satellite Laser Ranging，SLR)资料。GAMIT 的基本输出文件是 h 文件，可作为 GLOBK 软件的输入文件，进而估计测站坐标与速度、卫星轨道参数和地球定向参数等。

GAMIT/GLOBK 软件目前可运行于几乎所有的 Unix(Sun、MacOS)及 Linux 系统(RedHat、Ubuntu、RedFlag 、Suse 等)，但不能在 Windows 或 DOS 系统运行。GAMIT 每个时段观测数据要求的周期最长为 1 个 UTC 天，原则上不跨天作业。

GAMIT 软件处理双差观测量，采用最小二乘算法进行参数估计。采用双差观测量的优点是可以消除卫星钟差和接收机钟差的影响，同时也可以削弱诸如轨道误差、大气折射误差等误差的影响。GAMIT 软件的主要功能和特点(Herring T A et al.，2018)如下：

(1)卫星轨道和地球自转参数估计；

(2)地面测站的相对位置计算；

(3)用模型改正各种地球物理效应(极移、岁差、章动、潮汐等)；

(4)天顶对流层延迟参数和大气水平梯度参数估计；

(5)支持接收机天线相位中心的 ELEV 模型(随卫星高度角变化)改正；

(6)可选观测值等权、反比于基线长度或随高度角定权；

(7)同时提供载波相位整周模糊度的实数和整数约束解及无约束解；

(8)数据编辑可人工干预(CVIEW)，也可自动处理(AUTCLN)。

4.2　GAMIT 的安装与更新

4.2.1　GAMIT 安装

1. GAMIT 依赖环境的安装

GAMIT 是在 Linux 系统下运行的软件，在 Windows 系统下使用则需要安装虚拟机，Linux 系统在网上有许多资源，本章节以 Ubuntu18.04 环境为例进行安装测试，用户可根据自身需求下载其他版本。

GAMIT 的安装就是在 Linux 系统下进行软件的重新编译过程，在正式安装前要先安装依赖环境。

(1)鼠标右键打开终端或按 Ctrl+Alt+T 组合键，输入命令：sudo passwd root，设置超级用户的密码，如图 4.2.1 所示，输入的密码默认不显示，输入之后直接按回车键即可。

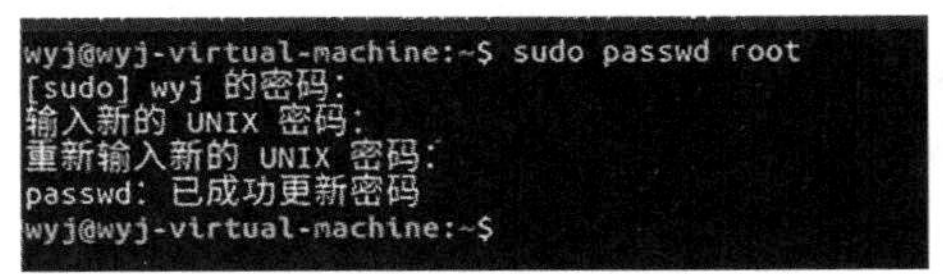

图 4.2.1　设置 root 权限密码

(2)获得系统的最高权限，在终端输入：su root；

(3)安装 gcc、gfortran 编译器，在终端输入：

```
apt-get install gcc；
apt-get install gfortran。
```

注意：执行此步时，gcc、gfortran 编译器版本不要超过 6。如果是 7 版本，编译器在安装 GAMIT 时会有冲突导致安装不成功，解决方法是删除现有的编译器，下载旧版本并创建与旧版本的链接，执行以下步骤：

①下载 gfortran-6，在终端输入命令：

```
sudo apt-get install gfortran-6 gfortran-6-multilib gcc-6 gcc-6-multilib g++-6 g++-6-multilib make
```

②使用下面命令创建指向 gfortran-6 的软链接：

```
cd /usr/bin
sudo ln -s gfortran-6 gfortran
```

(4)安装其他依赖环境：

```
apt-get install csh tcsh
apt-get install libx11-dev
apt-get install gmt ncftp \ gftp
```

GAMIT 自带的脚本是 csh 语法写的，须安装 csh、tcsh 环境。

libx11-dev 是 x11 的程序开发库，它提供的 libx11. a、libx11. so、libx11. dylib、libx11. la、libx11. dll. a 是 GAMIT 安装必需的库文件。

GAMIT 的绘图功能需要第三方绘图软件支持，默认是 GMT 软件。GMT 是一款免费、开源的通用地图制图工具软件。ncftp/gftp 是更新 GAMIT 的工具，可以连接 GAMIT 的服务器，对相关文件进行更新。

2. GAMIT 的安装

(1)将 GAMIT 安装包(在官网 geoweb. mit. edu 下载)拷贝到 opt 目录下，并将文件夹的名字改成 gamit，进入 gamit 文件夹，单击鼠标右键，选择“在终端打开”，输入命令：sudo -s 后按回车键再输入密码，然后输入命令：chmod +x install_software，如图 4. 2. 2 所示。

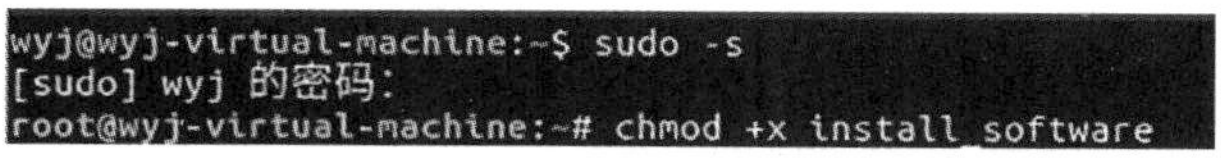

```
wyj@wyj-virtual-machine:~$ sudo -s
[sudo] wyj 的密码:
root@wyj-virtual-machine:~# chmod +x install_software
```

图 4. 2. 2　GAMIT 安装包获取权限

(2)在终端输入 ./install_software 后按回车键开始安装，在安装过程中弹出询问是否继续，输入“y”，继续安装，如图 4. 2. 3 所示。

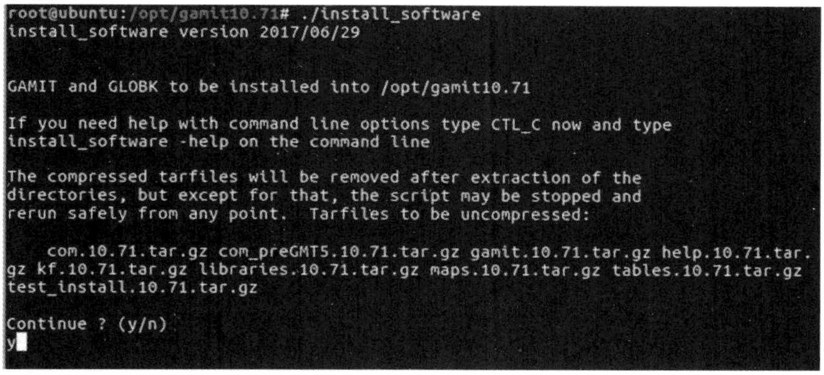

```
root@ubuntu:/opt/gamit10.71# ./install_software
install_software version 2017/06/29

GAMIT and GLOBK to be installed into /opt/gamit10.71

If you need help with command line options type CTL_C now and type
install_software -help on the command line

The compressed tarfiles will be removed after extraction of the
directories, but except for that, the script may be stopped and
rerun safely from any point.  Tarfiles to be uncompressed:

    com.10.71.tar.gz com_preGMT5.10.71.tar.gz gamit.10.71.tar.gz help.10.71.tar.
gz kf.10.71.tar.gz libraries.10.71.tar.gz maps.10.71.tar.gz tables.10.71.tar.gz
test_install.10.71.tar.gz

Continue ? (y/n)
y
```

图 4. 2. 3　开始安装软件

(3)遇到询问 X11 路径是否正确时，如图 4. 2. 4 所示，将终端最小化，打开 gamit 文件夹下的 libraries 文件夹，找到 Makefile. config，对 X11 路径及其他参数进行更改，如图 4. 2. 4 所示。

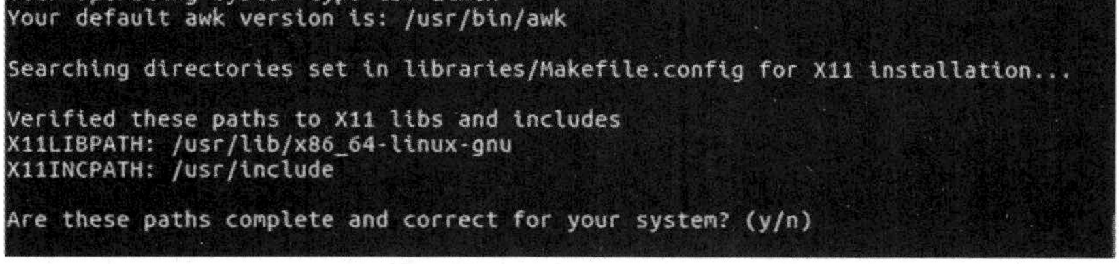

```
Your Operating System type is: Linux
Your default awk version is: /usr/bin/awk

Searching directories set in libraries/Makefile.config for X11 installation...

Verified these paths to X11 libs and includes
X11LIBPATH: /usr/lib/x86_64-linux-gnu
X11INCPATH: /usr/include

Are these paths complete and correct for your system? (y/n)
```

图 4. 2. 4　询问 X11 的路径是否正确

①打开一个新的终端，输入命令：locate libX11，查找 X11LIB 的路径(如图 4. 2. 5(a)方框所示)，再输入命令 locate Xlib. h 查找 X11INC 的路径(如图 4. 2. 5(b)方框所示)，将查找到的路径替换到 Makefile. config 文件中，如图 4. 2. 5(c)方框所示。

```
wyj@wyj-virtual-machine:~$ locate libX11
/snap/gnome-3-26-1604/104/usr/lib/x86_64-linux-gnu/libX11-xcb.so.1
/snap/gnome-3-26-1604/104/usr/lib/x86_64-linux-gnu/libX11-xcb.so.1.0.0
/snap/gnome-3-26-1604/104/usr/lib/x86_64-linux-gnu/libX11.so.6
```

(a)查找 X11LIB 路径

```
wyj@wyj-virtual-machine:~$ locate Xlib.h
/usr/include/X11/Xlib.h
```

(b)查找 Xlib. h 路径

```
# X11 library location - uncomment the appropriate one for your system
# Generic (will work on any system if links in place)
X11LIBPATH /usr/lib/x86_64-linux-gnu
X11INCPATH /usr/include/X11
# Specific to Linux Ubuntu and Debian
#X11LIBPATH /usr/lib/x86_64-linux-gnu
#X11INCPATH /usr/include
# Specific to Linux CentOS and openSUSE
#X11LIBPATH /usr/lib64
```

(c) Makefile. config 中需修改路径的位置

图 4. 2. 5　查找相关路径并在 Makefile. config 修改

②修改 Makefile. config 文件中的版本号信息。打开一个新的终端输入命令：uname -a，得到查询的前 4 位数，如图 4. 2. 6(a)中方框所示“4. 15. 0”，在 Makefile. config 文件中找到 OS_ID Linux 0001，在其后面输入该 4 位数，如图 4. 2. 6(b)中方框所示。

```
wyj@wyj-virtual-machine:~/gamit10.71/gamit$ uname -a
Linux wyj-virtual-machine 4.15.0-213-generic #224-Ubuntu SMP Mon Jun 19 13:30:1
2 UTC 2023 x86_64 x86_64 x86_64 GNU/Linux
```

(a) 查找版本号

```
# ----- for Linux from 0.0.1 to 5.5.8 (latest stable version as of release
10.71; see https://www.kernel.org/) -- #

OS_ID Linux 0001 4150
```

(b)在 Makefile. config 文件中修改版本号

图 4. 2. 6　查找版本号并在 Makefile. config 文件中修改

(4)回到终端输入 y，等待程序安装，结束的时候终端提示是否创建 gg 链接，输入 y。

(5)出现如图 4. 2. 7 所示显示安装成功，记录图中的文件路径。在主文件夹 Ctrl+h 调出隐藏的文件夹和文件，如图 4. 2. 8 所示，找到 . bashrc 文件，将图 4. 2. 7 中方框里所示路径添加到该文件的底部(如图 4. 2. 9 所示)，保存后退出。

```
++++++++++++++++++
GLOBK installed
++++++++++++++++++

Create the gg link in your home directory to the version of
gamit/globk you just installed ? (y/n)

y
Making required ~/gg link to newly installed software
ln -s -f /opt/gamit10.71 ~/gg

Don't forget to set your : path to include /opt/gamit10.71/gamit/bin and /opt/gamit10.71/kf/b
in
                         : HELP_DIR environment variable in you shell profile
                           (in .cshrc/.tcshrc add: setenv HELP_DIR /opt/gamit10.71/help/)
                         : INSTITUTE evnironment variable in your shell profile
                           (in your .cshrc/.tcshrc add: setenv INSTITUTE where_i_work)
                           where_i_work is a 3 character identifier for your solutions
```

图 4. 2. 7　GAMIT 安装成功

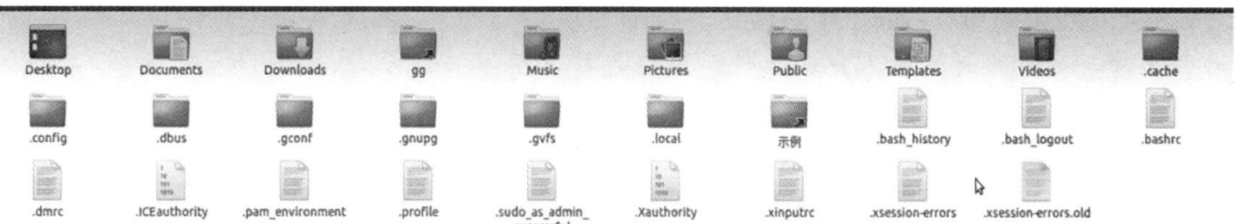

图 4.2.8　调出隐藏文件夹

```
# enable programmable completion features (you don't need to enable
# this, if it's already enabled in /etc/bash.bashrc and /etc/profile
# sources /etc/bash.bashrc).
if ! shopt -oq posix; then
  if [ -f /usr/share/bash-completion/bash_completion ]; then
    . /usr/share/bash-completion/bash_completion
  elif [ -f /etc/bash_completion ]; then
    . /etc/bash_completion
  fi
fi

export PATH=$PATH:/home/wyj/gamit10.71/gamit/bin:/home/wyj/gamit10.71/com:/home/wyj/gamit10.71/kf/bin
export HELP_DIR=/home/wyj/gamit10.71/help/
```

图 4.2.9　配置 GAMIT 安装路径

(6)打开一个新的终端，输入 doy，出现如图 4.2.10 所示说明安装成功。

```
Example: doy 92 200
Date 1992/07/18  0:00 hrs, DOY 200 JD  2448821.5000 MJD  48821.0000
GPS Week   653 Day of week  6, GPS Seconds 518400 Day of Week Sat
Decimal Year 1992.543715847 GRACE Seconds  -235310400.0

Example: doy 654W 345600
Date 1992/07/23  0:00 hrs, DOY 205 JD  2448826.5000 MJD  48826.0000
GPS Week   654 Day of week  4, GPS Seconds 345600 Day of Week Thu
Decimal Year 1992.557377049 GRACE Seconds  -234878400.0

***TODAY*** IS:
Date 2023/12/04 10:44 hrs, DOY 338 JD  2460282.9478 MJD  60282.4478
GPS Week  2291 Day of week  1, GPS Seconds 125093 Day of Week Mon
Decimal Year 2023.924514650 GRACE Seconds 754958694.0
```

图 4.2.10　输入 doy 验证安装是否成功

4.2.2　GAMIT 更新

1. *GAMIT 更新*

用户使用 GAMIT/GLOBK 软件处理软件版本发布之前的观测数据，只要不进行更新一般不会有问题。但如果用户使用的数据的观测时间在软件发布时间之后，不及时更新软件可能会遇到一些错误。GAMIT 每隔一段时间会进行更新，GAMIT 最新的安装包和更新包可在其官网(geoweb. mit. edu)获取。有两种方式可以进行软件更新：一种是直接下载并安装最新版安装包，另一种是用更新包进行更新。后者的更新方法为：将更新包放在安装目录下，打开终端，输入下列命令：

(1)给予安装包权限：chmod +x install_updates；

(2)安装更新包：./install_updates。

注意：如果长时间没有更新软件，建议直接采用第一种方式。

2. GAMIT 表更新

GAMIT 文件夹下的 tables 文件夹下存放着表文件，每次处理数据前需保证一部分表文件是最新的，表 4.2.1 列出了这部分需要更新的表文件。

表 4.2.1　　需要更新的表文件

表文件更新频率	表文件名称
每周更新一次	地球自转参数(Eops)： pmu. bull_f ut1. usno pole. usno
每月更新一次	码相关型接收机伪距改正参数统计表 (差分码偏差)：dcb. dat
每年更新一次	太阳星历：soltab. 月亮星历：luntabl. 章动参数：nutabl. 跳秒：leap. sec
有新卫星发射或者卫星调整编号时更新	卫星号对照表 PRN 和 SV 的对照表：svnav. dat
	天线相位中心参数文件：antmod. dat
有卫星出现异常时更新	需要剔除卫星列表：svs_exclude. dat
	接收机及天线名称对照表：rcvant. dat
	仪器高：hi. dat

注意：太阳星历、月亮星历、章动参数在 2020 年之前每年更新一次，2021 年及以后，这三个文件合并为 nbody 文件。出现新接收机后需要手动添加新天线。

最新的表文件下载地址：ftp：//garner. ucsd. edu/archive/garner/gamit/tables。

用户可在 Windows 系统下登录上述网址，下载表文件，然后拷贝到 Linux 系统下。用户也可直接在 Linux 系统中进行如下操作下载并更新表文件：

如图 4.2.11 所示，打开终端，输入命令 gftp，进入如图 4.2.12 所示界面，输入 ftp 地址，下载并更新即可。

图 4.2.11　打开 gftp

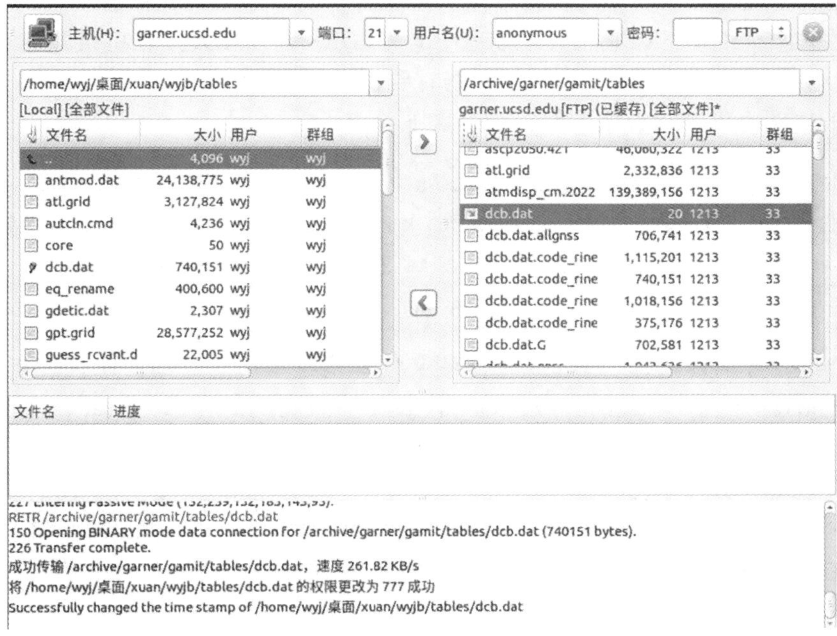

图 4.2.12　gftp 连接表文件

4.3 GAMIT 基线处理

本书以测站 GZFG、KUNM、SHAO、XIAN、YNHZ、GSMI、BJFS、HKWS、GSGL、CHAN、YNYS、YNLJ、QHGC、QHME、SHAO、YANC 2020 年 131 天(doy)的数据为例，介绍 GAMIT 基线处理的流程。

4.3.1 数据准备

1. 建立项目文件夹并下载数据

建立的项目文件夹名应由四位英文(小写)或数字组成，本例建立的项目文件夹名称为 work。在项目文件夹下建立 4 个文件夹，分别是 brdc(广播星历)、igs(精密星历)、ionex(电离层文件)、rinex(观测文件)，如图 4.3.1 所示。

图 4.3.1 基线解算创建的文件夹

用户将需要处理的数据拷贝到上述相应的文件夹下。数据下载的方式有两种：一种是提前下载需要的观测数据、星历文件、电离层文件，将下载好的数据分别放入对应的文件夹。观测数据源有很多，如 IGS 数据处理中心、CORS 网、私人接收机接收的数据等，这里要注意，GAMIT 在处理 rinex 格式的数据时要把文件名统一改为 rinex2 的命名格式。此外，GAMIT 软件也可进行数据下载，命令如下：

```
命令①：sh_get_nav -archive cddis -yr 2020 -doy 131 -ndays 3 -ftp_prog ncftp
命令②：sh_get_rinex -sitesg zfg kunm shao xian ynhz gsmi bjfs hkws gsgl chan ynys ynlj qhgc qhme shao yanc -yr 2020 -doy 131 -ndays 3
命令③：sh_get_orbits -orbit igsf -yr 2020 -doy 131 -ndays 3 -makeg no
```

这三个命令分别是下载广播星历、观测文件和精密星历的命令，yr 代表年份，doy 代表年积日，ndays 代表要下载的天数，sites 代表要下载测站的名称，orbit 代表要下载的精密星历的类型。

2. 链接 tables 表文件夹

在建立的项目文件夹目录下打开终端输入命令：sh_setup - yr 2020。如图 4.3.2(a)所示，表文件已经链接成功。打开链接的文件夹(见图 4.3.2(b))可以看到文件都已经链接成功。

3. 在表文件夹中修改几个表文件

1) sites. defaults 文件

将 sites. defaults 文件按照图 4.3.3 修改。

```
wyj@wyj-virtual-machine:~/桌面/text$ sh_setup -yr 2020
EXECUTING sh_setup
~/M-fM-!M^LM-iM^]M-"/text/tables ~/M-fM-!M^LM-iM^]M-"/text
localeop: no
ls: 无法访问'ut1.': 没有那个文件或目录
ls: 无法访问'pole.': 没有那个文件或目录
Checking links: sh_links.tables -frame J2000 -year 2020 -eop usno -topt none
Copied ~/gg/tables/station.info ./station.info
Copied ~/gg/tables/sestbl. .
Copied ~/gg/tables/sittbl. ./sittbl.
Copied ~/gg/tables/autcln.cmd .
Using .apr format lfile.
Copied ~/gg/tables/lfile.apr ./lfile.
Copied ~/gg/tables/igb14_comb.apr .
Copied ~/gg/tables/process.defaults .
Copied ~/gg/tables/sites.defaults .
wyj@wyj-virtual-machine:~/桌面/text$
```

(a)链接表文件夹

(b)链接表文件夹的内容

图 4.3.2 链接表文件

```
# File to control the use of stations in the processing
#
# Format: site expt keyword1 keyword2 ....
#
#  where the first token is the 4- or 8-character site name (GAMIT uses only
#  4 characters, GLOBK allows only 4 unless there are earthquakes or renames),
#  the second token is the 4-character experiment name, and the remaining
#  tokens, read free-format, indicate how the site is to be used in the processing.
#  All sites for which there are RINEX files in the local directory will be used
#  automatically and do not need to be listed.
#
#  ftprnx = sites to ftp from rinex data archives.
#  ftpraw = sites to ftp from raw data archives.
#  localrx = site names used to search for rinex files on your local system.
#            (required in conjunction with rnxfnd path variable set in process.defaults).
#  xstinfo = sites to exclude from automatic station.info updating.
#  xsite   = sites to exclude from processing, all days or specified days
#
# Replace 'expt' with your experiment name and edit the following to list sites needed from
external archive
 all_sites expt  xstinfo
 brus_gps expt ftprnx
 graz_gps expt ftprnx
 sofi_gps expt ftprnx
# templates for removing sites
 ttth_gps  expt xsite:1999_256-1999_278 xsite:1999_300-1999_365
```

(a)sites. defaults 文件修改前

```
# Replace 'expt' with your experiment name and edit the following to list sites needed from
external archive
 all_sites expt  localrx
# templates for removing sites
 ttth_gps  expt xsite:1999_256-1999_278 xsite:1999_300-1999_365
```

(b)sites. defaults 文件修改后

图 4.3.3 sites. defaults 控制文件

2) station. info 文件

station. info 文件包含测站信息的测站名和接收机天线信息(类型、序列号、硬件版本、天线高等)。

station. info 文件如图 4. 3. 4 所示，包含测站的信息，在进行数据处理前需更新该文件，操作方法为：保留文件头(如图 4. 3. 4 方框所示)内容，将其他信息删除，复制该文件到 rinex 文件夹下，打开终端输入：sh_upd_stnfo -files ＊. yro，yr 代表年份。将更新后的 station. info 文件复制回 tables 文件夹中。

```
# Station.info written by MSTINF user tah              on 2022-09-30  11:31
* Reference file : station.info.20220930.old
* Merged station.info file : upd.txt
*
*
*SITE  Station Name      Session Start        Session Stop       Ant Ht    HtCod  Ant N     Ant E
Receiver Type            Vers                 SwVer  Receiver SN            Antenna Type     Dome
Antenna SN
 0001  GEONET0001         2011  60  0  0  0   9999 999  0  0  0   0.0000   DHARP   0.0000   0.0000
TRIMBLE NETR9            Nav 4.17 Sig 0.00      4.17  --------------------  TRM29659.00      GSI
--------------------
 0002  GEONET0002         2011  60  0  0  0   9999 999  0  0  0   0.0000   DHARP   0.0000   0.0000
TRIMBLE NETR9            Nav 4.17 Sig 0.00      4.17  --------------------  TRM29659.00      GSI
--------------------
 0003  GEONET0003         2011  60  0  0  0   9999 999  0  0  0   0.0000   DHARP   0.0000   0.0000
TRIMBLE 5700             Nav 1.24 Sig 0.00      1.24  --------------------  TRM29659.00      GSI
--------------------
 0004  GEONET0004         2011  60  0  0  0   9999 999  0  0  0   0.0000   DHARP   0.0000   0.0000
TRIMBLE 5700             Nav 1.24 Sig 0.00      1.24  --------------------  TRM29659.00      GSI
--------------------
```

图 4. 3. 4　station. info 文件

3) process. defaults 文件

process. defaults 文件控制数据处理过程，通过该文件指定计算环境、内部和外部数据、轨道文件、开始时间、采样间隔和结果说明。以图 4. 3. 5 部分为例：

```
##GAMIT
# Set sampling interval, number of epochs, and start time for processing
 set sint = '30'
 set nepc = '2880'
 set stime = '0 0'
# Variables for updating tables
 set stinf_unique = "-u"
 set stinf_nosort = "-nosort"
 set stinf_slthgt = "2.00"
# Set "Y" to use RINEX header coordinates not in lfile or apr file
 set use_rxc      = "N"
# Broadcast orbits
 set brdc = 'brdc'
# Minimum x-file size to be processed (Def. 300 blocks; most OS use 1 Kb blocks)
 set minxf = '300'
# Set search window for RINEX files which might contain data for day - default check the previous day
 set rx_doy_plus = 0
 set rx_doy_minus = 1
```

图 4. 3. 5　process. defaults 修改部分

set sint =‘30’表示设置采样间隔为 30 秒，用户可根据实际需求修改采样间隔；set nepc = ‘2880’表示设置处理的历元为 2880，需保证历元数和要处理的数据一天的历元数相对应；set stimes = ‘ 0 0’表示数据的起始时间，用户需根据处理数据的起始时间修改。

set use_rxc =‘N’，N 表示不使用观测文件文件头中的坐标，输入 Y 表示使用。

set minxf =‘300’表示处理的 x 文件最小为 300Kb，如果观测数据时间较短，要把这里的数值调小，防止漏算数据。

4) sestbl. 文件

解算控制文件，根据需要修改设置，注意以下几类设置：

(1) 观测值使用(LC，L1+L2 等)：选择 LC_AUTCLN 为采用宽巷模糊度值，并在 AUTCLN 解算中使用伪距观测值。也可用 L1 和 L2 独立载波相位观测值(L1，L2_INDEPENDENT)或者仅用 L1 载波相位观测值(L1_ ONLY)。

(2) 如果没有 . grid 文件，将图 4.3.6 中第一个方框处的"Tides applied=31"改为 23。

(3) 如果没有下载电离层文件，将图 4.3.6 中第二方框处的"Ion model=GMAP"改为 NONE。

```
Choice of Experiment = BASELINE    ; BASELINE/RELAX./ORBIT
Type of Analysis = 1-ITER          ; 1-ITER/0-ITER (no postfit autcln)/PREFIT
Delete AUTCLN input C-files = Y    ; Y/N ; default Y to force rerun of MODEL between autcln runs (slower/less disk used).
Choice of Observable = LC_AUTCLN   ; L1_SINGLE/L1&L2/L1_ONLY/L2_ONLY/LC_ONLY/
                                   ; L1,L2_INDEPEND./LC_HELP/LC_AUTCLN
Station Error = ELEVATION 10 5     ; 1-way L1, a**2 + (b**2)(L**2) in mm, ppm, default = 10. 0.
AUTCLN reweight = Y                ; Release 10.31 equivalent of Use N-file
AUTCLN Command File = autcln.cmd   ; Filename; default none (use default options)
Decimation Factor = 4              ; FOR SOLVE, default = 1
Quick-pre decimation factor = 10   ; 1st iter or autcln pre, default same as Decimation Factor
Quick-pre observable = LC_ONLY     ; for 1st soln, default same as Choice of observable

Ionospheric Constraints =  0.0 mm + 8.00 ppm
Ambiguity resolution WL = 0.15 0.15 1000. 99. 15000. ; used for LC_HELP only
Ambiguity resolution NL = 0.15 0.15 1000. 99. 15000. ; Allow long baselines with LC_AUTCLN

Zenith Delay Estimation = Y      ; Yes/No  (default No)
Interval zen = 2                 ; 2 hrs = 13 knots/day  (default is 1 ZD  per day)
Zenith Constraints = 0.50        ; zenith-delay a priori constraint in meters (default 0.5)
Zenith Variation = 0.02 100.     ; zenith-delay variation, tau in meters/sqrt(hr), hrs (default .02 100.)
Elevation Cutoff = 0              ; default 0 to use value in autcln.cmd
Atmospheric gradients = Y        ; Yes/Np  (default No)
Number gradients = 2             ; number of gradient parameters per day (NS or ES); default 1
Gradient Constraints = 0.03      ; gradient at 10 deg elevation in meters; default 0.03 m

Update T/L files = L_ONLY        ; T_AND_L (default), T_ONLY, L_ONLY, NONE
Update tolerance = .3            ; minimum adjustment for updating L-file coordinates, default .3 m

Met obs source = UFL GPT 50          ; hierarchical list:  RNX ufile GPT/STP [humid value]; default GTP 50
                                      if [humid value] < 0, use RNX or UFL if available
Output met = N                   ; write the a priori met values to a z-file (Y/N)
Use met.list = N
Use met.grid = N
DMap = GMF                         ; GMF(default)/NMFH/VMF1
WMap = GMF                         ; GMF(default)/NMFW/VMF1
Use map.list = N
Use map.grid = Y                 ; VMF1 grid file with mapping functions and ZHD
Yaw Model = Y                    ; Y/N  default = Y
Reference System for ARC = EGR08 ; WGS84/WGS72/MERIT/IGS92(default)/EGM96
Earth radiation model = TUME1    ; Options NONE/NCLE1/TUME1/TUME2
Antenna thrust model = ANTBK     ; Options NONE/ANT77/ANTBK
Inertial frame = J2000
Inertial Reference System = IAU0A  ; Precession model (IAU76 , IAU0A (default), IAU0C, IAU06, IAU06A, IAU68 (old)
Tides applied = 31  ①            ;  Binary coded: 1 earth  2 freq-dep  4 pole tide (zero mean pole)
Use otl.list = N
Use otl.grid = Y
Use atl.list = N
Use atl.grid = N
Etide model = IERS10                ; IERS96/IERS03/IERS10 (default)
Apply atm loading = N               ; Y/N for atmospheric loading
Use atml.list = N
Use atml.grid = N
Antenna Model = AZEL                ; NONE/ELEV/AZEL  default = ELEV
SV antenna model = ELEV             ; NONE/ELEV       default = NONE
SV antenna off = Y                  ; Y/N to estimate satellite antenna offsets (default N)
Bias apriori = 1000.                ; Optional constraint on biases for LC_AUTCLN (default 0 -> no constrint)
Bias rcond = 100000.                  ;
Scratch directory = ./
Delete eclipse data = POST          ; ALL/NO/POST (Default = NO)
Ion model = GMAP  ②                 ; Apply 2nd/3rd order ionospheric terms in model (default 'NONE')
Mag field = IGRF13                  ; IGRF13/IGRF12/IGRF11/IGRF10/DIPOLE (default IGRF13)
ARC gravdeg = 12                    ; Gravity field degree and order
ARC etidedeg = 4                    ; Earth tide field degree and order
ARC otidedeg = 12                   ; Ocesn tide field degree and order
ARC planets = 1                     ; 1 to include Jupiter/Vensus pertubations (0 default)

Optional controls:

  Inertial frame = B1950            ; B1950/J2000 (default = J2000)
```

图 4.3.6　sestbl. 文件设置内容

5)l 文件制作

两种 l 文件的制作方法：

(1)在 rinex 文件夹下打开终端，提取观测值文件的先验 XYZ 坐标，输入命令：

```
grep POSITION  *. 20o > lfile. rnx
```

将 . rnx 文件转化为 . apr 文件，输入命令：

```
rx2apr lfile. rnx 2020 131
```

将 . apr 文件修改名称为 lfile. 文件，输入命令：

```
gapr_to_l lfile. rnx. apr lfile. " "  2020 131
```

(2)单点定位方式获取坐标制作 l 文件，输入命令：

```
sh_rx2apr -site  * * * -nav  * * *
cat  * * * . apr >> lfile.
```

将制作完成的 l 文件复制到 tables 文件夹下，将其替换原来的文件。

4.3.2 基线解算

处理单天/多天数据：

```
    sh_gamit -expt work -gnss G -d 2020 131 -orbit IGSF -pres ELEV -noftp -copt
p -dopt b c ao D x k > sh_gamit. log
    sh_gamit -expt work -gnss G -s 2020 131 133 -orbit IGSF -pres ELEV -noftp -
copt p -dopt b c ao D x k > sh_gamit. log
```

(1)-expt 表示项目名称；

(2)-gnss G 表示使用 GPS 数据，这里也可以输入 R、C、E 分别代表 GLONASS、BDS 和 Galileo；

(3)-d/s 表示年份和年积日，d 表示单天，s 代表多天；

(4)-orbit IGSF 表示使用 IGS 处理中心的轨道；

(5)-pres ELEV 表示画天空图和残差图；

(6)-noftp 不使用 ftp 下载数据；

(7)-copt 表示数据处理完成后待压缩的文件类型；

(8)-dopt 表示数据处理完成后待删除的文件类型。

最后的> sh_gamit. log 表示处理过程记录在名为 sh_gamit. log 的文件中，不输入该命令会在终端显示处理过程，当出现如图 4. 3. 7 方框所示代码，说明数据处理成功，如果解算过程出现问题可在 fatal 文件中查找错误原因。

```
Creating ZAMB.215.DPH6.ps
Creating ZAMB.215.DPH6.ps  for 0 - 4 hrs UT
Creating ZAMB.215.DPH6.ps  for 4 - 8 hrs UT
Creating ZAMB.215.DPH6.ps  for 8 - 12 hrs UT
Creating ZAMB.215.DPH6.ps  for 12 - 16 hrs UT
Creating ZAMB.215.DPH6.ps  for 16 - 20 hrs UT
Creating ZAMB.215.DPH6.ps  for 20 - 24 hrs UT
Creating "Residual vs Elevation Angle" plot
gmtset: GSHHG version 2.2.0 or newer is needed to use coastlines with GMT.
        Get and install GSHHG from ftp://ftp.soest.hawaii.edu/gshhg/.
Creating Residual Histograms

Created ZAMB.215.DPH6.ps
Created ZAMB.215_elev_res.ps
To view use:  gs *DPH6.ps
              gs *_elev_res.ps
To print use:  lpr *DPH6.ps
               lpr *_elev_res.ps
gmtdefaults: GSHHG version 2.2.0 or newer is needed to use coastlines with GM
        Get and install GSHHG from ftp://ftp.soest.hawaii.edu/gshhg/.
gmtset: GSHHG version 2.2.0 or newer is needed to use coastlines with GMT.
        Get and install GSHHG from ftp://ftp.soest.hawaii.edu/gshhg/.
gmtset: GSHHG version 2.2.0 or newer is needed to use coastlines with GMT.
        Get and install GSHHG from ftp://ftp.soest.hawaii.edu/gshhg/.
Using phase_ext to get residuals DPH ZECK
Creating ZECK.215.DPH6.ps
Creating ZECK.215.DPH6.ps  for 0 - 4 hrs UT
Creating ZECK.215.DPH6.ps  for 4 - 8 hrs UT
Creating ZECK.215.DPH6.ps  for 8 - 12 hrs UT
Creating ZECK.215.DPH6.ps  for 12 - 16 hrs UT
Creating ZECK.215.DPH6.ps  for 16 - 20 hrs UT
Creating ZECK.215.DPH6.ps  for 20 - 24 hrs UT
Creating "Residual vs Elevation Angle" plot
```

图 4.3.7 基线解算过程图

4.3.3 基线解算精度评定

GAMIT 基线解算完成后的结果文件存放在以年积日命名的文件夹中，如图 4.3.8 中 131 文件夹。GAMIT 是按照天来进行解算的，进行多天解算时会出现多个年积日文件夹。项目文件夹中的 control 文件夹中为批处理过程中的控制文件；figs 文件夹中为 GMT 软件画的天空图；gfiles 文件夹中为 g 文件；glbf、gsonl 文件夹在进行平差时使用；其他文件夹为空。

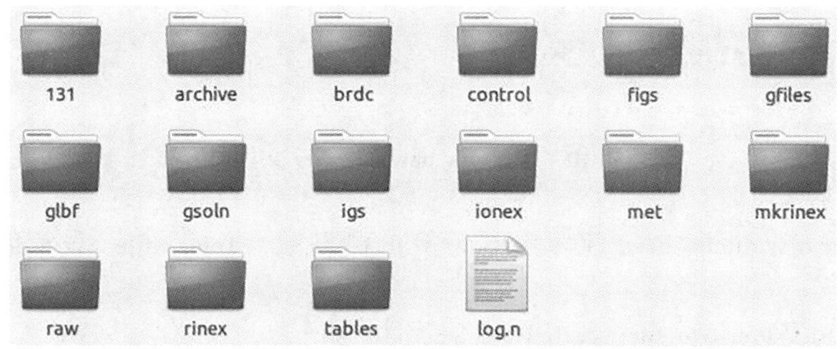

图 4.3.8 基线解算完成后项目文件夹内容

GAMIT 会进行两次解算，第一次解算进行非整周模糊度解算，结果文件为：autcln. prefit. sum、qexptp. ddd(expt 代表项目名称，ddd 表示年积日)等。第二次解算进行整周模糊度解算，结果文件为：autcln. post. sum、qexpta. ddd 等。

131 文件夹中的文件有很多，主要查看的文件有：sh_gamit_131. summary 总结文件、o \ q 基线解算结果文件，如图 4.3.9 所示。

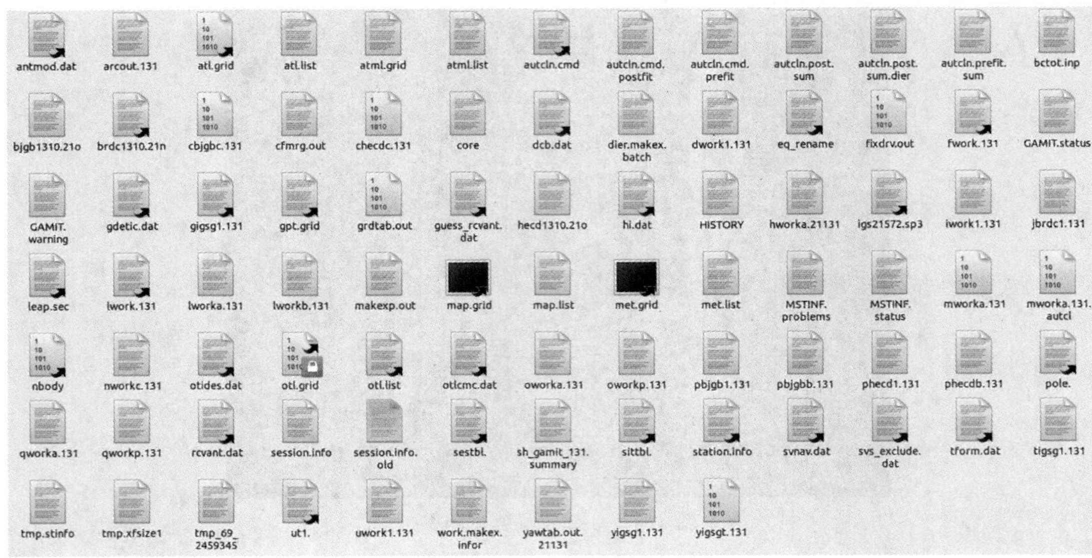

图 4.3.9　131 文件夹中包含的内容

1. sh_gamit_doy. summary 文件

sh_gamit_doy. summary 文件内容如图 4.3.10 所示。

```
Number of stations used 16 Total xfiles 16

Postfit RMS rms, total and by satellite
RMS  IT Site   All   01   02   03   04   05   06   07   08   09   10   12   13   14   15   16   17   18   19   20   21   22   23   24   25   26   27   28   29   30   31   32
RMS  18 ALL    8.6   90   84  102   86   77   82   79   75  103   73   99   86   84   76   74   85   75   83   76   90  104   79  104   98   72   85   75   93  102   75   77
Best and Worst two sites:
RMS  18 GSMI   6.4    7    6    7    7    5    5    6    7    7    6    7    7    5    7    6    6    5    6    6    8    7    4    8    7    6    6    6    8    7    5    6
RMS  18 BJFS   6.8    6    7    8    8    6    6    7    6    7    6    8    8    7    5    6    6    7    6    6    6    8    6    7    7    5    6    7    8    9    6    6
RMS  18 HKWS  10.6    8    9   12   12    9   10   11   12   11    9   11    9    8   10   12   11    9    9    8    9   13   11   11   15    9    9    7   13   13    9   10
RMS  18 GSGL  12.8   15   13   14   12   12   11   11   12   11   10   16   14   11   11   11   14   11   12   13   14   14   13   15   13   12   15   10   12   12   14   14

Double difference statistics
 Prefit nrms:  0.96173E+00    Postfit nrms: 0.18383E+00
 Prefit nrms:  0.95902E+00    Postfit nrms: 0.18757E+00
 Prefit nrms:  0.96173E+00    Postfit nrms: 0.18381E+00
 Prefit nrms:  0.95902E+00    Postfit nrms: 0.18750E+00
 Number of double differences:  75720

 Phase ambiguities (Total  WL-fixed   NL-fixed): 450 441 425  AUTCLN (Total Expected)  450 450
 Phase ambiguities WL fixed  98.0% NL fixed  94.4%
```

图 4.3.10　sh_gamit_doy. summary 文件内容

(1) Number of stations used 表示参与计算的测站数，Total xfiles 表示创建 x 文件的总数；

(2) Best and Worst two sites 表示 RMS 值统计结果；

(3) Double difference statistics 是 GAMIT 运行最小二乘求解程序 solve 产生的四种解类型，两列分别代表四种解的先验值和最终解的均方根残差 nrms，四种解从上到下分别是约束浮点解、约束固定解、无约束浮点解、无约束固定解。

Phase ambiguities 统计的是宽巷和窄巷模糊度固定率。

2. q 文件

q 文件包含基线解算结果，如图 4.3.11 所示。

```
Baseline vector (m ): BJFS        (Site 1) to CHAN        (Site 2)
X  -525683.10454 Y(E)  -669498.10116 Z   346865.71960  L   919176.94775
     +-  0.01010          +-  0.01361       +-  0.01154         +-  0.00826  (meters)
Correlations (X-Y,X-Z,Y-Z) =   -0.38398  -0.58684   0.78683
N   504863.62846 E       765271.45230 U  -66019.55945  L   919176.94775
     +-  0.00512          +-  0.00874       +-  0.01783         +-  0.00826  (meters)
Correlations (N-E,N-U,E-U) =    0.13052  -0.12838   0.03128

Baseline vector (m ): BJFS        (Site 1) to GSGL        (Site 3)
X  1017533.09554 Y(E)   516675.26851 Z  -185821.73438  L  1156225.17296
     +-  0.01057          +-  0.01695       +-  0.01178         +-  0.01002  (meters)
Correlations (X-Y,X-Z,Y-Z) =   -0.24976  -0.34342   0.83872
N  -156209.81705 E     -1141011.82005 U  -102699.41647  L  1156225.17296
     +-  0.00579          +-  0.01049       +-  0.01985         +-  0.01002  (meters)
Correlations (N-E,N-U,E-U) =   -0.00664  -0.36607  -0.25853
```

图 4.3.11　q 文件部分内容

3. 天空图和相位残差图

GAMIT 批处理后会在 figs 文件夹下生成每个测站的天空图和相位残差图，如图 4.3.12 和图 4.3.13 所示。

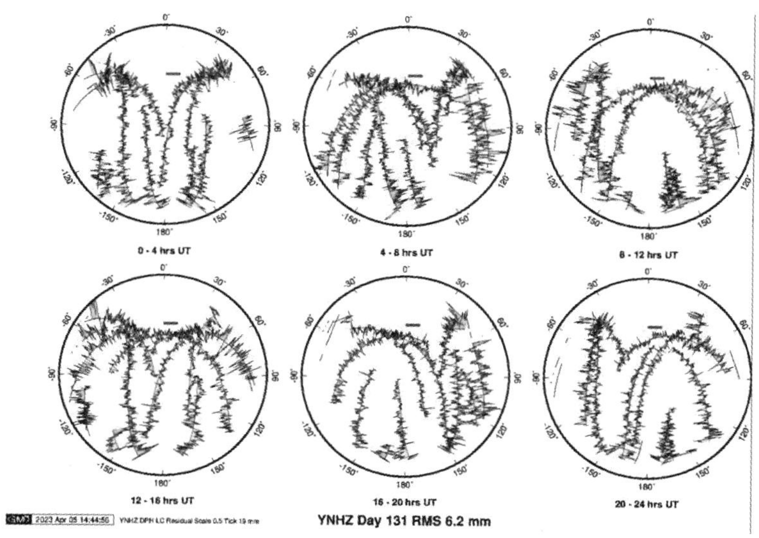

图 4.3.12　测站 YNHZ 天空图

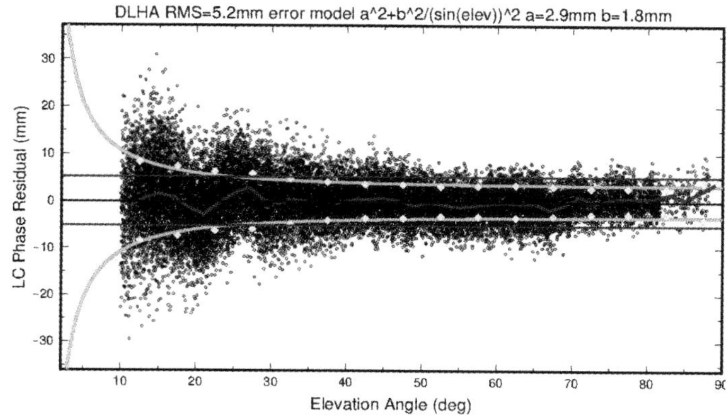

图 4.3.13　YNHZ 站相位残差图

4.4　GLOBK 网平差

GAMIT 求得的解是一组相对位置，若要获取测站的绝对位置，需要进行网平差。后处理网平差有两类：第一类是基于基线解 q 文件或者 o 文件，采用 TBC、CosaGPS 或 PowerNet 软件进行网平差。第二类是基于协方差矩阵 h 文件，采用 GLOBK 软件进行网平差。

GLOBK 是一个卡尔曼滤波器，其目的是对 GAMIT 的基线结果进行网平差处理(邹蓉，2019)。输入文件是一些标准观测量，比如测站坐标、地球自转参数、卫星轨道文件以及协方差矩阵。GLOBK 最初是为 GAMIT 和 CALC/SOLVE 设计的，现在也能接受其他数据处理软件的结果，如 GIPSY 和 Bernese 等。

GLOBK 有 3 个主要功能：

(1)多天或年的观测值，获得多日解算的测站坐标的平均值；

(2)结合从几天(年)的观测中获得的测站坐标的平均值，估计测站速度；

(3)独立估计每个文件的坐标，以生成几天或几年内的坐标时间序列。

GLOBK 内部主要由 globk、glred 及 glorg 三个模块组成。

globk 将所有的 h 文件合成并生成一个解，glred 与 globk 作用相似，但 glred 会将每个 h 文件计算出一个解。在 GAMIT 解算完成后，首先利用 glred 求得每日解，并得到测站时间序列；然后查看是否有异常值，如果存在异常值则需要删除异常值后重新解算，其次利用 globk 合并每日解，估算各测站坐标与速度场；最后使用 glorg 定义一个参考框架，并对所有参考站进行强约束，求得在该参考框架下最佳坐标。

下面介绍采用 GLOBK 进行平差计算的步骤。GAMIT 处理出来的数据直接在建立的项目文件夹下按照如下步骤进行平差计算即可，如果是其他软件解算的基线需要先建立项目文件夹，链接表文件，再按照如下步骤进行平差计算：

(1)链接两个文件。进入项目文件夹，打开终端输入：sh_glred -cmd，会链接 glorg. cmd、globk. cmd 这两个文件到 gslon 目录下，对链接的两个文件进行配置。

(2)输入平差命令：

①单天数据，输入如下命令，可获得平差后的坐标：

```
sh_glred -expt work -d 2020 131 -opt H G
```

②多天数据，输入如下命令：

```
sh_glred -expt work -s 2020131 2020 133 -opt H G T
```

-opt 后面的命令，H 表示运行 htoglb，把输入的 h 文件转化为二进制文件；G 表示运行 glred；T 表示运行 tssum，利用 sh_plot_pos 绘图。

(3)提取平差后的坐标。进入 gsoln 文件夹内，单击鼠标右键，打开终端输入：grep pbo ./ * . org >./coor，提取解算后的坐标信息到 coor 文件。至此平差结束。

4.5　GAMIT 常见问题与解决方法

1. 与观测信息相关的错误

(1) 出现提示信息“GDBTAB/geoc_to_geod: Failure to converge”或“Geodetic height unreasonable: check p- and l-files.”。

出现类似提示信息的原因是提供的某些站点概略坐标错误。

解决方案：在 GAMIT 输出信息中从该条错误信息开始往前查找最近的一个站名，该站点即为概略坐标错误的站点。按照步骤制作 lfile. 文件，重新进行解算。

(2) 出现提示信息“No match SITE 2016 169 0 0 0 in station. info.”。

出现类似提示信息的原因是 station. info 文件中没有 SITE 站点在某时段的站点信息。

解决方案：在 station. info 文件中添加缺失的信息。

(3) 出现提示信息“SITE PCN-code missing for receiver type in rcvant. dat.”。

出现类似提示信息的原因是某个站点的接收机类型未包含在 rcvant. dat 文件中。

解决方案：查看对应站点的观测文件和 rcvant. dat 文件，核对其中的接收机类型。若观测文件中的接收机类型与 rcvant. dat 中的相似但不完全一致，则可能是观测文件中的接收机类型不规范，此时可以将其中的接收机类型改为 rcvant. dat 中的规范名。若观测数据的接收机类型在 rcvant. dat 中不存在，将观测数据的接收机类型用相似的接收机代替。

(5) 出现提示信息“Station. info missing antenna for SITE 2017 211.”。

出现类似提示信息的原因是 station. info 文件中缺少某个站点(SITE)的天线类型。

解决方案：编辑站点在对应年积日的观测文件，加入天线类型信息。然后使用 sh_upd_stnfo 命令更新站点信息文件 station. info，并将更新后的文件放入 tables 文件夹中。

2. 与表文件设置有关的错误

(1) 出现提示信息“components on grid file record not equal 44 or 84 (Name otl. grid).”。

出现类似提示信息的原因是没有正确设置海潮模型。

解决方案：在 sestbl. 文件中禁用海潮模型，在其中进行如下设置：

```
1  Use otl. grid = N
2  Tides applied = 23
```

或者下载所需的海潮模型文件，然后设置：

```
1  Use otl. grid = Y
2  Tides applied = 31
```

之后重新解算即可。

(2) 出现提示信息“Date for TAI-UTC(2457936) after stop date in leap. sec.”。

出现类似提示信息的原因是参与解算的数据的观测日期晚于 leap. sec 文件的更新日期。

解决方案：下载最新的 leap. sec 文件，替换项目文件夹中 tables 文件夹下的同名文件，然后重新进行解算。

(3)出现提示信息"Site-dependent mapping function requested but no list or grid file."。

出现类似提示信息的原因是缺少与设置相对应的映射函数(VMF1)。

解决方案：基线解算过程中使用的映射函数模型在 sestbl. 文件中设置。GAMIT 目前支持三种映射函数，分别是 GMF、NMFW、VMF1 模型，但只有 VMF1 需要引入模型文件。解决方案一是将解算使用的映射函数修改为 GMF 或 NMF：

```
①DMap = GMF ; GMF(default)/VMF1/NMFH; GMF now invokes GPT2 if gpt. grid is available (default)
②WMap = GMF ; GMF(default)/VMF1/NMFW; GMF now invokes GPT2 if gpt. grid is available (default)
③Use map. list = N ; VMF1 list file with mapping functions, ZHD, ZWD, P, Pw, T, Ht
④Use map. grid = N ; VMF1 grid file with mapping functions and ZHD
```

解决方案二是使用 VMF1 映射函数，需下载 VMF1 的格网模型。将 tables/目录内的 map. grid 链接到模型文件，然后设置：

```
①DMap = VMF1 ; GMF(default)/VMF1/NMFH; GMF now invokes GPT2 if gpt. grid is available (default)
②WMap = VMF1 ; GMF(default)/VMF1/NMFW; GMF now invokes GPT2 if gpt. grid is available (default)
③Use map. list = N ; VMF1 list file with mapping functions, ZHD, ZWD, P, Pw, T, Ht
④Use map. grid = Y ; VMF1 grid file with mapping functions and ZHD
```

(4)出现提示信息"SV antenna offsets for SVN G038 not found in antmod. dat."。

出现类似提示信息的原因是 svs_exclude. dat 文件未更新。

解决方案：编辑项目文件夹 tables 中的 svs_exclude. dat 文件，svs_exclude. dat 文件的格式为：

```
<year> <doy> <PRNs>
```

这里<year>和<doy>分别代表年和年积日，其后的<PRNs>为卫星号列表。例如，在 2019 年第 45 日剔除 G04 和 G18 卫星，用户可以在其中这样编辑：

```
# Exclude G04 and G18 in 2019-02-14
2019 045 04 18
```

3. 与数据有关的错误

(1)出现提示信息"Error in input data file at epoch 2341."。

出现类似提示信息的原因是观测数据中某个历元下的数据出现问题。

解决方案：从该错误提示开始向上查找到的第一个站名就是数据有问题的测站，使用 GFZRNX 程序对数据文件进行修复，然后清空年积日文件夹后重新解算。

(2)出现提示错误“Word too long.”。

出现类似提示信息的原因通常是在执行 sh_upd_stnfo 命令时出现。由于该命令指定 RINEX 观测文件时采用通配符，若通配符匹配到的文件太多，或文件路径太长，易触发该错误。

解决方案：编写一个批处理的循环脚本，如图 4.5.1 所示，把写好的脚本放入 gamit 文件夹中的 com 文件夹下，在终端下输入文件名就可以运行。

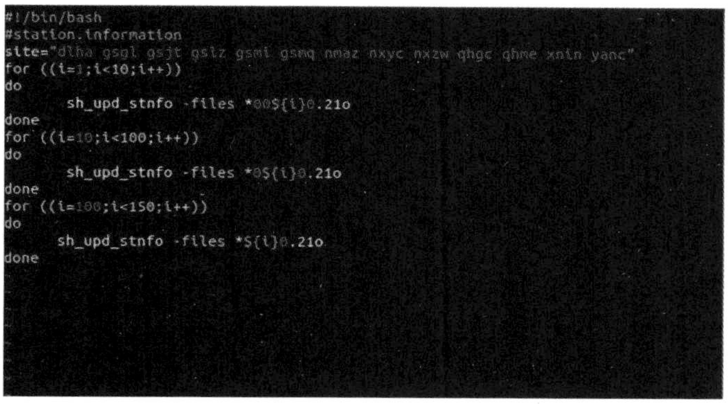

```
#!/bin/bash
#station.information
site="dlha gsgl gsjt gslz gsmi gsmq nmaz nxyc nxzw qhgc qhme xnin yanc"
for ((i=1;i<10;i++))
do
        sh_upd_stnfo -files *00${i}0.21o
done
for ((i=10;i<100;i++))
do
        sh_upd_stnfo -files *0${i}0.21o
done
for ((i=100;i<150;i++))
do
       sh_upd_stnfo -files *${i}0.21o
done
```

图 4.5.1　脚本内容

第 5 章　Bernese 软件

5.1　Bernese 简介

Bernese 软件是由瑞士伯尔尼大学天文研究所开发的 GNSS 数据处理软件(包括 GPS 数据、BDS 数据、GLONASS 数据、SLR 数据等)。自 1988 年 3 月推出 3.0 版本，1988 年至 1995 年陆续发布从 3.1 到 3.5 的升级版。1996 年 9 月发布的 4.0 版本具有批处理模块 BPE，适合大批量、大范围的数据处理。1999 年 11 月发布 4.2 版本，主要增加了处理 GLONASS 数据、SLR 数据的功能并更新了法方程平差解算模块(ADDNEQ)。2004 年 4 月发布 5.0 版本内嵌图形界面，操作使用更方便，同时更新 BPE 模块和其他模块并完善相关功能。2013 年发布了 5.2 版本，2023 年发布了 5.4 版本。

Bernese 软件使用非差模型和双差模型，所以它既可用非差方法进行单点定位，又可用双差方法进行整网平差。以下是 Bernese 的主要功能(Dach R. et al., 2015)：

(1)小型单/双频仪器观测的 GNSS 网的快速数据处理；

(2)永久 GNSS 跟踪站观测网的自动处理；

(3)超大数量接收机组成的观测网的数据处理；

(4)混合不同类型接收机的观测网的数据处理；

(5)同时处理 GPS 数据和 GLONASS 数据，还可以处理 BDS、SLR 数据等；

(6)长距离基线的模糊度解算(2000 公里或更远距离)；

(7)获得最小约束的网平差解；

(8)估计对流层天项延迟，进行大气和气象应用和研究；

(9)站钟及星钟参数估计和时间传递；

(10)精密定轨和估计地球自转参数。

1. Bernese 软件结构

下面以 Bernese 5.2 为例介绍该软件的结构(软件界面如图 5.1.1 所示)。Bernese 软件主要包括手动处理部分和批处理(BPE)部分，手动处理部分包括 5 个部分，分别为：格式转换部分(Transfer Conversion Part)、轨道部分(Orbit Part)、数据处理部分(Processing Part)、模拟部分(Simulation Part)和常用工具部分(Service Part)。

(1)格式转换部分：Transfer Part→" Menu > RINEX" and Conversion Part→" Menu > Conyersion".

格式转换部分是将观测文件、星历文件和气象文件由 RINEX 格式转换成 Bernese 格式的码观测和相位观测、Bernese 格式的星历文件和气象文件。同时从某些文件中提取计算

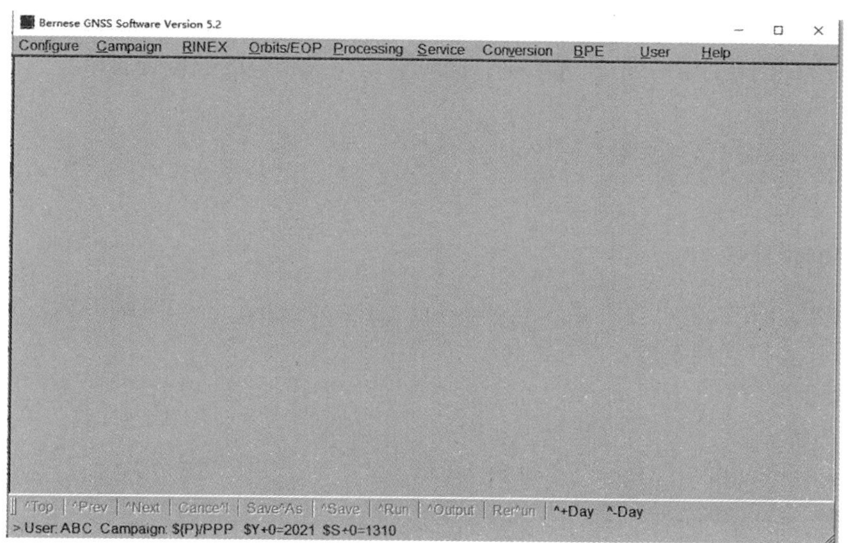

图 5.1.1 Bernese 界面

所需要的外部信息，例如从 SINEX 格式文件中提取 ITRF 下的坐标、速度等信息，还包括对 RINEX 格式的数据文件进行分割、合并等操作。

(2)轨道部分：Orbit Part→"Menu>Qrbits/EOP"。

该部分的源代码与其他部分对比，相对独立，主要任务是生成标准轨道、轨道更新、生成精密轨道、轨道的比较等。Bernese 软件中轨道由 15 个参数描述，分别为初始时刻的 6 个轨道根数和 9 个光压模型参数。

(3)数据处理部分：Processing Part→"Menu>Processing"。

此部分包括码处理(单点定位)、单/双频码和相位预处理、对 GPS 和 GLONASS 观测值进行初始坐标的参数估计(程序 GPSEST)和基于法方程的进一步坐标参数估计(程序 ADDNEQ 和 ADDNEQ2)。其中，预处理包括坏观测值标记、周跳的探测与修复、粗差的删除和观测文件相位模糊度的计算。程序 GPSEST 和程序 ADDNEQ 、ADDNEQ2 部分是 Bernese 数据处理整个过程的核心。

(4)模拟部分：Simulation Part→"Menu>Service>Generate simulated observation data"。

根据统计信息(给出观测值的 RMS、偏差和周跳等)生成模拟的 GPS 和 GLONASS 观测文件或者 GPS/ GLONASS 混合观测文件。需要用 ASCII 编辑器先准备好 GPSSIMI. INP、GPSSIMN. INP 和 GPSSIMF. INP 等文件，然后通过菜单操作生成模拟观测，包括码观测、相位观测和气象观测文件。

(5)常用工具部分：Service Part→"Menu>Serice"是常用工具的集合，主要有编辑和浏览 Bernese 格式的二进制数据文件、坐标值的比较、残差显示等。还包括文件格式从二进制到 ASCII 的转换的一系列工具。

此外，批处理(BPE)部分：Bernese Processing Engine ("Menu>BPE")是一个凌驾于前面手动处理部分中各个程序之上的工具，特别适合于建立自动化的处理过程，例如长时间网型的日常数据分析等。我们只需要一次建立好包括从对 RINEX 格式的数据处理到最后的结果的所有中间程序的一个处理策略，即可自动完成相应的数据处理。

5.2　Bernese 的安装与更新

5.2.1　Bernese 安装

Bernese 软件安装包可以在(https：//www. bernese. unibe. ch/)网站下载，下载完成后根据以下步骤进行软件安装：

1. 安装步骤

(1)首先解压 Bernese 的安装包，如图 5.2.1 所示。

SETUP	2023/6/3 9:05	文件夹	
ActivePerl-5.20.1.2000-MSWin32-x86-...	2020/3/23 11:30	Windows Install...	27,476 KB
cdrom_win_2017-08-28_UID729.iso	2020/3/23 11:42	光盘映像文件	546,304 KB
CRX2RNX.exe	2020/3/23 11:30	应用程序	82 KB
DE405.EPH	2020/12/2 22:39	EPH 文件	5,472 KB
gzip.exe	2020/3/23 11:30	应用程序	90 KB
安装步骤.docx	2020/7/11 17:27	DOCX 文档	427 KB

图 5.2.1　Bernese 安装包内容

(2)双击 ActivePerl... exe，选择合适的路径，点击"next"即可。

(3)在 C 盘以外的盘符内新建文件夹 bernese，并在该文件夹下新建文件夹 GPSDATA。本书以建立在 D 盘为例。

(4)在解压后的 Bernese 的安装包中，打开 SETUP 文件夹，依次安装 BERN52，GPSUSER52，CAMPAIGN52，如图 5.2.2 所示。

BERN52.EXE	2017/9/15 15:41	应用程序	52,953 KB
CAMPAIGN52.EXE	2017/9/15 15:41	应用程序	370 KB
DATAPOOL.EXE	2017/9/15 15:52	应用程序	362,429 KB
GPSTEMP.EXE	2017/9/15 15:52	应用程序	367 KB
GPSUSER52.EXE	2017/9/15 15:53	应用程序	3,007 KB
SAVEDISK.EXE	2017/9/15 15:54	应用程序	5,396 KB

图 5.2.2　安装程序

其中，GPSUSER52 安装结束后会引起 GPSTEMP 的安装，且 BERN52、GPSUSER52 和 GPSTEMP 均需安装到新建的 Bernese 文件夹下。CAMPAIGN52 安装结束后会引起 SAVEDISK 和 DATAPOOL 的安装，且 CAMPAIGN52、SAVEDISK 和 DATAPOOL 均需安装到新建的 GPSDATA 文件夹下。

(5)第(4)步完成后，需要将图 5.2.1 中的 DEP405. EPH 文件拷贝到安装目录路径 D：\ bernese \ BERN52 \ GPS \ GEN 下。

(6)将图 5.2.1 中 CRX2RNX. exe、gzip. exe 拷贝到安装盘(本书作者选择的 D 盘)的一个新建文件夹下(本书作者命名为 bernese_52)。

(7)将新建的文件夹路径(D:\bernese_52)添加到环境变量的路径中(环境变量的路径修改：此电脑“属性”→“高级设置”→“环境变量”)。点击“环境变量”中系统变量的Path 行，选择“编辑”选项，进入编辑环境变量，点击“新建”，将 D:\bernese_52 填入，新建的文件夹在哪个路径就改成相应的路径，修改流程如图 5.2.3 所示。

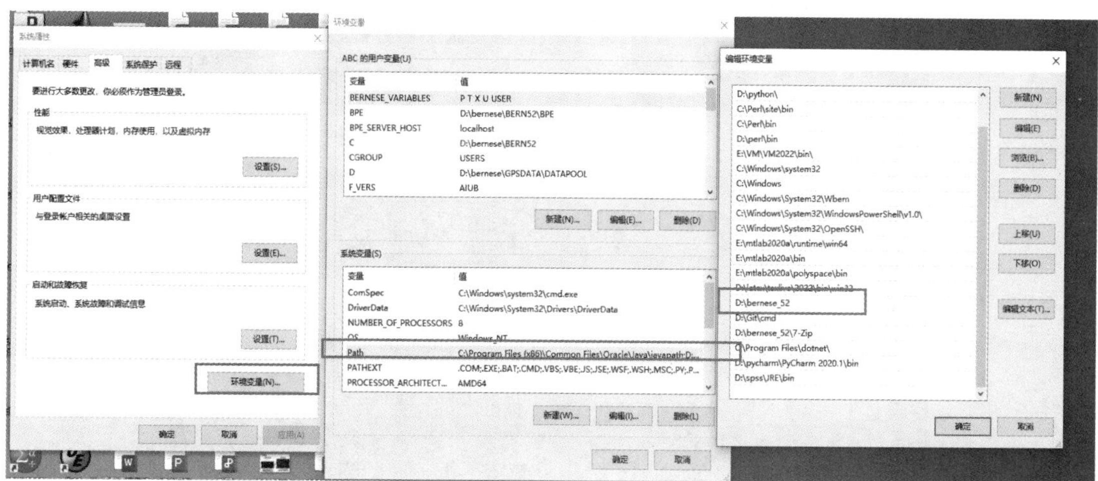

图 5.2.3　Bernese 添加路径

(8)重启电脑后，打开 Bernese5.2 软件，出现如图 5.2.4 所示界面。

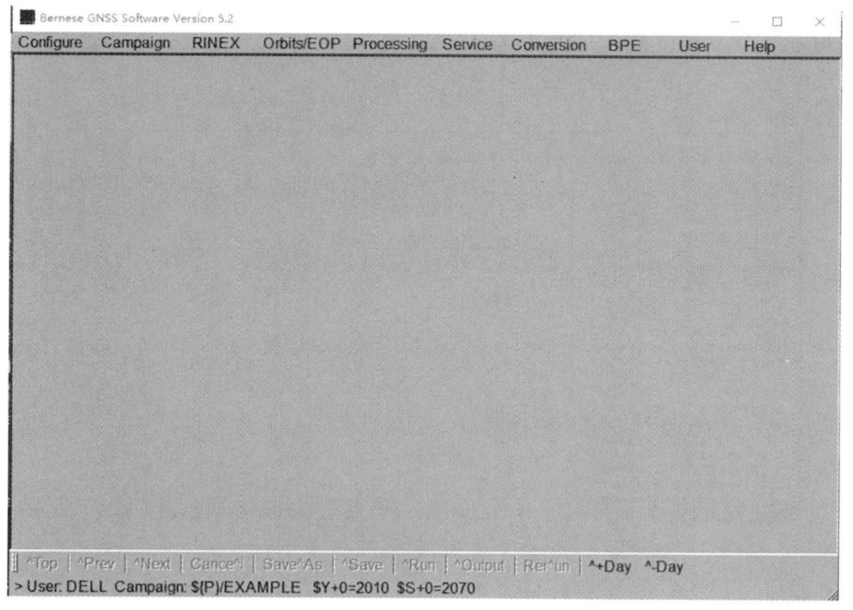

图 5.2.4　Bernese 开始界面

2. 验证安装是否成功

用 Bernese 自带的 GNSS 数据进行 PPP 解算，进而验证软件是否安装成功。

(1)点击“Configure”→“Set session/compute date”，如图 5.2.5 所示，点击“OK”。

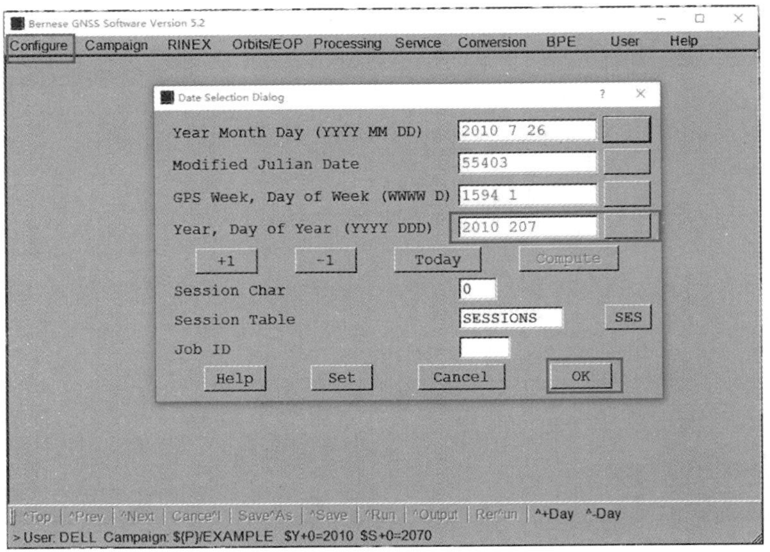

图 5.2.5　设置项目时段

(2)点击“BPE”→“Start BPE processing”，一直选择“Next”，直到最后一页。

(3)点击“Run”按钮，出现如图 5.2.6 所示界面，说明程序已在运行，若是一直停留在 runing，可以尝试 Reset CPU(在 BPE 下)。

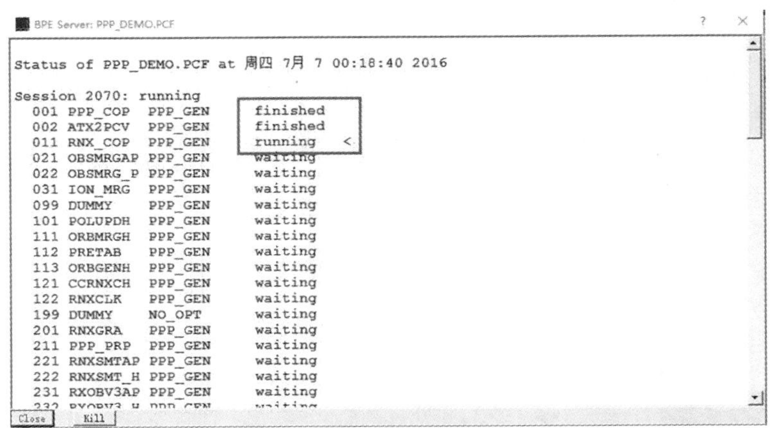

图 5.2.6　批处理运行

(4)当界面显示“finished”，说明软件已经安装成功，若是软件执行程序出错，会在 BPE 文件夹下的 . Log 文件中出现提示，按照提示来修改即可。

5.2.2 Bernese 更新

（1）点击“help”→“about”，确定 Bernese 的版本信息，图 5.2.7 表示软件已更新到 2021 版本，若显示版本过低，执行图 5.2.9 的命令①，则需进行 Bernese 更新。

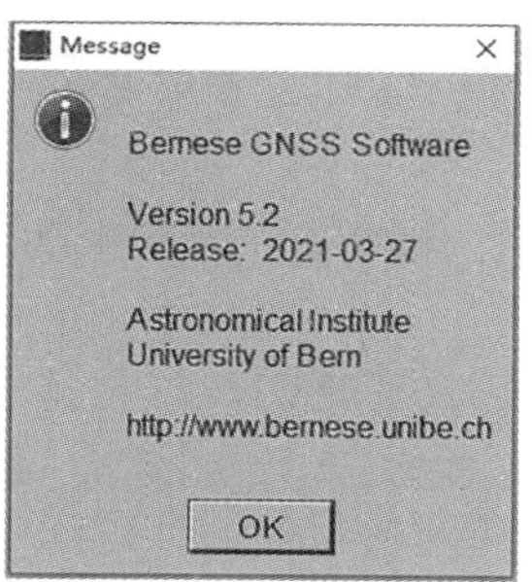

图 5.2.7 Bernese 版本信息

（2）查找… \ BERN52 \ GPS \ EXE 文件夹中的 Perl 脚本“configure. pm”的路径，如：D：\ bernese \ BERN52 \ GPS \ EXE \ configure. pm。按下 WINDOWS+R 快捷键，打开运行对话框，输入“cmd”，点击“确定”，进入 Windows 控制台命令窗口，输入 D：\ Users \ ABC>Perl D：\ bernese \ BERN52 \ GPS \ EXE \ configure. pm. 其中 ABC 为电脑用户名。

启动更新工具，弹出如图 5.2.8 所示选项。

```
==========================================
CONFIGURATION OF THE BERNESE GNSS SOFTWARE
==========================================
 1 ...   ---
 2 ... Install online updates
 3 ...   ---
 4 ...   ---
 5 ... Compile the programs
 6 ...   ---
 7 ... Remove BSW keys from environment

 x ... Exit

Enter option:
```

图 5.2.8 更新工具选项

（3）输入 2，选择在线更新包，这样系统会自动通过 wget 下载安装包，如果“wget”程序没有安装，将会告知需要下载的更新包网络地址信息。下载这些更新包和 Executables for 32-bit systems（31.9 MB）或者 executables for 64-bit systems（55.2 MB）执行程序，并保存在目录 D：\ bernese \ BERN52 中。

① SmartTiger_CSL.windows7 下 Bernese5.2 软件手把手更新教程[EB/OL].（2020-10-11）[2024-10-07].https://blog.csdn.net/SmartTiger_CSL/article/details/109005860.

readme.txt	2023/6/20 17:00	文本文档
Uninstall.exe	2023/6/20 15:00	应用程序
update_2017-08-28.zip	2023/8/3 17:23	360压缩 ZIP 文件
update_2018-02-28.zip	2023/8/3 17:08	360压缩 ZIP 文件
update_2018-10-26.zip	2023/8/3 17:08	360压缩 ZIP 文件
update_2018-12-05.zip	2023/8/3 17:08	360压缩 ZIP 文件
update_2019-05-23.zip	2023/8/3 17:08	360压缩 ZIP 文件
update_2020-02-11.zip	2023/8/3 17:08	360压缩 ZIP 文件
update_2020-08-27.zip	2023/8/3 17:09	360压缩 ZIP 文件

图 5.2.9　下载的更新包

(4)在 cmd 控制台中按回车键，提示是否需要解压，选择“y”；然后根据提示，完成更新。

注意：如果在步骤(2)之前，已经将更新压缩包拷贝到 D：\ bernese \ BERN52 目录，更新工具会自动修改压缩包的后缀名称(加“_old”)，导致找不到可用的更新压缩包，需要手动改回原来的名称。

5.3　Bernese 数据处理

5.3.1　PPP 处理

1. 数据准备

本书以 2021 年第 131 天 IGS 站(dlha、gsgl、qhme、yanc)的 PPP 数据处理为例。

1)观测值文件

下载 site1310. 21d. Z 的观测文件，保存到 GPSDATA \ DATAPOOL \ RINEX 文件夹中(site 是测站名、131 是年积日、21 表示年份、d 表示文件类型)。

Bernese5. 2 软件 2017 年 8 月前的版本不支持处理 rinex3 格式的数据，如果用户的软件版本较低而且处理的又是 rinex3 版本的数据，需先将 rinex3 转成低版本的 rinex2 格式再进行数据处理。

2)精密星历、精密钟差、极移文件

精密星历与钟差等产品可在 IGS 等网站下载，本例选择 COD 发布的文件，将 COD21571. EPH. Z、COD21571. CLK. Z 和 COD21571. ERP. Z 这三个文件下载并存储在 GPSDATA \ DATAPOOL \ COD 文件夹中(COD 代表 CODE 中心、2157 代表 GPS 周、1 代表一周中的第二天、EPH 代表数据类型)。

3)电离层模型和 DCB 改正文件

下载 COD215171. ION. Z、P1C12105. DCB. Z 和 P1P22105. DCB. Z 并储存到 GPSDATA \ DATAPOOL \ BSW52 文件夹中(P1、C1、P2 代表码的类型、21 代表年份、05 代表五月)

2. 创建新项目

在 Bernese 软件中，通过项目(Campaign)来管理所有的数据。每个项目都有自己的目录和子目录，子目录存放着与项目有关的不同类型数据。还有一个 $ {X} /GEN 目录，下面存放各项目共用的文件。

首先选择“Campaign”→“Edit list of campaigns”定义新项目，点击加号，将新项目(例如，示例项目名 ${P}/PPP)加入项目列表中，其中 PPP 为新项目名称，该名称自定义即可，如图 5.3.1 所示。

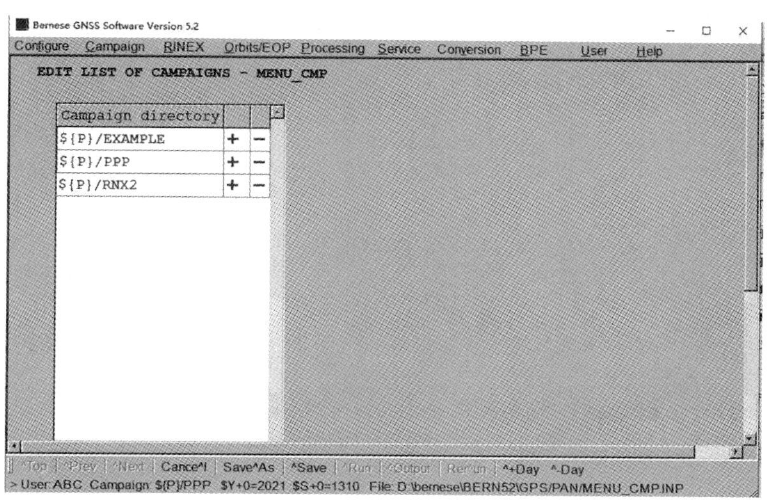

图 5.3.1　创建新项目

选择“Campaign”→“Select active campaign”的输入面板中选择自定义的新项目 ${P}/PPP 作为当前的项目，如图 5.3.2 所示。

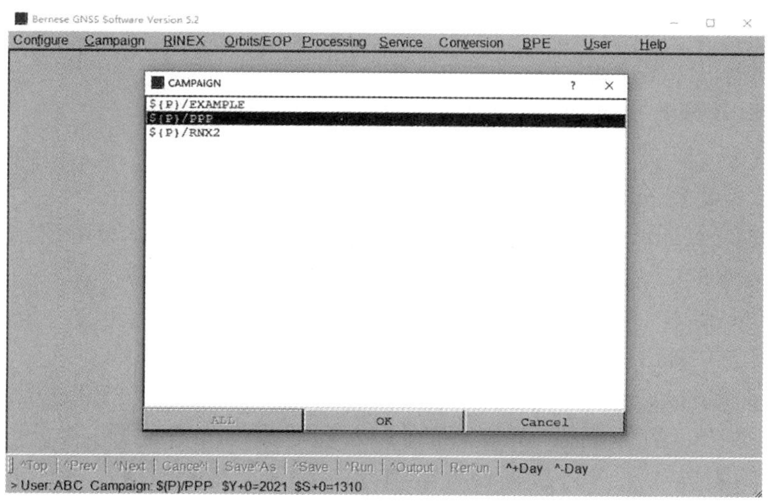

图 5.3.2　选择创建的新项目

这时，可以看到新项目显示在窗口最下方的状态行上。同时可能会收到一个警告信息，说新项目中没有时段信息表。

为当前项目创建相关的子目录：选择“Campaign”→“Create new campaign”，点击

“Run”，如图 5.3.3 所示。

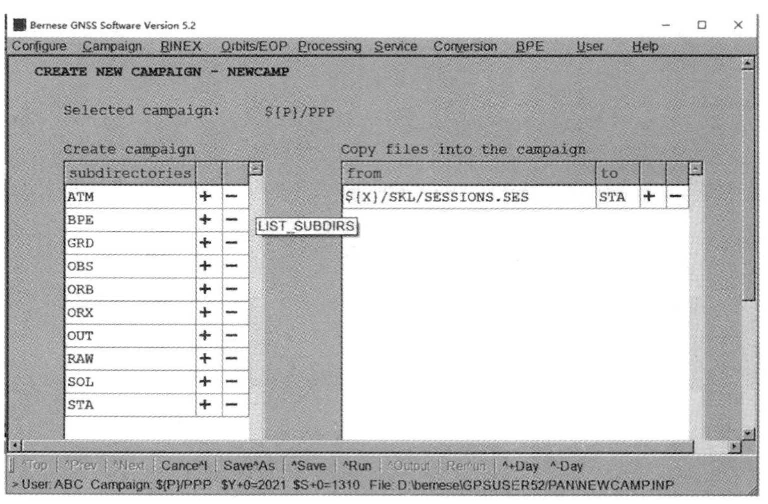

图 5.3.3　创建项目相关子文件夹

缺省情况下会创建下列子目录：

\$ {P}/ INTRO/ATM 存放项目相关的大气文件；

/BPE BPE 批处理时生成的文件；

/OBS 存放 Bernese 的观测值文件；

/ORB 存放跟轨道相关的文件；

/ORX 存放原始 RINEX 文件；

/OUT 存放输出文件；

/RAW 存放处理的 STM 文件；

/SOL 存放结果文件；

/STA 存放项目相关的坐标和坐标信息文件等。

点击菜单“Configure”→“Set session/compute date”，选择要计算的时段，如图 5.3.4 所示。

3. PPP 批处理①

点击“BPE”→“Start BPE processing”，进入如图 5.3.5 所示界面。

“Number of sessions to be processed”，第一个框键入 N，表示 PPP 批处理将处理当前天至第 N 天的数据，后面框格“Modulo”则为处理数据的天数间隔，如键入 M，则表示 PPP 批处理将间隔 M-1 天进行数据处理。例如，第一个框键入“5”，第二个框键入“2”，则表示用户选择处理以当前天为起点的第一天、第三天和第五天的数据。设置完成后，点击“Next”。

---

① 山东大学.Bernese5.2 批处理流程 PPP 与双差网解(RNX2SNX)[EB/OL].(2020-06-26)[2024-10-09].https://navrs.wh.sdu.edu.cn/info/1621/1556.htm.

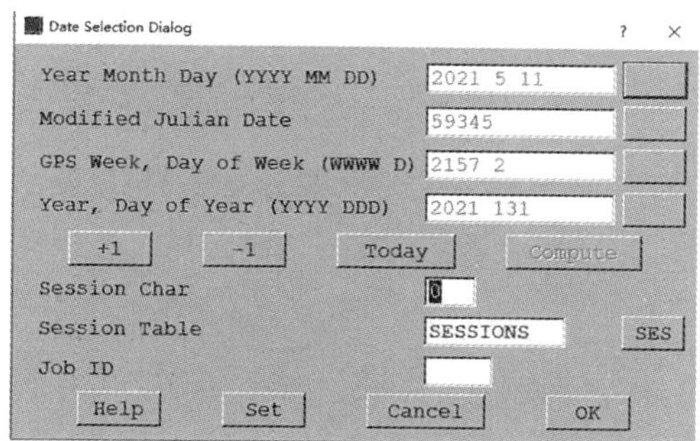

图 5.3.4 下载 IGS 观测数据

图 5.3.5 批处理界面 1

进入如图 5.3.6 所示界面，按照图 5.3.6 进行相关设置，设置完成后，点击“Next”。

图 5.3.6 批处理界面 2

进入如图 5.3.7 所示界面，按照图 5.3.7 进行相关设置，设置完成后，点击“Next”。

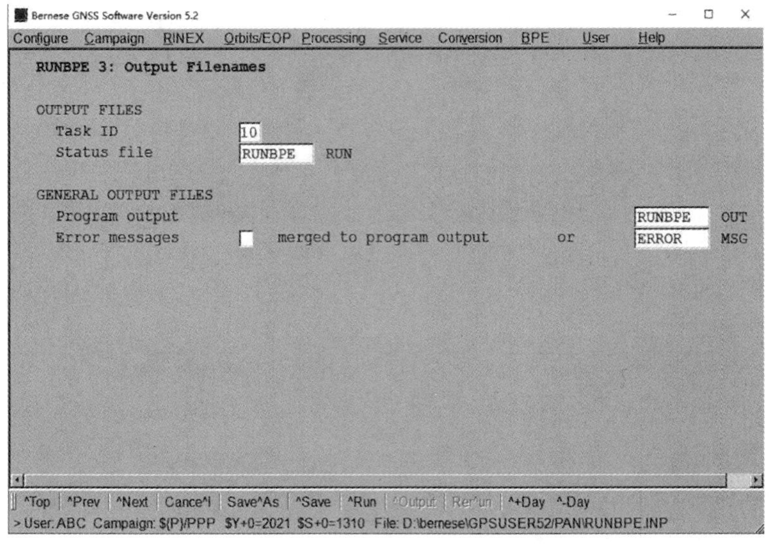

图 5.3.7　批处理界面 3

进入如图 5.3.8 所示界面，如非特殊需要，本界面无须设置，直接点击“Run”运行。

Bernese GNSS Software Version 5.2

Configure Campaign RINEX Orbits/EOP Processing Service Conversion BPE User Help

RUNBPE 4: Server Variables Sent to Client

Variable	Value	Description		
V_A	APR	A priori information	+	−
V_B	COD	Orbit/ERP, DCB, CLK information	+	−
V_C	PPP	CRD/TRP/TRO/SNX and CLK results	+	−
V_E	REF	CRD results at reference epoch	+	−
V_F	RED	Reduced size NEQs (only with CRD)	+	−
V_G	GCC	Determination of translations (GCC)	+	−
V_H	KIN	Pseudo-kinematic solution	+	−
V_I	TRP	High-rate troposphere solution	+	−
V_K	ION	Station-specific ION/DCB results	+	−
V_L	RIM	Regional ION/INX/DCB results	+	−
V_RNXDIR	RINEX	Directory with the RINEX V2 files	+	−
V_RX3DIR		Directory with the RINEX V3 files	+	−
V_OBSSEL		Station selection file (blank: all)	+	−
V_REFDIR	REF52	Directory with basic Bernese files	+	−

SERVER_VARIABLES

^Top ^Prev ^Next Cance^l Save^As ^Save ^Run ^Output Rer^un ^+Day ^-Day

> User: ABC Campaign: ${P}/PPP $Y+0=2021 $S+0=1310 File: D:\bernese\GPSUSER52\PAN\RUNBPE.INP

图 5.3.8　批处理界面 4

出现如图 5.3.9 所示界面，说明程序正在运行，等待程序运行结束即可。

运行结束后，查看相关结果文件，保存的结果文件路径为 \${S}/{V_RESULT}/yyyy/，本例的文件路径为 D：\ bernese \ GPSDATA \ SAVEDISK \ PPP \ 2021 \ 。

结果文件说明如下：

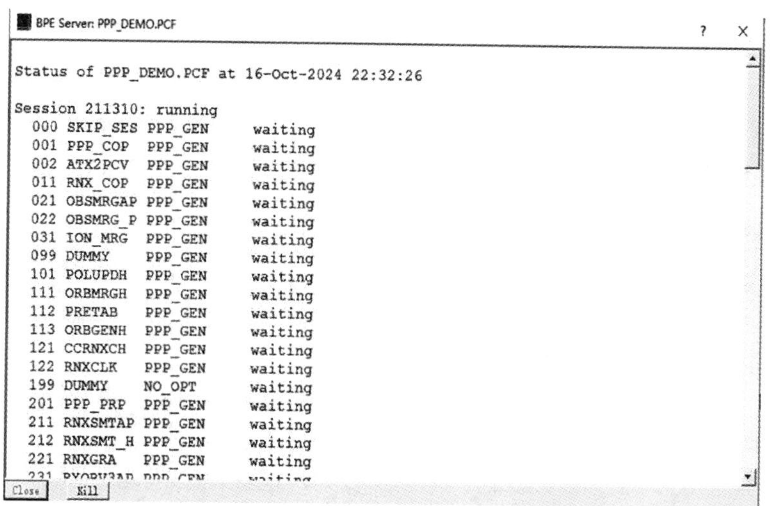

图 5.3.9 程序运行界面

(1) ${S}/{V_RESULT}/yyyy/OUT/PPPyyssss.PRC 为主方案文件，包含处理步骤的总结。

(2) ${S}/{V_RESULT}/yyyy/STA/{V_C}yyssss.CRD 为通过 PPP 处理得到的站点坐标。

(3) ${S}/{V_RESULT}/yyyy/ATM/{V_C}yyssss.TRP 为天顶对流层延迟估计值；

${S}/{V_RESULT}/yyyy/ATM/{V_C}yyssss.TRO 为对流层斜延迟估计值。

(4) ${S}/{V_RESULT}/yyyy/OUT/{V_C}yyssss.CLK.Z 为钟差文件(UNIX 压缩)，带有 PPP 处理中站点的接收器钟差改正值以及使用的卫星钟差改正值。

(5) ${S}/{V_RESULT}/yyyy/SOL/{V_F} yysssss.NQ0.gz 为法方程文件与 PPP 处理的所有站点的坐标和对流层参数；

${S}/{V_RESULT}/yyyy/SOL/{V_F} yysssss.SNX.gz 为法方程的简化版本去除对流层参数，例如，只包含坐标参数。

(6) ${S}/{V_RESULT}/yyyy/STA/{V_G}yyssss.CRD；

${S}/{V_RESULT}/yyyy/STA/{V_G}yyssss.GCC；

分别为坐标和地心坐标(PPP 解相对于 V_REFINF 中给出的外部参考系的平移)文件。

(7) ${S}/{V_RESULT}/yyyy/OUT/{V_H}ssss{stat}.SUM 为 GPSEST 程序的输出汇总文件，包含以静态 PPP 解为参考值，每个历元估计的坐标的偏差。

${S}/{V_RESULT}/yyyy/STA/{V_H}ssss{stat}.KIN 为动态坐标(每个历元一组独立的测站坐标)文件。

(8) ${S}/{V_RESULT}/yyyy/ATM/{V_I}yyssss.TRP 为高分辨率天顶对流层延迟估计值；

${S}/{V_RESULT}/yyyy/ATM/{V_I}yyssss.TRO 为高分辨率对流层斜延迟估计值；

$ {S}/{V_RESULT}/yyyy/STA/{V_I} yyssss. CRD 高分辨率计算的坐标文件；

(9) $ {S}/{V_RESULT}/yyyy/ATM/{V_K} yyssss. ION 为测站相关的电离层文件；

$ {S}/{V_RESULT}/yyyy/ORB/{V_K} yyssss. DCB Bernese 为测站相关的 DCB 文件。

上述 V_C，V_F，V_G 等的含义如图 5.3.8 所示。

5.3.2　基线网解处理

在基线解算时，数据准备工作同 5.3.1 节 PPP 处理。

查看 D：\ bernese \ GPSDATA \ CAMPAIGN52 \ PPP \ 路径下的 EXAMPLE. STA、EXAMPLE. CRD、EXAMPLE. ABB 文件中有没有要处理测站的信息，如果没有，就按照文件的格式将测站信息添加到相应的文件中。

打开 Bernese5. 2 软件，点击"Campaign"→"Edit list of campaigns"选择新建项目(本例是在 $ {P}/PPP 项目下继续解算的)，点击"保存"。点击"Campaign"→"Select active campaign"，选择新建项目(本例项目为 $ {P}/PPP)，直接点击"确定"。

点击"Configure"→"set session/compute date"，设置日期，点击"OK"。

点击"BPE"→"Start BPE processing"，与 PPP 设置类似，点击"PCF"，选择 RNX2SNX. PCF 文件，如图 5.3.10 所示。

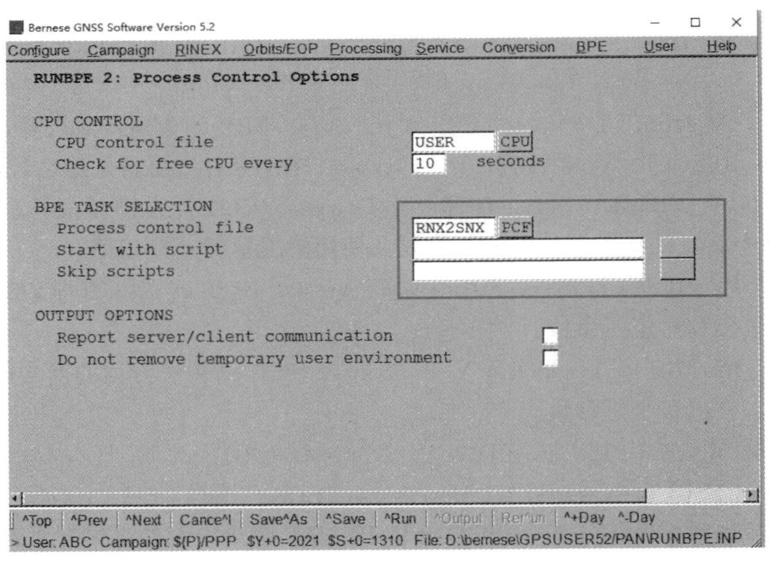

图 5.3.10　基线解算设置

选择"Start with script"，点击右边的灰色按钮会出现如图 5.3.11 所示界而，用户可以选择从任意一步开始处理数据。

而"Skip scripts"则表示想要跳过哪个步骤，如果想跳过第 101 步操作，如图 5.3.12 所示，选择第 101 步，点击"OK"即可。

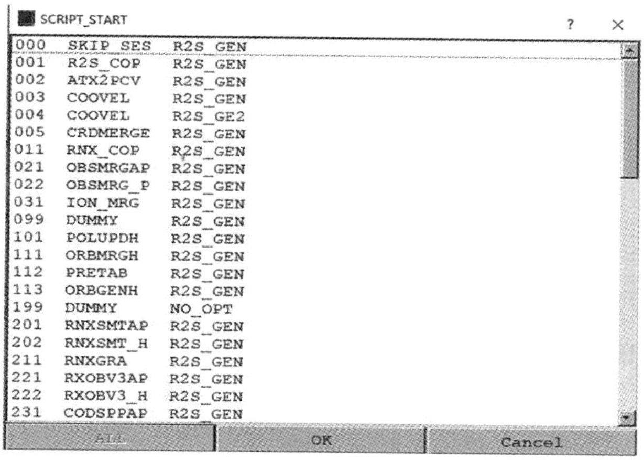

SCRIPT_START

000	SKIP_SES	R2S_GEN
001	R2S_COP	R2S_GEN
002	ATX2PCV	R2S_GEN
003	COOVEL	R2S_GEN
004	COOVEL	R2S_GE2
005	CRDMERGE	R2S_GEN
011	RNX_COP	R2S_GEN
021	OBSMRGAP	R2S_GEN
022	OBSMRG_P	R2S_GEN
031	ION_MRG	R2S_GEN
099	DUMMY	R2S_GEN
101	POLUPDH	R2S_GEN
111	ORBMRGH	R2S_GEN
112	PRETAB	R2S_GEN
113	ORBGENH	R2S_GEN
199	DUMMY	NO_OPT
201	RNXSMTAP	R2S_GEN
202	RNXSMT_H	R2S_GEN
211	RNXGRA	R2S_GEN
221	RXOBV3AP	R2S_GEN
222	RXOBV3_H	R2S_GEN
231	CODSPPAP	R2S_GEN

ALL OK Cancel

图 5.3.11 分步设置

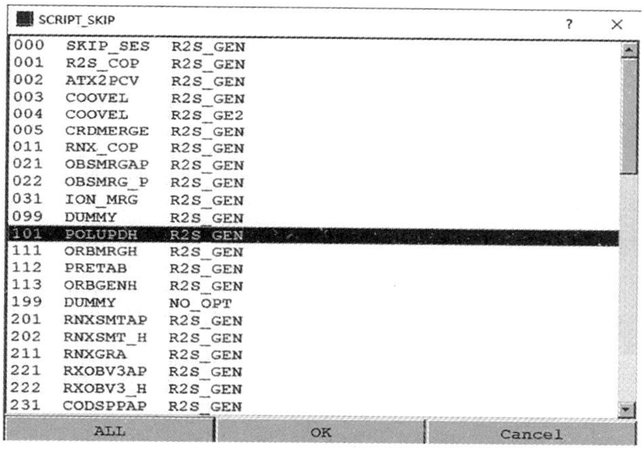

SCRIPT_SKIP

000	SKIP_SES	R2S_GEN
001	R2S_COP	R2S_GEN
002	ATX2PCV	R2S_GEN
003	COOVEL	R2S_GEN
004	COOVEL	R2S_GE2
005	CRDMERGE	R2S_GEN
011	RNX_COP	R2S_GEN
021	OBSMRGAP	R2S_GEN
022	OBSMRG_P	R2S_GEN
031	ION_MRG	R2S_GEN
099	DUMMY	R2S_GEN
101	POLUPDH	R2S_GEN
111	ORBMRGH	R2S_GEN
112	PRETAB	R2S_GEN
113	ORBGENH	R2S_GEN
199	DUMMY	NO_OPT
201	RNXSMTAP	R2S_GEN
202	RNXSMT_H	R2S_GEN
211	RNXGRA	R2S_GEN
221	RXOBV3AP	R2S_GEN
222	RXOBV3_H	R2S_GEN
231	CODSPPAP	R2S_GEN

ALL OK Cancel

图 5.3.12 跳过不想运行的步骤

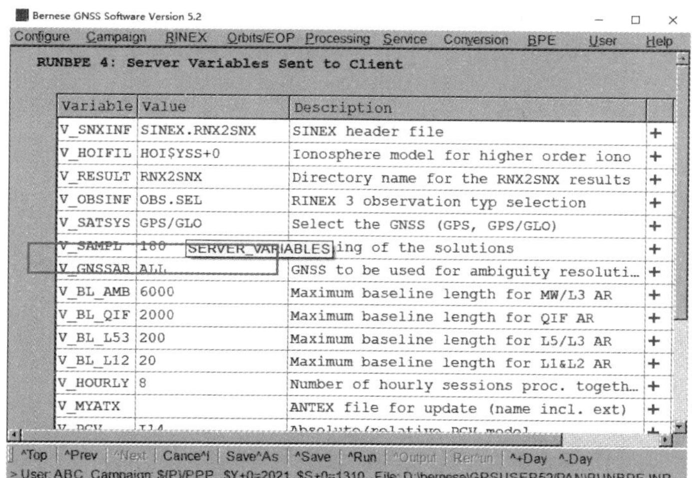

图 5.3.13 批处理选择

点击“Next”，出现如图 5.3.13 所示的对话框，图中标方框处表示数据处理间隔，根据数据处理需要进行修改，然后点击“RUN”运行。基线网解运行过程如图 5.3.14 所示。

```
BPE Server: RNX2SNX.PCF

Status of RNX2SNX.PCF at 14-Dec-2023 10:48:28

Session 211310: running
  000 SKIP_SES R2S_GEN     finished
  001 R2S_COP  R2S_GEN     finished
  002 ATX2PCV  R2S_GEN     running   <
  003 COOVEL   R2S_GEN     waiting
  004 COOVEL   R2S_GE2     waiting
  005 CRDMERGE R2S_GEN     waiting
  011 RNX_COP  R2S_GEN     waiting
  021 OBSMRGAP R2S_GEN     waiting
  022 OBSMRG_P R2S_GEN     waiting
  031 ION_MRG  R2S_GEN     waiting
  099 DUMMY    R2S_GEN     waiting
  101 POLUPDH  R2S_GEN     waiting
  111 ORBMRGH  R2S_GEN     waiting
  112 PRETAB   R2S_GEN     waiting
  113 ORBGENH  R2S_GEN     waiting
  199 DUMMY    NO_OPT      waiting
  201 RNXSMTAP R2S_GEN     waiting
  202 RNXSMT_H R2S_GEN     waiting
  211 RNXGRA   R2S_GEN     waiting

Close   Kill
```

图 5.3.14　基线网解运行过程

运行结束后，查看相关结果文件，保存的结果文件路径为 $ {S}/{V_RESULT}/yyyy/，本例的文件路径为 D：\ bernese \ GPSDATA \ SAVEDISK \ RNX2SNX \ 2021 \ 。

结果文件如下：

$ {S}/{V_RESULT}/yyyy/OUT/R2Syyssss. PRC 为主方案文件，包含处理步骤总结；

$ {S}/{V_RESULT}/yyyy/STA/{V_E} yyssss. CRD 为模糊度固定后解算的测站坐标；

$ {S}/{V_RESULT}/yyyy/ATM/{V_E} yyssss. TRP 为天顶对流层延迟估计值；

$ {S}/{V_RESULT}/yyyy/ATM/{V_E} yyssss. TRO 为对流层斜延迟估计值；

$ {S}/{V_RESULT}/yyyy/SOL/{V_F} yysssss. NQ0. gz 为法方程文件，包含基线解算后的坐标和对流层参数；

$ {S}/{V_RESULT}/yyyy/SOL/{V_E} yysssss. SNX. gz 为法方程的简化版本。

5.4　Bernese 常见问题与解决方法

批处理的错误文件可以在 D：\ bernese \ GPSDATA \ CAMPAIGN52 \ PPP \ BPE 文件夹里找到，打开文件查找错误提示，根据提示进行修改。常见问题与解决方法如下所示①：

1. 提示需要添加测站信息

在 Bernese 界面中选择“Service”→“Station information files”→“Extract information from

① 许多多快乐. Bernese 错误集锦[EB/OL].(2019-01-03)[2024-10-09]. https://blog.csdn.net/qq_15542485/article/details/85701688.

RINEX”。

进入如图 5. 4. 1 所示界面，创建新的 STA 文件。

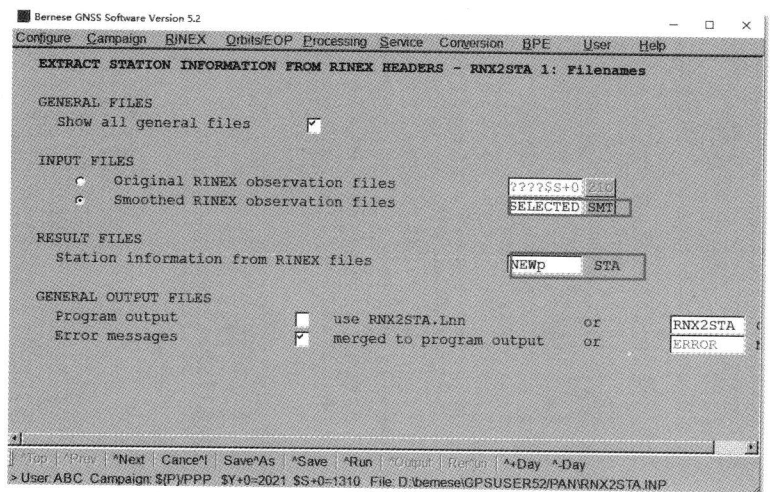

图 5. 4. 1　生成新的 STA 文件(1)

点击“SMT”按钮选择要处理的数据。在“STA”按钮前输入新建文件名称，该文件名可以自行设置(本例为 NEWp)，点击“Next”，进入如图 5. 4. 2 所示界面，点击“Run”即可。

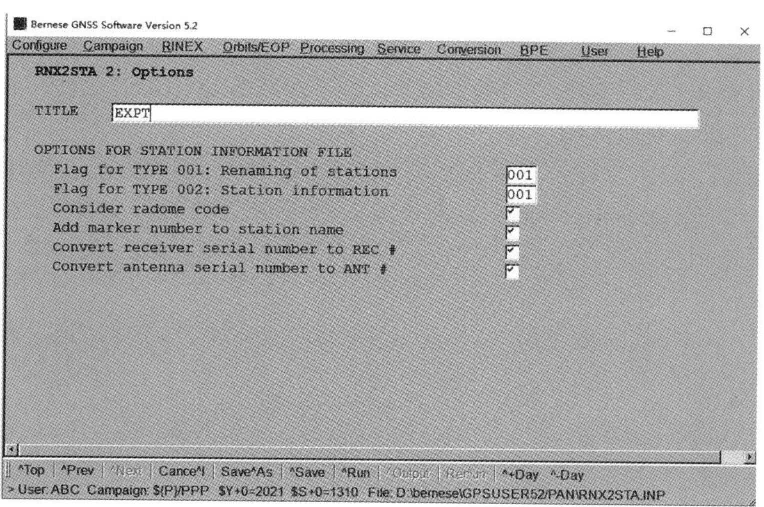

图 5. 4. 2　生成新的 STA 文件(2)

将新生成的 STA 文件 NEWp. STA 中的信息复制到 EXAMPLE. STA 文件中。修改后的 EXAMPLE. STA 文件如图 5. 4. 3 所示。

```
TYPE 001: RENAMING OF STATIONS
------------------------------

STATION NAME          FLG          FROM                    TO             OLD STATION NAME        REMARK
****************      ***  YYYY MM DD HH MM SS  YYYY MM DD HH MM SS  ********************  ************************
30SD XJZS             001  1980 01 06 00 00 00  2099 12 31 00 00 00  30SD*                 From XJZS1310.SMT
GSDX GSDX             001  1980 01 06 00 00 00  2099 12 31 00 00 00  GSDX*                 From GSDX1310.SMT
GSJN GSJN             001  1980 01 06 00 00 00  2099 12 31 00 00 00  GSJN*                 From GSJN1310.SMT
GSLZ GSLZ             001  1980 01 06 00 00 00  2099 12 31 00 00 00  GSLZ*                 From GSLZ1310.SMT
GSMX GSMX             001  1980 01 06 00 00 00  2099 12 31 00 00 00  GSMX*                 From GSMX1310.SMT
GSPL GSPL             001  1980 01 06 00 00 00  2099 12 31 00 00 00  GSPL*                 From GSPL1310.SMT
GSQS GSQS             001  1980 01 06 00 00 00  2099 12 31 00 00 00  GSQS*                 From GSQS1310.SMT
GSTS GSTS             001  1980 01 06 00 00 00  2099 12 31 00 00 00  GSTS*                 From GSTS1310.SMT
HAJY HAJY             001  1980 01 06 00 00 00  2099 12 31 00 00 00  HAJY*                 From HAJY1310.SMT
KMIN KMIN             001  1980 01 06 00 00 00  2099 12 31 00 00 00  KMIN*                 From KMIN1310.SMT
NXHY NXHY             001  1980 01 06 00 00 00  2099 12 31 00 00 00  NXHY*                 From NXHY1310.SMT
SCDA SCDA             001  1980 01 06 00 00 00  2099 12 31 00 00 00  SCDA*                 From SCDA1310.SMT
```

```
STATION NAME          FLG          FROM                    TO             RECEIVER TYPE         RECEIVER SERIAL NBR   REC #   ANTENNA TYPE          ANT
****************      ***  YYYY MM DD HH MM SS  YYYY MM DD HH MM SS  ********************  ********************  ******  ********************  ***
30SD XJZS             001  1980 01 06 00 00 00  2099 12 31 00 00 00  TRIMBLE NETR9         5735R50675            550675  TRM59800.00     SCIS  203
GSDX GSDX             001  1980 01 06 00 00 00  2099 12 31 00 00 00  TRIMBLE NETR8         4918K34979            834979  TRM59800.00     SCIS  05A
GSJN GSJN             001  1980 01 06 00 00 00  2099 12 31 00 00 00  TRIMBLE NETR9         5832R50303            250303  TRM59800.00     SCIS  193
GSLZ GSLZ             001  1980 01 06 00 00 00  2099 12 31 00 00 00  TRIMBLE NETR9         5538R50011            850011  TRM59800.00     SCIS  05A
GSMX GSMX             001  1980 01 06 00 00 00  2099 12 31 00 00 00  TRIMBLE NETR9         5847R50785            750785  TRM59800.00     SCIS  153
GSPL GSPL             001  1980 01 06 00 00 00  2099 12 31 00 00 00  TRIMBLE NETR9         5502R50064            250064  TRM59800.00     SCIS  203
GSQS GSQS             001  1980 01 06 00 00 00  2099 12 31 00 00 00  TRIMBLE NETR9         5844R50697            450697  TRM159900.00    SCIS  363
GSTS GSTS             001  1980 01 06 00 00 00  2099 12 31 00 00 00  TRIMBLE NETR9         5650R51186             51186  TRM59900.00     SCIS  373
HAJY HAJY             001  1980 01 06 00 00 00  2099 12 31 00 00 00  TRIMBLE NETR9         5251K40897            140897  TRM59800.00     SCIS  213
KMIN KMIN             001  1980 01 06 00 00 00  2099 12 31 00 00 00  TRIMBLE NETR9         5817R50369            750369  TRM59800.00     SCIS  52A
NXHY NXHY             001  1980 01 06 00 00 00  2099 12 31 00 00 00  TRIMBLE NETR9         5832R50283            250283  TRM159900.00    SCIS  383
SCDA SCDA             001  1980 01 06 00 00 00  2099 12 31 00 00 00  TRIMBLE NETR9         5734R50619            450619  TRM159900.00    SCIS  383
SCGZ SCGZ             001  1980 01 06 00 00 00  2099 12 31 00 00 00  TRIMBLE NETR9         5133K77659            377659  TRM59900.00     SCIS  213
SCJL SCJL             001  1980 01 06 00 00 00  2099 12 31 00 00 00  TRIMBLE NETR8         4913K34716            334716  TRM59800.00     SCIS  -UN
```

图 5.4.3　修改后的 EXAMPLE. STA 文件

完成后再次运行 PPP 批处理程序即可。

2. 找不到文件夹的情况

处理数据时提示钟差文件在某个文件夹下找不到，解决方法：将精密钟差文件“ * . clk”拷贝至该文件夹下。

3. 缺少文件的情况

提示 GEN 文件夹下缺少 SAT_2021. CRX 文件，解决方法：从 ftp：//ftp. unibe. ch/aiub/BSWUSER52/GEN/下载 SAT_2021. CRX，放入 BERN52 \ GPS \ GEN 目录下。

4. 天线类型找不到的情况

编辑测站信息 . STA 文件，总是提示天线类型找不到。解决方法：提取测站信息时，要注意将最后一页的 Consider radome code 勾上，不然在天线相位文件里面会找不到天线类型。

第 6 章　KF-GINS 程序

6.1　KF-GINS 程序介绍

KF-GINS 是由武汉大学卫星导航定位技术研究中心多源智能导航实验室(i2Nav)牛小骥老师团队研发的一套基于扩展卡尔曼滤波的 GNSS/INS 组合导航程序。该开源程序目前可在 GitHub 上获取。

KF-GINS 实现经典的 GNSS 位置和 IMU 数据的组合导航解算，算法实现参考牛小骥教授和陈起金副教授的《惯性导航原理与 GNSS/INS 组合导航》课程讲义(牛小骥，陈起全，2022)，在学习时可参考哔哩哔哩网站“i2Nav”账号中的“武汉大学研究生组合导航课程合集【2022 年春】”视频①。软件基于 C++语言编写，采用 CMake 管理项目。KF-GINS 的主要特点②有：

(1)扩展卡尔曼滤波架构(误差状态向量)的 GNSS/INS 松组合算法，包括 IMU 误差补偿、惯性导航解算、Kalman 滤波、误差反馈等环节。

(2)采用 21 维系统误差状态，包括位置误差、速度误差、姿态误差、IMU 零偏误差和 IMU 比例因子误差。

(3)姿态误差采用 Phi 角模型，速度、位置误差定义在导航坐标系下。

(4)惯性导航解算采用基于线性变化假设的双子样机械编排算法，补偿了姿态圆锥效应、速度的旋转效应和划桨效应。

6.2　下载与安装

6.2.1　Windows 系统下 KF-GINS 运行

1. VSCode 安装与 MSVC 安装

Visual Studio Code(VSCode)是微软推出的一款免费开源的轻量级代码编辑器，与 Windows、Linux 和 macOS 平台兼容。它内置智能代码补全、语法高亮、调试器以及终端

① i2Nav. 武汉大学研究生组合导航课程合集【2022 年春】[EB/OL].(2022-08-13)[2024-10-09]. https://www.bilibili.com/video/BV1na411Z7rQ/? spm_id_from=333.337.

② README_CN.md [EB/OL]. [2024-10-09]. https://github.com/i2Nav-WHU/KF-GINS/blob/main/README_CN.md.

功能，为用户提供便捷的开发和调试体验。同时，VSCode 拥有强大的扩展能力，支持通过插件扩展功能，适配多种编程语言和工具链。此外，其高度可定制的界面和快捷键设置满足了用户的个性化需求，因此被广泛应用于软件开发、脚本编写和文本编辑等领域。建议在 Visual Studio Code(VSCode)软件下编译 KF-GINS 程序，故须先下载 VSCode。

在 VSCode 网站(https://code.visualstudio.com/)下载安装包，下载界面如图 6.2.1 所示。

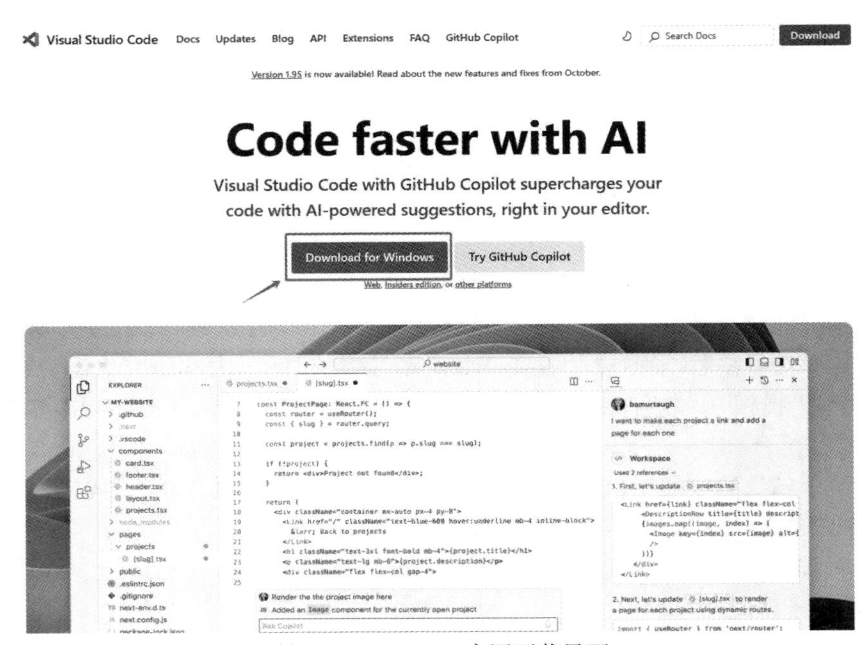

图 6.2.1　VSCode 官网下载界面

解压 VSCode 软件压缩包并选择安装位置安装 VSCode，安装界面如图 6.2.2 所示。

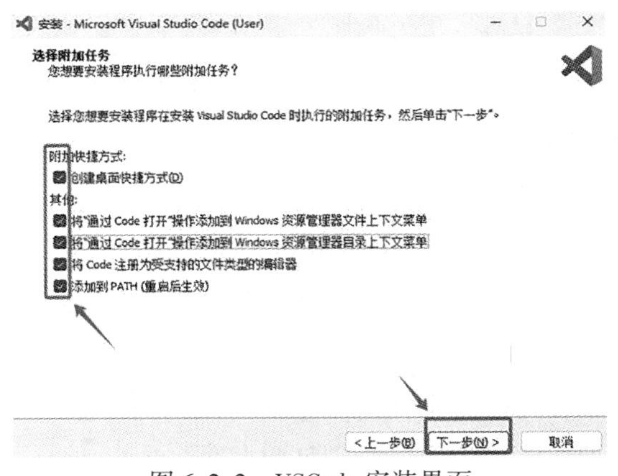

图 6.2.2　VSCode 安装界面

在VScode安装完成后，进入VSCode，点击左侧竖列第五个图标“拓展”，在应用商店搜索并安装必要的插件，如C/C++、C++ Extension Pack、CMake与CMake Tools。为方便使用，可以安装“Chinese(Simplified)(简体中文)”，如图6.2.3所示。

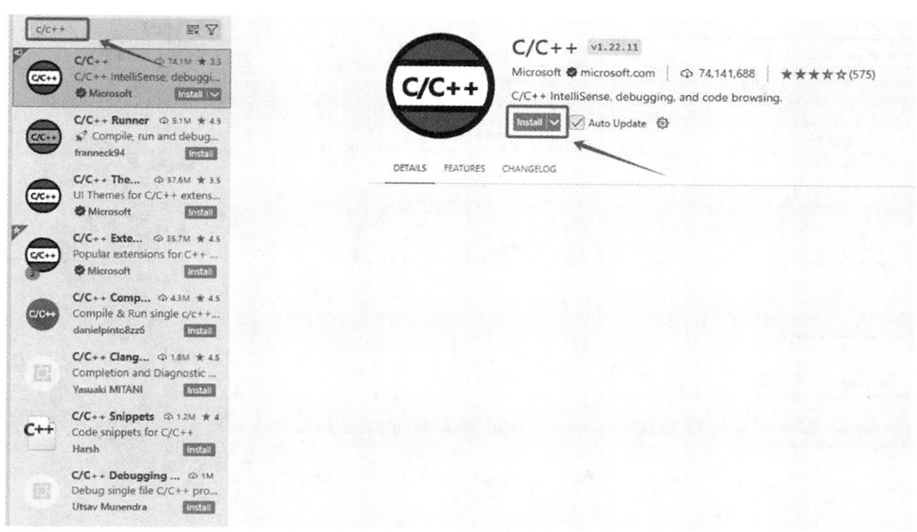

图6.2.3 VSCode“拓展”界面

由于VSCode只是一个代码编辑器而非编译器，因此须在系统中安装一个编译器，用于编译代码。Windows环境下一般使用MSVC(Microsoft Visual C/C++)编译器。

首先打开https://visualstudio.microsoft.com/zh-hans/downloads/网站，并找到“用于Visual Studio的工具”选项，下载Visual Studio 2022生成工具，如图6.2.4所示。如果用户计算机已经安装Visual Studio则无须再安装MSVC。

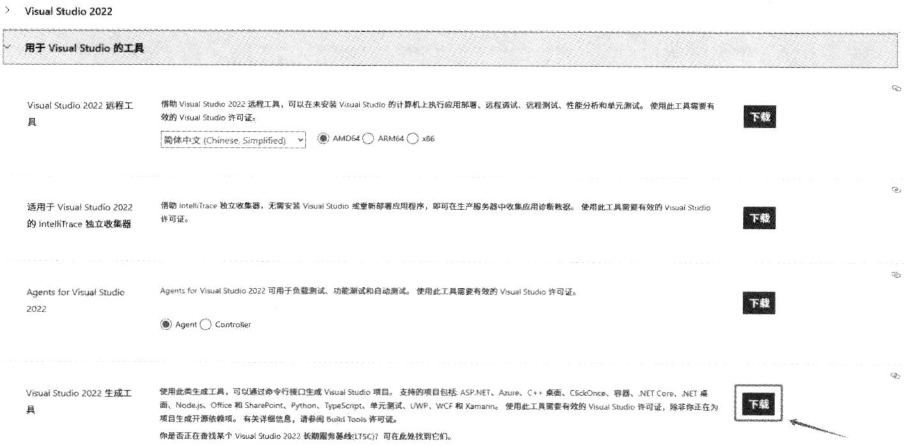

图6.2.4 “生成工具”下载界面

打开下载好的 vs_buildTool. exe，在“工作负荷”界面选择安装地址，并安装“使用 C++ 的桌面开发”(见图 6. 2. 5)，等待安装完成即可。

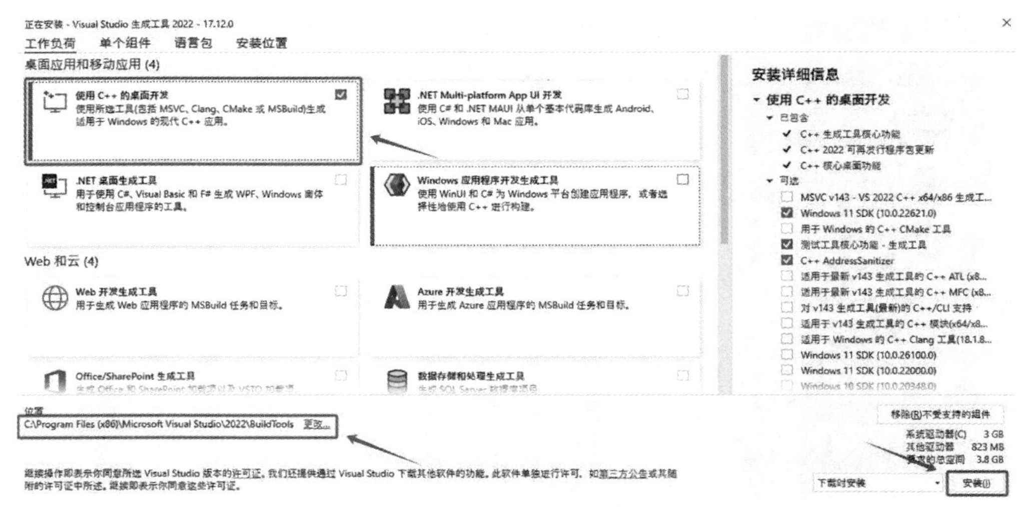

图 6. 2. 5　vs_buildTool 下载界面

2. KF-GINS 程序下载与文件解析

在 VSCode 安装完成后，进行 KF-GINS 程序下载。登录 GitHub 网站搜索“KF-GINS”，进入相应界面(见图 6. 2. 6)，或者直接在浏览器中输入以下链接进行下载：https：//github. com/i2Nav-WHU/KF-GINS. git。

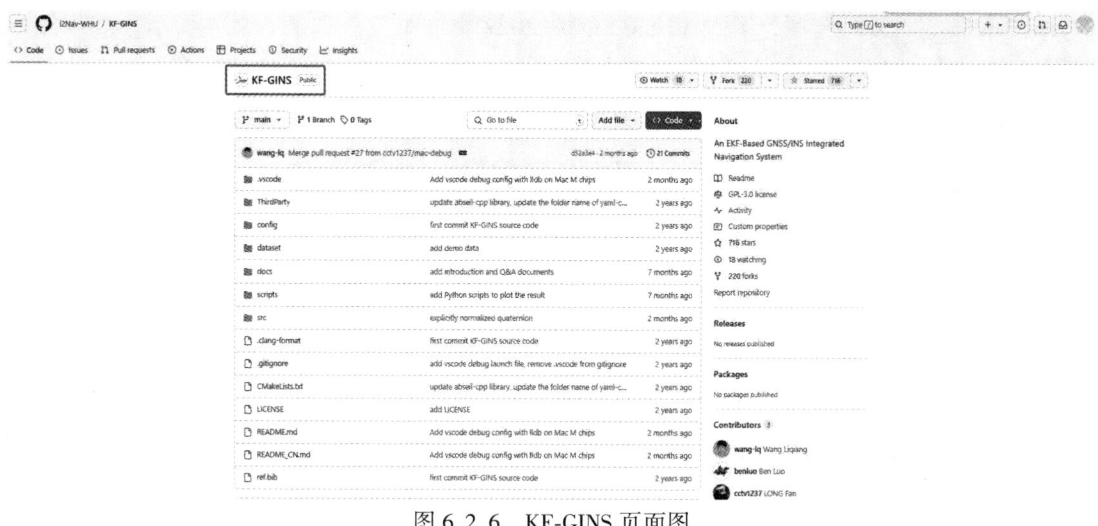

图 6. 2. 6　KF-GINS 页面图

点击按键“< > Code”，再点击“Download ZIP”，下载 KF-GINS 程序压缩包，如图 6. 2. 7 所示。

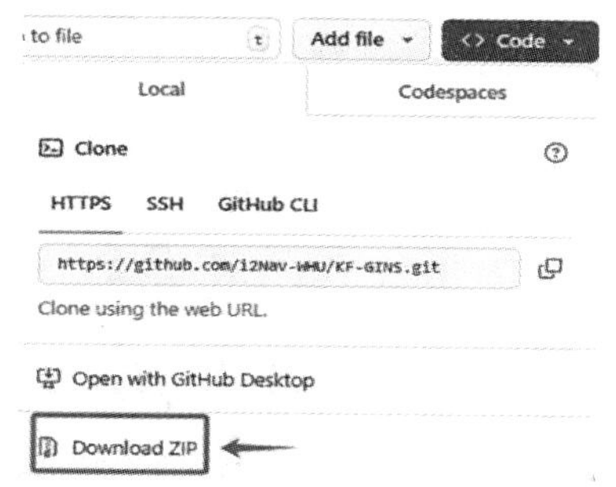

图 6.2.7 KF-GINS 下载图

解压下载的文件夹，文件夹中主要包含 src、dataset、config、Thirdparty、script、docs 与 .vscode 文件夹，README_CN.md、README.md 与 CMakeLists.txt 文件。

src 文件夹存放 KF-GINS 的源代码，其中 common 文件夹用于存放常用的坐标转换、旋转变换等函数，fileio 文件夹存放文件读写函数的头文件与源文件，kf-gins 文件夹存放用于机械编排与滤波的头文件与源文件，kf-gins.cpp 文件是 KF-GINS 的主函数文件。dataset 文件夹用于存放示例的 IMU 原始数据、GNSS 定位结果文件和参考真值，KF-GINS 程序输出的导航结果文件、IMU 误差文件和解算结果与 IMU 误差的标准差文件也保存在 dataset 文件夹中。config 文件夹存放了 KF-GINS 的配置文件模板。Thirdparty 文件夹存放了 KF-GINS 所用的第三方库，其中 abseil-cpp 用于字符串处理、时间处理与日志记录，eigen 用于矩阵运算，yaml-cpp 用于读取与解析 YAML 文件。.vscode 文件夹存放着配置 VSCode 调试环境的 json 文件。

script 文件夹存储着一个 plot_navresult.py 文件，用于可视化程序解算的导航状态、导航状态误差、IMU 误差与 KF-GINS 解算的导航状态标准差和 IMU 误差标准差。docs 文件夹中有与 KF-GINS 有关的帮助文档。

README.md 文件是 KF-GINS 软件项目的介绍和使用指南，为用户提供了关于 KF-GINS 的详细说明、编译步骤、依赖库与数据格式等信息。CMakeLists.txt 是基于 CMake 用于配置和管理 KF-GINS 项目构建过程的脚本，它定义了如何编译项目、所需的依赖库与生成的目标等。

3. KF-GINS 数据集下载(可选)

KF-GINS 的 dataset 文件夹中自带一组原始数据与真值数据。如用户需下载其他数据，可以登录“i2Nav 多源智能导航实验室”官网，在“资源下载”中点击“i2Nav 共享资源集(见图 6.2.8)”，点击“多 IMU 车载 GNSS/INS 数据集”对应的链接(见图 6.2.9)，则跳转至 Github 网站下载相应数据，数据下载界面如图 6.2.10 所示。

4. KF-GINS 编译

在 VSCode 与 MSVC 安装完成并安装好 VSCode 中相应的插件后，编译 KF-GINS 程序。打开 VSCode，其界面如图 6.2.11 所示。KF-GINS-main 程序界面如图 6.2.12 所示。

图 6.2.8　“i2Nav 多源智能导航实验室”网站界面图

资源下载

学习文档与数据

i2Nav 共享资源集

发布时间：[2021-10-11] 来源：[武汉大学多源智能导航实验室] 点击量：[35326]

数据集	数据描述	链接	负责人
多IMU车载GNSS/INS数据集	本数据集采集于湖北省武汉市一处工业园区，为开阔天空场景，GNSS RTK定位良好。数据集包括GNSS定位结果、IMU原始数据和高精度参考真值，以及对应的噪声参数和安装参数。本数据集最大的特点是提供了四种不同型号的MEMS IMU数据，包括消费级MEMS芯片和工业级MEMS模块。相关论文见：https://arxiv.org/abs/2109.03010	https://github.com/i2Nav-WHU/awesome-gins-datasets	唐海亮 E-mail: thl@whu.edu.cn
车轮安装IMU数据集	本数据集采集于武汉大学校园，实验载体分别为轮式机器人和汽车，参考系统为高精度GNSS/INS组合导航系统。数据集包括车轮安装MEMS IMU原始数据，车身安装MEMS IMU原始数据，里程计数据（速度）和位姿参考真值。本数据集同时开源了相关的基于车轮安装IMU的航迹推算系统代码。相关论文见：https://doi.org/10.1109/TVT.2021.3102409 https://doi.org/10.1109/TVT.2021.3108008	https://github.com/i2Nav-WHU/Wheel-INS	吴宜斌 E-mail: ybwu@whu.edu.cn
IMU阵列动态测试数据及标定数据	本数据集包括IMU阵列(由16个消费级IMU ICM20602组成)的一组动态测试数据和标定数据。其中动态测试数据采集于湖北省武汉市一处开阔天空场景，数据包括16个消费级IMU的原始测量值、16个IMU进行标定补偿后的测量值，同时提供GNSS RTK定位结果和高精度惯导计算得到的参考真值。标定数据采集于武汉大学测绘学院三轴转台实验室，按照加速度计六位置法和陀螺仪角位置法采集标定数据，并提供标定过程中加速度和角速度真值，以及加速度计和陀螺仪的标定算法。	https://github.com/i2Nav-WHU/IMU-Array	王立强 E-mail: wlq@whu.edu.cn
全向轮式机器人数据集	开源了针对全向轮式机器人的GNSS/INS/ODO/WheelAngle 算法代码以及相关的数据。本数据集采集于武汉大学信息学部操场，实验载体为全向轮式机器人，参考系统为高精度GNSS/INS组合导航系统。数据集包括GNSS数据、MEMS IMU原始数据、里程计数据和轮角数据。使用方法详见readme.md，相关论文见：https://doi.org/10.1088/1361-6501/ac17fb	https://github.com/i2Nav-WHU/GIOW-release	张再兴 E-mail: zaixing@whu.edu.cn

图 6.2.9　“i2Nav 共享资源集”界面图

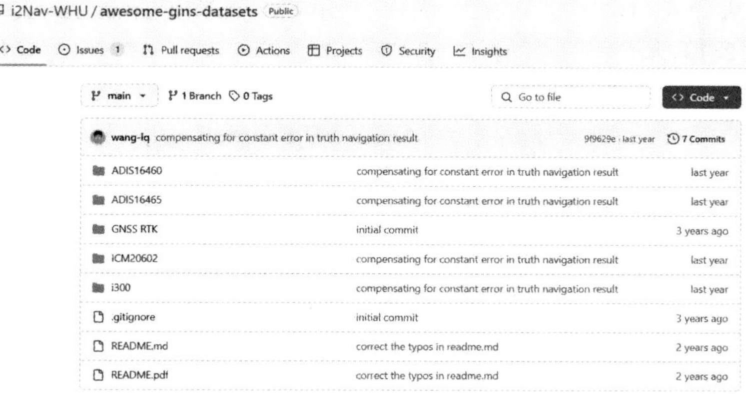

图 6.2.10 Github 数据下载界面图

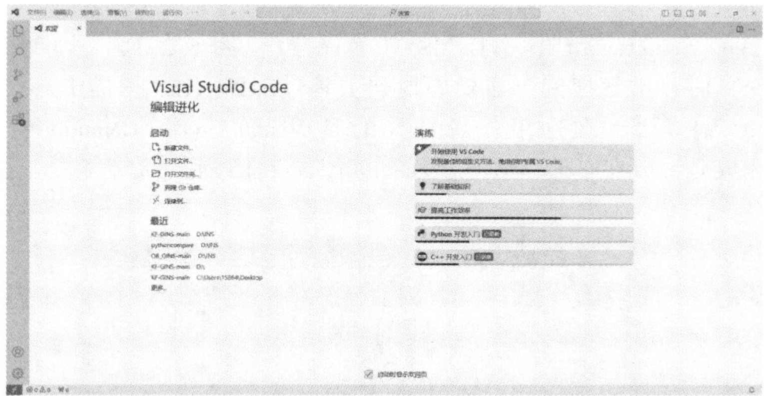

图 6.2.11 VSCode 界面图

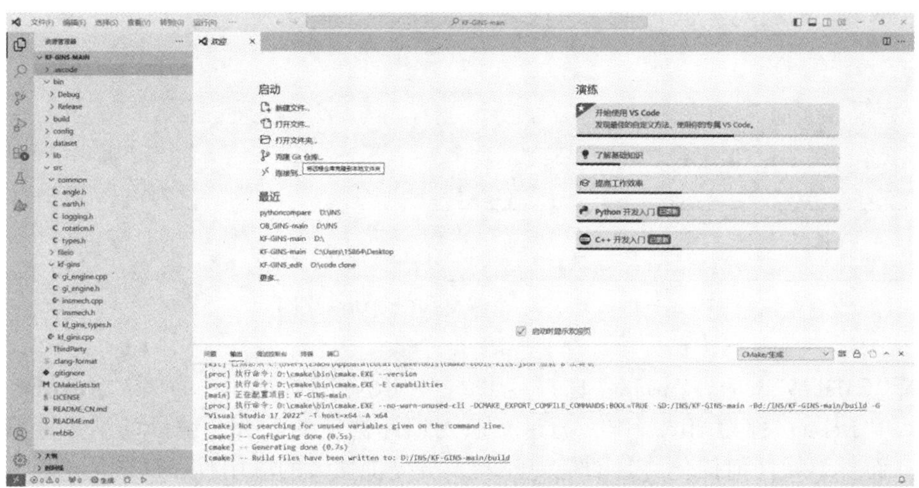

图 6.2.12 “KF-GINS-main”程序界面图

接下来，编译 KF-GINS，打开命令面板(利用 Ctrl+Shift+P 组合键)显示所有命令，命令面板如图 6. 2. 13 所示。

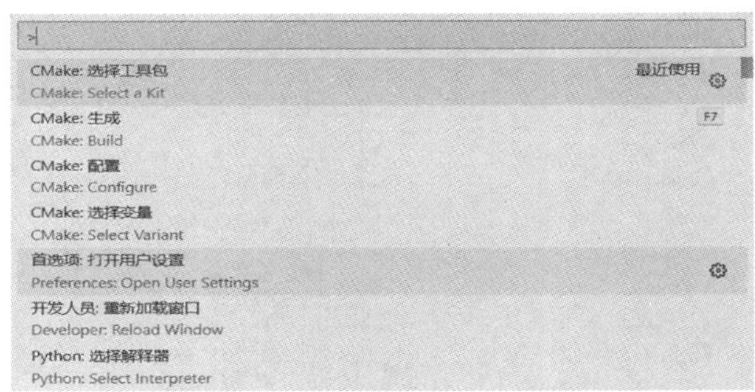

图 6. 2. 13　“命令”界面图

输入“CMake：Select a kit”，选择 MSVC 编译器(见图 6. 2. 14)。如果无法找到此命令，可退出 VSCode 并重新搜索。如果未找到工具包，可点击“扫描工具包”，搜索编译器。选择 MSVC 编译器，在这里作者选择的是 Visual Studio Community 2022 Release-amd64。选择完成后，可在底部“输出”处看到如图 6. 2. 15 所示的内容。

图 6. 2. 14　“工具包选择”界面图

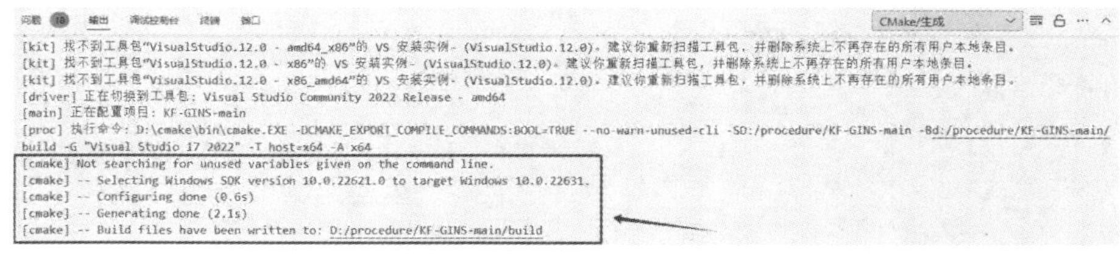

图 6. 2. 15　选择 MSVC 成功结果图

选择“CMake：Select Variant”选择变量。常用的变量为“Debug”与“Release”(见图 6. 2. 16)。“Debug”称为调试版本，通过一系列编译选项的配合，编译的结果通常包含调试信息，而且不做任何优化，目的是为开发人员提供强大的应用程序调试能力，这种模式之下程序可以停在设置的断点处，并具有逐行运行程序、跳入相应函数等功能。“Release”称为发布版本，一般不允许使用者在发布版本上进行调试，所以不保存调试信息。同时，它往往会进行各种优化，以期达到代码最小和速度最优，为使用者的使用提供便利。使用者可以根据个人需求选择变量进行配置与编译，也可以两种变量都分别进行配置与编译。选择完成后，在底部“输出”处可以看到如图 6.2.17 所示的内容。在这里，作者选择了“Release”。

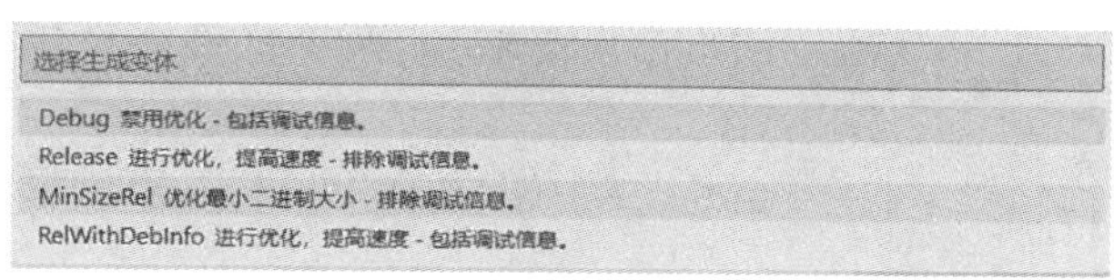

6.2.16　“变量选择”界面图

```
[kit] 找不到工具包“VisualStudio.12.0 - x86”的 VS 安装实例- (VisualStudio.12.0)，建议你重新扫描工具包，并删除系统上不再存在的所有用户本地条目。
[kit] 找不到工具包“VisualStudio.12.0 - x86_amd64”的 VS 安装实例- (VisualStudio.12.0)，建议你重新扫描工具包，并删除系统上不再存在的所有用户本地条目。
[driver] 正在切换到工具包: Visual Studio Community 2022 Release - amd64
[main] 正在配置项目: KF-GINS-main
[proc] 执行命令: D:\cmake\bin\cmake.EXE -DCMAKE_EXPORT_COMPILE_COMMANDS:BOOL=TRUE --no-warn-unused-cli -SD:/procedure/KF-GINS-main -Bd:/procedure/KF-GINS-main/build -G "Visual Studio 17 2022" -T host=x64 -A x64
[cmake] Not searching for unused variables given on the command line.
[cmake] -- Selecting Windows SDK version 10.0.22621.0 to target Windows 10.0.22631.
[cmake] -- Configuring done (0.6s)
[cmake] -- Generating done (2.1s)
[cmake] -- Build files have been written to: D:/procedure/KF-GINS-main/build
[main] 正在配置项目: KF-GINS-main
```

6.2.17　变量选择成功结果图

选择“CMake：Configure”为刚选择的变量进行配置，以生成项目的构建系统文件。当执行 CMake：Configure 时，CMake 自动读取项目中的 CMakeLists.txt 文件，解析项目的构建配置，并自动生成适合该项目构建工具的构建文件。配置成功后，在底部“输出”处可以看到如图 6.2.18 所示的内容。

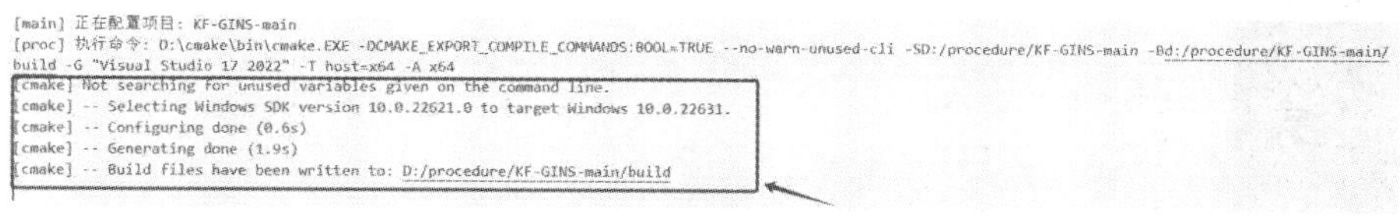

6.2.18　配置成功页面图

选择“CMake：Build”生成、编译与构建项目。该步骤基于前一步骤 CMake：Configure 生成的构建文件，自动编译和链接库文件，并将项目的源代码编译成可执行文件。执行完该步骤后，可以看到在底部“输出”处显示“生成完毕”，如图 6.2.19 所示。

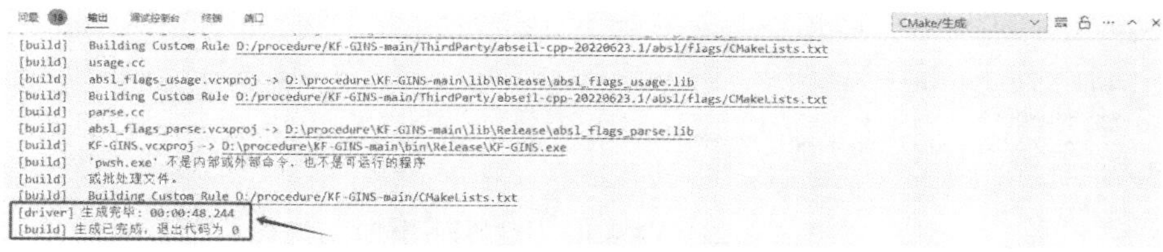

6.2.19　生成成功页面图

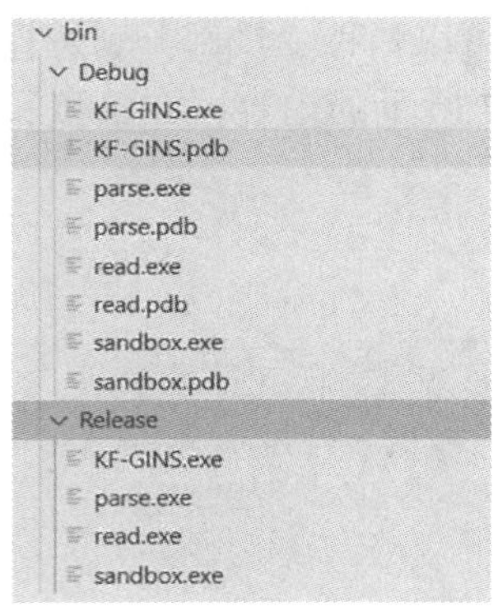

图 6.2.20　bin 文件界面图

依照上述步骤，也可以选择“Debug”变量，并进行编译。在分别选择 Debug 与 Release 两种变量并分别执行完上述几步之后，会在 KF-GINS-main 文件夹的“bin”文件夹中生成“Debug”与“Release”两个文件夹(如果只选择一种变量，则只会生成对应变量的文件夹，选择哪个文件夹，取决于用户个人需求)。两个文件夹都包含如图 6.2.20 所示的内容。

至此，KF-GINS 在 Windows 下编译完成。

6.2.2　Linux 系统下 KF-GINS 安装

1. 虚拟机安装

我们选择在 Windows 系统上安装虚拟机以实现 Linux 系统。可在如下网址中登录并下载：https：//support.broadcom.com/group/ecx/productdownloads? subfamily=VMware+Workstation+Pro。在 VMware WorkStation Pro 17.0 for Windows 中选择版本(如图 6.2.21)，输入地址与邮编后可下载(如图 6.2.22)。等待下载完成后，安装即可。

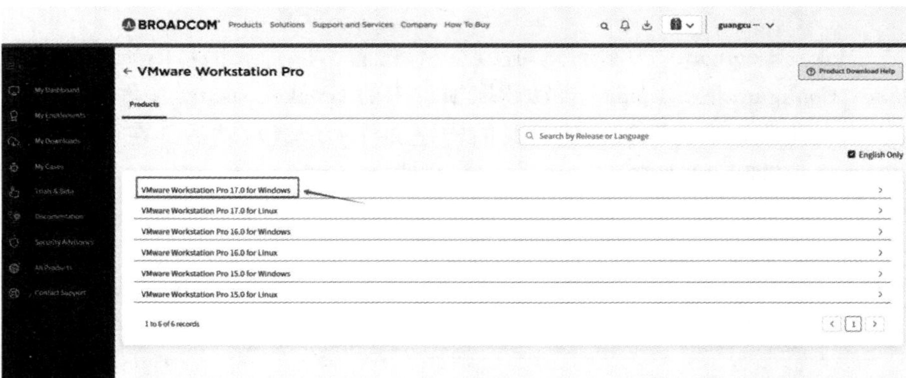

图 6.2.21　VMWare 下载界面图(1)

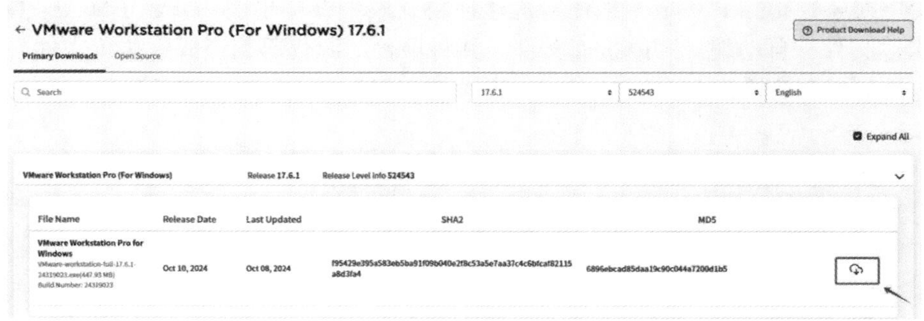

图 6.2.22　VMWare 下载界面图(2)

在 VMware 平台上安装 Linux 系统 Ubuntu20.04①。用户可以选择在 Ubuntu 官网上(https://ubuntu.com)下载(见图 6.2.23),也可以在国内镜像网站下载。由于官网下载速度较慢,我们推荐使用国内镜像网站进行下载,这里以清华源(https://mirrors.tuna.tsinghua.edu.cn/)为例,在搜索中输入"Ubuntu",并选择"Ubuntu-releases",选择 20.04 版本,下载"ubuntu-20.04.6-desktop-amd64.iso"镜像文件(见图 6.2.24、图 6.2.25)。

图 6.2.23 Ubuntu 网页界面图

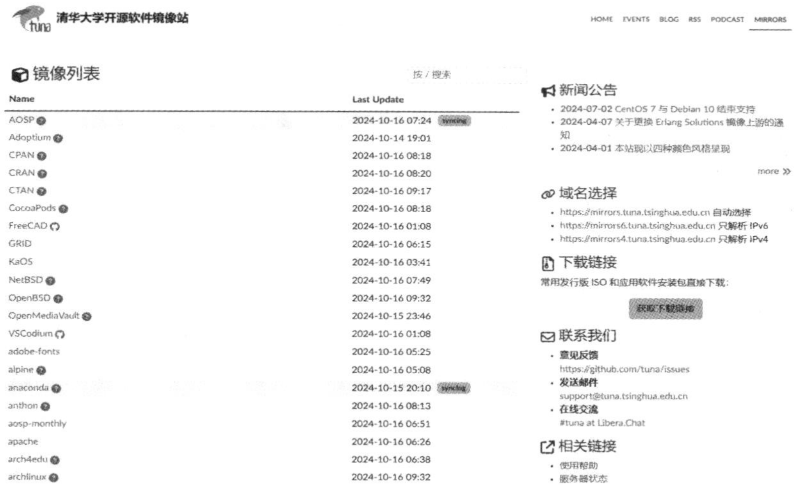

图 6.2.24 清华源网页界面图(1)

虚拟机安装:打开 Vmware Pro,选择"创建虚拟机",使用"典型(推荐)"配置(见图 6.2.26),点击"下一步",选择"安装程序光盘映像文件(iso)",在下载地址中选择刚才下载的 Ubuntu20.04 镜像文件(见图 6.2.27)。继续选择"下一步",选择客户机操作系统"Linux",并选择版本"Ubuntu 64 位"。点击"下一步",设置虚拟机名称与安装位置(见图 6.2.28)。指定磁盘大小,选择"将虚拟磁盘拆分为多个文件",并点击"完成"。

---

① 古月居 GYH.【古月居】古月 · ROS 入门 21 讲 | 一学就会的 ROS 机器人入门教程.(2019-07-16)[2024-10-09]. https://www.bilibili.com/viedo/Bv1zt411G7Vn/.

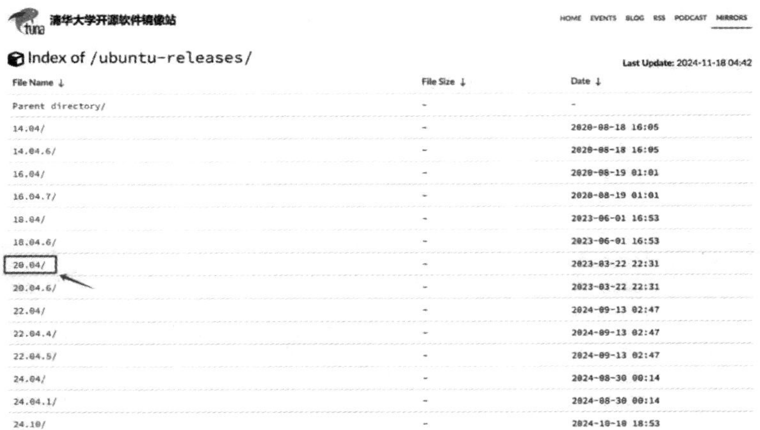

图 6.2.25　清华源网页界面图(2)

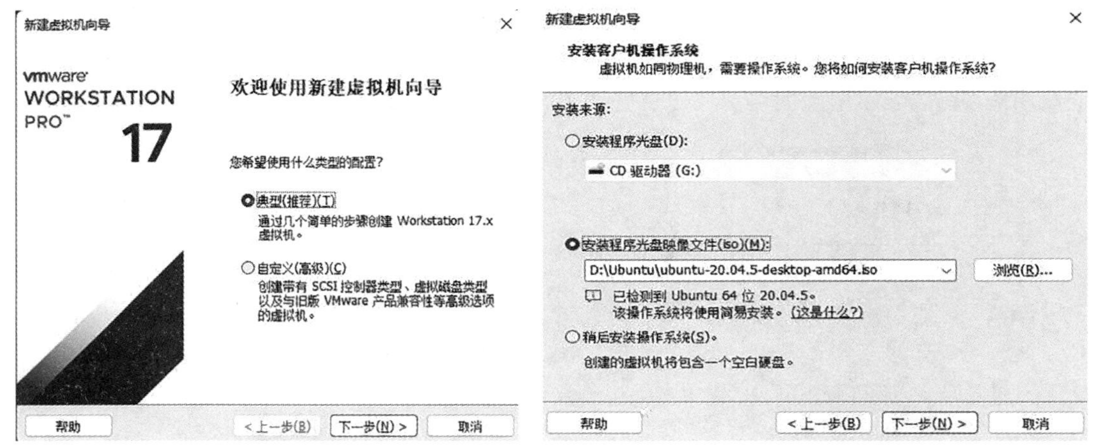

图 6.2.26　虚拟机安装界面图(1)　　　　图 6.2.27　虚拟机安装界面图(2)

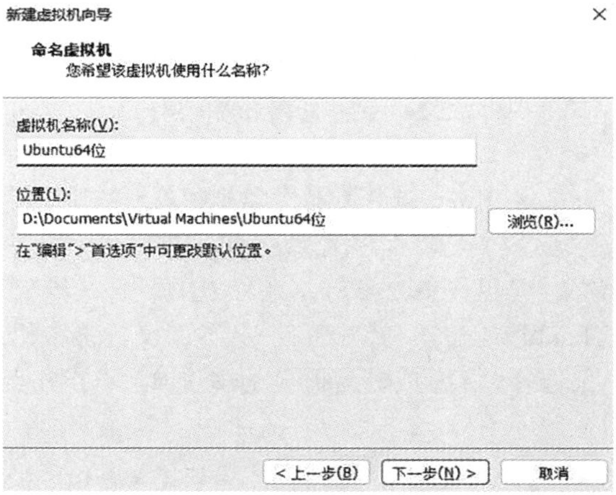

新建虚拟机向导

命名虚拟机

您希望该虚拟机使用什么名称?

虚拟机名称(V):

Ubuntu64位

位置(L):

D:\Documents\Virtual Machines\Ubuntu64位　浏览(R)...

在"编辑">"首选项"中可更改默认位置。

< 上一步(B)　下一步(N) >　取消

图 6.2.28　虚拟机安装界面图(3)

选择“编辑虚拟机设置”，设置运行内存(见图 6.2.29)。在硬件允许的条件下，尽可能设置大内存。设置“CD/DVD(SATA)”，选择使用 ISO 映像文件，选择下载的 Ubuntu 镜像文件(见图 6.2.30)。

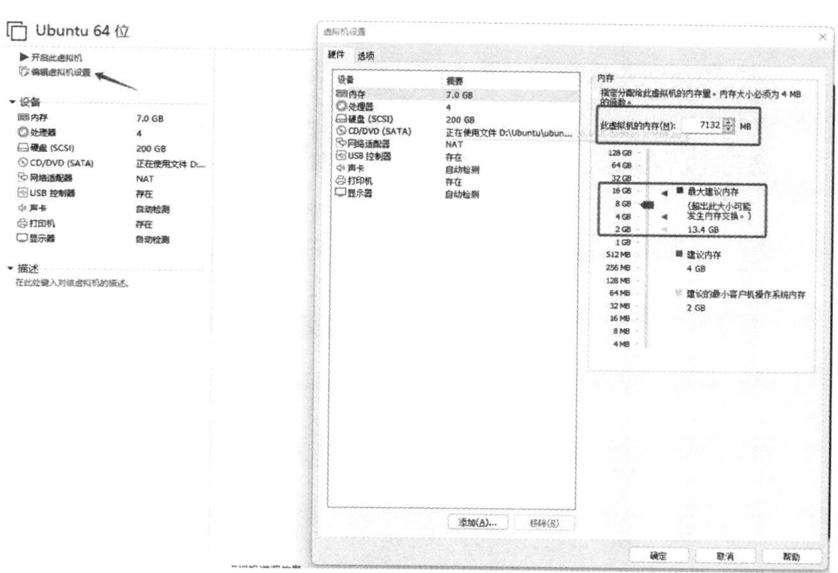

图 6.2.29 虚拟机安装界面图(4)

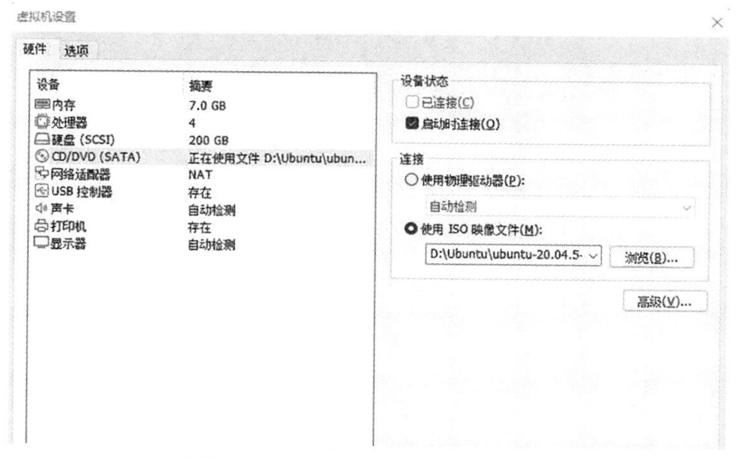

图 6.2.30 虚拟机安装界面图(5)

点击“开启此虚拟机”，选择使用语言，并安装 Ubuntu(见图 6.2.31)，在键盘布局中设置为“汉语”，并选择“正常安装”。如若出现看不到全部按键的情况，可以使用 Alt+F7 键，并配合鼠标拖拽界面。选择“清除整个磁盘并安装 Ubuntu”，设置“您的姓名”“您的计算机名”“选择一个用户名”“选择一个密码”与“确认您的密码”，并设置“登录时需要密码”，如图 6.2.32 所示，等待安装完成(见图 6.2.33)。

2. VSCode 安装

为了方便调试和修改代码，我们在虚拟机上安装 VSCode。可以在 Ubuntu Software 中安装 VSCode，也可以在终端用命令安装 VSCode①，我们更推荐后者。VSCode 安装界面如图 6.2.34 所示。

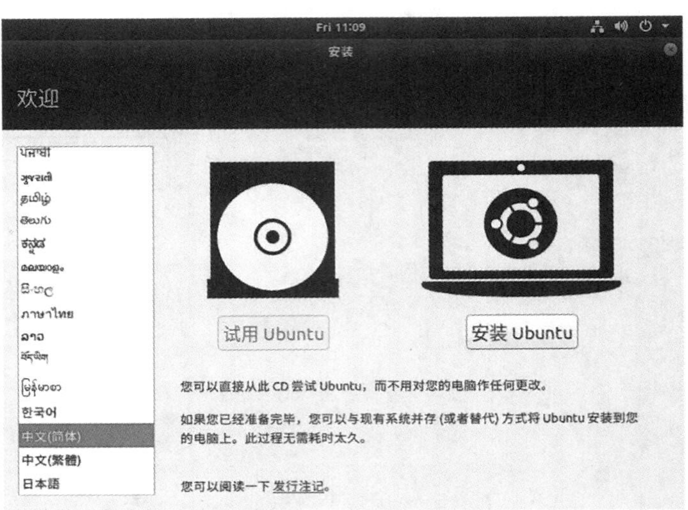

图 6.2.31　虚拟机安装界面图(6)

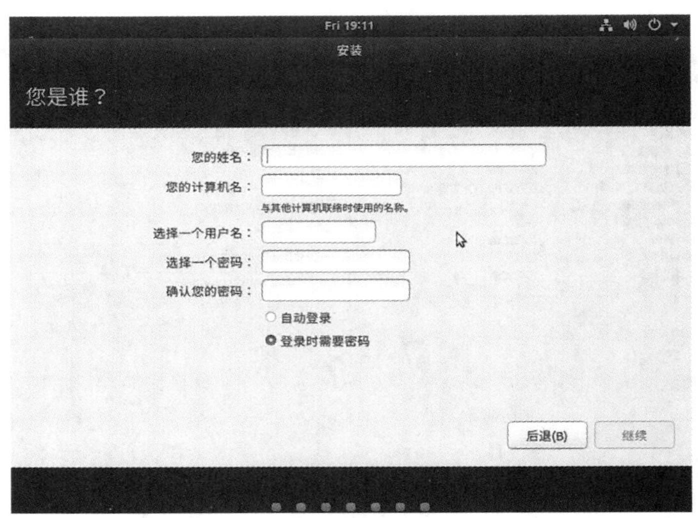

图 6.2.32　虚拟机安装界面图(7)

① a_small_cherry. 如何在 Ubuntu 20.04 上安装 Visual Studio Code[EB/OL]. (2022-02-16)[2024-10-09]. https://blog.csdn.net/a_small_cherny/article/details/122973159.

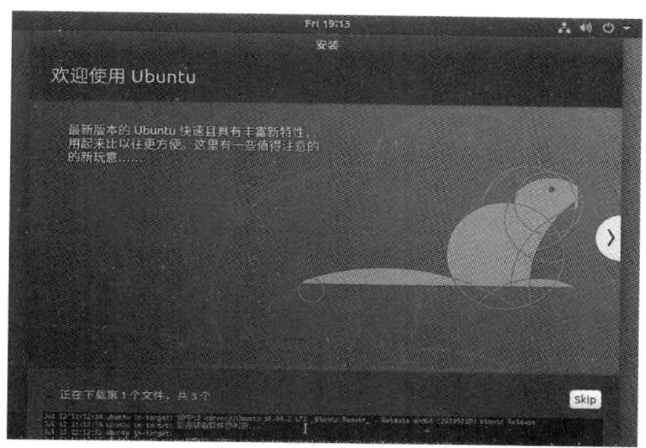

图 6.2.33　虚拟机安装界面图(8)

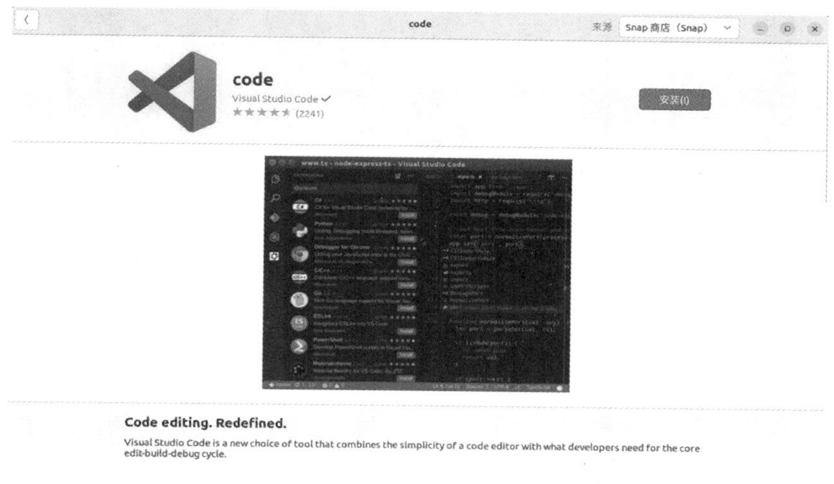

图 6.2.34　VSCode 安装界面

如果采用在终端安装 VSCode 的方式，我们首先以 sudo 用户身份运行以下命令，更新软件包索引，并且安装依赖软件：

```
sudo apt update
sudo apt install software-properties-common apt-transport-https wget
```

再使用 wget 命令插入 Microsoft GPG key：

```
wget -q https://packages.microsoft.com/keys/microsoft.asc -O-| sudo apt-key add-
```

启用 Visual Studio Code 源仓库，输入以下命令：

```
sudo add-apt-repository "deb [arch=amd64] https://packages.microsoft.com/repos/VSCode stable main"
```

在 apt 软件源被启用之后，安装 VSCode 软件包：

```
sudo apt install code
```

使用命令查询是否安装成功：

```
dpkg -s code
```

查询 Code 是否安装成功界面如图 6. 2. 35 所示。

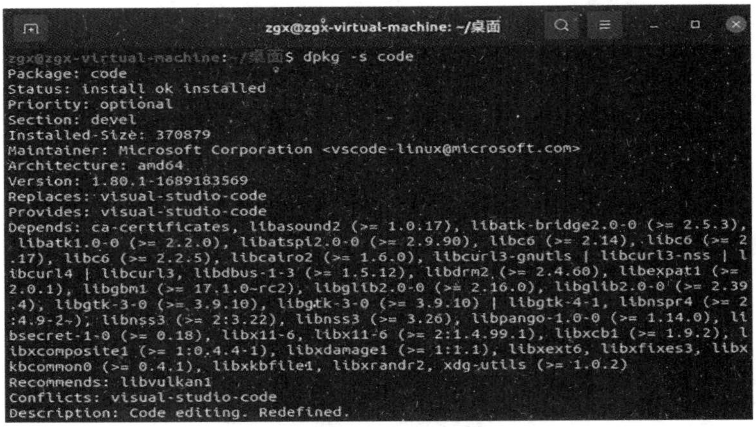

```
zgx@zgx-virtual-machine: ~/桌面
zgx@zgx-virtual-machine:~/桌面$ dpkg -s code
Package: code
Status: install ok installed
Priority: optional
Section: devel
Installed-Size: 370879
Maintainer: Microsoft Corporation <vscode-linux@microsoft.com>
Architecture: amd64
Version: 1.80.1-1689183569
Replaces: visual-studio-code
Provides: visual-studio-code
Depends: ca-certificates, libasound2 (>= 1.0.17), libatk-bridge2.0-0 (>= 2.5.3),
 libatk1.0-0 (>= 2.2.0), libatspi2.0-0 (>= 2.9.90), libc6 (>= 2.14), libc6 (>= 2
.17), libc6 (>= 2.2.5), libcairo2 (>= 1.6.0), libcurl3-gnutls | libcurl3-nss | l
ibcurl4 | libcurl3, libdbus-1-3 (>= 1.5.12), libdrm2 (>= 2.4.60), libexpat1 (>=
2.0.1), libgbm1 (>= 17.1.0~rc2), libglib2.0-0 (>= 2.16.0), libglib2.0-0 (>= 2.39
.4), libgtk-3-0 (>= 3.9.10), libgtk-3-0 (>= 3.9.10) | libgtk-4-1, libnspr4 (>= 2
:4.9-2~), libnss3 (>= 2:3.22), libnss3 (>= 3.26), libpango-1.0-0 (>= 1.14.0), li
bsecret-1-0 (>= 0.18), libx11-6, libx11-6 (>= 2:1.4.99.1), libxcb1 (>= 1.9.2), l
ibxcomposite1 (>= 1:0.4.4-1), libxdamage1 (>= 1:1.1), libxext6, libxfixes3, libx
kbcommon0 (>= 0.4.1), libxkbfile1, libxrandr2, xdg-utils (>= 1.0.2)
Recommends: libvulkan1
Conflicts: visual-studio-code
Description: Code editing. Redefined.
```

图 6. 2. 35　查询 Code 是否安装成功界面

3. KF-GINS 下载与库安装

我们按照 6. 2. 1 小节中介绍的步骤，在 GitHub 上下载相应程序与数据并将其放置在文件夹中，也可以使用命令直接下载程序与数据(见图 6. 2. 36)：

git clone https://github. com/i2Nav-WHU/KF-GINS. git~/

在克隆仓库时，如果提示未安装 git，可直接使用命令安装 git：

```
sudo apt update
sudo apt install git
```

并可以使用以下命令打印 git 版本，验证是否安装成功：

```
git --version
```

如若 git clone 过程出现"目标路径'某个路径'已经存在，并且不是一个空目录"，这是因为该命令是将克隆后的程序放置在主目录下，而主目录下已存在 KF-GINS 同名文件夹。将该同名文件夹删除即可解决上述问题。如果想将 KF-GINS 克隆至当前终端所在文件夹，可将上述命令改为：

git clonehttps：//github. com/i2Nav-WHU/KF-GINS. git。

在克隆时可能会因网络问题出现无法访问的情形，此时可重复此步骤，直至连接上网站。图 6. 2. 36 是克隆 KF-GINS 仓库界面图。

软件配置：除了基本的 C++标准库之外，KF-GINS 依赖三个库，分别为 Eigen3，abseil-cpp 和 yaml-cpp。这三个库已经作为三方库加到工程源代码中，不需要使用者单独安装。

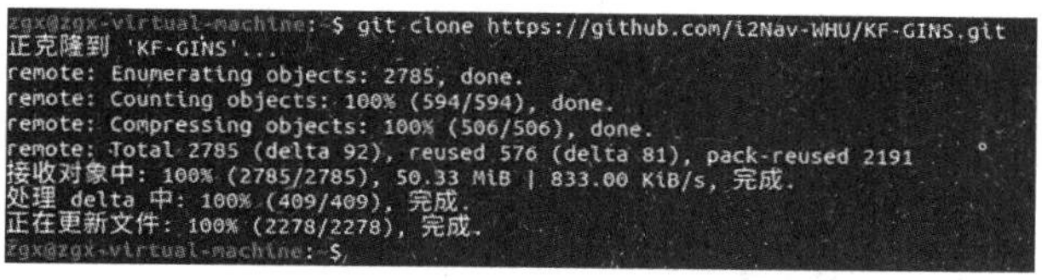

图 6.2.36 克隆 KF-GINS 仓库界面图

所以，在 Ubuntu20.04 系统下使用 g++编译工具进行 KF-GINS 编译，编译前使用命令安装必要的库(见图 6.2.37)：

```
sudo apt-get install cmake
sudo apt-get install build-essential
```

至此，编译 KF-GINS 所使用的工具在 Linux 中已配置完成。

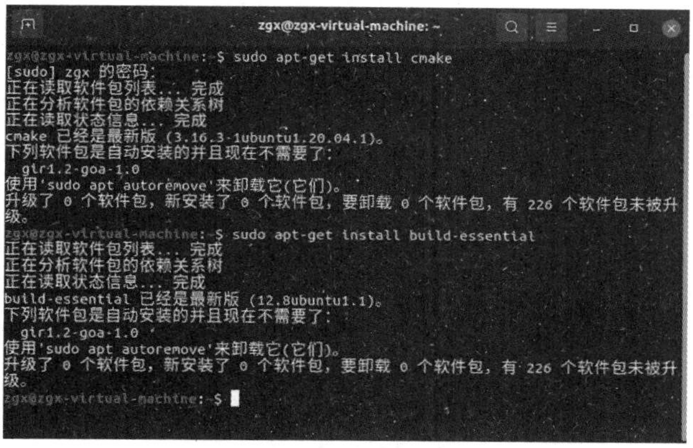

图 6.2.37 库安装界面图

4. KF-GINS 编译

配置好编译环境，可按照如下操作①编译 KF-GINS，编译界面如图 6.2.38 与图 6.2.39 所示。

```
cd ~/KF-GINS
mkdir build && cd build
cmake ../ -DCMAKE_BUILD_TYPE=Release
make -j8
```

① README_CN.md[EB/OL]. [2024-10-07]. https://github.com/i2Nav-WHU/KF-GINS/blob/main/README_CN.md.

```
zgx@zgx-virtual-machine:~$ cd ~/KF-GINS
zgx@zgx-virtual-machine:~/KF-GINS$ mkdir build && cd build
zgx@zgx-virtual-machine:~/KF-GINS/build$ cmake ../ -DCMAKE_BUILD_TYPE=Release
-- The C compiler identification is GNU 9.4.0
-- The CXX compiler identification is GNU 9.4.0
-- Check for working C compiler: /usr/bin/cc
-- Check for working C compiler: /usr/bin/cc -- works
-- Detecting C compiler ABI info
-- Detecting C compiler ABI info - done
-- Detecting C compile features
-- Detecting C compile features - done
-- Check for working CXX compiler: /usr/bin/c++
-- Check for working CXX compiler: /usr/bin/c++ -- works
-- Detecting CXX compiler ABI info
-- Detecting CXX compiler ABI info - done
-- Detecting CXX compile features
-- Detecting CXX compile features - done
-- Looking for pthread.h
-- Looking for pthread.h - found
-- Performing Test CMAKE_HAVE_LIBC_PTHREAD
-- Performing Test CMAKE_HAVE_LIBC_PTHREAD - Failed
-- Looking for pthread_create in pthreads
-- Looking for pthread_create in pthreads - not found
-- Looking for pthread_create in pthread
-- Looking for pthread_create in pthread - found
-- Found Threads: TRUE
-- Configuring done
-- Generating done
-- Build files have been written to: /home/zgx/KF-GINS/build
```

图 6.2.38　KF-GINS 编译界面图(1)

```
zgx@zgx-virtual-machine:~/KF-GINS/build$ make -j8
Scanning dependencies of target absl_civil_time
Scanning dependencies of target absl_log_severity
Scanning dependencies of target absl_int128
Scanning dependencies of target yaml-cpp
Scanning dependencies of target absl_spinlock_wait
Scanning dependencies of target absl_time_zone
Scanning dependencies of target absl_strerror
Scanning dependencies of target absl_exponential_biased
[  1%] Building CXX object ThirdParty/abseil-cpp-20220623.1/absl/time/CMakeFiles
/absl_civil_time.dir/internal/cctz/src/civil_time_detail.cc.o
[  1%] Building CXX object ThirdParty/abseil-cpp-20220623.1/absl/base/CMakeFiles
/absl_spinlock_wait.dir/internal/spinlock_wait.cc.o
[  2%] Building CXX object ThirdParty/abseil-cpp-20220623.1/absl/base/CMakeFiles
/absl_log_severity.dir/log_severity.cc.o
[  2%] Building CXX object ThirdParty/abseil-cpp-20220623.1/absl/time/CMakeFiles
/absl_time_zone.dir/internal/cctz/src/time_zone_fixed.cc.o
[  2%] Building CXX object ThirdParty/abseil-cpp-20220623.1/absl/numeric/CMakeFi
les/absl_int128.dir/int128.cc.o
[  2%] Building CXX object ThirdParty/abseil-cpp-20220623.1/absl/base/CMakeFiles
/absl_strerror.dir/internal/strerror.cc.o
[  3%] Building CXX object ThirdParty/abseil-cpp-20220623.1/absl/profiling/CMake
Files/absl_exponential_biased.dir/internal/exponential_biased.cc.o
[  3%] Building CXX object ThirdParty/yaml-cpp-0.7.0/CMakeFiles/yaml-cpp.dir/src
/contrib/graphbuilder.cpp.o
[  4%] Linking CXX static library ../../../../lib/libabsl_spinlock_wait.a
[  4%] Built target absl_spinlock_wait
Scanning dependencies of target absl_leak_check
[  5%] Building CXX object ThirdParty/abseil-cpp-20220623.1/absl/debugging/CMake
Files/absl_leak_check.dir/leak_check.cc.o
[  5%] Linking CXX static library ../../../../lib/libabsl_exponential_biased.
a
```

图 6.2.39　KF-GINS 编译界面图(2)

6.3 算例演示

6.3.1 Windows 系统下 KF-GINS 算例演示

使用 KF-GINS 中自带的数据，在 KF-GINS-main 文件夹的“.VSCode”文件夹中找到“launch.json”配置文件并打开，如图 6.3.1 所示。launch.json 文件是 VSCode 中用于配置调试器(debugger)的文件。它定义了调试器的行为，包括启动程序的方式、设置断点、连接远程调试等。修改 Windows 环境配置中的运行程序的入口文件路径“program”，依据个人需求选择“Debug”或者“Release”下的“KF-GINS. exe”(见图 6. 3. 1)，若对程序进行逐行调试，则采用 Debug 模式；若对程序快速运行，则采用 Release 模式。需注意：如果用户对程序做了修改，需重新编译程序。

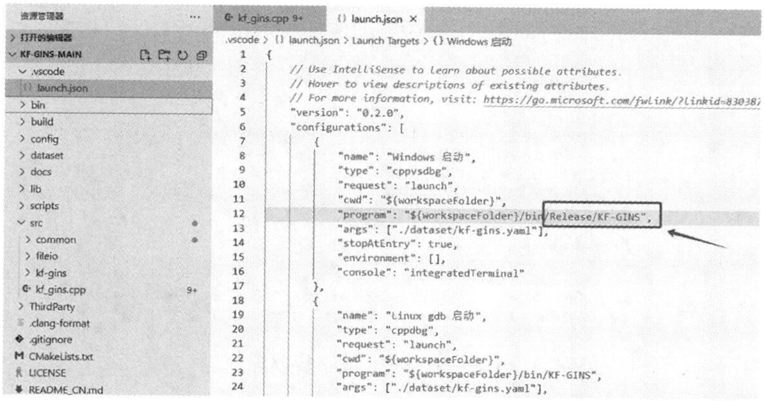

```
{
    // Use IntelliSense to learn about possible attributes.
    // Hover to view descriptions of existing attributes.
    // For more information, visit: https://go.microsoft.com/fwlink/?linkid=830387
    "version": "0.2.0",
    "configurations": [
        {
            "name": "Windows 启动",
            "type": "cppvsdbg",
            "request": "launch",
            "cwd": "${workspaceFolder}",
            "program": "${workspaceFolder}/bin/Release/KF-GINS",
            "args": ["./dataset/kf-gins.yaml"],
            "stopAtEntry": true,
            "environment": [],
            "console": "integratedTerminal"
        },
        {
            "name": "Linux gdb 启动",
            "type": "cppdbg",
            "request": "launch",
            "cwd": "${workspaceFolder}",
            "program": "${workspaceFolder}/bin/KF-GINS",
            "args": ["./dataset/kf-gins.yaml"],
```

图 6. 3. 1　launch. json 配置文件界面图

检查 dataset 文件夹中“kf-gins. yaml”文件的各参数是否正确，如输入文件的路径、数据处理时间段(见图 6. 3. 2)。

同时，需注意的是，由于不同系统的硬件参数不同，YAML 文件中的 IMU 噪声参数、初始零偏、初始比例因子、噪声建模参数与天线杆臂可能需要修改，如图 6. 3. 3、图 6. 3. 4 所示。

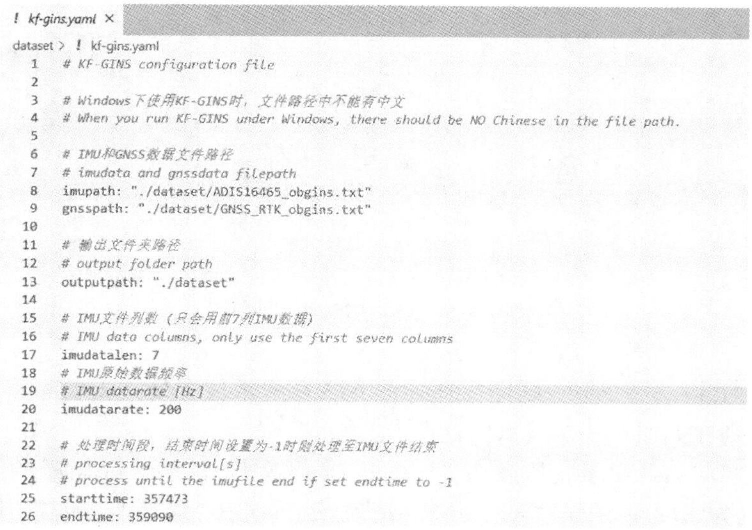

```
# KF-GINS configuration file

# Windows下使用KF-GINS时，文件路径中不能有中文
# When you run KF-GINS under Windows, there should be NO Chinese in the file path.

# IMU和GNSS数据文件路径
# imudata and gnssdata filepath
imupath: "./dataset/ADIS16465_obgins.txt"
gnsspath: "./dataset/GNSS_RTK_obgins.txt"

# 输出文件夹路径
# output folder path
outputpath: "./dataset"

# IMU文件列数 (只会用前7列IMU数据)
# IMU data columns, only use the first seven columns
imudatalen: 7
# IMU原始数据频率
# IMU datarate [Hz]
imudatarate: 200

# 处理时间段，结束时间设置为-1时则处理至IMU文件结束
# processing interval[s]
# process until the imufile end if set endtime to -1
starttime: 357473
endtime: 359090
```

图 6. 3. 2　“YAML 文件”界面图

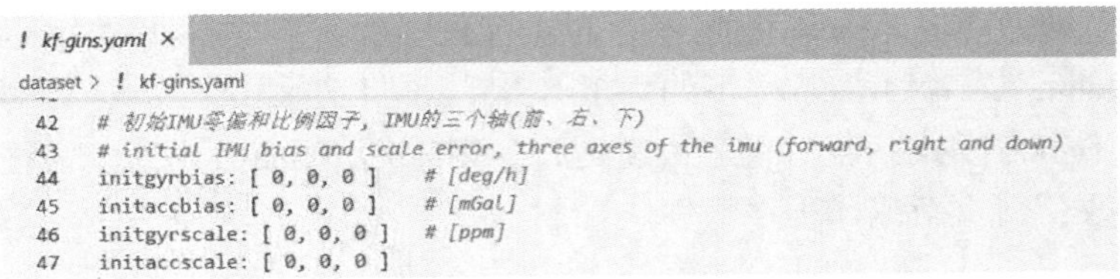

```
! kf-gins.yaml ×
dataset > ! kf-gins.yaml
# 初始IMU零偏和比例因子，IMU的三个轴(前、右、下)
# initial IMU bias and scale error, three axes of the imu (forward, right and down)
initgyrbias: [ 0, 0, 0 ]    # [deg/h]
initaccbias: [ 0, 0, 0 ]    # [mGal]
initgyrscale: [ 0, 0, 0 ]   # [ppm]
initaccscale: [ 0, 0, 0 ]
```

图 6.3.3　YAML 文件部分参数界面图(1)

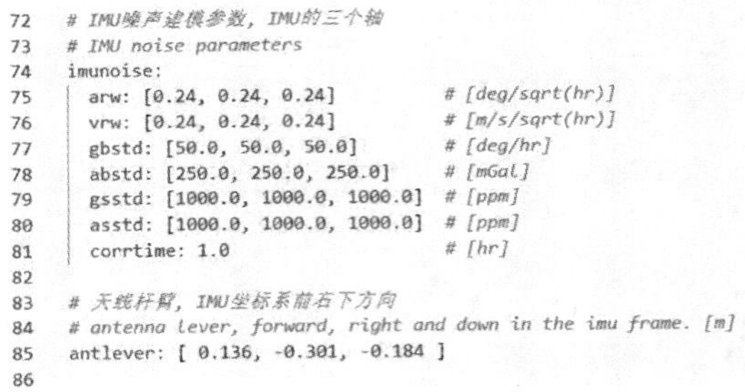

```
# IMU噪声建模参数，IMU的三个轴
# IMU noise parameters
imunoise:
  arw: [0.24, 0.24, 0.24]          # [deg/sqrt(hr)]
  vrw: [0.24, 0.24, 0.24]          # [m/s/sqrt(hr)]
  gbstd: [50.0, 50.0, 50.0]        # [deg/hr]
  abstd: [250.0, 250.0, 250.0]     # [mGal]
  gsstd: [1000.0, 1000.0, 1000.0]  # [ppm]
  asstd: [1000.0, 1000.0, 1000.0]  # [ppm]
  corrtime: 1.0                    # [hr]

# 天线杆臂，IMU坐标系前右下方向
# antenna lever, forward, right and down in the imu frame. [m]
antlever: [ 0.136, -0.301, -0.184 ]
```

图 6.3.4　YAML 文件部分参数界面图(2)

在软件配置与各种参数设置完成之后，点击左侧“运行与调试”(快捷键为：Ctrl+Shift+D)，选择“Windows 启动”运行(快捷键为 F5)，运行界面如图 6.3.5 所示。

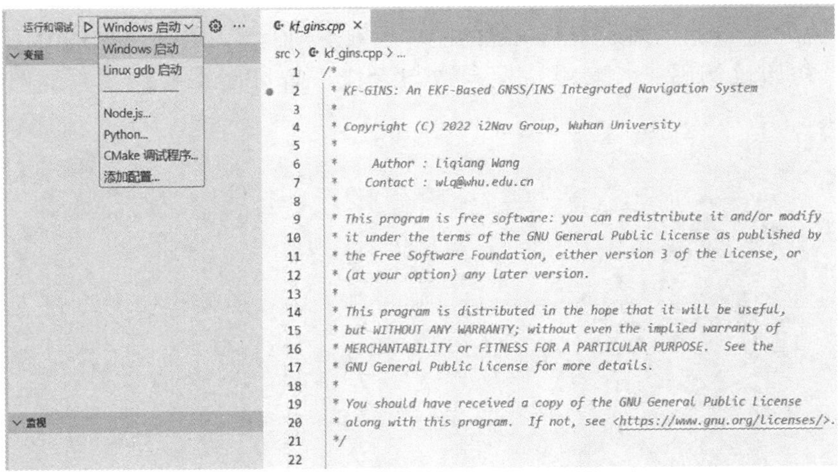

```
运行和调试 ▷ Windows 启动 ∨ ⚙ ···    kf_gins.cpp ×
∨ 变量     Windows 启动               src > kf_gins.cpp > ...
           Linux gdb 启动
           Node.js...
           Python...
           CMake 调试程序...
           添加配置...
∨ 监视

/*
 * KF-GINS: An EKF-Based GNSS/INS Integrated Navigation System
 *
 * Copyright (C) 2022 i2Nav Group, Wuhan University
 *
 *     Author : Liqiang Wang
 *    Contact : wlq@whu.edu.cn
 *
 * This program is free software: you can redistribute it and/or modify
 * it under the terms of the GNU General Public License as published by
 * the Free Software Foundation, either version 3 of the License, or
 * (at your option) any later version.
 *
 * This program is distributed in the hope that it will be useful,
 * but WITHOUT ANY WARRANTY; without even the implied warranty of
 * MERCHANTABILITY or FITNESS FOR A PARTICULAR PURPOSE.  See the
 * GNU General Public License for more details.
 *
 * You should have received a copy of the GNU General Public License
 * along with this program.  If not, see <https://www.gnu.org/licenses/>.
 */
```

图 6.3.5　KF-GINS 运行界面图

如若选择“Release”变量，则还需在如图 6.3.6 所示位置处点击“继续”；如果需要中止程序运行，则在如图 6.3.7 所示位置点击“停止”。

如若选择“Debug”变量，则需在“launch. json”文件中将运行程序的入口文件路径“program”设置为“Debug”下的“KF-GINS. exe”，运行时在“运行与调试”(快捷键为 Ctrl+Shift+D)，选择“Windows 启动”运行。并可在如图 6.3.8~图 6.3.12 位置处分别选择“继续(F5)”“逐过程(F10)”“单步调试(F11)”“单步跳出(Shift+F11)”与“停止(Shift+F5)”。

其中，“继续”模式为直接运行该程序，并可直接运行至设置的断点处；“逐过程”为逐行运行程序，但在函数语句处不会跳入函数而是直接运行至下一句；“单步调试”则会在遇到函数时跳入其中，逐行运行；“单步跳出”可以用于跳出函数，返回主程序。

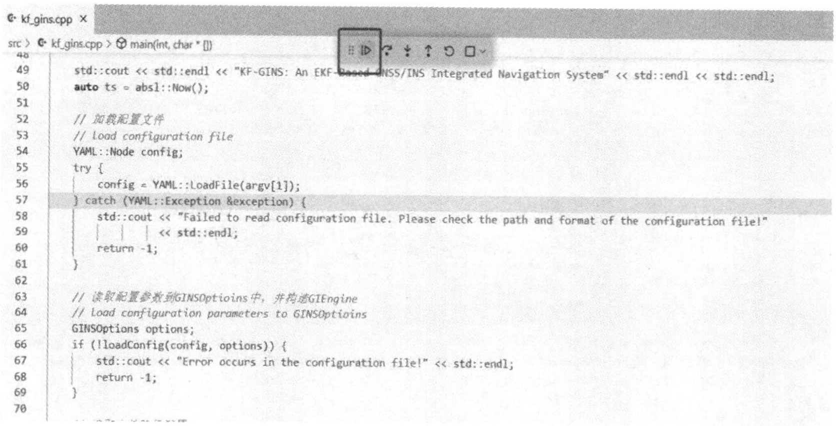

```
    std::cout << std::endl << "KF-GINS: An EKF-Based GNSS/INS Integrated Navigation System" << std::endl << std::endl;
    auto ts = absl::Now();

    // 加载配置文件
    // load configuration file
    YAML::Node config;
    try {
        config = YAML::LoadFile(argv[1]);
    } catch (YAML::Exception &exception) {
        std::cout << "Failed to read configuration file. Please check the path and format of the configuration file!"
                  << std::endl;
        return -1;
    }

    // 读取配置参数到GINSOptioins中，并构造GIEngine
    // load configuration parameters to GINSOptioins
    GINSOptions options;
    if (!loadConfig(config, options)) {
        std::cout << "Error occurs in the configuration file!" << std::endl;
        return -1;
    }
```

图 6.3.6 “Release”模式运行界面图(1)

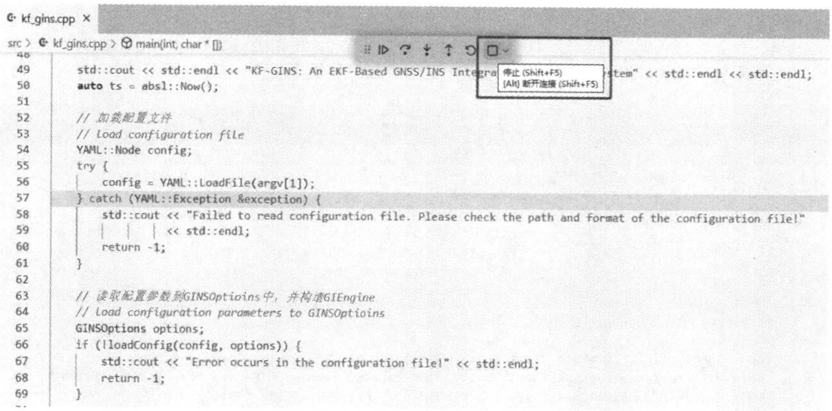

```
    std::cout << std::endl << "KF-GINS: An EKF-Based GNSS/INS Integra
    auto ts = absl::Now();

    // 加载配置文件
    // load configuration file
    YAML::Node config;
    try {
        config = YAML::LoadFile(argv[1]);
    } catch (YAML::Exception &exception) {
        std::cout << "Failed to read configuration file. Please check the path and format of the configuration file!"
                  << std::endl;
        return -1;
    }

    // 读取配置参数到GINSOptioins中，并构造GIEngine
    // load configuration parameters to GINSOptioins
    GINSOptions options;
    if (!loadConfig(config, options)) {
        std::cout << "Error occurs in the configuration file!" << std::endl;
        return -1;
    }
```

图 6.3.7 “Release”模式运行界面图(2)

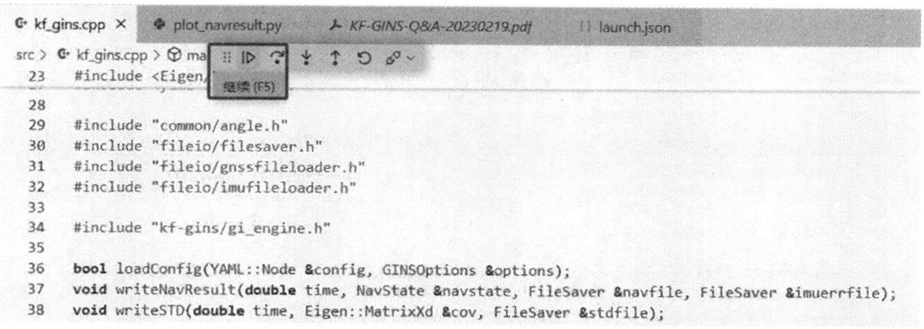

```
#include <Eigen/

#include "common/angle.h"
#include "fileio/filesaver.h"
#include "fileio/gnssfileloader.h"
#include "fileio/imufileloader.h"

#include "kf-gins/gi_engine.h"

bool loadConfig(YAML::Node &config, GINSOptions &options);
void writeNavResult(double time, NavState &navstate, FileSaver &navfile, FileSaver &imuerrfile);
void writeSTD(double time, Eigen::MatrixXd &cov, FileSaver &stdfile);
```

图 6.3.8 “Debug”模式运行界面图(1)

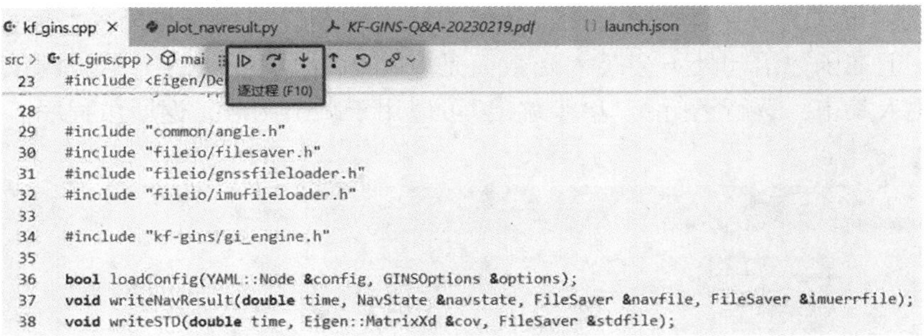
kf_gins.cpp
plot_navresult.py
KF-GINS-Q&A-20230219.pdf
launch.json
src > kf_gins.cpp > mai
逐过程 (F10)
23 #include <Eigen/De
28
29 #include "common/angle.h"
30 #include "fileio/filesaver.h"
31 #include "fileio/gnssfileloader.h"
32 #include "fileio/imufileloader.h"
33
34 #include "kf-gins/gi_engine.h"
35
36 bool loadConfig(YAML::Node &config, GINSOptions &options);
37 void writeNavResult(double time, NavState &navstate, FileSaver &navfile, FileSaver &imuerrfile);
38 void writeSTD(double time, Eigen::MatrixXd &cov, FileSaver &stdfile);
图 6.3.9　“Debug”模式运行界面图(2)

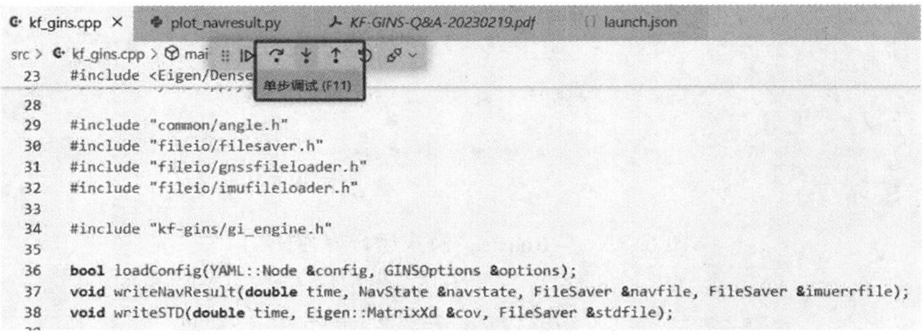
kf_gins.cpp
plot_navresult.py
KF-GINS-Q&A-20230219.pdf
launch.json
src > kf_gins.cpp > mai
单步调试 (F11)
23 #include <Eigen/Dense
28
29 #include "common/angle.h"
30 #include "fileio/filesaver.h"
31 #include "fileio/gnssfileloader.h"
32 #include "fileio/imufileloader.h"
33
34 #include "kf-gins/gi_engine.h"
35
36 bool loadConfig(YAML::Node &config, GINSOptions &options);
37 void writeNavResult(double time, NavState &navstate, FileSaver &navfile, FileSaver &imuerrfile);
38 void writeSTD(double time, Eigen::MatrixXd &cov, FileSaver &stdfile);
图 6.3.10　“Debug”模式运行界面图(3)

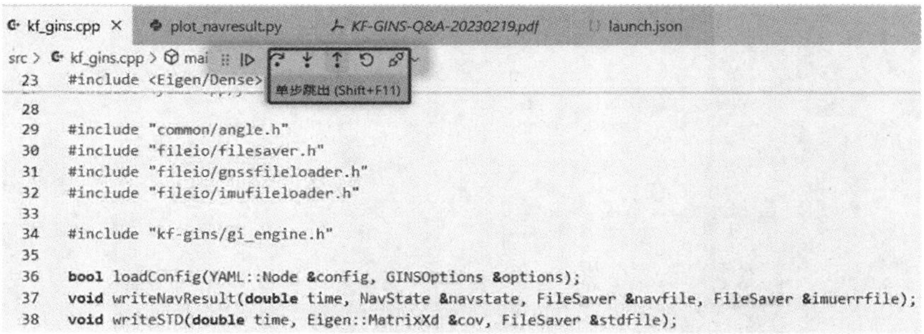
kf_gins.cpp
plot_navresult.py
KF-GINS-Q&A-20230219.pdf
launch.json
src > kf_gins.cpp > mai
单步跳出 (Shift+F11)
23 #include <Eigen/Dense>
28
29 #include "common/angle.h"
30 #include "fileio/filesaver.h"
31 #include "fileio/gnssfileloader.h"
32 #include "fileio/imufileloader.h"
33
34 #include "kf-gins/gi_engine.h"
35
36 bool loadConfig(YAML::Node &config, GINSOptions &options);
37 void writeNavResult(double time, NavState &navstate, FileSaver &navfile, FileSaver &imuerrfile);
38 void writeSTD(double time, Eigen::MatrixXd &cov, FileSaver &stdfile);
图 6.3.11　“Debug”模式运行界面图(4)

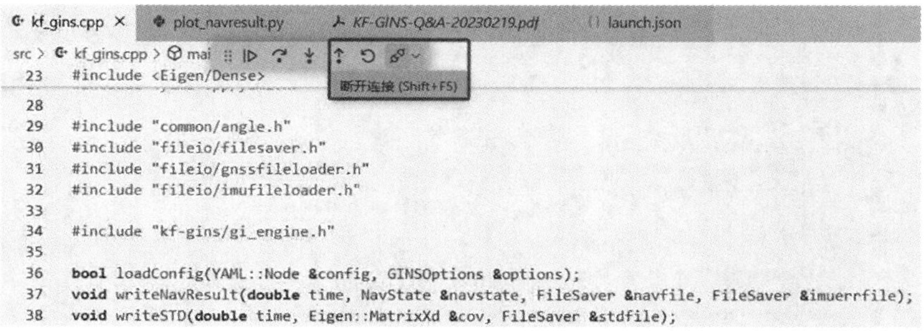
kf_gins.cpp
plot_navresult.py
KF-GINS-Q&A-20230219.pdf
launch.json
src > kf_gins.cpp > mai
断开连接 (Shift+F5)
23 #include <Eigen/Dense>
28
29 #include "common/angle.h"
30 #include "fileio/filesaver.h"
31 #include "fileio/gnssfileloader.h"
32 #include "fileio/imufileloader.h"
33
34 #include "kf-gins/gi_engine.h"
35
36 bool loadConfig(YAML::Node &config, GINSOptions &options);
37 void writeNavResult(double time, NavState &navstate, FileSaver &navfile, FileSaver &imuerrfile);
38 void writeSTD(double time, Eigen::MatrixXd &cov, FileSaver &stdfile);
图 6.3.12　“Debug”模式运行界面图(5)

6.3.2 Linux 系统下 KF-GINS 算例演示

配置好编译环境与数据准备之后并按照如下操作编译 KF-GINS：

```
cd ~/KF-GINS
mkdir build && cd build
cmake ../-DCMAKE_BUILD_TYPE=Release
make -j8
```

在 KF-GINS 编译完成后，检查 YAML 文件中各参数是否正确，然后依照以下命令①运行数据集：

```
cd ~/KF-GINS
./bin/KF-GINS ./dataset/kf-gins.yaml
```

测试集运行界面如图 6.3.13 所示。

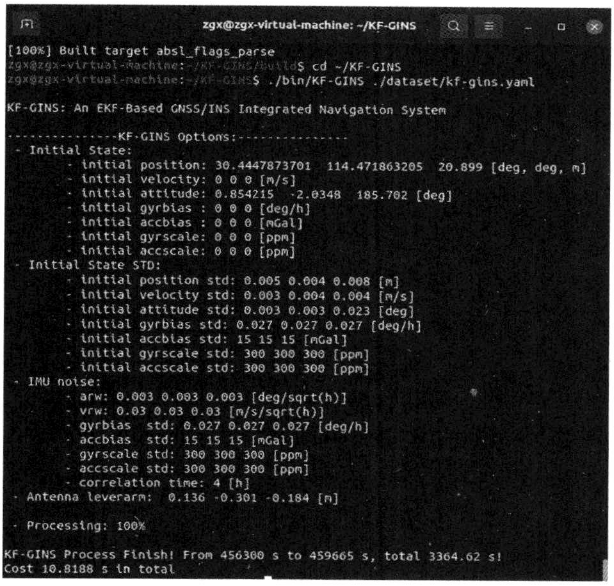

图 6.3.13 测试集运行界面图

用户可以根据自己的需求，将程序中的数据路径修改为目标数据所在路径，以处理自己的数据。

① README_CN.md [EB/OL]. [2024-10-09]. https://github.com/i2Nav-WHU/KF-GINS/blob/main/README_CN.md.

6.3.3 结果分析

Windows 系统与 Linux 系统下，KF-GINS 的程序输入输出文件是相同的。程序输入文件包括 IMU 原始数据文件与 GNSS 定位结果文件，程序输出文件包括导航结果文件、IMU 误差文件与系统状态标准差文件。

GitHub 中新版的 KF-GINS 中包含了可视化导航轨迹、导航误差、IMU 误差与导航状态标准差等的 python 脚本，使用此脚本可以得到如水平方向轨迹图(见图 6.3.14)、位置误差图(见图 6.3.15)、陀螺仪零偏误差(见图 6.3.16)与位置标准差图(见图 6.3.17)等图。在此基础上，用户可以更加直观地分析导航算法性能。

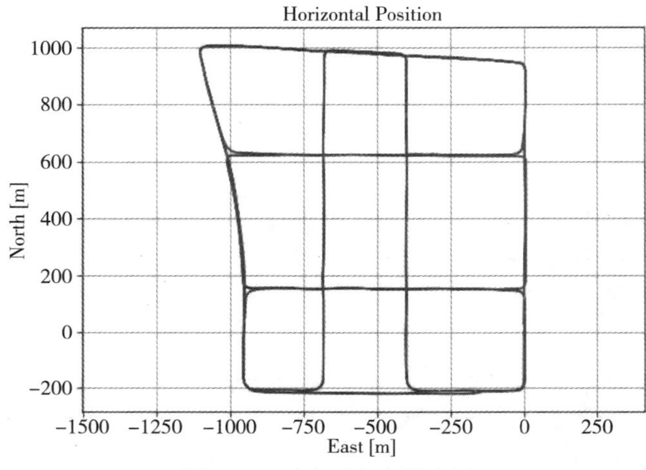

图 6.3.14　水平方向轨迹图

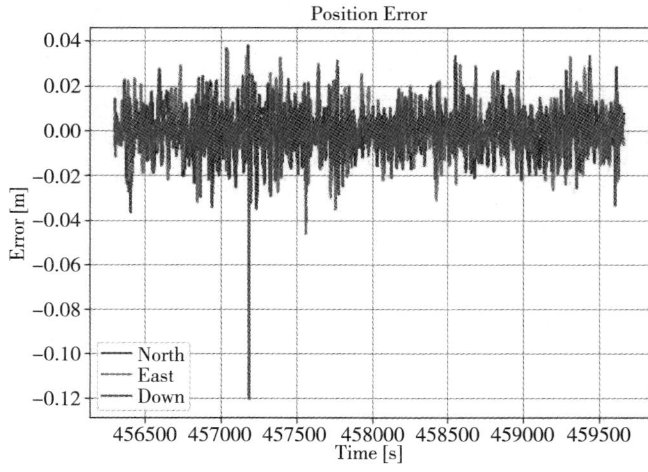

图 6.3.15　位置误差图

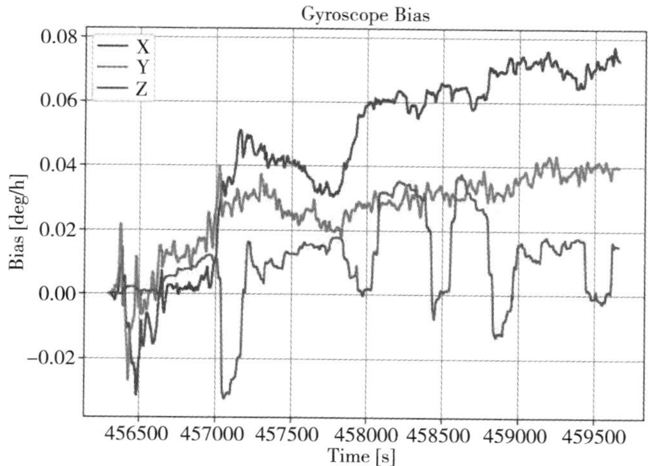

图 6.3.16 陀螺仪零偏误差图

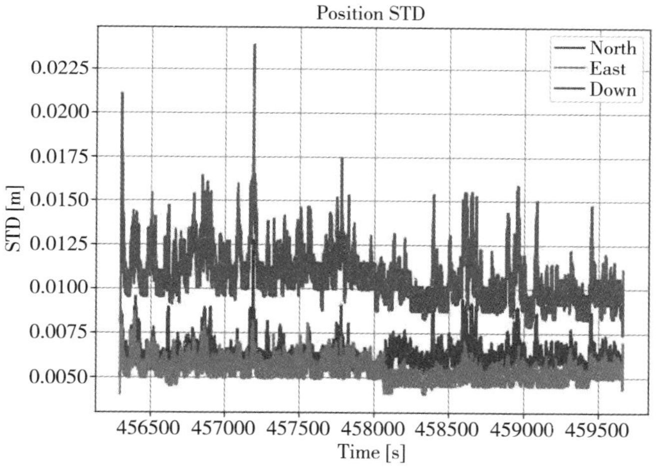

图 6.3.17 位置标准差图

6.4 常见问题与解决方法

1. Windows 系统下的问题

问题 1：对代码进行修改，修改完成之后仍运行修改前的代码。

解决方法：修改完毕之后重新进行程序配置，完成后再次运行。

2. Linux 系统下的问题

问题 1：在点击“开启此虚拟机”，选择使用语言时出现看不到全部按键的情况下，无法选择“正常安装”。

解决方法：使用 Alt+F7 组合键，并配合鼠标拖拽界面至所需按键处。

问题 2：在克隆仓库时，出现目标“目标路径‘某个路径’已经存在，并且不是一个空目录”。

解决方法：删除主目录下 KF-GINS 同名文件夹。如果要将 KF-GINS 克隆至目前终端所在文件夹，则将上述命令改为：git clone https://github.com/i2Nav-WHU/KF-GINS.git。

问题 3：在克隆 KF-GINS 时出现无法访问的问题。

解决方法：重复此步骤，直至连接上网络。或者将 KF-GINS 下载至本地后，将其拷贝至虚拟机中，并将文件夹名称修改为 KF-GINS。

此外，代码作者在新版 KF-GINS 的 docs 文件夹中提供了一份回答常见问题的文档。该材料能够帮助用户更高效地理解和掌握 KF-GINS 的使用与原理，同时也为解决潜在问题提供了指导。

本书作者感谢武汉大学卫星导航定位技术研究中心多源智能导航实验室(i2Nav)牛小骥教授团队开发了开源 KF-GINS 软件平台。

第 7 章　PSINS 程序

7.1　PSINS 程序介绍

PSINS(Precise Strapdown Inertial Navigation System，高精度捷联惯导系统算法)工具箱是由西北工业大学自动化学院惯性技术教研室严恭敏老师开发和维护的。该工具箱主要用 m 语言编写，运行在 Matlab 软件平台上，算法专业可靠，代码全部在其官方网站(http：//www. psins. org. cn/)上公开。

PSINS 工具箱主要应用于捷联惯导系统的数据处理和算法验证开发，它包括惯性传感器数据分析、惯组标定、初始对准、惯导 AVP(姿态-速度-位置)更新解算、组合导航滤波算法等功能。PSINS 具有如下突出优点：

(1)功能丰富全面，含近千个子函数或例程，涵盖数据预处理、图形显示、算法解算等功能。

(2)求解精度高，满足目前捷联惯导系统的数据处理需求。

(3)实用性强且稳定可控，大部分算法经过了试验数据测试验证。

(4)模块化设计好，用户仅需编写简短的主程序和设置参数便可解决个性化问题。

7.2　下载与安装

官方网站提供开源代码、导航数据与相关文献资料。在开源代码中开发者提供了各版本的 PSINS 下载链接，在导航数据中存放了大量的开源实测数据下载链接，在相关文献资料中有与 PSINS 配套的 PPT、教材与网课链接。如图 7. 2. 1 所示，点击网页的“开源代码”栏目，选择最新版的 PSINS 安装包下载。安装包为一压缩文件，命名为“PSINSyymmdd. rar”，“yy”代表年份，“mm”代表月份，“dd”代表某天，日期代表软件版本。PSINS 历代程序经过用户和开发者的修改完善，功能和性能也变得越来越强大。一般选择最新版程序下载。

下载 PSINS 安装包后，建议解压至电脑的英文路径下(中文路径可能有问题)，打开 psins241109 文件夹，可以看到该文件夹下主要包含 base、cns、data、demos、dlg、mytest、doc、gnss、vc60 等子文件夹，以及 psinsinit. m、psinsmain. m、readme. doc 等文件，如图 7. 2. 2 所示。

PSINS（高精度捷联惯导算法）　首页　开源代码　导航数据　技术交流　资料下载　科研项目　免费推介

PSINS ⌂ 开源代码

Matlab/PSINS Toolbox最新版及主要历史版本

文件	大小	日期	下载
psins241109.rar	13.95 MB	2024-12-08	94
psins240513.rar	15.71 MB	2024-05-22	1787
PSINS工具箱入门与详解.pptx	14.12 MB	2021-05-22	11456
psins240809.rar	13.88 MB	2024-10-04	692
psins240101.rar	14.18 MB	2024-01-13	2045

上一页 1 2 3 4 5 下一页

图 7.2.1　PSINS 官方网站

名称	修改日期	类型	大小
base	2024-01-17 0:53	文件夹	
cns	2023-08-14 16:56	文件夹	
data	2024-04-01 23:46	文件夹	
demos	2024-03-17 0:34	文件夹	
dlg	2023-10-28 11:33	文件夹	
doc	2024-05-19 8:35	文件夹	
gnss	2023-03-21 9:33	文件夹	
mytest	2024-02-02 10:01	文件夹	
vc60	2024-05-12 19:58	文件夹	
psinsenvi.m	2024-06-19 16:07	MATLAB Code	1 KB
psinsinit.m	2022-05-14 16:23	MATLAB Code	2 KB
psinsmain.m	2020-12-10 18:26	MATLAB Code	1 KB
readme.doc	2024-01-24 9:47	Microsoft Word ...	768 KB
trj10ms.mat	2024-06-19 14:44	MATLAB Data	377 KB

图 7.2.2　PSINS 文件夹包含的内容

其中 base 文件夹包含核心算法、数据预处理及图形显示等库函数，data 文件夹包含工具箱提供的样本数据、生成的中间数据或用户输入输出数据，demos 文件夹中是用于演示与测试的程序，dlg 文件夹存放工具箱中的一些界面例子文件，doc 文件夹存放工具箱使用说明等文档，mytest 文件夹存放的是建议用户修改、编写的测试与应用例子，vc60 则是 VC6.0 工程文件夹，基础函数及核心算法文件 PSINS.cpp 可用于 C++开发或移植到嵌入式应用。

psinsinit.m 文件是用于工具箱初始化的文件，它将 psins241109 及其所有子文件夹添加到 Matlab 的搜索路径下并保存路径设置，新版本的安装初始化会同时移除以往添加到 Matlab 的含“PSINS”字符的所有老版本路径。psinsmain.m 文件则是工具箱主函数文件，运行它则可以启动“工具箱导览”主界面。

readme.doc 文件包含了 PSINS 的软件介绍、基本功能、简要使用说明、函数介绍与算法原理等内容。

启动 Matlab 软件，将当前工作目录设置为 psins241109，用 Matlab 编辑器打开 PSINS

工具箱根目录下的 psinsinit. m 文件，点击运行，进行 PSINS 的初始化，如图 7. 2. 3 所示。当看到“PSINS Toolbox Initialization Done！”提示时，标志着初始化成功。

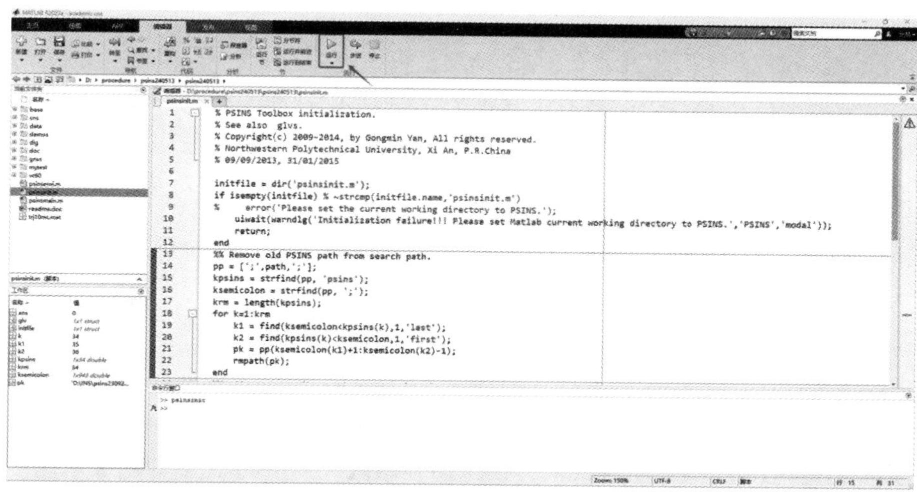

图 7. 2. 3　PSINS 程序界面

7.3　算例演示

在 Matlab 软件中，“. m”文件是 Matlab 中脚本或函数文件，用于存储 Matlab 程序代码，“. mat”文件是 Matlab 数据文件，用于存储变量、数组、矩阵与其他数据结构的二进制文件。打开 PSINS 根目录下的 psinsmain. m 文件，点击“运行”，启动“PSINS 工具箱导览”主界面(见图 7. 3. 1)，点击相应按钮可感受工具箱的主要演示/测试例子。同时，若勾选左上方“查看 m 文件源代码”，则可以查看相对应的源代码(见图 7. 3. 2)，使用者可根据自己的需求修改。

图 7. 3. 1　PSINS 工具箱导览

```
编辑器 - D:\procedure\psins240513\psins240513\demos\test_SINS_GPS_EKF_153.m
psinsinit.m × | psinsmain.m × | test_SINS_GPS_EKF_153.m × | +
% SINS/GPS intergrated navigation simulation using EKF.
% Please run 'test_SINS_trj.m' to generate 'trj10ms.mat' beforehand!!!
% See also  test_SINS_GPS_UKF_153, test_SINS_GPS_CKF_153, test_SINS_GPS_153
% Copyright(c) 2009-2022, by Gongmin Yan, All rights reserved.
% Northwestern Polytechnical University, Xi An, P.R.China
% 27/02/2022
glvs
psinstypedef('test_SINS_GPS_EKF_153_def');
trj = trjfile('trj10ms.mat');  % insplot(trj.avp);
% initial settings
[nn, ts, nts] = nnts(2, trj.ts);
imuerr = imuerrset(0.03, 100, 0.001, 5);
imu = imuadderr(trj.imu, imuerr);  % imuplot(imu);
davp0 = avperrset([1;1;10]*60, 0.1, [1;1;3]);
ins = insinit(avpadderr(trj.avp0,davp0), ts);
% CKF filter
rk = poserrset([1;1;3]);
kf = kfinit(ins, davp0, imuerr, rk);
len = length(imu); [avp, xkpk] = prealloc(fix(len/nn), 10, 2*kf.n+1);
timebar(nn, len, '15-state SINS/GPS EKF Simulation.');
ki = 1;
for k=1:nn:len-nn+1
    k1 = k+nn-1;
```

图 7.3.2　查看源代码示例

PSINS 具有轨迹模拟数据生成功能。以例程 test_SINS_trj. m 为例，运行 test_SINS_trj. m 文件可生成 trj10ms. mat 轨迹文件，模拟惯导系统。X、Y、Z 轴的陀螺角速度与加速度计比力如图 7.3.3 所示，其中左侧为三轴角速度图，右侧为三轴比力图。模拟数据姿态、速度、位置变化量与平面轨迹图如图 7.3.4 所示，其中左上角第一幅是 Pitch(俯仰角)与 Roll(横滚角)曲线，右上角为 Yaw(航偏角)曲线。

demos 文件夹中提供的 test_IMUAVPGPS_extract_trans. m 程序(见图 7.3.5)可用于提取转换 trj10ms. mat 中的数据，并对其中的 IMU 数据、GNSS 数据、导航结果 AVP 数据进行绘图。在运行test_IMUAVPGPS_extract_trans. m文件时，可以看到在代码前面有一些注

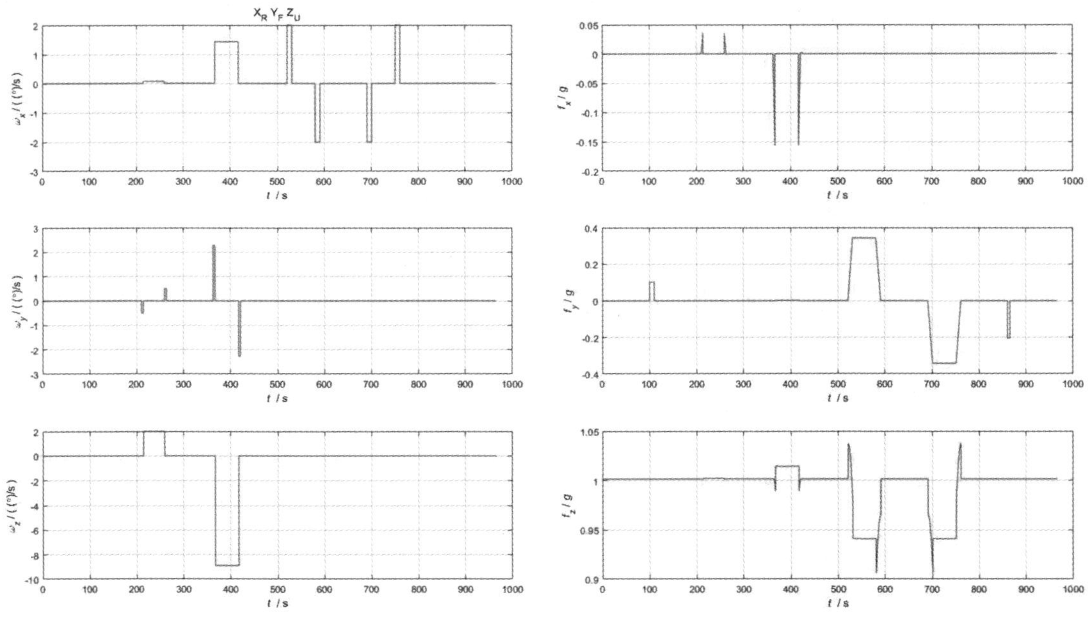

图 7.3.3　模拟数据角速度与比力

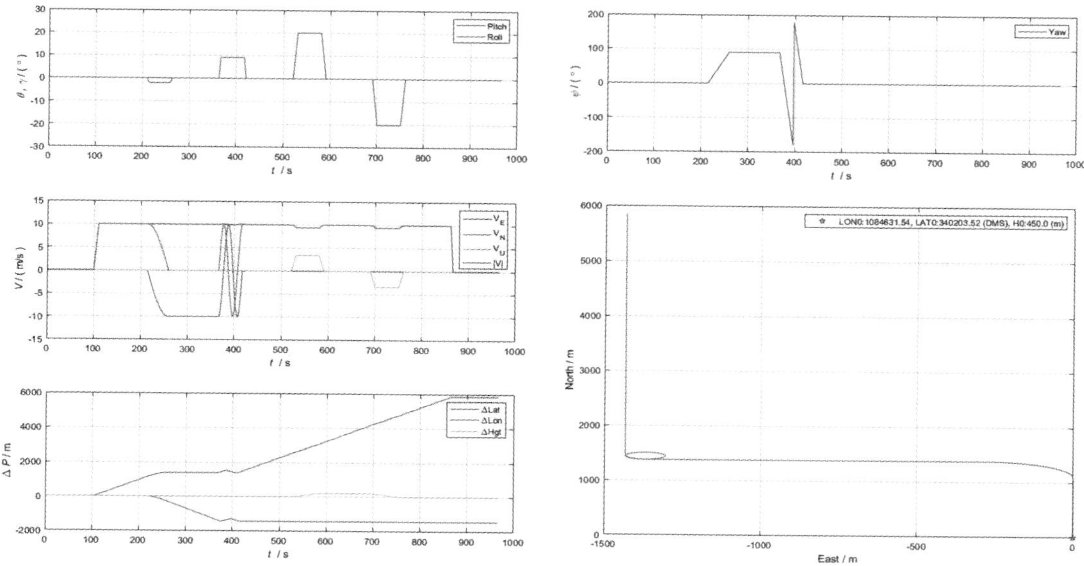

图 7.3.4 模拟数据姿态、速度、位置变化量与平面轨迹

```
% IMU/AVP/GNSS data extract&transform. Please run
% 'test_SINS_trj.m' to generate 'trj10ms.mat' beforehand!!!
% Copyright(c) 2009-2021, by Gongmin Yan, All rights reserved.
% Northwestern Polytechnical University, Xi An, P.R.China
% 17/04/2021
glvs
trj = trjfile('trj10ms.mat');
%% data fabrication
imu1 = [[trj.imu(:,[2,1]),-trj.imu(:,3)]/trj.ts/glv.dps, [trj.imu(:,[5,4]),-trj.imu(:,6)]
avp1 = [[trj.avp(:,1:2),yawcvt(trj.avp(:,3),'cc180c360')]/glv.deg, trj.avp(:,4:6), trj.av
gps1 = [trj.avp(1:10:end,[5,4]), -trj.avp(1:10:end,6), trj.avp(1:10:end,[8,7])/glv.deg, t
gps1(:,1:3)=gps1(:,1:3)+randn(size(gps1(:,1:3)))*0.01;
dd = [imu1,avp1,trj.avp(:,4:9)*0,trj.avp(:,10)+100]; dd(1:10:end,end-6:end-1)=gps1;
binfile('imuavpgps.bin', dd);
%% IMU/AVP/GNSS data extract&transform
dd = binfile('imuavpgps.bin', 22);
open dd;
imu = imurfu(imuidx(dd, [1:6,22],glv.dps,glv.g0,trj.ts),'frd');
avp = avpidx(dd,[7:12,14,13,15,22],1,1);
gps = gpsidx(dd,[17,16,-18,20,19,21,22],1);
[imu,avp,gps] = tshift(imu,avp,gps,10);
imuplot(imu); % imuplot(trj.imu);
insplot(avp); % insplot(trj.avp);
gpsplot(gps);
open imu
open avp
```

数据提取与转换函数

绘图函数

图 7.3.5 test_IMUAVPGPS_extract_trans. m 程序界面图

释，它是作者对于该文件的描述与提示，这些注释对于程序的学习颇为重要，使用者需提前详细阅读该部分内容才能够避免许多运行问题。按照注释提示，在运行该文件之前，先运行 test_SINS_trj. m 生成模拟数据，然后再运行该文件。依次运行程序，提取模拟数据，可得 IMU 原始数据如图 7.3.6 所示，insplot 函数绘制的姿态、速度、位置变化量与平面轨迹图如图 7.3.4 所示，gpsplot 函数绘制的 GPS 数据图如图 7.3.7 所示，此处为黑白图，但在实际操作过程中，电脑屏幕上显示的是彩图，彩图左上角紫色曲线为总速度，橙色曲线为北方向速度分量，黄色曲线为天向速度分量，蓝色曲线为东方向速度分量，图中左下角蓝色曲线为纬度变化量，橙色曲线为经度变化量，黄色曲线为高程变化量，右侧图为三维轨迹图。

dd　imu　avp　gps

9660x7 double

	1	2	3	4	5	6	7	8	9	10	11	12	13	14	15	16	17	18	19	20	21	22	23	24	25
1	0	6.0430e-06	4.0813e-06	1.3114e-17	3.0198e-12	0.9795	10.1000																		
2	0	6.0430e-06	4.0813e-06	1.3114e-17	3.0198e-12	0.9795	10.2000																		
3	0	6.0430e-06	4.0813e-06	1.3114e-17	3.0198e-12	0.9795	10.3000																		
4	0	6.0430e-06	4.0813e-06	1.3114e-17	3.0198e-12	0.9795	10.4000																		
5	0	6.0430e-06	4.0813e-06	1.3114e-17	3.0198e-12	0.9795	10.5000																		
6	0	6.0430e-06	4.0813e-06	1.3114e-17	3.0198e-12	0.9795	10.6000																		
7	0	6.0430e-06	4.0813e-06	1.3114e-17	3.0198e-12	0.9795	10.7000																		
8	0	6.0430e-06	4.0813e-06	1.3114e-17	3.0198e-12	0.9795	10.8000																		
9	0	6.0430e-06	4.0813e-06	1.3114e-17	3.0198e-12	0.9795	10.9000																		
10	0	6.0430e-06	4.0813e-06	1.3114e-17	3.0198e-12	0.9795	11																		
11	0	6.0430e-06	4.0813e-06	1.3114e-17	3.0198e-12	0.9795	11.1000																		
12	0	6.0430e-06	4.0813e-06	1.3114e-17	3.0198e-12	0.9795	11.2000																		
13	0	6.0430e-06	4.0813e-06	1.3114e-17	3.0198e-12	0.9795	11.3000																		
14	0	6.0430e-06	4.0813e-06	1.3114e-17	3.0198e-12	0.9795	11.4000																		
15	0	6.0430e-06	4.0813e-06	1.3114e-17	3.0198e-12	0.9795	11.5000																		
16	0	6.0430e-06	4.0813e-06	1.3114e-17	3.0198e-12	0.9795	11.6000																		
17	0	6.0430e-06	4.0813e-06	1.3114e-17	3.0198e-12	0.9795	11.7000																		
18	0	6.0430e-06	4.0813e-06	1.3114e-17	3.0198e-12	0.9795	11.8000																		
19	0	6.0430e-06	4.0813e-06	1.3114e-17	3.0198e-12	0.9795	11.9000																		
20	0	6.0430e-06	4.0813e-06	1.3114e-17	3.0198e-12	0.9795	12																		
21	0	6.0430e-06	4.0813e-06	1.3114e-17	3.0198e-12	0.9795	12.1000																		
22	0	6.0430e-06	4.0813e-06	1.3114e-17	3.0198e-12	0.9795	12.2000																		
23	0	6.0430e-06	4.0813e-06	1.3114e-17	3.0198e-12	0.9795	12.3000																		
24	0	6.0430e-06	4.0813e-06	1.3114e-17	3.0198e-12	0.9795	12.4000																		
25	0	6.0430e-06	4.0813e-06	1.3114e-17	3.0198e-12	0.9795	12.5000																		
26	0	6.0430e-06	4.0813e-06	1.3114e-17	3.0198e-12	0.9795	12.6000																		
27	0	6.0430e-06	4.0813e-06	1.3114e-17	3.0198e-12	0.9795	12.7000																		
28	0	6.0430e-06	4.0813e-06	1.3114e-17	3.0198e-12	0.9795	12.8000																		
29	0	6.0430e-06	4.0813e-06	1.3114e-17	3.0198e-12	0.9795	12.9000																		
30	0	6.0430e-06	4.0813e-06	1.3114e-17	3.0198e-12	0.9795	13																		
31	0	6.0430e-06	4.0813e-06	1.3114e-17	3.0198e-12	0.9795	13.1000																		
32	0	6.0430e-06	4.0813e-06	1.3114e-17	3.0198e-12	0.9795	13.2000																		
33	0	6.0430e-06	4.0813e-06	1.3114e-17	3.0198e-12	0.9795	13.3000																		
34	0	6.0430e-06	4.0813e-06	1.3114e-17	3.0198e-12	0.9795	13.4000																		
35	0	6.0430e-06	4.0813e-06	1.3114e-17	3.0198e-12	0.9795	13.5000																		
36	0	6.0430e-06	4.0813e-06	1.3114e-17	3.0198e-12	0.9795	13.6000																		
37	0	6.0430e-06	4.0813e-06	1.3114e-17	3.0198e-12	0.9795	13.7000																		

图 7.3.6　提取模拟数据图

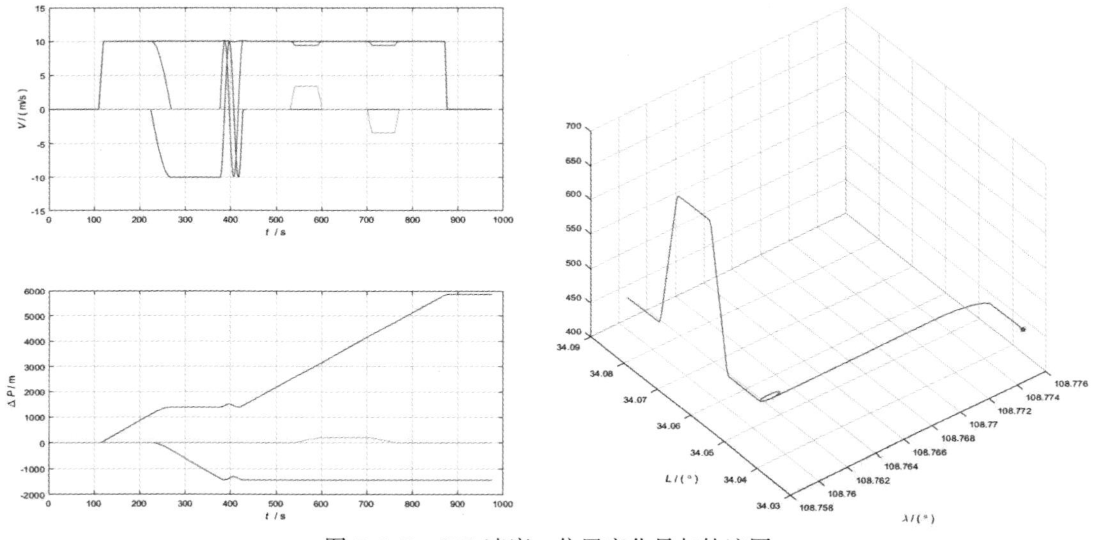

图 7.3.7　GPS 速度、位置变化量与轨迹图

读取完数据之后，可以点击工具箱主界面中的其余按钮学习更多功能，如使用 EKF(扩展卡尔曼滤波)进行组合导航，这时组合导航所使用的数据为前面的模拟数据 trj10ms.mat。insplot 函数绘制的导航解算结果图如图 7.3.8 所示。图 7.3.9 为 avpcmpplot 函数绘制的两组数据的姿态、位置与速度对比图，一组数据为模拟数据的参考真值，另一组数据为使用模拟数据进行组合导航的解算结果。其中左上角第一幅图中 data1 表示的是 Pitch(俯仰角)解算值，data2 为 Roll(横滚角)解算值，data3 为 Yaw(航偏角)解算值。左侧第二幅图深蓝色曲线①为总速度，浅蓝色曲线为北方向速度分量，红色曲线为天向速度分量，

① 此处对于曲线颜色的描述都是实际操作过程中电脑屏幕显示的曲线颜色。

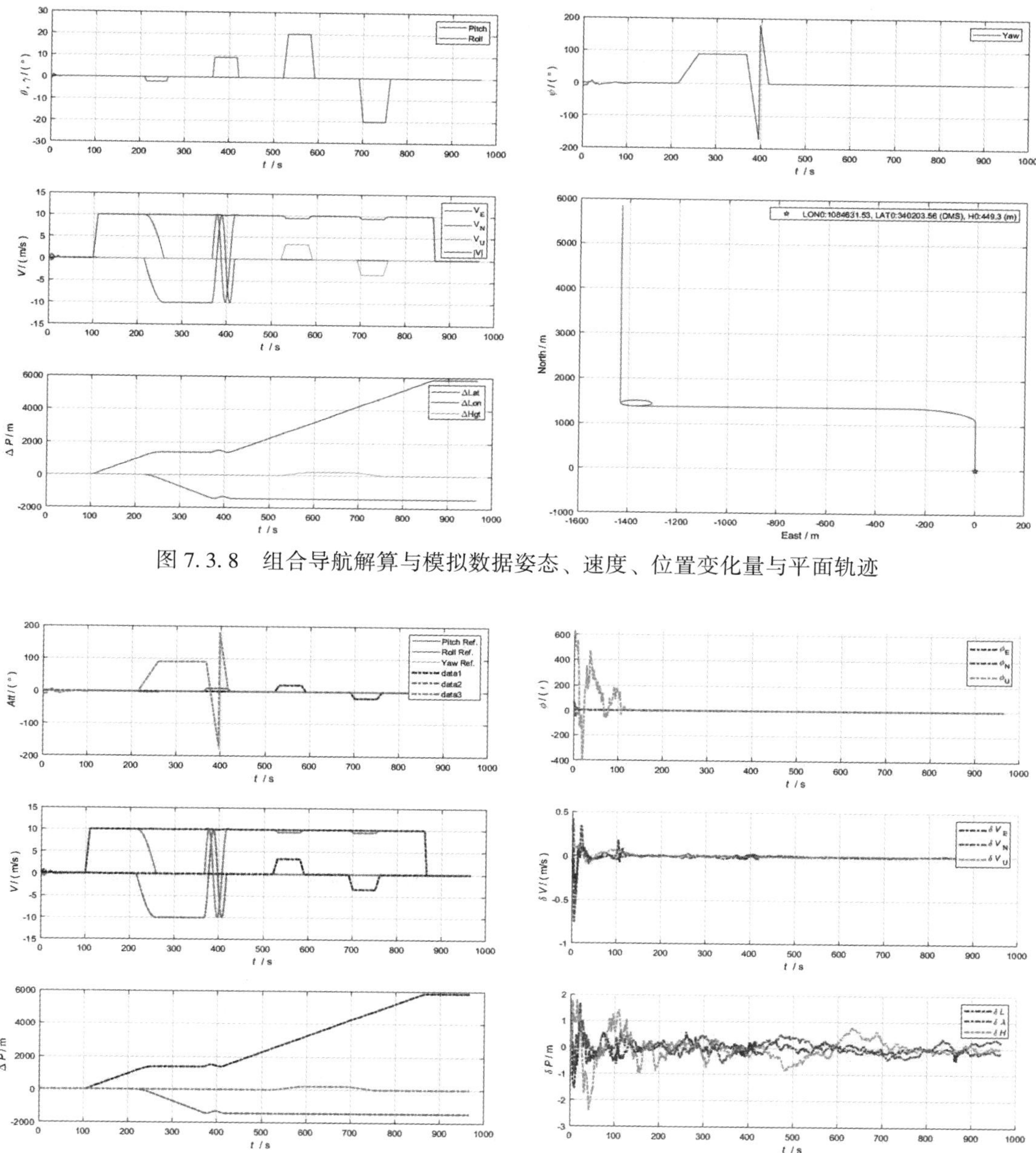

图 7.3.8　组合导航解算与模拟数据姿态、速度、位置变化量与平面轨迹

图 7.3.9　组合导航解算与模拟数据姿态、速度与位置对比

绿色曲线为东方向速度分量。左侧第三幅图中紫色曲线为纬度变化量，蓝色曲线为高程变化量，绿色曲线为经度变化量，右侧三幅图为姿态误差、速度误差与位置误差图。图 7.3.10 为 kfplot 函数绘制的 EKF 结果状态图，分别为东向与北向姿态误差、天向姿态误差、速度误差、位置误差、陀螺零偏误差(蓝色、橙色与黄色曲线分别为东向、北向与天向的零偏误差)与加速度计零偏误差(蓝色、橙色与黄色曲线分别为东向、北向与天向的零偏误差)。图 7.3.11 为 kfplot 函数绘制的 EKF 均方差(P 矩阵对角线元素的开方)图，各

个子图中曲线对应的变量与图 7. 3. 10 相同。

当然，用户也可以使用 PSINS 处理外部提供的 IMU 与 GNSS 数据，有如下一些方式①：

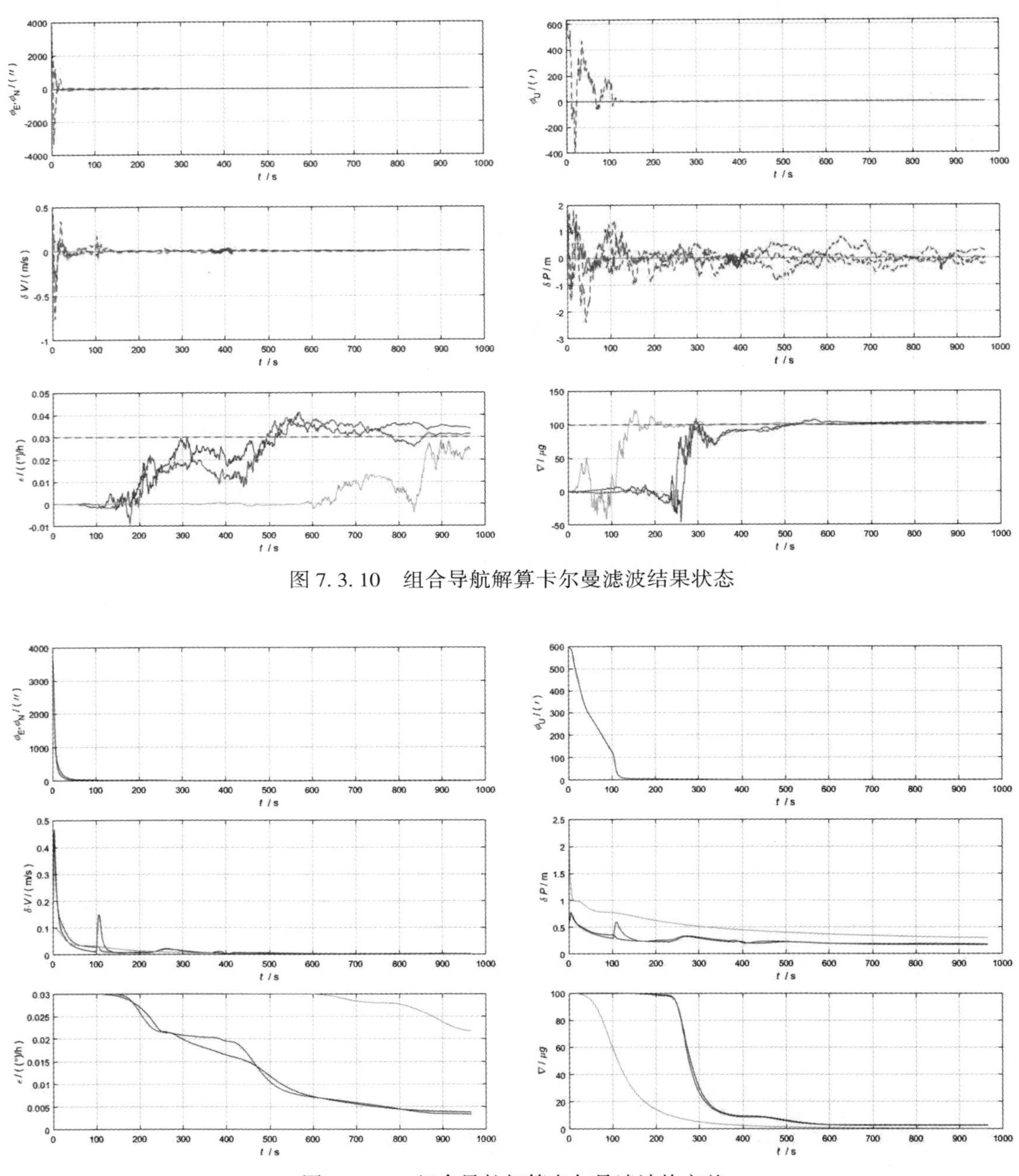

图 7. 3. 10　组合导航解算卡尔曼滤波结果状态

图 7. 3. 11　组合导航解算卡尔曼滤波均方差

① 严恭敏. PSINS 工具箱入门与详解. (2021-05) [2024-10-09]. https://psins.org.cn/Customer/FileDownloadVerifyPass? fileid=338940&type=img.

如果是二进制(纯 double 型)格式文件，可以使用 binfile 函数，这对导入 C 语言生成的数据文件更快速方便；或者可参照 binfile，使用 fread 自行编程导入特定格式的二进制文件；如果是文本文件或 .mat 格式文件，使用 Matlab 的 load 或 importdata 函数；若是特殊格式的 PSINS-IMU/AVP 文件，可用 imufile/avpfile 等函数。

需要说明的是，从文件直接导入 Matlab 工作空间的数据通常是一个二维数组，其各列顺序及量纲单位不一定符合 PSINS 的算法要求，需再进行数据提取和转换。比如，可使用 imuidx 提取 IMU 数据并进行单位转换，陀螺输出单位为角增量，加速度计输出单位为速度增量；如有需要，还可借助 imurfu 函数将 IMU 转换至右-前-上坐标系；使用 avpidx 提取 AVP 数据并进行单位转换，结果姿态/纬经为弧度、方位角北偏西为正；使用 gpsidx 提取 GNSS 速度/定位数据并进行单位转换，纬经度为弧度；通常 GNSS 的频率低于 IMU 频率，为删除重复数据行可调用 norep 函数；为删除数据为 0 行可调用 no0 函数；使用 tshift 或 adddt 函数可将数据的起始时间转换至指定的相对时间。

在准备好外部数据之后，用户可以仿照 PSINS 中各项功能实现个人数据的处理，图 7.3.12 是根据 PSINS 中“test_SINS_GPS_153.m”的格式书写的读取数据并使卡尔曼滤波进行组合导航的程序。

```
glvs
psinstypedef(156);
ts = 1/200;
[nn, ts, nts] = nnts(1, ts);
load('imu')
load('gnss')
load('avpstd')
load('avp0')
imu = imu(1:214000,:);
gnss = gnss(1:1070,:);
% gnss = gnss(1:end,1:3);
% gpsplot(gnss(:,1:3));
% imuplot(imu);
%%  error setting
% 陀螺零偏: deg/h    加计零偏: ug
% 角度随机游走: deg/sqrt(h)  速度随机游走: ug/sqrt(Hz)
% imuerr = imuerrset(200, 10000, 0.2, 200);     %
imuerr = imuerrset(200, 10000, 0.2, 20000);
davp0 = avperrset([360;360;3000], 10, [100;100;10]);
ins = insinit(avp0', ts);
%% kf
r0 = vperrset(0.01,0.1);
kf = kfinit(ins, davp0, imuerr, r0);
% kf.Pmin = [avperrset(0.01,1e-4,0.1); gabias(1e-3, [1,10])].^2;
% kf.pconstrain=1;
len = length(imu); [avp, xkpk] = prealloc(fix(len/nn), 10, 2*kf.n+1);
timebar(nn, len, '156-state SINS/GPS simulation.'); ki = 1;
for k=1:nn:len-nn+1
    k1 = k+nn-1;
    wvm = imu(k:k1,1:6); t = imu(k1,end);
    ins = insupdate(ins, wvm);
    kf.Phikk_1 = kffk(ins);
    kf = kfupdate(kf);
    if  mod(k1,200)==0
        vnGPS = gnss(ki,4:6)'; posGPS = gnss(ki,1:3)';
        zk = [ins.vn-vnGPS; ins.pos-posGPS];
        kf = kfupdate(kf, zk, 'M');
        [kf, ins] = kffeedback(kf, ins, 1, 'avp');
        avp(ki,:) = [ins.avp', t];
        xkpk(ki,:) = [kf.xk; diag(kf.Pxk); t]';  ki = ki+1;
    end
    timebar;
end
avp(ki:end,:) = []; xkpk(ki:end,:) = [];
avperr = avpcmpplot(avpstd, avp);
kfplot(xkpk, avperr, imuerr);
insplot(avp);
```

图 7.3.12 用户自编程序示例

上述程序所使用数据来源于武汉大学卫星导航定位技术研究中心多源智能导航实验室（i2Nav）的开源数据集（https：//github. com/i2Nav-WHU/awesome-gins-datasets），“imu”与“gnss”是开源数据 ICM20602 中的部分 IMU 与 GNSS 数据。使用上述程序处理 imu 与 gnss 数据，其处理结果如图 7. 3. 13 至图 7. 3. 16 所示。在数据集中提供了对应的真值数据文件，图 7. 3. 13 为绘制的姿态、速度、位置变化量、姿态误差、速度误差与位置误差图，其中的各项误差为组合导航解算结果与参考真值之差，各条线代表含义请参考图 7. 3. 9 的描述。图 7. 3. 14 为绘制的 EKF 结果状态图，图中各线代表含义请参考图 7. 3. 10。图 7. 3. 15 为 kfplot 函数绘制的 EKF 均方差(P 矩阵对角线元素的开方)图，图中各线代表含义请参考图 7. 3. 11。图 7. 3. 16 为 insplot 绘制的导航结果图，图中各线含义请参考图 7. 3. 8。

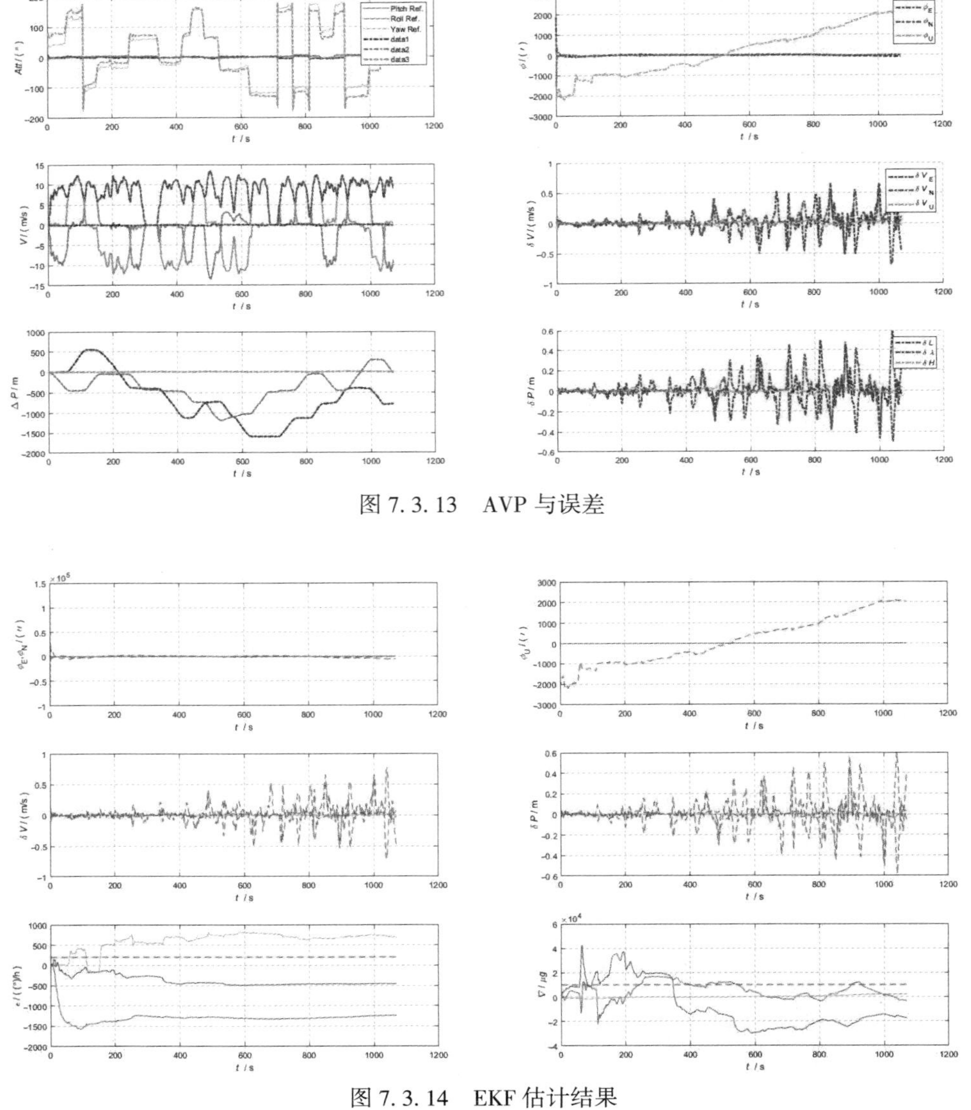

图 7. 3. 13　AVP 与误差

图 7. 3. 14　EKF 估计结果

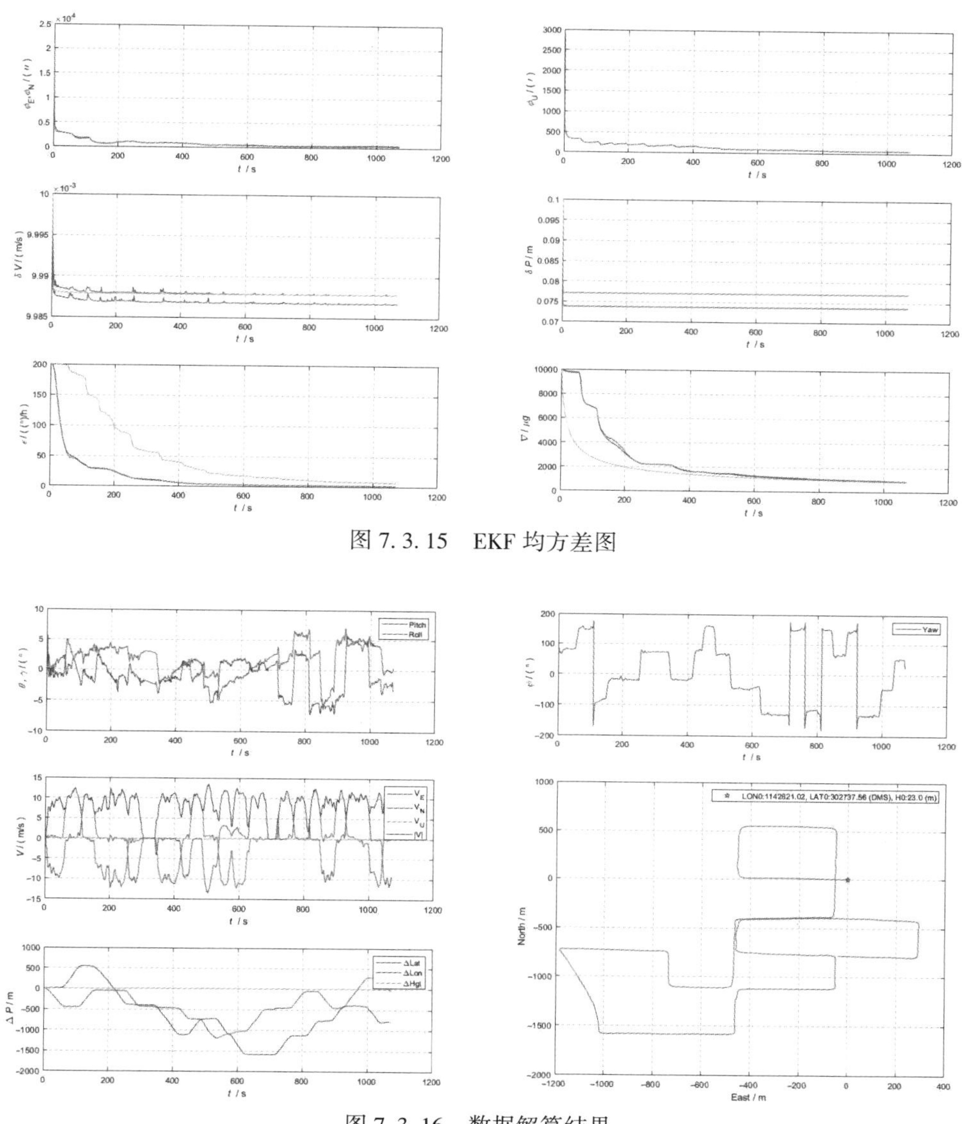

图 7.3.15 EKF 均方差图

图 7.3.16 数据解算结果

7.4 PSINS 特色功能

除 EKF 组合导航数据处理外，PSINS 工具箱还有一系列的特色功能供使用者学习与使用。运行 psinsmain. m 文件或者查看 doc 文件夹中的“PSINS 工具箱函数索引 . doc”文档，可以了解 PSINS 提供的更多功能以便帮助我们学习。在这里进一步介绍滤波算法示例(如 test_SINS_GPS_EKF_153. m)、纯惯性导航解算仿真(test_SINS. m)、惯性导航/航位推算组合导航仿真(test_SINS_DR. m)、ZUPT 仿真(test_SINS_ZUPT. m)、惯性器件特性分析(imudlg. m)与组合导航中的不可交换误差演示(demo_cone_motion. m、demo_ noncommutativity. m 与 demo_scull_motion. m)。

PSINS 提供 EKF(扩展卡尔曼滤波)、UKF(无迹卡尔曼滤波)、CKF(容积卡尔曼滤波)、PF(粒子滤波)等组合导航功能，勾选 psinsmain 主界面中的“查看 m 文件源代码”即可查看对应的算法源代码。如使用者有其他需求，可根据提供的示例代码进行改写，并可使用实测数据对不同滤波效果进行测试。此外，PSINS 还支持将杆臂、时间不同步参数加入滤波器的状态向量，以分析其对组合导航的影响与是否满足定位精度的要求。

PSINS 提供纯惯性导航解算仿真示例 test_SINS. m，通过运行该示例，可以了解惯性导航的误差传播特性。依照 test_SINS. m 中代码前面的注释，在运行 test_SINS. m 之前先运行 test_SINS_trj. m 文件生成模拟数据，再运行 test_SINS. m 文件。模拟数据状态与误差结果图如 7. 4. 1 所示，其中惯性导航的速度与位置误差随时间推移逐渐增大，对照图 7. 3. 8 中的模拟数据参考真值轨迹图，表现为其轨迹逐渐偏移(见图 7. 4. 2)。这种现象主要与惯性传感器(陀螺仪与加速度计)的误差有关。由于惯性导航是通过对角速度和加速度进行积分来推算载体的恣态、速度和位置，这时导航误差便会随着时间逐渐积累，从而导致漂移现象。正是此原因，惯导与卫导等系统进行组合导航的意义才显得尤为重要。

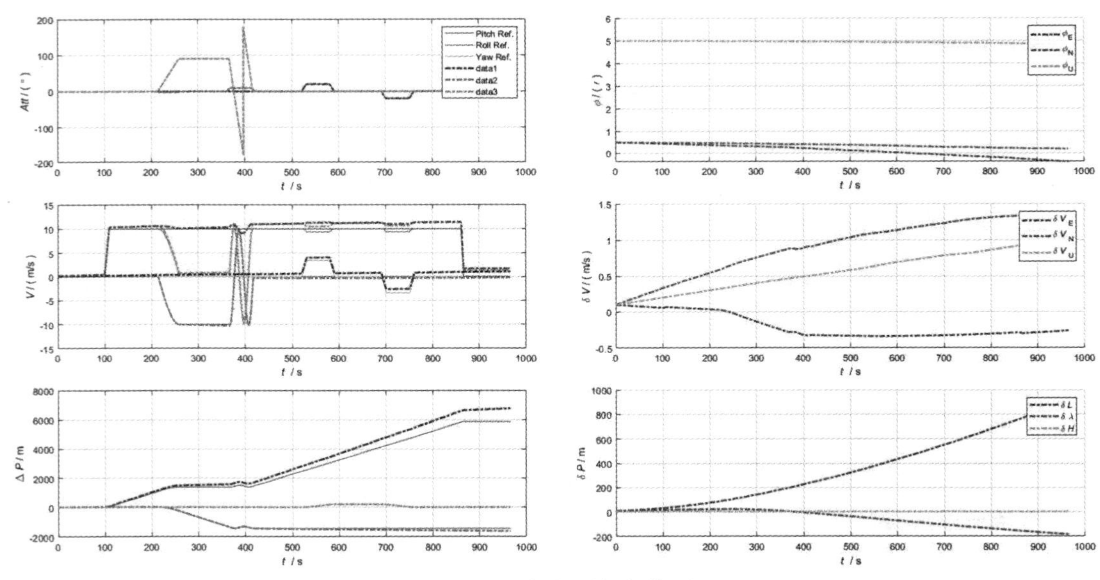

图 7. 4. 1　纯惯性导航解算误差

惯性导航是基于 IMU 通过积分的方式得到载体姿态、速度与位置，而航位推算是基于车轮里程计、速度计、磁力计等通过测量车辆的速度、航向以及行驶距离推算当前位置。将两者结合可以有效改善惯性导航在导航过程中误差累积的情况。惯性导航/航位推算是一种将捷联惯性导航系统(SINS)和航位推算(DR)相结合的导航方式，它利用两者的优点来提高导航精度和稳定性，减小累积误差，适合在长时间或复杂环境中(如 GNSS 信号不稳定或失锁的环境)进行导航。

在 test_SINS_DR. m 文件中，注释部分表明在运行此文件前应先运行 test_SINS_trj. m

文件生成模拟数据。依次运行完之后，可得 SINS 与 DR 组合导航的运行结果。在图 7.4.3 的轨迹图中，True trajectory 为 SINS/DR 组合导航的轨迹，DR trajectory 为 DR 的轨迹，将二者平面轨迹与图 7.3.8 参考真值轨迹对比，可发现组合后的轨迹比航位推算结果更为准确，误差更小。将 SINS/DR 的轨迹与图 7.4.2 的纯惯性导航的轨迹图与速度图对比，可以看出 SINS/DR 组合导航有效抑制了惯性导航系统的漂移。图 7.4.3 中除平面轨迹图外其他各图中曲线的含义请参考“7.3 算例演示”中各图对于各条曲线的解释。

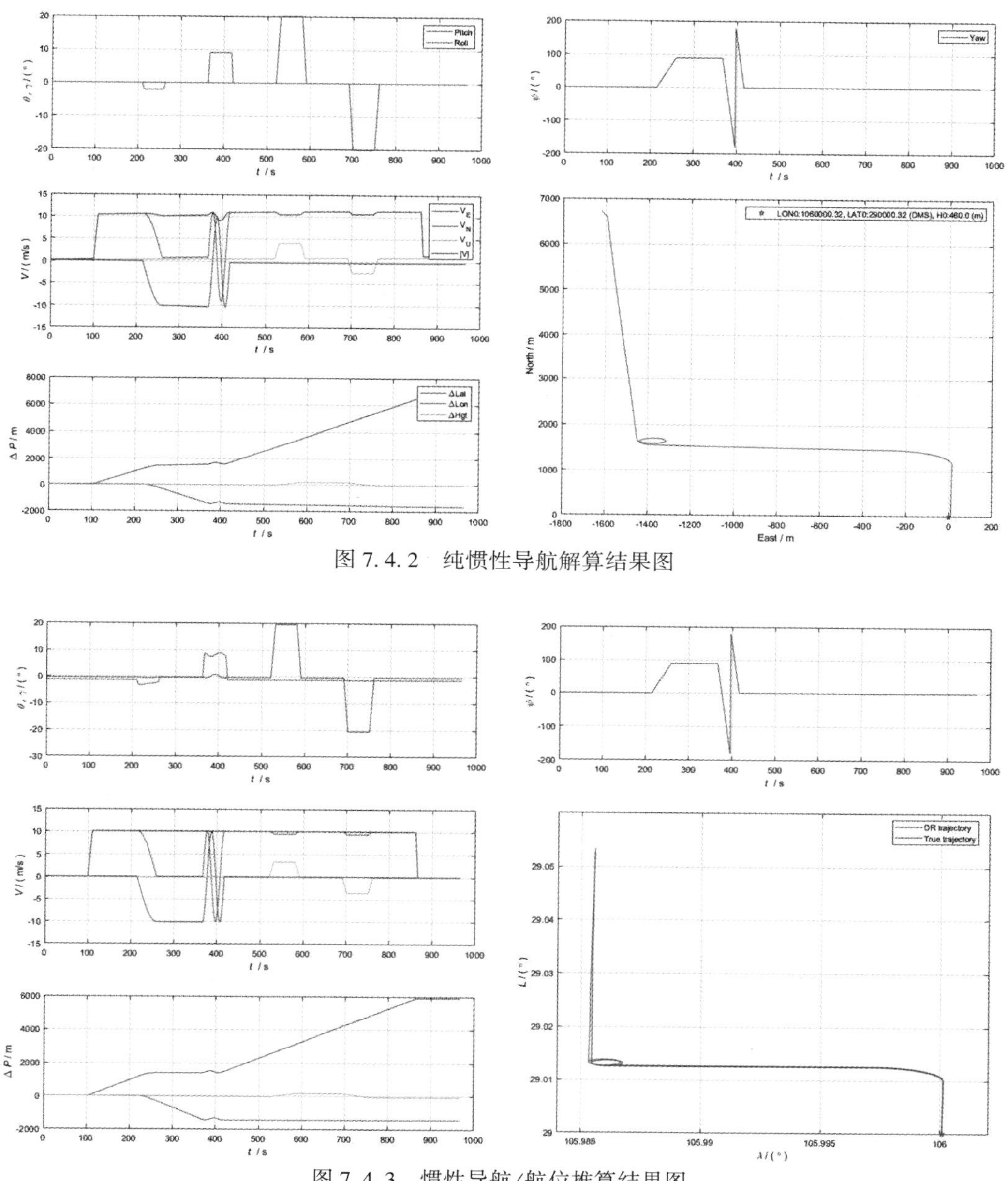

图 7.4.2　纯惯性导航解算结果图

图 7.4.3　惯性导航/航位推算结果图

零速修正(ZUPT)是利用载体停止运动时惯导系统的速度输出作为观测量，进而对其他各项误差实现校正的技术(高钟毓等，1995)。这是一种价格低廉但有效的误差校正方式。

在运行 test. SINS. ZUPT. m 仿真之前，代码作者表明应先运行 test_SINS_ZUPT_trj. m 文件生成模拟数据，如图 7. 4. 4 所示。之后，运行 test_SINS_ZUPT. m 程序，可得零速校正状态与误差图(见图 7. 4. 5)与零速校正结果图(见图 7. 4. 6)。在图 7. 4. 5 的速度误差图中，加入零速修正后，每当载体速度为零时导航系统累积的速度误差均会被校正，其位置累积误差也随之被大部分校正。对比图 7. 4. 6 中的加入零速校正的轨迹图与图 7. 4. 4 中的模拟数据轨迹，两者较为接近。

PSINS 工具箱提供 IMU 性能分析功能，其界面如图 7. 4. 7 所示，主要包含 Allan 方差分析、初始对准、纯惯导解算等功能，以便于用户对 IMU 性能进行评估。使用 Allan 方差分析 IMU 性能时，需要 IMU 在测试过程中始终保持静止，可采用 PSINS 官方网站中“导航数据”提供的 STIM300 静止 3h 数据进行 Allan 方差分析测试，同时采用第 6 章中 KF-GINS 提供的开源数据 Leader-A15. txt 做纯惯导解算。

读取 STIM300 数据，并依据图 7. 4. 7 中选项设置相应参数，可得 STIM300 的陀螺仪 Z 轴 Allan 方差分析曲线图(见图 7. 4. 8)，根据各种噪声源幂律谱与 Allan 方差之间的关系，可读取量化噪声(对应曲线斜率为-1)、角度随机游走(对应曲线斜率为-1/2)、零偏不稳定性(对应曲线斜率为 0)、角速率随机游走(对应曲线斜率为 1/2)与角速率斜坡(对应曲线斜率为 1)的误差系数，但需注意，某个陀螺中并不一定五种误差都有表现，往往只表现出其中的少数几种误差(严恭敏等，2012)。

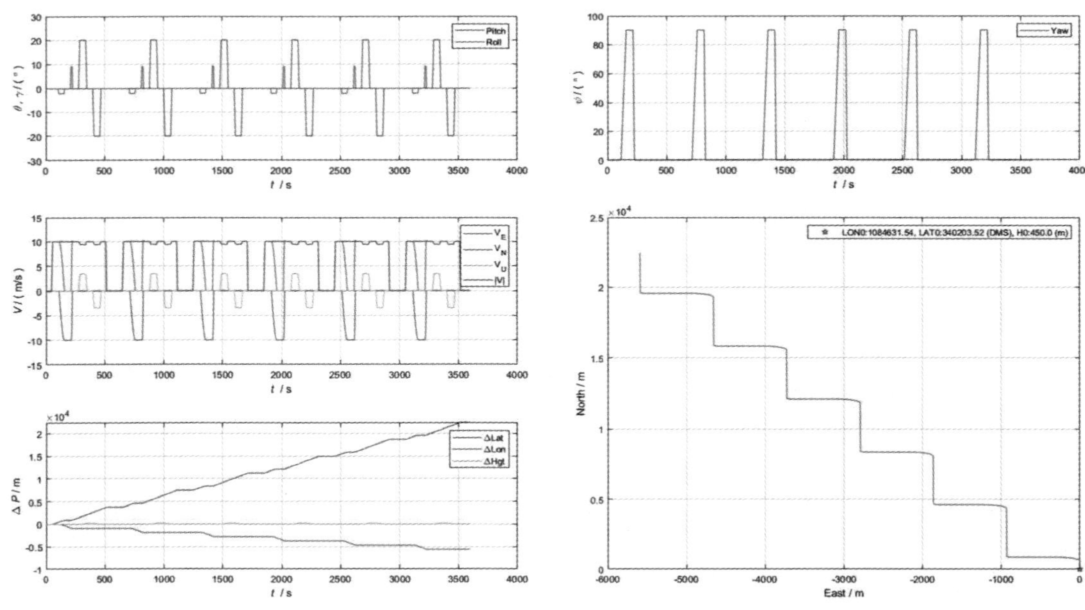

图 7. 4. 4　ZUPT 模拟数据

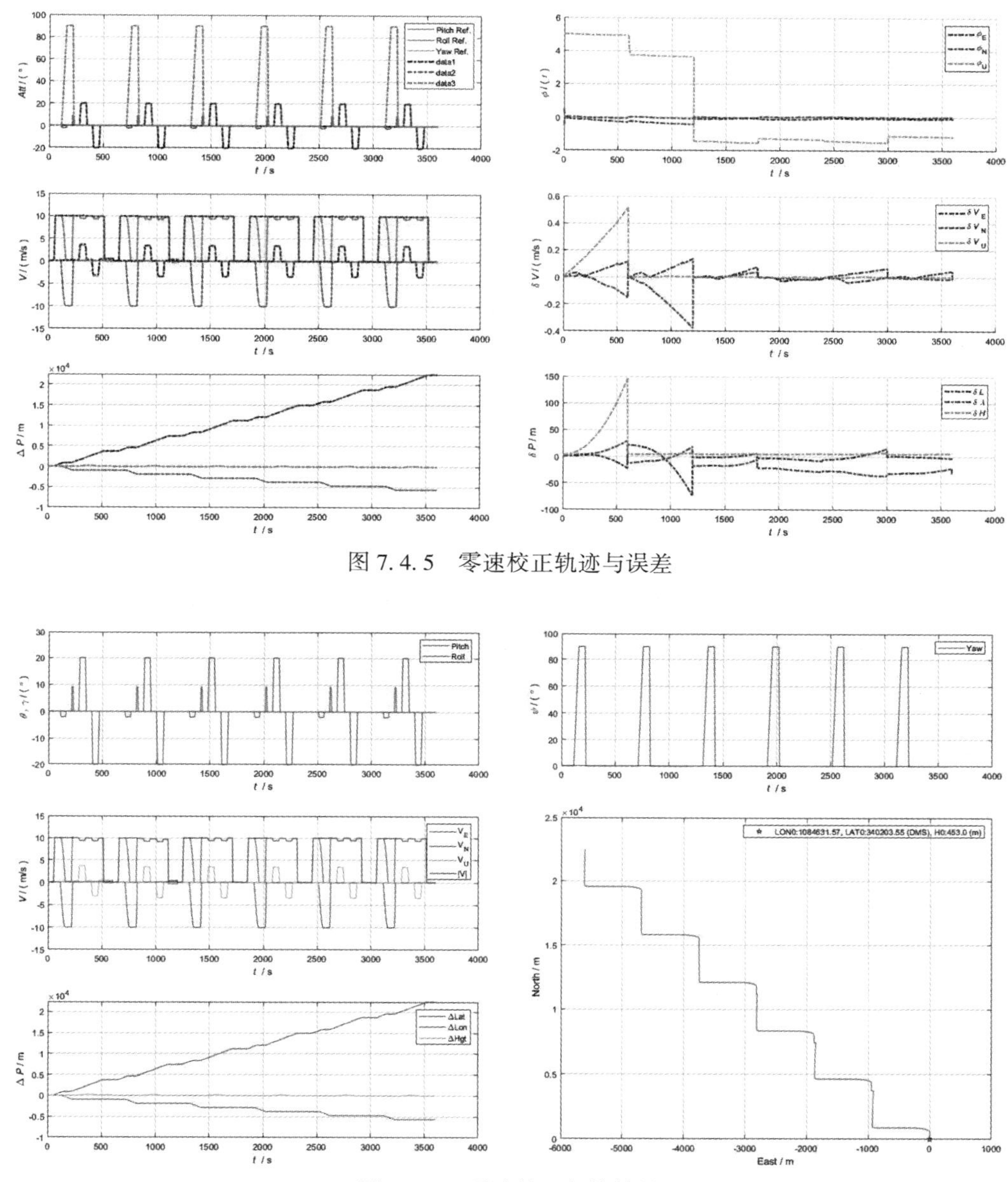

图 7.4.5　零速校正轨迹与误差

图 7.4.6　零速校正解算结果

读取 Leader-A15.txt 数据并设定好相应参数后可进行纯惯导解算。图 7.4.9 为使用 Leader-A15.txt 惯导数据进行纯惯导解算的结果。图 7.4.10 为使用 Python 绘制的与 Leader-A15.txt 配套的参考真值轨迹图。由图 7.4.9 分析可得，在经历约 3414 s(秒)的纯惯性导航结算后，导航轨迹明显不符合真实轨迹(见图 7.4.10)，解算结果难以适用于实际导航需求。同时 IMU 性能分析功能也可以结合“纯惯性导航静态误差特性仿真”功能来学习，当 IMU 静止时，从图 7.4.11 中可以观察到随着时间的推移，姿态、速度与位置逐渐发生漂移，理论上应为一个点的定位结果漂移出一段呈发散趋势的轨迹。这从侧面反映出了使用外部数据源修正惯性导航定位的重要性。

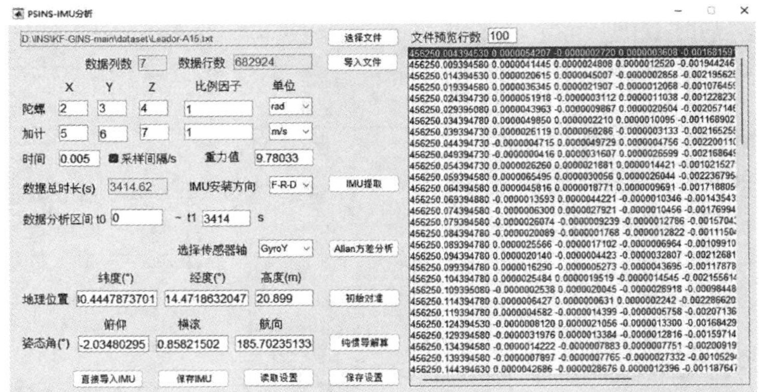

图 7.4.7　IMU 分析界面图

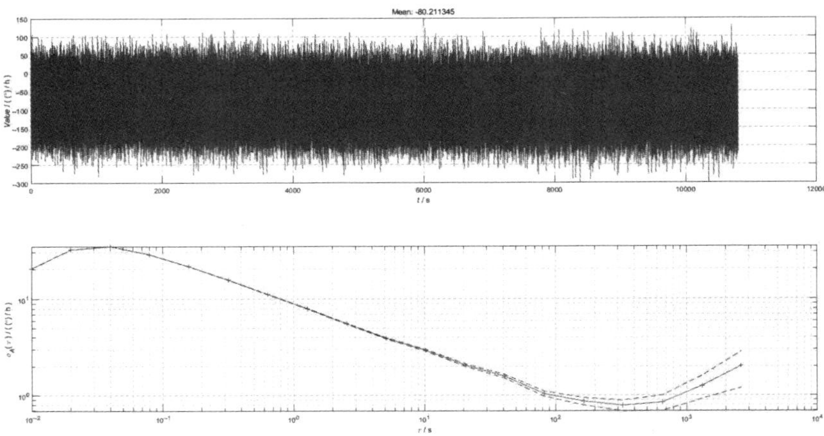

图 7.4.8　STIM300 陀螺仪 Z 轴 Allan 方差分析

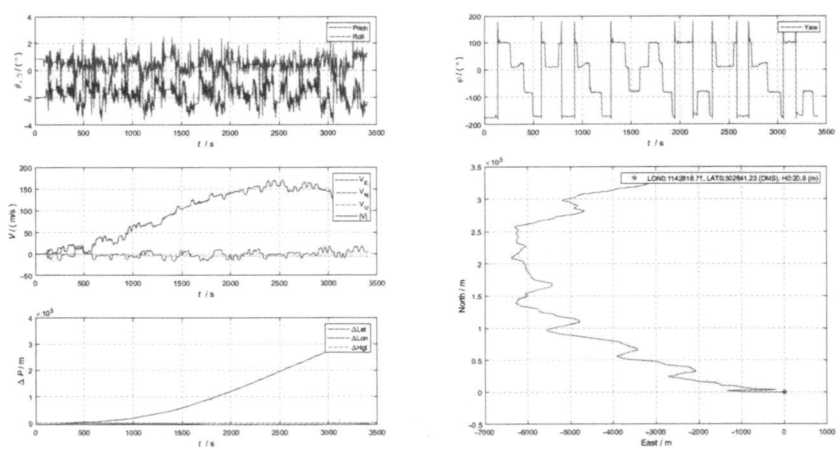

图 7.4.9　Leader-A15 纯惯性导航解算结果

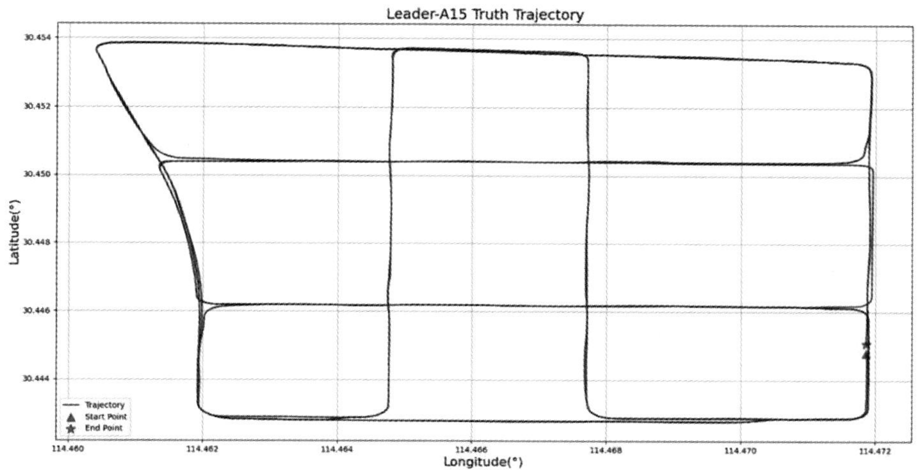

图 7.4.10 Leader-A15 组合导航解算平面轨迹

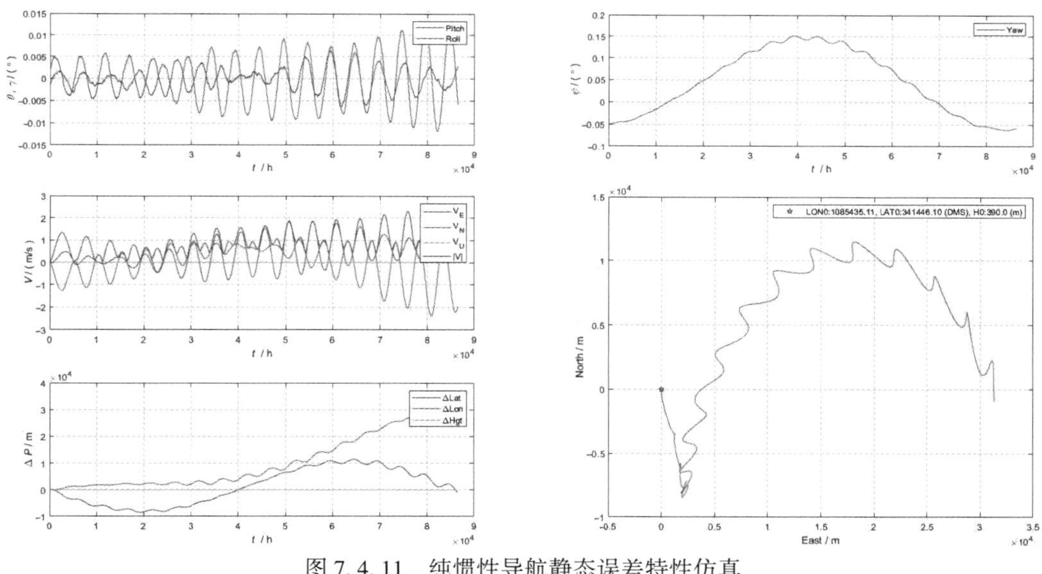

图 7.4.11 纯惯性导航静态误差特性仿真

为方便初学者学习组合导航，PSINS 提供了圆锥运动(姿态不可交换性误差)和划桨运动演示模型。初学者可利用模型理解两种误差对惯性导航的影响。

①圆锥运动是指当陀螺仪在其旋转轴和输出轴出现同频不同相的角振动时，尽管其测量输入轴净指向不变(从整体上看没有随时间改变的趋势项)，但陀螺仪在输入轴上还是会感应到并输出常值角速率信号(严恭敏等，2019)。随着时间的推移，圆锥效应引起的误差会不断累积，导致姿态解算的偏差逐渐增大。因此，通常在算法中引入圆锥效应补偿项以减小圆锥效应对于惯性导航的影响。其演示模型如图 7.4.12 所示。

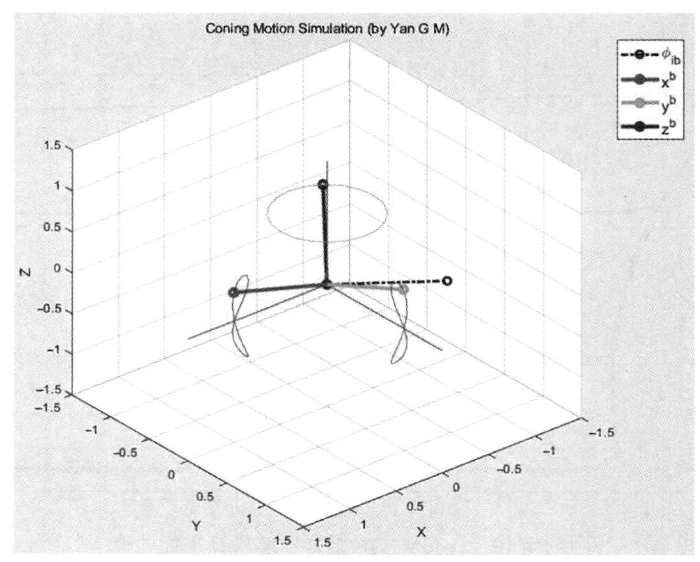

图 7.4.12　“圆锥运动”演示界面图

②使用方向余弦阵更新算法或四元数更新算法都是假设在更新周期内动坐标系作定轴转动，如果不是定轴转动，由角增量直接求解变化矩阵或四元数，会引入不可交换性误差（严恭敏等，2019）。因此，在组合导航算法中通常引入等效旋转矢量来消除不可交换性误差。不可交换性误差演示如图 7.4.13 所示。

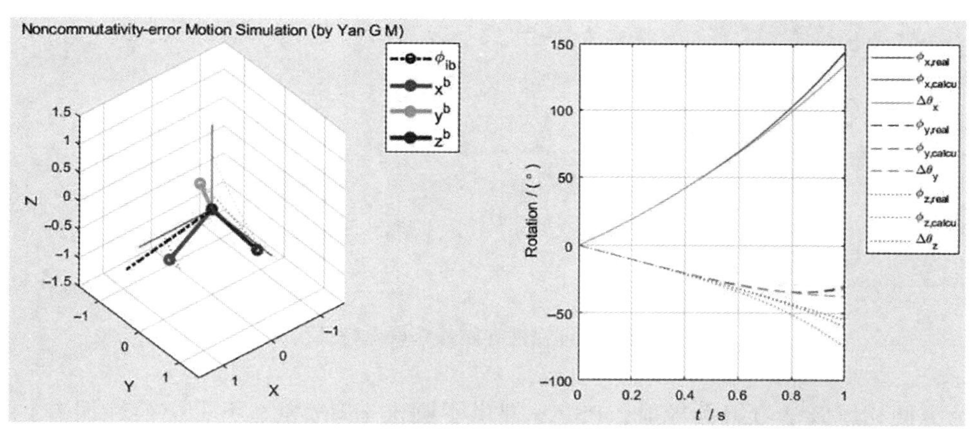

图 7.4.13　“不可交换性误差”演示界面图

当载体存在线振动和角振动，或载体做机动运动时，在速度解算中会引入划桨误差（秦永元，2020）。划桨误差在惯性导航解算时会引入累积的位移误差，这类误差随着时间的推移而积累，导致导航系统的位移解算出现明显的漂移现象。特别是当载体在旋转和移动过程中存在振动或摆动时，划桨效应会放大这种位置误差，因此要在算法中引入划桨效应补偿项以降低其影响。划桨效应演示如图 7.4.14 所示。

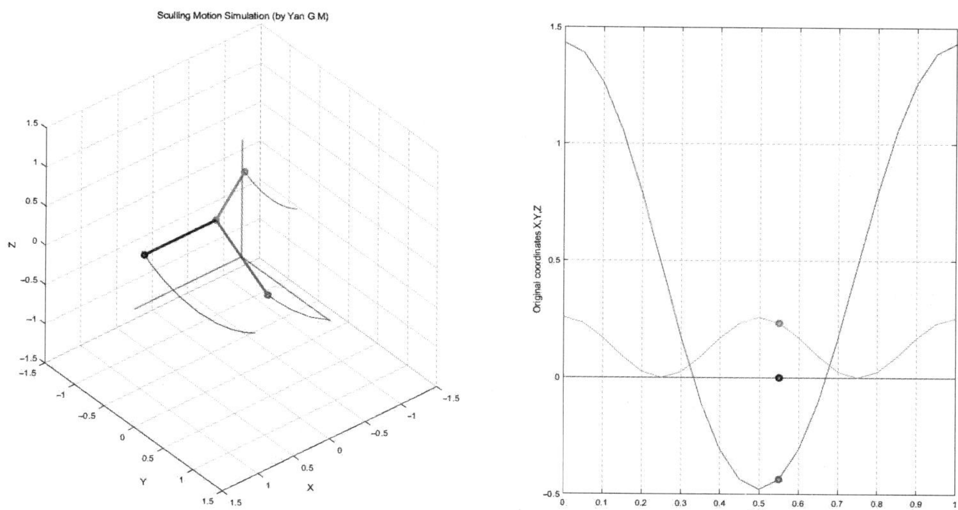

图 7.4.14 划桨效应演示界面图

7.5 常见问题与解决方法

问题 1：程序在第一次运行时无法启动。

解决方法：运行 Matlab 打开 PSINS 根目录下的 psinsinit. m 文件，完成工具箱的安装初始化。

问题 2：运行程序得到结果与本书不一致。

解决方法：查看将要运行的代码上方作者的注释，是否需要提前运行某个文件。

第 8 章　POSMind 软件

8.1　POSMind 软件介绍

POSMind(博思迈)是由武汉大学测绘学院自主研发的一款高精度 GNSS/SINS 数据融合处理软件。该软件包括参数管理、数据解算、图形显示、报告生成、辅助工具等多个可视化模块，既可以单独处理 GNSS(GPS/GLO/GAL/BDS)多系统数据，也可以联合处理惯性导航数据。

POSMind 具有以下突出优点：

(1)软件操作简单，可视化程度高，交互性能良好。

(2)内核算法采用了课题组最新的研究成果，并进行了大量优化和数据验证，处理速度快，解算结果可靠。

(3)具有高精度定位定姿的能力，可广泛应用于动态载体导航、移动测量、高铁轨检、智慧工地等领域。

POSMind 具有以下技术特点：

(1)支持 GPS/GLO/BDS/GAL 多系统，可单独或混合处理；

(2)支持 SPP/PPP-AR/RTD/RTK 定位以及 GNSS/SINS 松/紧组合；

(3)支持 GPS/BDS/GAL 的 PPP 模糊度固定；

(4)支持短/长/短到长基线处理；

(5)提供前向/后向滤波器、前向/后向 RTS 平滑器以及组合器；

(6)惯性辅助 GNSS 预处理与模糊度固定。

POSMind 软件的技术指标详见表 8.1.1。

表 8.1.1　**POSMind 软件的技术指标**

解算模式	平面/航向角	高程/水平角
PPP 浮点解	<10cm	<20cm
PPP 固定解	<5cm	<10cm
RTK 固定解	<2cm	<5cm
双天线定姿(1m)	<0.2deg	<0.4deg
GNSS/SINS 组合定姿	<0.03deg	<0.01deg
失锁 1 分钟(后处理)	<20cm	<5cm

8.2 POSMind 软件下载与安装

8.2.1 POSMind 软件下载

下载 POSMind 软件，首先进入 kaggle（https://www.kaggle.com）网站，如图 8.2.1 所示。

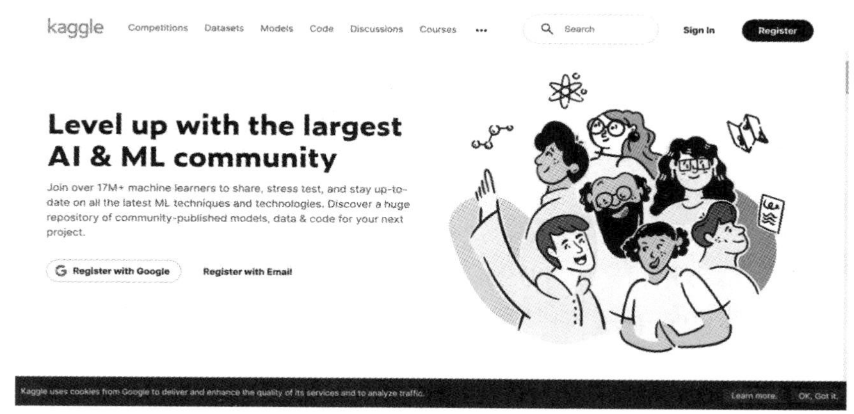

图 8.2.1　kaggle 网站首页

需要注册 kaggle 账号，并登录。点击图 8.2.1 右上角“Register”即可注册账号，可选择 Google 注册或者邮箱注册，如图 8.2.2 所示。

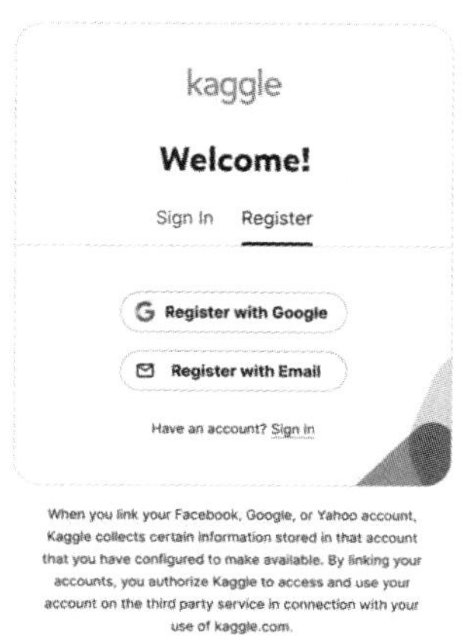

图 8.2.2　kaggle 注册登录界面

下面以邮箱注册为例说明：在如图 8.2.3 所示界面输入用户邮箱与密码，即可注册成功。

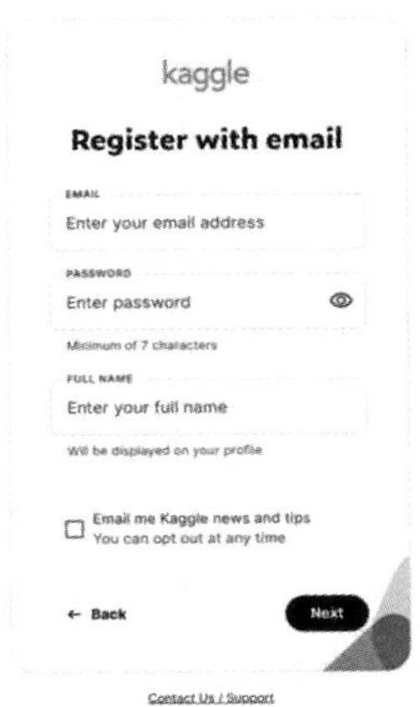

图 8.2.3　邮箱注册界面

注册成功之后，即可下载 POSMind 软件，网址为：https：//www.kaggle.com/datasets/fengzhusgg/smartpnt-pos。如图 8.2.4 所示，点击“download”即可下载。

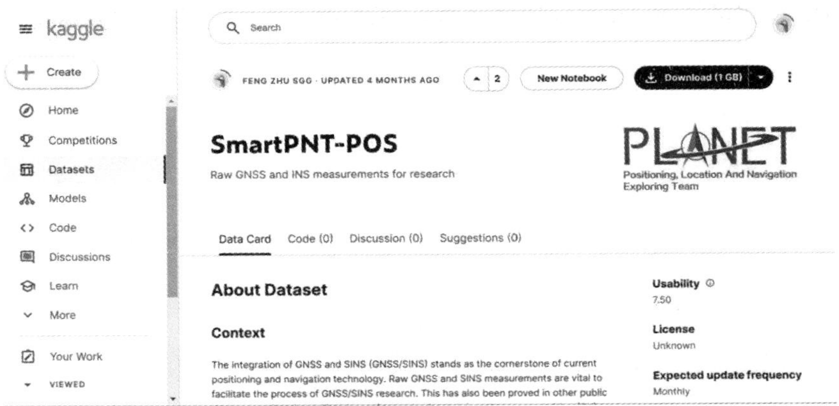

图 8.2.4　软件下载页面

下载得到名为“achieve.zip”的压缩文件，将其解压，得到文件如图 8.2.5 所示。

名称	修改日期	类型
Data Formats	2024/3/30 10:30	文件夹
Dataset	2024/3/30 10:30	文件夹
POSMind_Software	2024/3/30 10:30	文件夹
README.md	2023/12/7 8:47	MD 文

图 8.2.5　achieve 文件中内容

其中，“Dataset”为数据集文件夹，包含 10 组测试数据，具体内容如图 8.2.6 所示；“Data Formats”文件夹中提供了数据集中用到的惯导误差模型、读取 IMR 数据的 C++函数、杆臂和安置角误差参数解释以及 IE 软件用户手册(在其中可以查看 IMR 格式定义)；“POSMind_Software”文件夹中则包含 POSMind 安装包、数据处理流程与示例视频、结果导出示例以及用户许可文件(IPSLicence.lic，1/4/7/10 月初更新)，如图 8.2.7 所示。

名称	修改日期	类型
Data01_20230102_ISA-100C_Vehicle_Compl...	2024/3/30 10:30	文件夹
Data02_20220309_ISA-100C_Vehicle_Compl...	2024/3/30 10:30	文件夹
Data03_20150722_FSAS_Vehicle_Opensky	2024/3/30 10:30	文件夹
Data04_20220315_FSAS_Vehicle_Complex	2024/3/30 10:30	文件夹
Data05_20201128_HG4930_Vehicle_Opensky	2024/3/30 10:30	文件夹
Data06_20210115_HG4930_UAV_Opensky	2024/3/30 10:30	文件夹
Data07_20210126_HG4930_UAV_Opensky	2024/3/30 10:30	文件夹
Data08_20210123_HGI300_UAV_Opensky	2024/3/30 10:30	文件夹
Data09_20210222_HGI300_UAV_Opensky	2024/3/30 10:30	文件夹
Data10_20150108_LCI_Marine_Opensky	2024/3/30 10:30	文件夹

图 8.2.6　Dataset 文件夹中内容

AllanVarData	2024/4/14 17:58	文件夹	
IPSLicence.lic	2024/4/4 11:12	License	1 KB
POSMind_Data processing flow and examples.mp4	2022/5/9 22:21	MP4 文件	66,585 KB
POSMind_Detailed instructions for exporting solution results.pdf	2023/12/4 11:52	Foxit PDF Reader D...	470 KB
POSMind_Setup.exe	2023/12/4 10:39	应用程序	411,396 KB
README.md	2023/12/5 17:03	Markdown 源文件	1 KB

图 8.2.7　POSMind_Software 文件夹中内容

8.2.2　POSMind 软件安装

双击“POSMind_Setup.exe”之后界面显示如图 8.2.8 所示，点击“Next”，进入如图 8.2.9 所示界面。选择“I accept the agreement”，之后点击“Next”，进入如图 8.2.10 所示界面。点击“Browse”可自定义安装路径，选择好安装路径之后，再次点击“Next”。

随后，点击“Next”进入下一步，如图 8.2.11 所示，界面如图 8.2.12 所示，在图中勾选“Creat a desktop shortcut”即可创建桌面快捷方式，点击“Next”，进入最终界面如图 8.2.13 所示，点击“Install”即可完成安装，进入软件初始界面，如图 8.2.14 所示。

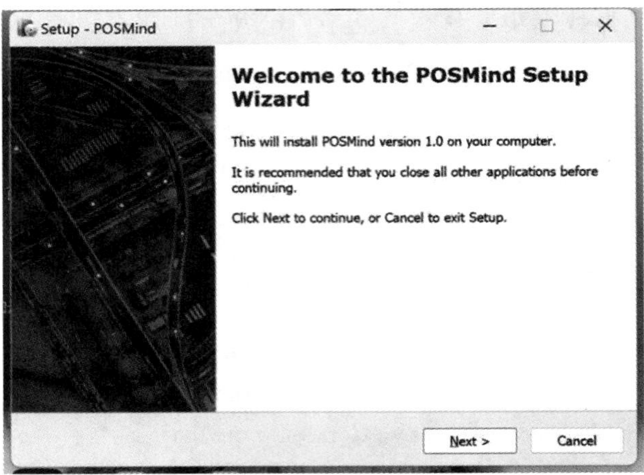

图 8.2.8　安装界面(一)

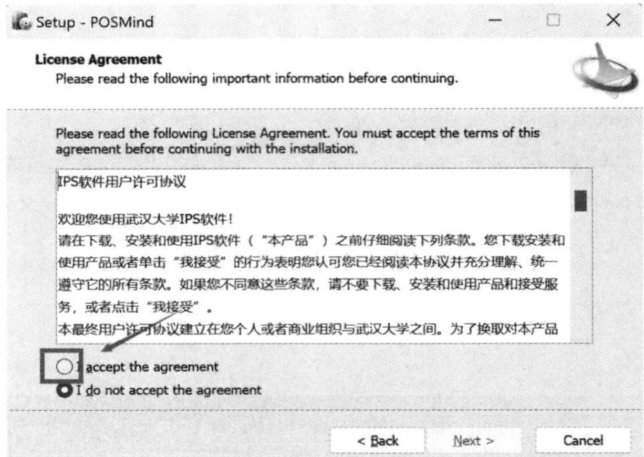

图 8.2.9　安装界面(二)

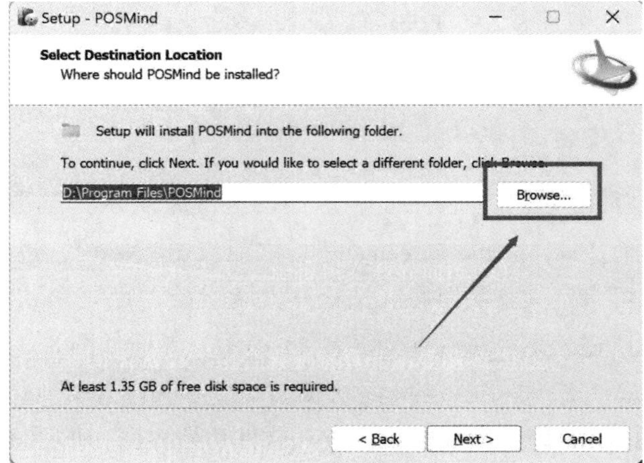

图 8.2.10　安装界面(三)

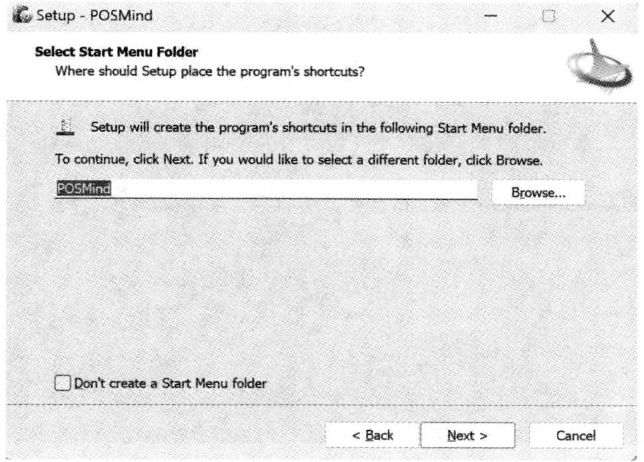

图 8.2.11　安装界面(四)

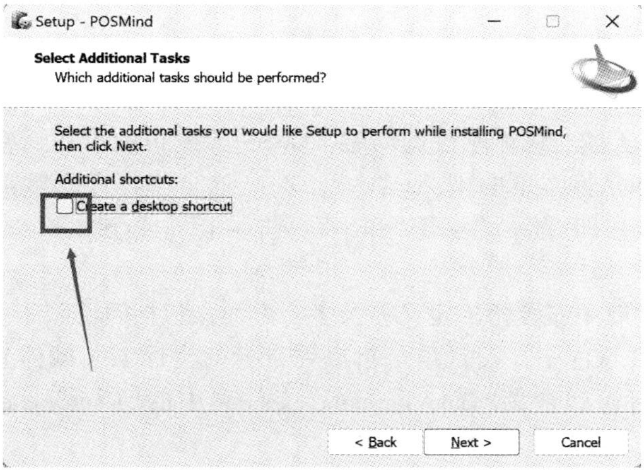

图 8.2.12　安装界面(五)

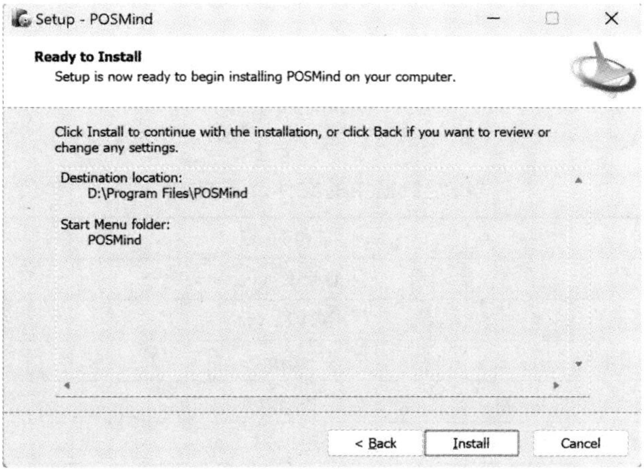

图 8.2.13　安装界面(六)

图 8.2.14　POSMind 软件初始界面图

8.3　专有名词解释

杆臂：当 GNSS 天线与载体刚性运动时，GNSS 天线相位中心到载体中心的向量，可以描述为前者在载体坐标系下的坐标(X，Y，Z)。这个坐标系通常采用右手坐标系，有两种常见的表示方式，即“前—右—下”和“右—前—上”，POSMind 软件中采用“右—前—上”来表示。

安置角：组合导航中安置角的定义涉及多个方面，包括但不限于航向角、俯仰角和横滚角等。在 POSMind 软件中，安置角是指惯导自身的坐标系与载体坐标系(右-前-上)之间的关系，具体如何得到参见“Data Formats”文件夹中的“Coordinate frame and mounting parameters. pdf”文档。

8.4　数据集介绍

“Dataset”文件夹中提供了 10 组测试数据集，每组数据中包含的文件如图 8.4.1 所示，其具体格式见表 8.4.1，其中“GT”表示“GroundTruth”。

表 8.4.1　**每组数据中的文件及其格式**

文件类别	文件后缀	文件格式
基准站观测值	BASE. yyo	RINEX 3. x
流动站观测值	ROVE. yyo	RINEX 3. x
IMU 原始观测值	*. imr	IMR
广播星历	*. yyp	RINEX3. x
精密星历	*. sp3	SP3
精密钟差	*. clk	CLK

续表

文件类别	文件后缀	文件格式
GNSS 天线相位中心参考真值	ROVE_(GT). txt	Text files
惯导中心参考真值	惯导名_(GT). txt	Text files
实验轨迹	* . kml	KML
数据描述文件	README. xml	XML
Figures	/	文件夹

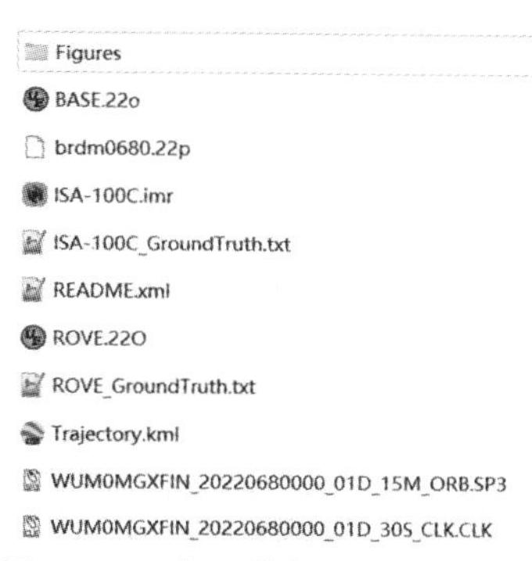

图 8.4.1　每组数据中包含的文件

其中，Figures 文件夹给出了参考真值文件中输出的模糊度固定情况、前后向互差序列、卫星数/PDOP 时间序列、高程变化以及谷歌地图中的运动轨迹，如图 8.4.2 所示。

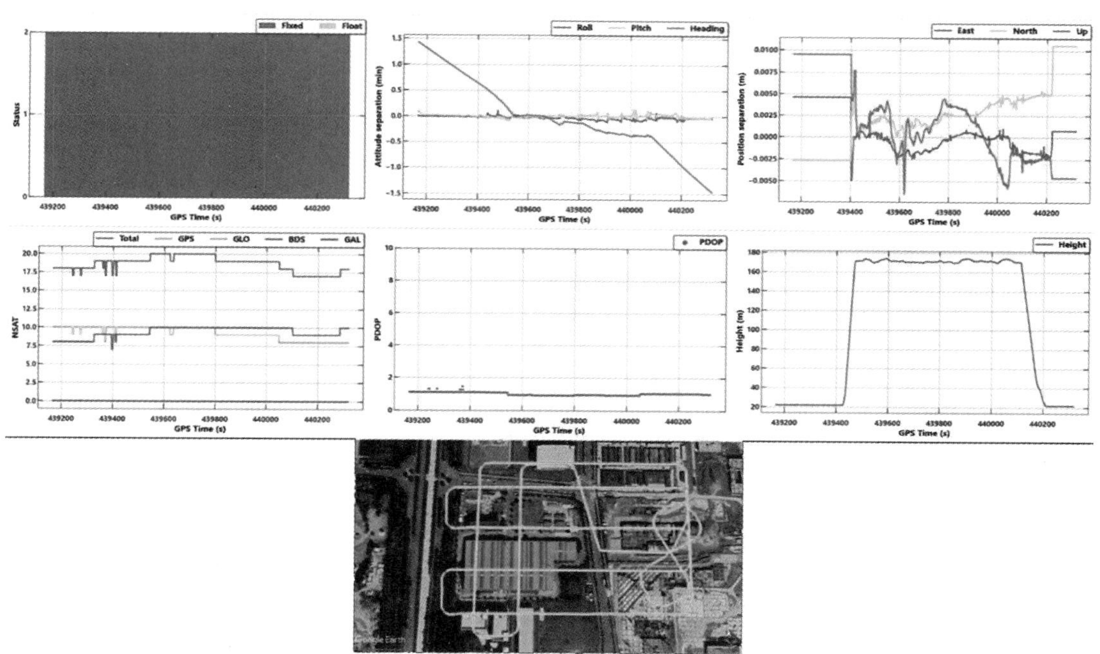

图 8.4.2　Figures 文件夹中的图片示例

每组数据中的参考真值文件均使用 IE 软件紧组合多向平滑结果导出，因此图 8. 4. 3 中均为 IE 紧组合结果的解算质量和轨迹等情况。参考真值中每列代表的含义见表 8. 4. 2。

表 8. 4. 2　**参考真值文件各列含义解释**

列数	内容/含义
1~2	GPS 周与周内秒
3~5	纬度、经度、高程
6~7	解算质量因子、模糊度固定状态
8~9	时间(年月日、时分秒)
10~12	ECEF 位置(X、Y、Z)
13~15	站心坐标系位置(east, north, up)
16~18	ECEF 速度(VX、VY、VZ)
19~21	站心坐标系速度(V-east, V-north, V-up)
22~24	姿态(heading, pitch, roll)
25~30	ECEF 位置协方差
31~36	ECEF 速度协方差
37~39	姿态标准差(heading, pitch, roll)
40~45	卫星数(总数、GPS、GLO、BDS、GAL、QZSS)
46~48	DOP 值(HDOP、VDOP、PDOP)
49	IMU 更新状态
50	GNSS L1 相位残差 RMS
51~53	位置前后向互差(east, north, up)
54~56	姿态前后向互差(heading, pitch, roll)
57	里程数

“README. xml”为说明文件，其中包含改组数据中的基准站坐标、杆臂、安置角信息等参数，如图 8. 4. 3 所示。

其中，“BASE”下给出的是基准站文件名、坐标以及天线高，“ROVE”下给出的是数据采集平台、采集场景、GNSS 文件名、IMU 观测值文件名、IMU 型号、杆臂、安置角，“PRODUCTS”下给出的是使用的广播星历、精密星历和精密钟差文件，其中精密星历和钟差均下载自武汉大学 IGS 中心。

```
<?xml version="1.0" encoding="UTF-8"?>

<DataInfo>
    <BASE>
        <ID>01</ID>
        <GNSS_OBSFile>BASE.21O</GNSS_OBSFile>
        <GNSS_BaseXYZ>-2279978.463210 5008243.932170 3214109.798388</GNSS_BaseXYZ>
        <GNSS_AntHeight>1.640</GNSS_AntHeight>
    </BASE>
    <ROVE>
        <ID>01</ID>
        <User_Platform>Airborne</User_Platform>
        <User_Scene>Opensky</User_Scene>
        <GNSS_OBSFile>ROVE.21O</GNSS_OBSFile>
        <SINS_IMUFile>HG4930.imr</SINS_IMUFile>
        <SINS_IMUType>HG4930</SINS_IMUType>
        <SINS_LeverArm_GNSS>0.044 -0.077 0.173</SINS_LeverArm_GNSS>
        <SINS_RotAngle_IMU>0.0 0.0 90.0</SINS_RotAngle_IMU>
    </ROVE>
    <PRODUCTS>
        <GNSS_NavFile>brdm0150.21p</GNSS_NavFile>
        <GNSS_PreEphFile>WUM0MGXFIN_20210150000_01D_15M_ORB.SP3</GNSS_PreEphFile>
        <GNSS_PreClkFile>WUM0MGXFIN_20210150000_01D_30S_CLK.CLK</GNSS_PreClkFile>
    </PRODUCTS>
</DataInfo>
```

图 8.4.3 “README.xml”内容展示

8.5 算例演示

POSMind 提供了一个十分友好的项目向导并搭载了良好的交互技术平台，以确保新用户能够快速上手；高精度的定位定姿算法允许用户尽可能少地配置参数，以简化工作流程并减少开始产生高精度结果所需要的学习时间。对于有经验的用户，POSMind 提供了丰富的处理 GNSS+SINS 配置选项，以供用户对定位定姿数据进行精细化处理。同时提供各种结果精度评估图、原始数据质量评估图和完整的处理报告，方便用户发现数据处理过程中存在的问题。

8.5.1 RTK/LCI 解算

这里以 RTK 和 RTK/SINS 松组合解算为例，展示如何在 POSMind 软件中进行操作。

操作流程主要包括新建工程、导入数据、解算运行、结果显示、结果导出。

新建工程：点击“工程”→“新建工程”，打开“工作向导”，如图 8.5.1 所示。再点击“新建”，选择工程路径，点击“下一步”。

导入数据：在如图 8.5.2(左)所示的界面中，点击灰色圆圈，导入流动站数据。随后在图 8.5.3(左)的界面中，点击灰色圆圈，导入星历数据，随后点击“下一步”，如图 8.5.4 所示，点击图中灰色圆圈，导入基准站数据。随后点击“下一步”，如图 8.5.5 所示，点击图中灰色圆圈，导入 IMU 数据，并根据 README.xml 中杆臂安置角，填入该页面中的杆臂和安置角处(见图 8.5.6)，随后点击“完成”，即可导入所有数据。

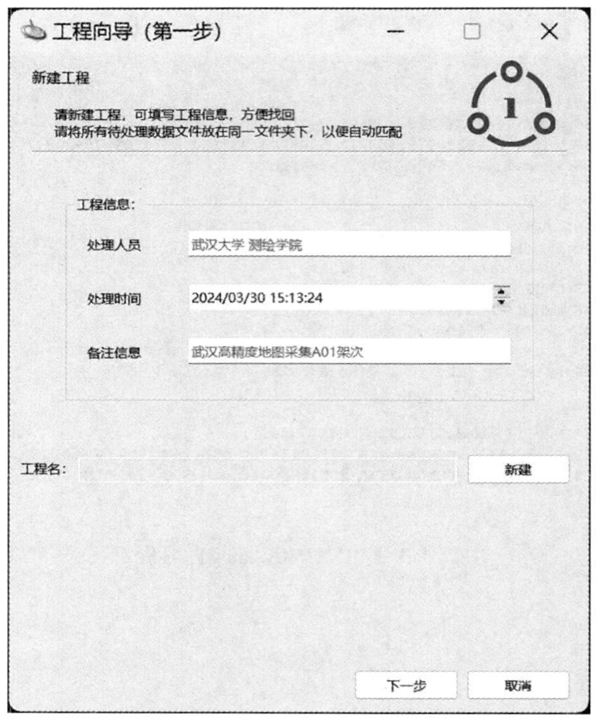

图 8.5.1　“工程向导”对话框

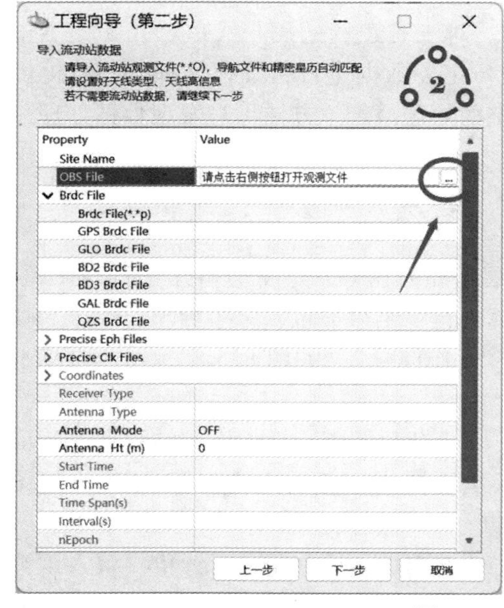

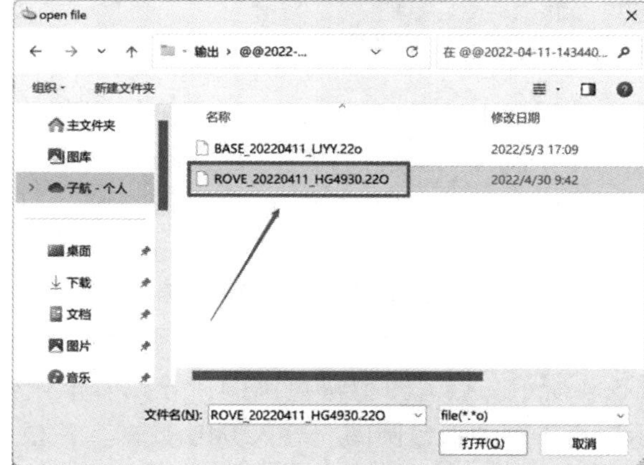

图 8.5.2　流动站数据导入

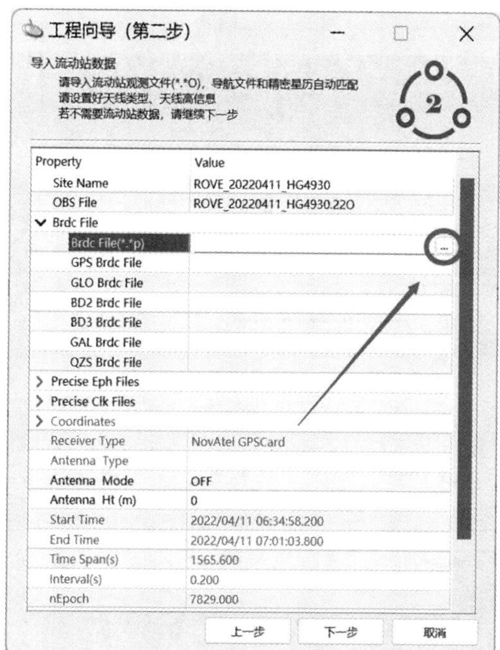

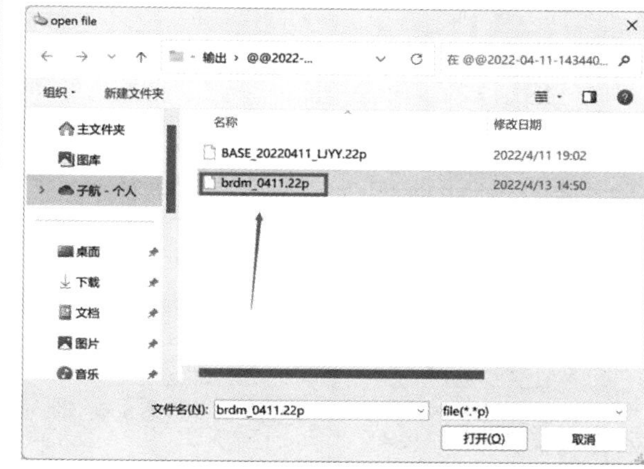

图 8.5.3 星历数据导入

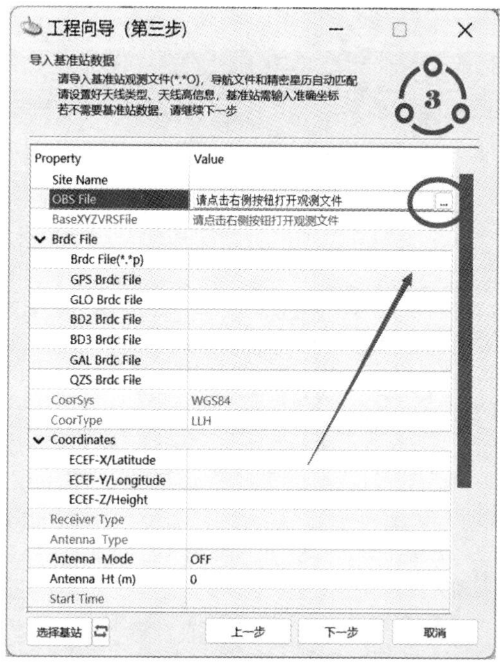

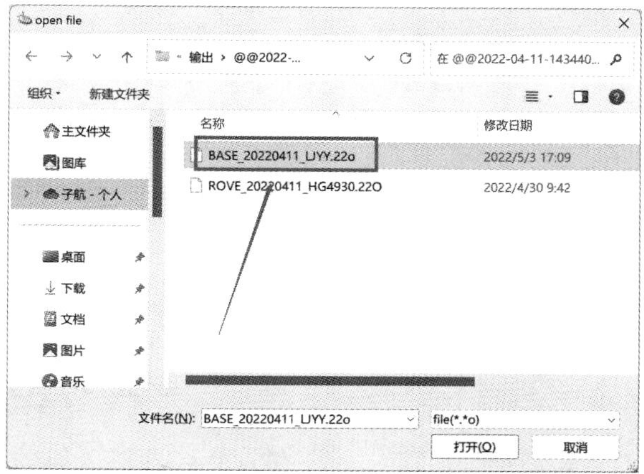

图 8.5.4 基准站数据导入

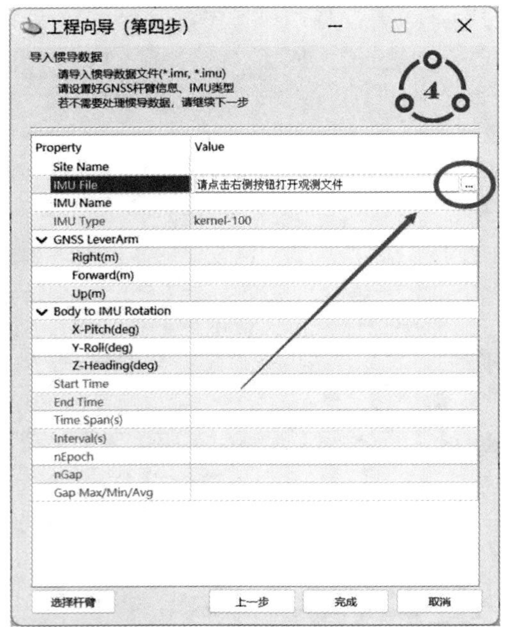

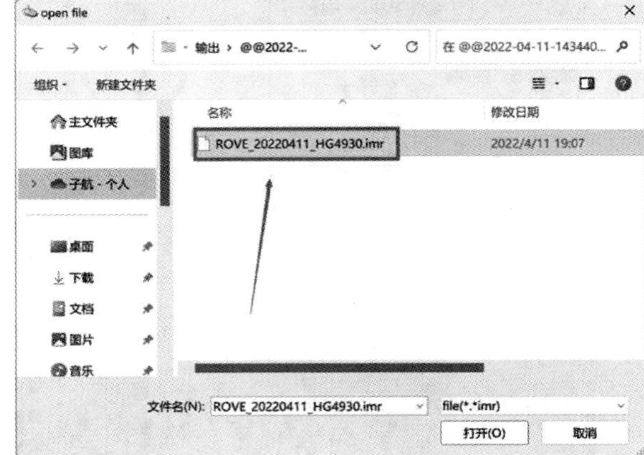

图 8.5.5　惯导数据导入

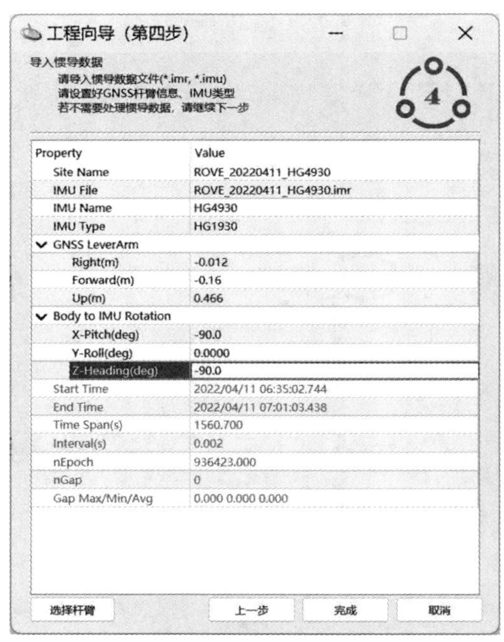

图 8.5.6　惯导信息输入

数据导入完成后，可以点击 POSMind 软件页面左上角“查看”按钮，查看工程信息、流动站信息、基准站信息和惯导信息（见图 8.5.7），一切准备完成后，即可进行数据处理。

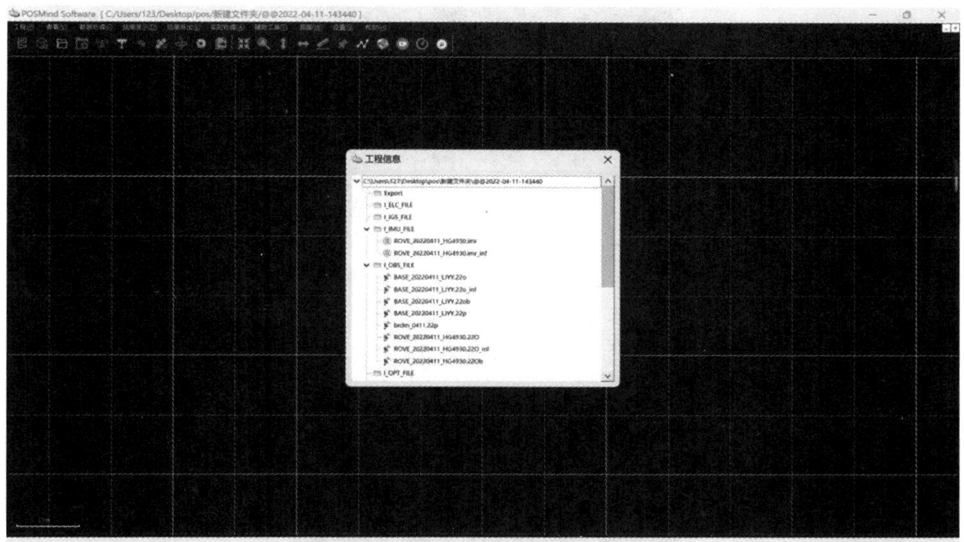

图 8.5.7 工程信息查看

RTK 解算：点击“数据处理”→“GNSS 解算”，如图 8.5.8 所示，选择 RTK 处理模式，点击“确定”进入 RTK 解算配置页面，一般采用默认配置即可，如图 8.5.9 所示，点击“数据处理”即可开始 RTK 解算运行，运行页面输出信息如图 8.5.10 所示。

图 8.5.8 GNSS 解算模式选择

图 8.5.9 GNSS 解算配置

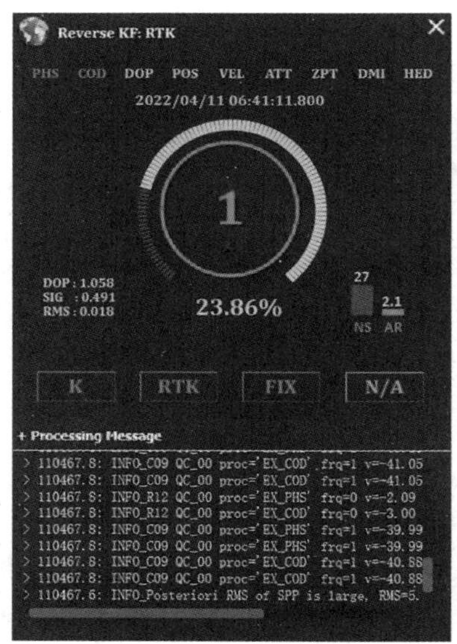

图 8.5.10　RTK 解算页面输出信息

RTK 解算完成之后，会在 POSMind 界面显示解算结果的轨迹，如图 8.5.11 所示。

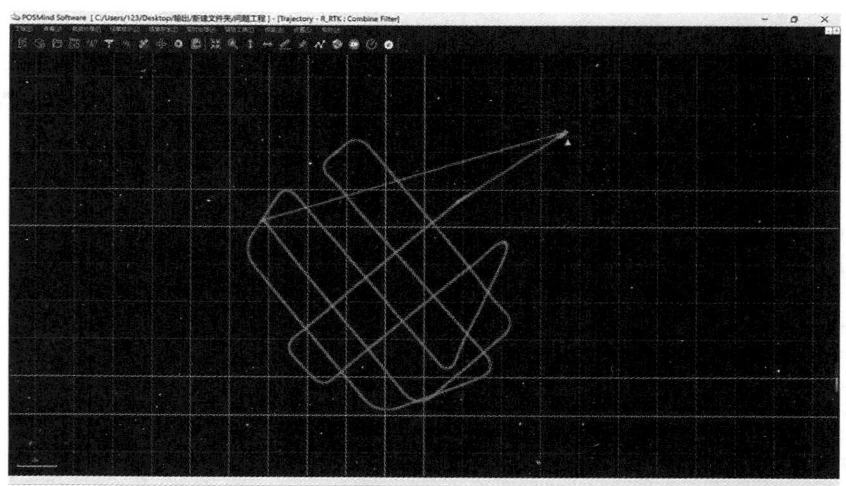
图 8.5.11　GNSS 解算结果显示

RTK/SINS 松组合解算：点击“数据处理”→“SINS 解算”，如图 8.5.12 所示，可选择 LCI 松组合或 TCI 紧组合，这里选择松组合解算，点击“确定”，进入组合解算配置页面，如图 8.5.13 所示，一般选用默认配置即可，点击“数据处理”即可开始松组合解算(紧组合解算时可下拉方框中的选项选择“GNSS 配置”进行修改)，运行页面输出信息如图 8.5.14 所示。

图 8.5.12　组合解算模式选择

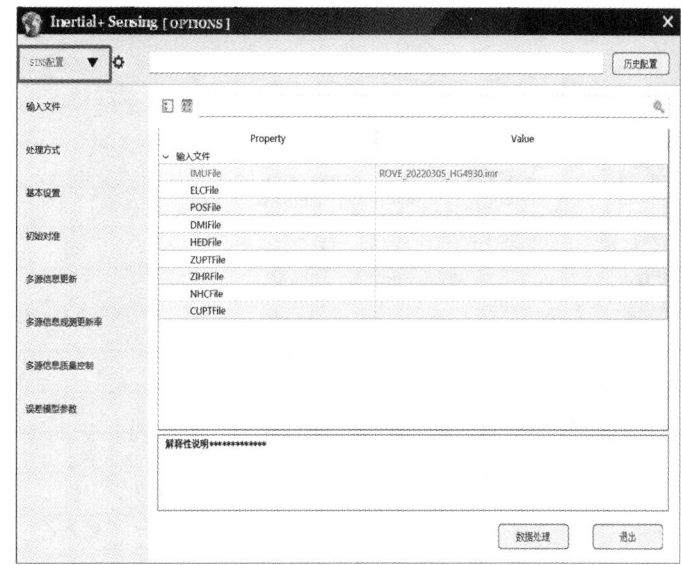

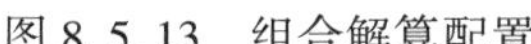

图 8.5.13　组合解算配置

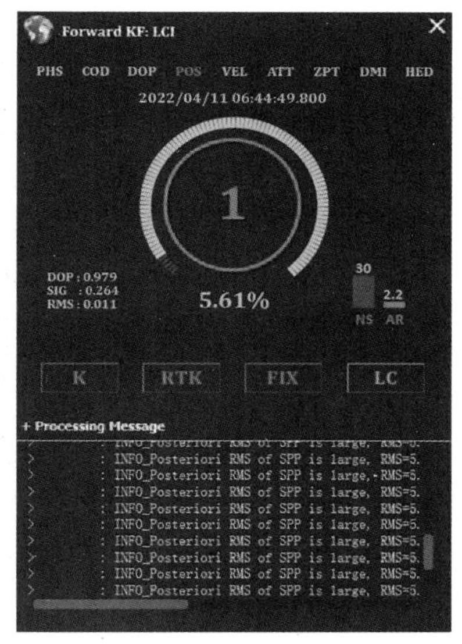

图 8.5.14　组合解算页面输出信息

松组合解算完成之后，会在 POSMind 界面显示解算结果的轨迹，如图 8.5.15 所示。

数据解算完成后，点击“结果显示”，即可查看相应的“解算信息”和“卫星信息”，再进行质量评估，例如我们可以查看前后向的位置、速度、姿态的互差，来评判解算结果的内符合精度，如图 8.5.16～图 8.5.18 所示。除此之外，选择“结果显示”→“解算信息”，可以查看不同的解算模式的结果或者查看其他的 POSMind 解算结果，如图 8.5.19 所示。

结果导出：点击“结果导出”→“结果导出”，即可根据自己的需要选择是否进行杆臂归算，是否默认间隔输出，以及字段的输出，可以自定义合适的结果导出，如图 8.5.20 所示。具体示例可以参见“POSMind_Software”文件夹下的“POSMind_Detailed instructions for exporting solution results. pdf”。

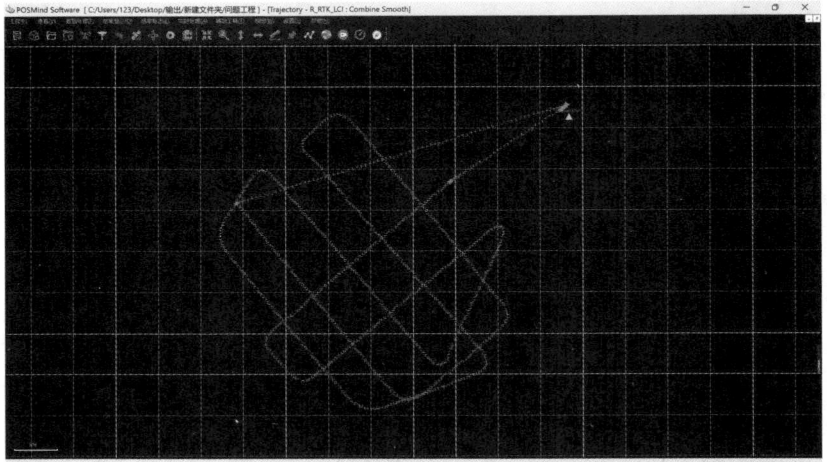

图 8.5.15 GNSS/SINS 松组合解算结果显示

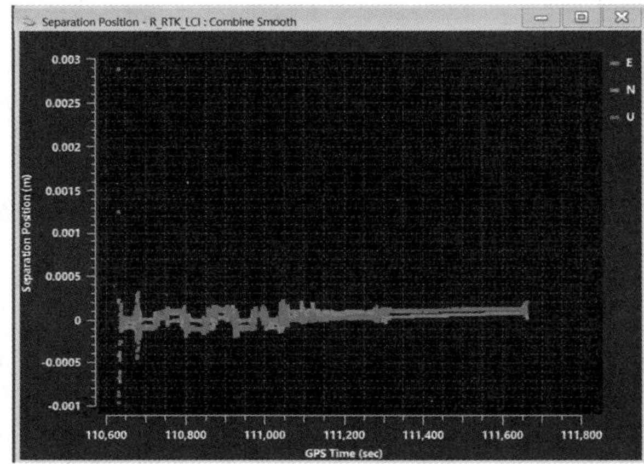

图 8.5.16 ENU 位置前后向互差

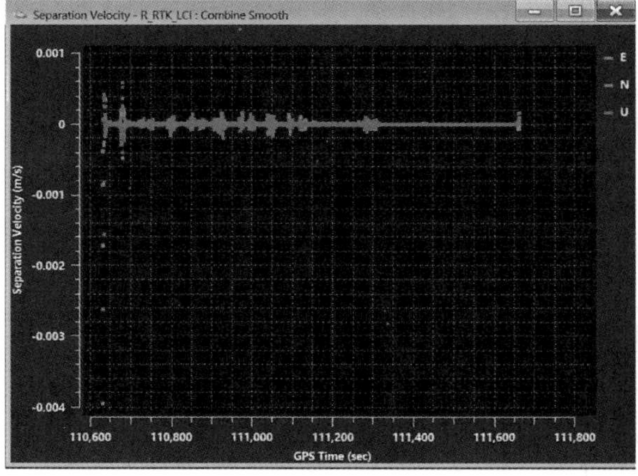

图 8.5.17 ENU 速度前后向互差

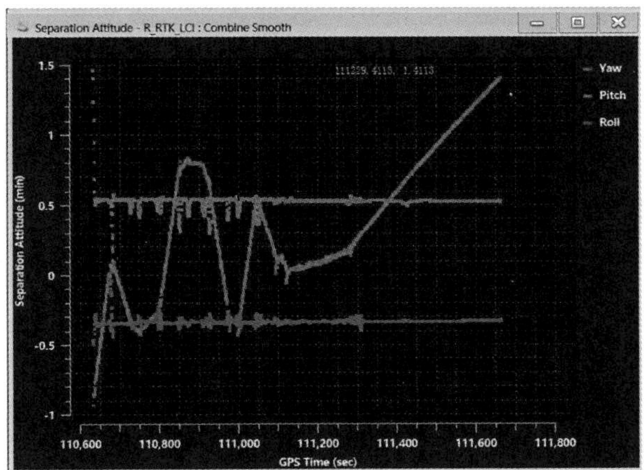

图 8.5.18　姿态前后向互差(单位为分)

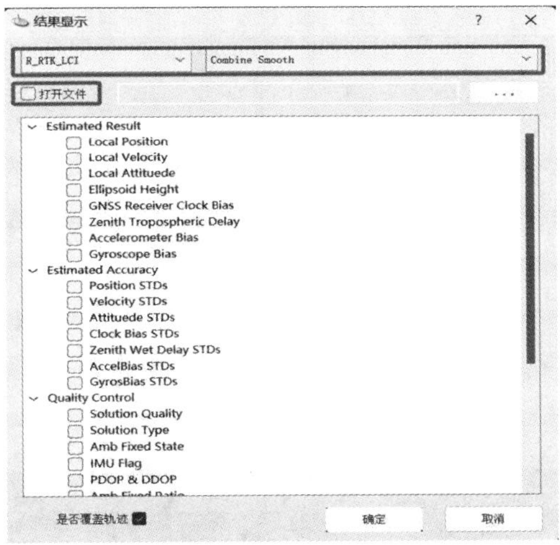

图 8.5.19　解算结果显示页面

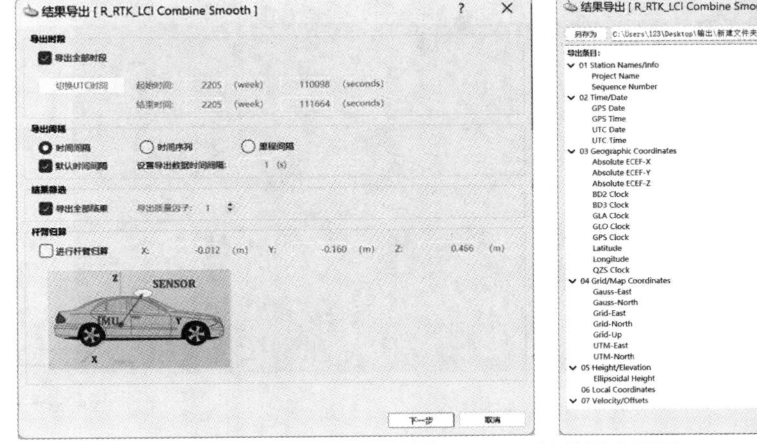

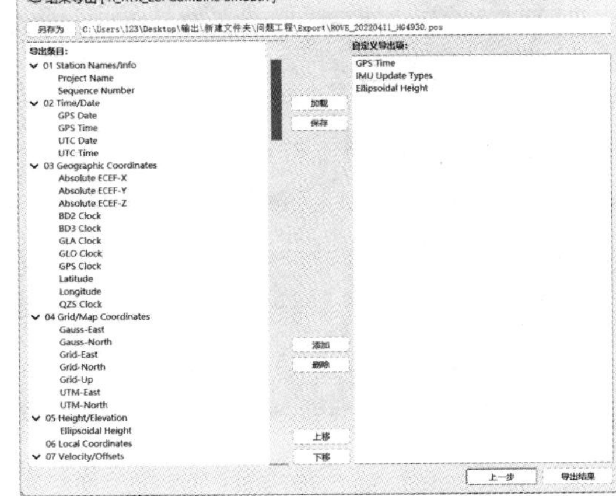

图 8.5.20　结果导出页面

8.5.2　SPP 解算

如果只进行 SPP 解算，则不需要导入基准站和惯导数据，只需要导入流动站数据即可(见图 8.5.1~图 8.5.3)。完成工程创建和数据导入之后，点击“数据处理”→“GNSS 解算”，选择 SPP 处理模式，选择“确定”，进入 SPP 解算配置页面，一般采用默认配置即可，再点击“数据处理”即可开始 SPP 解算，解算完成后同样会在 POSMind 界面显示解算结果轨迹。

8.6　POSMind 特色功能

除 GNSS/SINS 数据处理外，POSMind 软件还为用户提供了数据解码、轨迹回溯、地图测距、点信息识别、谷歌地图显示、Allan 方差分析等特色功能。

8.6.1　数据解码

POSMind 向用户提供了一套完整的数据解码平台，兼容目前主流的 GNSS/SINS 设备，内置的软件解码工具支持常用的 RINEX/RTCM/OEM 等 GNSS 数据和常用的 IMR/IMU 格式的惯导数据，点击 POSMind 界面中的“辅助工具”→“数据转换”，或者点击如图 8.6.1 所示的图标，即可进入数据解码页面，如图 8.6.2 所示。

除此之外，POSMind 软件还同时嵌入了 Trimble/Novatel/CHC 等厂商数据解码工具，如图 8.6.3 所示，其存放路径为“软件安装路径”→“IPSSYSTEM”→“EXE”。

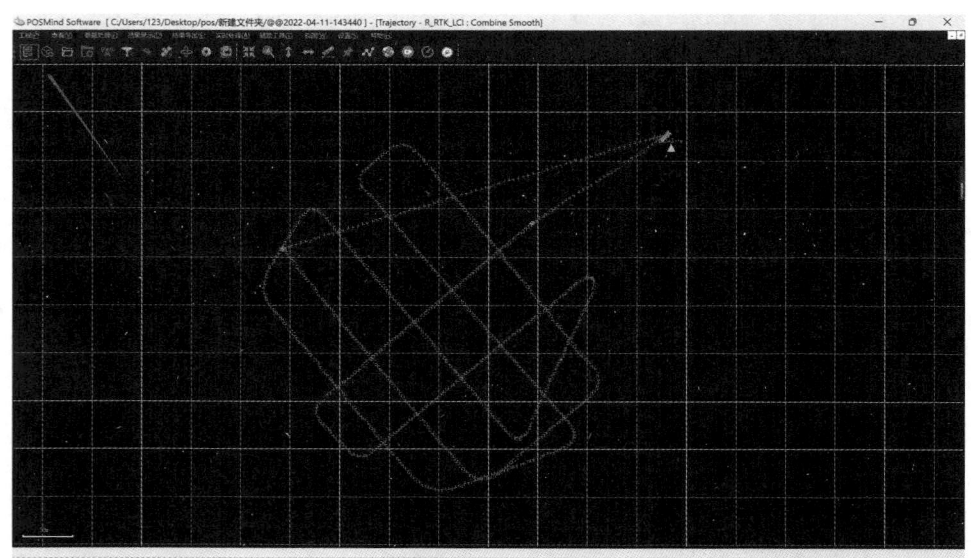

图 8.6.1　数据解码图标

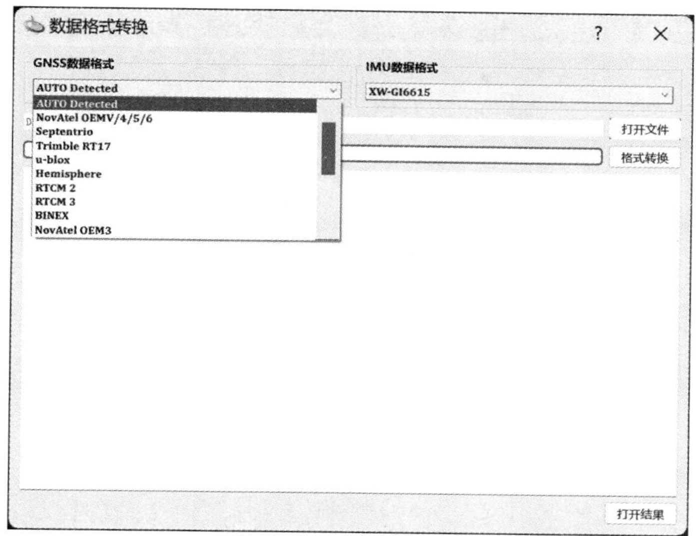

图 8.6.2　数据解码页面

AllanVar	2023/10/7 10:15	文件夹	
Notepad++	2023/10/7 10:15	文件夹	
Novatel	2023/10/7 10:15	文件夹	
RNXCMP_4.0.8_Windows_migww_64bit	2023/10/7 10:15	文件夹	
Topcon	2023/10/7 10:15	文件夹	
Trimble	2023/10/7 10:15	文件夹	
合众思壮	2023/10/7 10:15	文件夹	
和芯星通	2023/10/7 10:15	文件夹	
华测导航	2023/10/7 10:15	文件夹	
南方测绘	2023/10/7 10:15	文件夹	
司南导航	2023/10/7 10:15	文件夹	
中海达	2023/10/7 10:15	文件夹	
crx2rnx.exe	2019/7/13 23:25	应用程序	72 KB
enx2crx.exe	2019/7/13 23:25	应用程序	274 KB
gzip.exe	2020/10/13 22:20	应用程序	67 KB
teqc.exe	2020/10/13 22:20	应用程序	940 KB
wget.exe	2020/10/13 22:20	应用程序	395 KB

图 8.6.3　其他厂商的数据解码工具

8.6.2　数据下载与时间坐标转换

POSMind 还提供 GNSS 广播星历、精密星历、精密钟差等产品下载的辅助工具，为用户下载星历产品提供了便捷，如图 8.6.4 所示。除此之外，还提供了时间坐标转换工具，可以实现 GPS 时与 UTC 时、ECEF-XYZ 与大地坐标的相互转换。

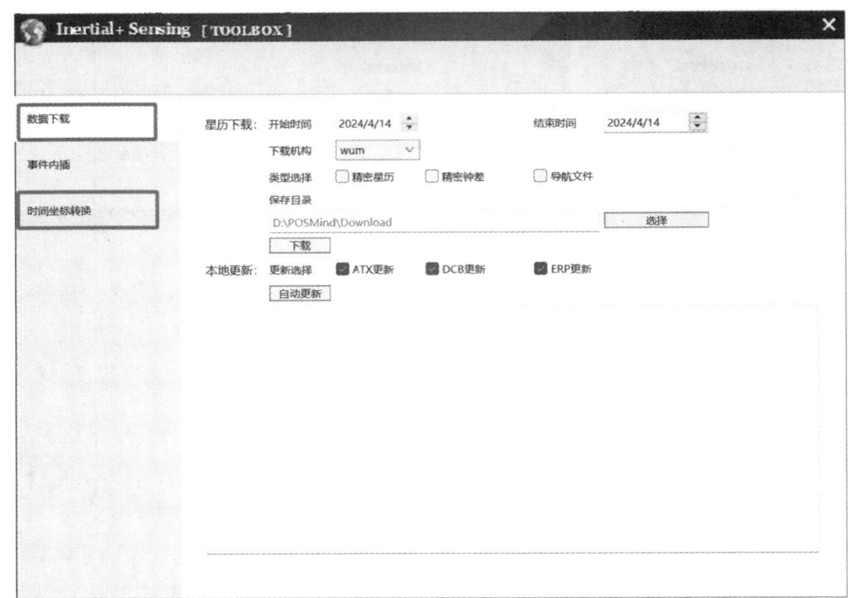

图 8.6.4　数据下载与时间坐标转换示意

8.6.3　轨迹回溯与测距

POSMind 支持轨迹回溯功能，能够可视化展示车载/机载数据的轨迹，直观快捷，此外还有姿态仪、速度仪等直观展示运动情况，其操作如图 8.6.5 所示。

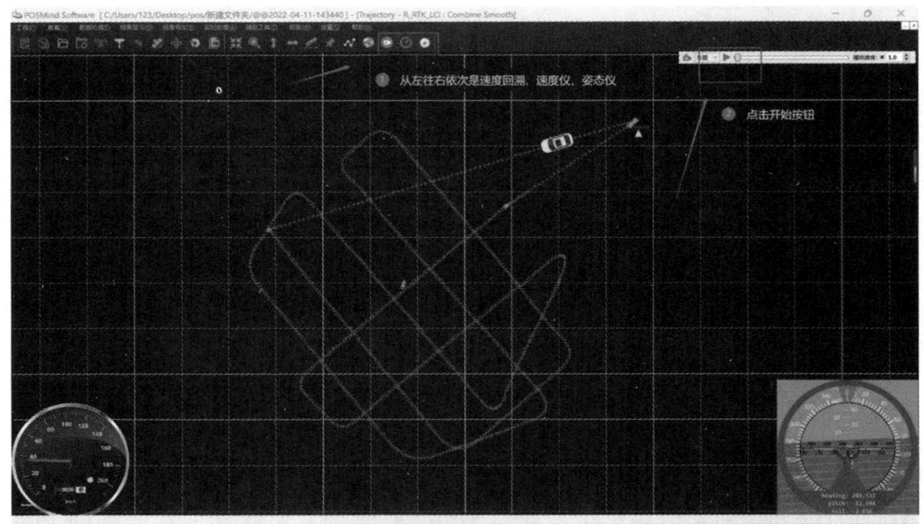

图 8.6.5　轨迹回溯

如图 8.6.6 所示，软件支持测距功能，可以让用户便捷地测量两点之间的距离。

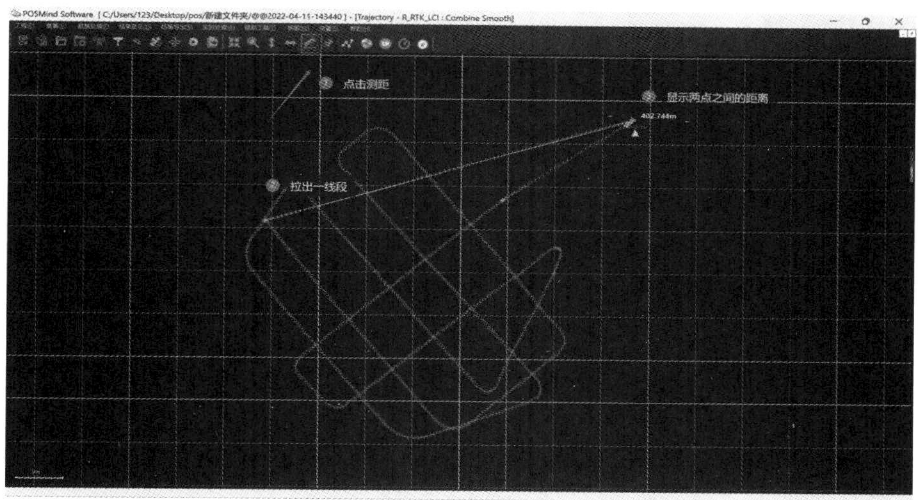

图 8.6.6 测距功能

8.6.4 点信息识别

如图 8.6.7 中操作所示，点击“拾取点信息”后任取一个点，即可查看点信息，包括“点位信息”“评估精度”和“质量因子”等信息，如图 8.6.8 所示。通过拾取点信息，可以方便了解该解算点结果的可靠性和精度。

8.6.5 谷歌地图显示

要想实现路径在谷歌地图显示，首先需要下载“谷歌地球”软件(可在谷歌地球官网 http://www.ggdiqiu.com/或者软件商店下载)，谷歌地球初始界面如图 8.6.9 所示。

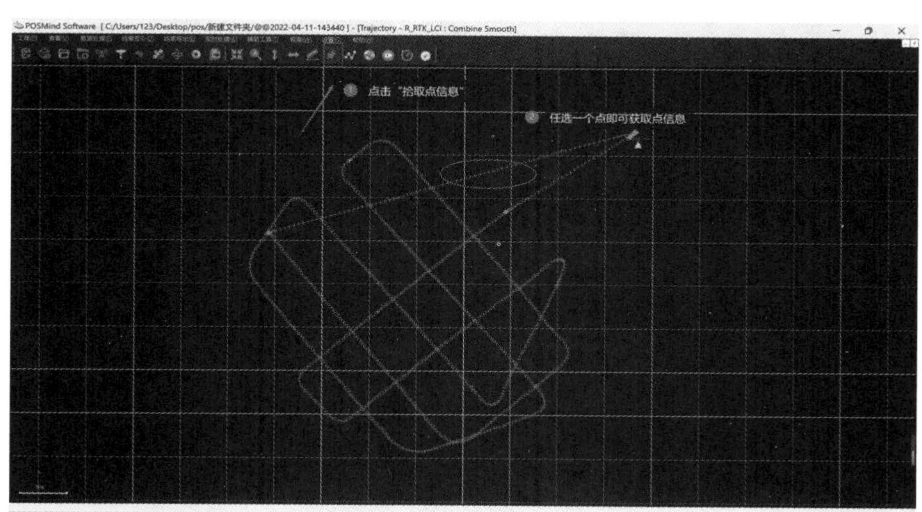

图 8.6.7 点信息识别操作

图 8.6.8　点信息界面

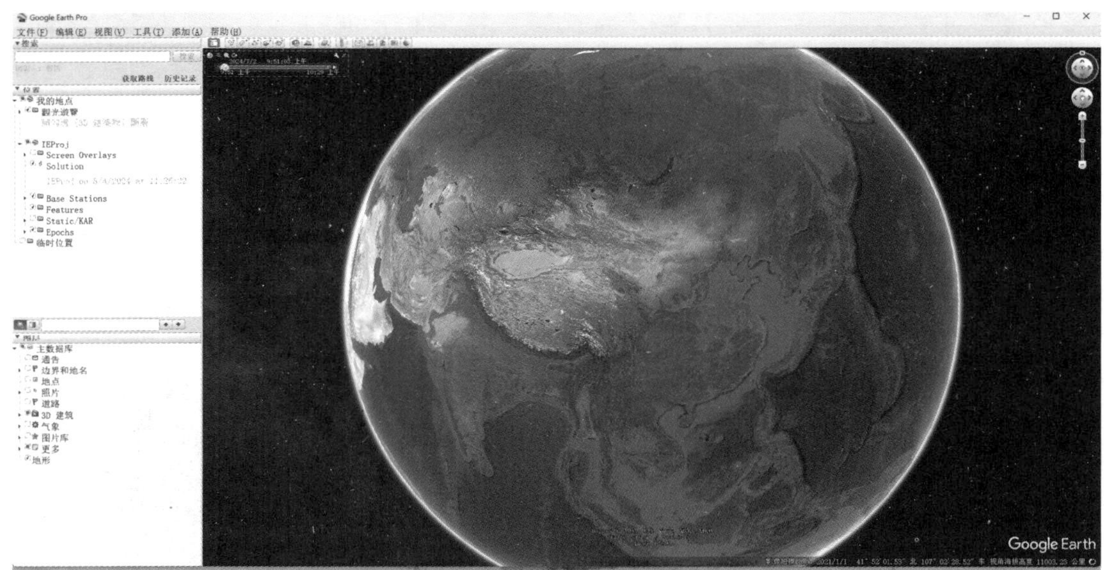

图 8.6.9　谷歌地球初始界面

在做完 GNSS 或组合解算之后，打开工程文件夹，如图 8.6.10 所示。这里以 RTK/SINS 松组合为例，点开“R_RTK _LCI”文件夹，找到后缀名为“dls. kml”的文件(见图 8.6.11)，将其拖入谷歌地球，或者在谷歌地球中选择“文件”→“打开文件”，找到这个“dls. kml”文件，即可实现谷歌地图轨迹显示，如图 8.6.12 所示。此外，还有更便捷的展示方式，即点击 POSMind 界面中如图 8.6.13 所示灰色方框圈起的图标，即可直接跳转到谷歌地球显示的页面。

名称	修改日期	类型	大小
Export	2024/4/8 11:27	文件夹	
I_ELC_FILE	2024/4/8 11:27	文件夹	
I_IGS_FILE	2024/4/8 11:27	文件夹	
I_IMU_FILE	2024/4/8 11:34	文件夹	
I_OBS_FILE	2024/4/8 11:27	文件夹	
I_OPT_FILE	2024/4/8 11:33	文件夹	
R_INS	2024/4/8 11:27	文件夹	
R_MOV	2024/4/8 11:27	文件夹	
R_PAD	2024/4/8 11:27	文件夹	
R_PPP	2024/4/8 11:27	文件夹	
R_PPP_LCI	2024/4/8 11:27	文件夹	
R_PPP_TCI	2024/4/8 11:27	文件夹	
R_RTK	2024/4/8 11:32	文件夹	
R_RTK_LCI	2024/4/8 11:35	文件夹	
R_RTK_TCI	2024/4/8 11:27	文件夹	
R_SPP	2024/4/8 11:27	文件夹	
R_SPP_LCI	2024/4/8 11:27	文件夹	
R_SPP_TCI	2024/4/8 11:27	文件夹	

图 8.6.10　工程文件夹界面

名称	修改日期	类型
ROVE_20220411_HG4930.bflf	2024/4/8 11:34	BFL
ROVE_20220411_HG4930.bfls	2024/4/8 11:34	BFL
ROVE_20220411_HG4930.brlf	2024/4/8 11:35	BRL
ROVE_20220411_HG4930.brls	2024/4/8 11:35	BRL
ROVE_20220411_HG4930.dlf	2024/4/8 11:35	DLF
ROVE_20220411_HG4930.dlf.kml	2024/4/8 11:35	KMI
ROVE_20220411_HG4930.dlf_NMEA	2024/4/8 11:35	DLF
ROVE_20220411_HG4930.dlf_sep	2024/4/8 11:35	DLF
ROVE_20220411_HG4930.dls	2024/4/8 11:35	DLS
ROVE_20220411_HG4930.dls.kml	2024/4/8 11:35	KMI
ROVE_20220411_HG4930.dls_NMEA	2024/4/8 11:35	DLS
ROVE_20220411_HG4930.dls_sep	2024/4/8 11:35	DLS
ROVE_20220411_HG4930.flf	2024/4/8 11:34	FLF

图 8.6.11　松组合结果文件夹内容

图 8.6.12　谷歌地图轨迹显示

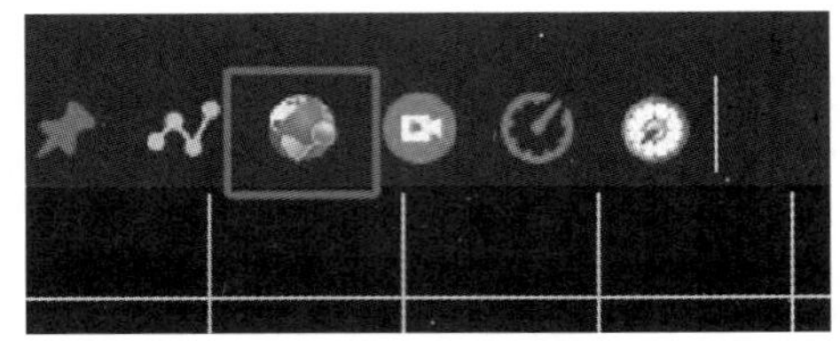

图 8.6.13　谷歌地图显示快捷图标

8.6.6　Allan 方差分析

Allan 方差分析主要是为了提取惯导的误差模型参数，对于陀螺来说，Allan 方差分析主要用于分析陀螺量化噪声、角度随机游走噪声(角速度白噪声)、零偏不稳定性、角速度随机游走(角加速度白噪声)和速率斜坡(角速率趋势项)。在组合导航滤波解算中，角度随机游走噪声和角速度随机游走噪声非常重要，Allan 方差分析主要用于提取这两项噪声。类比来看，对于加速度计需要获取线速度随机游走噪声(线加速度白噪声)和线加速度随机游走噪声。

如图 8.6.14 所示，在陀螺和加速度计 Allan 方差分析曲线斜率为±0.5 时对上述重要的噪声进行分析提取。

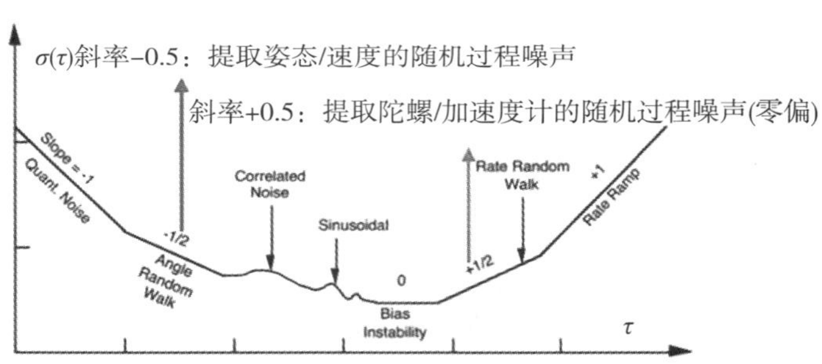

图 8.6.14　Allan 方差分析示意图

Allan 方差分析的是静态误差，必须在静基座下采集数据，否则分析出来的结果将糅合器件误差和基座运动特性。Allan 方差可用于分析五种典型误差，但并不一定五种误差都有表现，必要时可以进行估算，估算要结合其他轴的误差大小、参考手册等。一般在分析完得出的误差参数之后需要与商业手册中给出的白噪声项进行对比，如果偏差过大可能会存在一些问题(如器件、数据采集等)。

POSMind 软件内置了 Allan 方差分析的功能，可以直接点击"辅助工具"→"Allan 方差分析"或者在如图 8.6.3 所示的"AllanVar"文件夹中，通过 exe 进行 Allan 方差分析，其界面如图 8.6.15 所示。这里以战术级惯导 FSAS 的 Y 轴加速度计数据为例，演示 Allan 方差分析的全流程(该组 Allan 方差分析数据可以在"POSMind_Software"→"AllanVarData"下获取)。

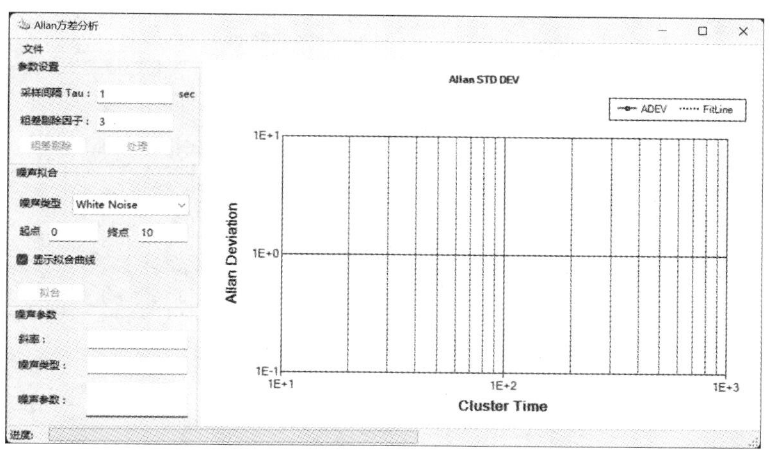

图 8.6.15 Allan 方差分析界面

点击“文件”→“导入文件”，选择一列静态 IMU 数据进行导入(陀螺输出单位为 deg/s，加速度计输出单位为 m/s^2)。数据导入完成后，设置采样间隔，如 200Hz 设置为 0.005s，粗差剔除因子一般取 3，点击“粗差剔除”如图 8.6.16 所示。

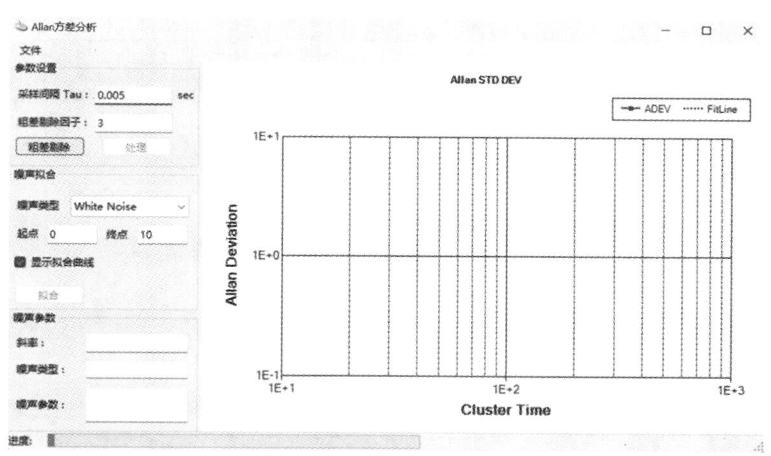

图 8.6.16 Allan 方差分析—粗差剔除

粗差剔除完成后，点击“处理”，生成 Allan 方差双对数曲线，如图 8.6.17 所示。然后选择“噪声类型”，提取斜率为-0.5 时选择白噪声(White Noise)，提取斜率为+0.5 时选择随机游走(Random Walk)。通过设置拟合点的起点与终点再点击“拟合”，即在“噪声参数”栏中显示拟合得到的斜率和噪声参数，同时也会在右边的坐标区域得到拟合曲线。图 8.6.18 和图 8.6.19 即为提取得到的 FSAS 加速度计 Y 轴的白噪声项和随机游走项噪声参数。

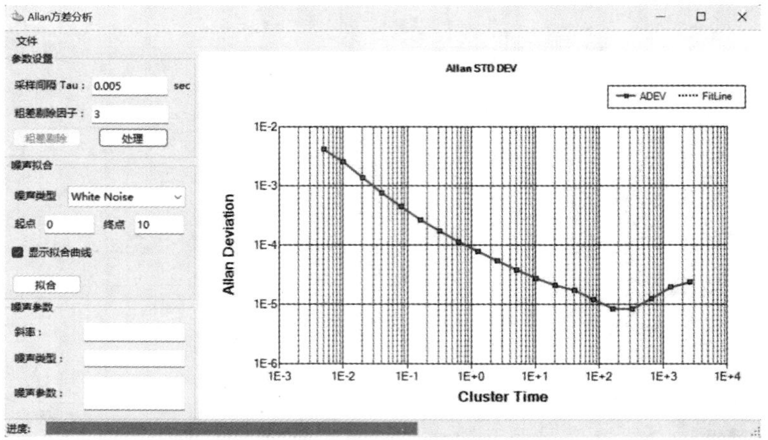

图 8.6.17　Allan 方差分析-双对数曲线

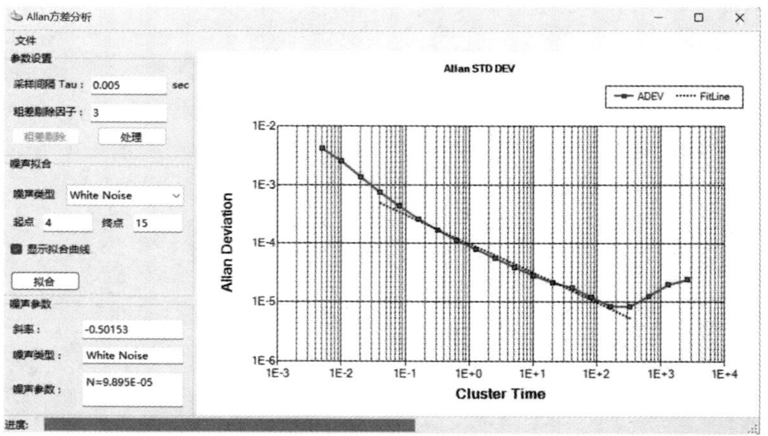

图 8.6.18　Allan 方差分析—白噪声项拟合结果

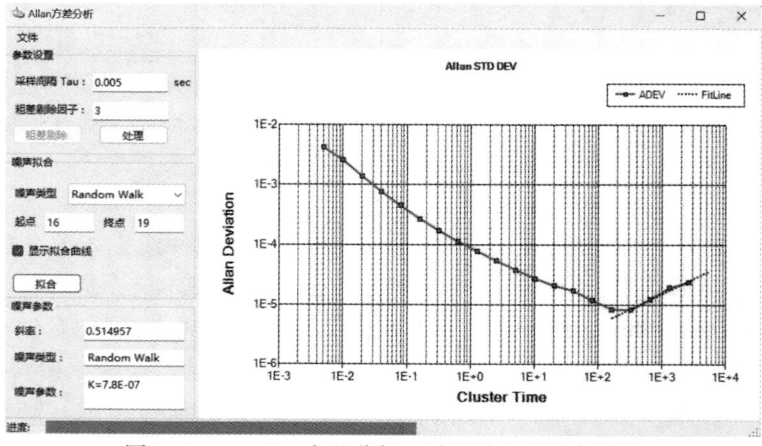

图 8.6.19　Allan 方差分析—随机游走项拟合结果

使用相同的处理流程可以得到其余各轴的白噪声和随机游走参数。需要注意的是，这里输入的陀螺各轴单位为 deg/s，加速度计各轴单位为 m/s^2，得到的陀螺各轴白噪声单位为 $deg/\sqrt{s}$，随机游走单位为 $deg/s/\sqrt{s}$，加速度计各轴白噪声单位为 $m/s/\sqrt{s}$，随机游走单位为 $m/s^2/\sqrt{s}$。

8.7 常见问题与解决方法

常见的问题与解决方法详见表 8.7.1。

表 8.7.1 **POSMind 常见问题与解决方法**

问 题	解 决 方 法
流动站或基站观测数据转换或导入失败	请尝试使用数据格式转换功能调整数据格式，或者直接导入转好的 *. *o 观测文件
基站坐标、杆臂及安置角信息缺失或不正确	点击“查看”→“参数管理”，在显示界面增加和检查基站坐标和杆臂及安置角信息，也可在工程向导界面手动填入并检查上述信息
IMU 观测文件识别失败	检查 IMU Type 是否正确，在 IMU Type 中下拉选择对应的惯导模型
GNSS/SINS 组合模式解算失败/无结果	在进行组合模式解算时，必须先进行对应的 GNSS 解算，检查是否遗漏了这一步骤
POSMind 软件过期无法使用	在 kaggle 网站链接中下载新的 lic 文件(“POSMind_Software”文件夹下的“IPSLicence. lic”文件)，覆盖原有的 lic 文件即可
数据格式解码/转换失败	检查待转换数据的格式，尝试手动选择相应的格式而不使用自动检测
使用谷歌地图时没有找到相应的 kml 文件或者 kml 文件无效	检查解算参数，尝试重新解算，重新生成
……	……

第9章　GARPOS程序

9.1　GARPOS简介

在全球参考框架中精确测量海底位置真正打开了“全球”大地测量学的大门。它将地壳变形观测网络扩展到了海洋中，并揭示了包括巨型断层地震在内的俯冲带构造过程。这些成就归功于GNSS-A(全球导航卫星系统-声学测距结合)海底定位技术的发展。基于Python的程序GARPOS(GNSS-Acoustic Ranging combined Positioning Solver)是一款专用于GNSS-A海底定位的分析工具，其独特之处在于在完成海底定位的同时实现了对声速结构的估计。该程序为使用者提供了多种灵活的配置选项，使其能够更有效地设计GNSS-A观测，以精确定位海底基准点。

利用GARPOS，用户能够更全面地分析海底位置数据，包括在海面上执行的声学测距观测。GARPOS程序不仅能够同时估计声速结构，还可以有效克服声速扰动和基准点深度之间的强相关性。在实际应用中，GARPOS为研究人员提供了强大的工具，使他们能够深入了解海底构造过程，尤其是在南海海槽和日本海沟等地区，丰富了对地球动力学和构造地质的认识(S. Watanabe et al., 2020)。

9.2　程序安装与环境配置

GARPOS是一款基于Linux操作系统的程序包，用Python编写而成，为保证程序能够正常地运行，可以安装Linux系统或者安装虚拟机，关于Linux系统以及虚拟机的搭建前文已经详细介绍了，在此就不再赘述。本节主要讲述如何在Linux系统中配置Python运行环境，保证GARPOS程序能够顺利地运行。

9.2.1　gfortran软件安装

在使用GARPOS软件之前，还需安装一个预备软件gfortran。gfortran是GNU Fortran编译器，它是GNU编译器集合(GCC)的一部分，用于编译Fortran语言的程序。Fortran是一种高性能计算领域广泛使用的编程语言，特别适合于科学和工程计算。gfortran是科学家、工程师和学者在进行高性能数值计算和仿真时的首选编译器之一。下面将介绍在Linux下安装gfortran的详细步骤。

首先打开Linux系统(以下以虚拟机下的乌班图环境为例)，打开终端输入以下命令，更新软件包列表：

```
sudo apt update
```

界面如图 9.2.1 所示。

```
wuhao@wuhao-virtual-machine:~/Desktop$ sudo apt update
[sudo] password for wuhao:
Hit:1 http://mirrors.tuna.tsinghua.edu.cn/ubuntu focal InRelease
Hit:2 http://mirrors.tuna.tsinghua.edu.cn/ubuntu focal-updates InRelease
Hit:3 http://mirrors.tuna.tsinghua.edu.cn/ubuntu focal-backports InRelease
Hit:4 http://security.ubuntu.com/ubuntu focal-security InRelease
Reading package lists... Done
Building dependency tree
Reading state information... Done
83 packages can be upgraded. Run 'apt list --upgradable' to see them.
```

图 9.2.1　更新软件包列表

接下来通过终端 APT(Advanced Package Tool)来完成，在终端中输入以下命令：

```
sudo apt-get install gfortran
```

输入密码后(若和软件包更新在同一终端中输入则不会要求再输入一遍密码)，单击回车键，再输入“Y”表示同意安装，即刻开始安装，界面如图 9.2.2 所示。

```
wuhao@wuhao-virtual-machine:~/Desktop$ sudo apt-get install gfortran
[sudo] password for wuhao:
Reading package lists... Done
Building dependency tree
Reading state information... Done
The following additional packages will be installed:
  gfortran-9 libgfortran-9-dev libgfortran5
Suggested packages:
  gfortran-multilib gfortran-doc gfortran-9-multilib gfortran-9-doc
  libcoarrays-dev
The following NEW packages will be installed:
  gfortran gfortran-9 libgfortran-9-dev libgfortran5
0 upgraded, 4 newly installed, 0 to remove and 83 not upgraded.
Need to get 9,359 kB of archives.
After this operation, 36.1 MB of additional disk space will be used.
Do you want to continue? [Y/n]
```

图 9.2.2　安装 gfortran

最后，为了检查 gfortran 软件是否安装成功，以及检查安装的 gfortran 的版本，可以输入以下命令：

```
gfortran --version
```

此时界面如图 9.2.3 所示。

```
wuhao@wuhao-virtual-machine:~/Desktop$ gfortran --version
GNU Fortran (Ubuntu 9.4.0-1ubuntu1~20.04.2) 9.4.0
Copyright (C) 2019 Free Software Foundation, Inc.
This is free software; see the source for copying conditions.  There is NO
warranty; not even for MERCHANTABILITY or FITNESS FOR A PARTICULAR PURPOSE
.
```

图 9.2.3　检查 gfortran 版本

至此，gfortran 程序的搭建工作已经完成。

9.2.2　Anaconda 软件安装与环境配置

安装好 Linux 系统或配置好虚拟机之后，还需要先安装一个软件——Anaconda，Anaconda 是一款开源的用于数据分析的 Python 发行版本，包含了 Conda、Python 等 190 多个科学包及依赖项，常见的科学计算类的库都包含其中。Anaconda 的安装比常规的 Python 安装要容易，同时还可以实现对环境的统一管理，具有开源、安装过程简单、高性能使用 Python 语言和免费的社区支持的优点。以下将详细介绍 Anaconda 的安装过程。

1. Anaconda 软件下载

目前有两种方法对安装包进行下载，读者可以直接在 Liunx 系统中下载获取软件的安装包，例如：打开终端，并输入以下安装命令：

```
wgethttps：//repo. anaconda. com/archive/Anaconda3-2021. 11-Linux-x76_64. sh
```

安装包则会自动下载，如图 9.2.4 所示。

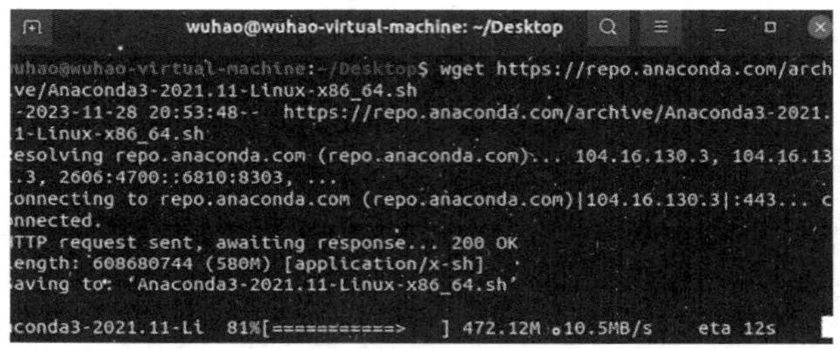

图 9.2.4　Linux 中 Anaconda 安装包下载

第二种方法是登录 Anaconda 的官网，选择相应的版本进行下载。下载网址为：https：//www. anaconda. com/download#downloads，如图 9.2.5 所示。

选择 Linux 版本进行下载，利用 VMtools 工具将下载好的安装包移入虚拟机中。

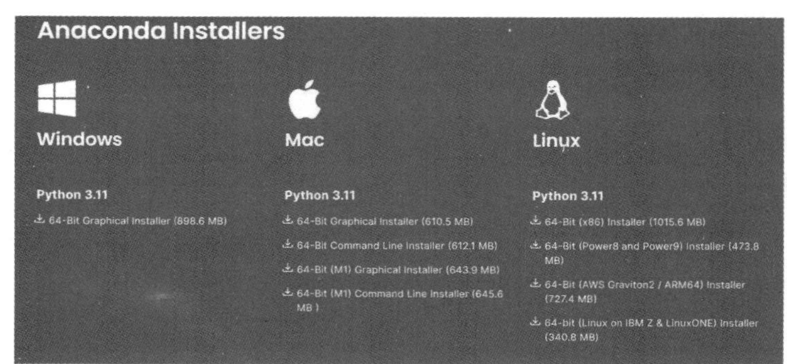

图 9.2.5　网址中下载 Anaconda 安装包

2. 安装 Anaconda

在 Anaconda 安装包下载完成后，就可以开始安装 Anaconda 软件了。首先，在 Linux

系统中打开一个新的终端，并输入如下 bash 命令，对已经下载好的 Anaconda 安装包进行解压(见图 9.2.6)：

```
bash ~Desktop/Anaconda3-2021.11-Linux-x86_64.sh
```

```
wuhao@wuhao-virtual-machine:~/Desktop$ bash ~/Desktop/Anaconda3-2021.11-Linux-x86_64.sh

Welcome to Anaconda3 2021.11

In order to continue the installation process, please review the license
agreement.
Please, press ENTER to continue
>>>
```

图 9.2.6　安装包解压

注意：此处的 Desktop 表示安装包所在的路径，读者应该根据自己的具体情况对该处进行更改。

在输入命令后点击回车键，开始进行下一步，然后阅读并接受安装协议，如图 9.2.7 所示。

```
Copyright 2015-2021, Anaconda, Inc.

All rights reserved under the 3-clause BSD License:

This End User License Agreement (the "Agreement") is a legal agreement bet
ween you and Anaconda, Inc. ("Anaconda") and governs your use of Anaconda
Individual Edition (which was formerly known as Anaconda Distribution).

Subject to the terms of this Agreement, Anaconda hereby grants you a non-e
xclusive, non-transferable license to:

  * Install and use the Anaconda Individual Edition (which was formerly kn
own as Anaconda Distribution),
  * Modify and create derivative works of sample source code delivered in
Anaconda Individual Edition from Anaconda's repository; and
  * Redistribute code files in source (if provided to you by Anaconda as s
ource) and binary forms, with or without modification subject to the requi
rements set forth below.

Anaconda may, at its option, make available patches, workarounds or other
updates to Anaconda Individual Edition. Unless the updates are provided wi
th their separate governing terms, they are deemed part of Anaconda Indivi
dual Edition licensed to you as provided in this Agreement. This Agreement
 does not entitle you to any support for Anaconda Individual Edition.

Anaconda reserves all rights not expressly granted to you in this Agreemen
t.
```

图 9.2.7　安装协议

读者若有兴趣可以阅读协议的内容，本章在此对协议的内容不作详细介绍。

在终端界面会看到如图 9.2.8 所示的命令，其含义为是否同意安装协议，输入“yes”并按回车键，表示同意协议的内容，并进行下一步安装。

```
Do you accept the license terms? [yes|no]
[no] >>>
Please answer 'yes' or 'no':'
>>>
```

图 9.2.8　同意协议

接下来是确定 Anaconda 的安装位置。在这里直接单击回车键，保持默认即可，随后

Anaconda 开始正式安装，如图 9. 2. 9 所示。

```
Anaconda3 will now be installed into this location:
/home/wuhao/anaconda3

  - Press ENTER to confirm the location
  - Press CTRL-C to abort the installation
  - Or specify a different location below

[/home/wuhao/anaconda3] >>>
```

图 9. 2. 9　安装路径选择

执行完上述步骤后，Anaconda 在 Linux 系统里面的主体安装基本已经结束，进入最后一步，即 Anaconda 的初始化，此步比较简单，只需要根据提示输入“yes”即可，初始化界面如图 9. 2. 10 所示。

```
Preparing transaction: done
Executing transaction: /

    Installed package of scikit-learn can be accelerated using scikit-lear
n-intelex.
    More details are available here: https://intel.github.io/scikit-learn-
intelex

    For example:

        $ conda install scikit-learn-intelex
        $ python -m sklearnex my_application.py


done
installation finished.
Do you wish the installer to initialize Anaconda3
by running conda init? [yes|no]
[no] >>>
```

图 9. 2. 10　安装过程

最后，在完成上述所有步骤后，如果出现如图 9. 2. 11 所示界面，则表明 Anaconda 已经安装成功了。

```
no change     /home/wuhao/Desktop/yes/bin/conda
no change     /home/wuhao/Desktop/yes/bin/conda-env
no change     /home/wuhao/Desktop/yes/bin/activate
no change     /home/wuhao/Desktop/yes/bin/deactivate
no change     /home/wuhao/Desktop/yes/etc/profile.d/conda.sh
no change     /home/wuhao/Desktop/yes/etc/fish/conf.d/conda.fish
no change     /home/wuhao/Desktop/yes/shell/condabin/Conda.psm1
no change     /home/wuhao/Desktop/yes/shell/condabin/conda-hook.ps1
no change     /home/wuhao/Desktop/yes/lib/python3.9/site-packages/xontrib/
conda.xsh
no change     /home/wuhao/Desktop/yes/etc/profile.d/conda.csh
modified      /home/wuhao/.bashrc

==> For changes to take effect, close and re-open your current shell. <==

If you'd prefer that conda's base environment not be activated on startup,

   set the auto_activate_base parameter to false:

conda config --set auto_activate_base false

Thank you for installing Anaconda3!

======================================================================
=

Working with Python and Jupyter notebooks is a breeze with PyCharm Pro,
designed to be used with Anaconda. Download now and have the best data
tools at your fingertips.

PyCharm Pro for Anaconda is available at: https://www.anaconda.com/pycharm

wuhao@wuhao-virtual-machine:~/Desktop$
```

图 9. 2. 11　安装成功界面

3. 关于 Anaconda 的其他注意事项

输入命令：conda -V。

可以检查安装的 Anaconda 的版本，如图 9.2.12 所示。

```
wuhao@wuhao-virtual-machine:~/Desktop$ conda -V
conda 4.10.3
```

图 9.2.12 检查 Anaconda 版本

输入命令：conda list。

可以检查安装的 Anaconda 包中的内容，如图 9.2.13 所示。

```
wuhao@wuhao-virtual-machine:~/Desktop$ conda list
# packages in environment at /home/wuhao/Desktop/yes:
#
# Name                    Version                   Build  Channel
_ipyw_jlab_nb_ext_conf    0.1.0            py39h06a4308_0
_libgcc_mutex             0.1                        main
_openmp_mutex             4.5                       1_gnu
alabaster                 0.7.12             pyhd3eb1b0_0
anaconda                  2021.11                  py39_0
anaconda-client           1.9.0            py39h06a4308_0
anaconda-navigator        2.1.1                    py39_0
anaconda-project          0.10.1             pyhd3eb1b0_0
anyio                     2.2.0            py39h06a4308_1
appdirs                   1.4.4              pyhd3eb1b0_0
argh                      0.26.2           py39h06a4308_0
argon2-cffi               20.1.0           py39h27cfd23_1
arrow                     0.13.1           py39h06a4308_0
asn1crypto                1.4.0                      py_0
astroid                   2.6.6            py39h06a4308_0
astropy                   4.3.1            py39h09021b7_0
async_generator           1.10               pyhd3eb1b0_0
```

图 9.2.13 Anaconda 包中内容

在此列表中可以查找出安装 Python 的版本，如图 9.2.14 所示。

```
python                    3.9.7                h12debd9_1
```

图 9.2.14 查找 Python 的版本

当完成安装后，打开一个新的终端，会默认进入 base 环境，此时输入以下命令可以解除 base 环境，命令如下：

```
conda config --set auto_activate_base false
```

当然，这一条命令执行完毕后，想要再次进入 conda 的 base 环境，只需要使用对应的 conda 指令即可(见图 9.2.15)，如下：

```
conda activate base
```

图 9.2.15 进入 base 环境演示

9.2.3　GARPOS 软件下载安装

GARPOS 是一款开源的程序包，可以在 https：//github. com/s-watanabe-jhod/garpos 这一网址上下载，如图 9.2.16、图 9.2.17 所示。

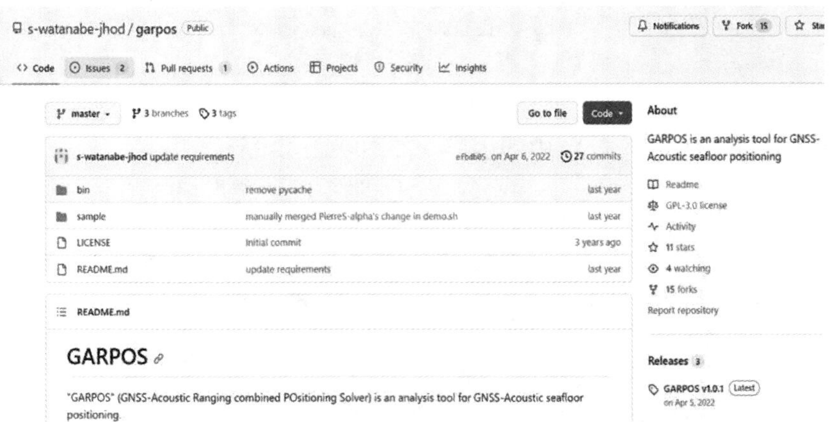

图 9.2.16　Github 中软件界面

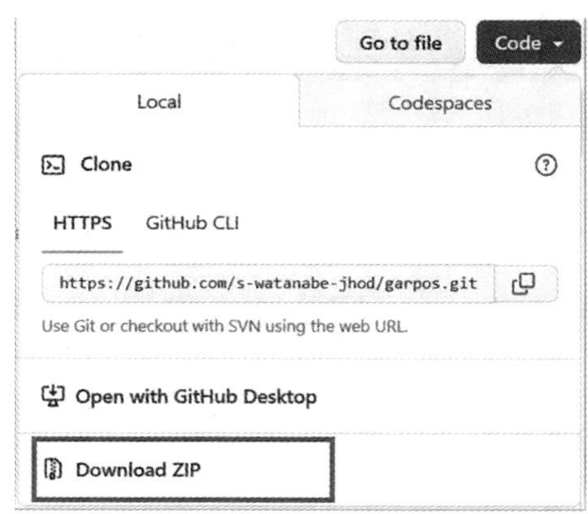

图 9.2.17　点击此处进行下载

然后，将下载好的 GARPOS 软件的程序包利用 VMtools 工具拖入虚拟机中，打开 GAPRPOS 程序包，可以看到有以下内容，如图 9.2.18 所示。

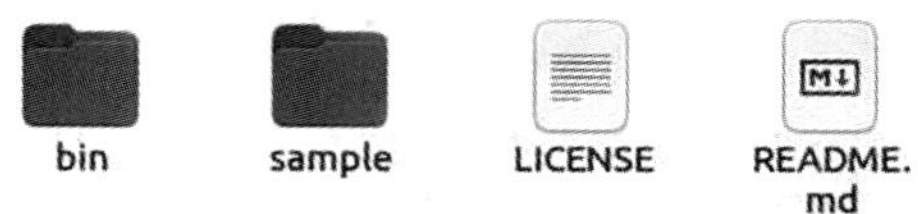

图 9.2.18　GARPOS 程序包内容

其中，bin 程序包含 GARPOS 软件的核心代码，包括 GARPOS 软件解算的算法、模型等，sample 文件夹是 GARPOS 软件提供的示例数据，LICENSE 是 GARPOS 程序的许可认证，README. md 文件是对 GARPOS 程序的一些基本介绍(见图 9. 2. 19)，包括研发人员和软件使用等。

```
# GARPOS

"GARPOS" (GNSS-Acoustic Ranging combined POsitioning Solver) is an
analysis tool for GNSS-Acoustic seafloor positioning.

### Version
Latest version is GARPOS v1.0.0 (Feb. 8. 2021)


# Citation

### for methodology

Watanabe, S., Ishikawa, T., Yokota, Y., & Nakamura, Y. (2020).
GARPOS: analysis software for the GNSS-A seafloor positioning with
simultaneous estimation of sound speed structure, Front. Earth Sci.
(https://doi.org/10.3389/feart.2020.597532).

### for code
Shun-ichi Watanabe, Tadashi Ishikawa, Yusuke Yokota, & Yuto Nakamura.
(2020). GARPOS: Analysis tool for GNSS-Acoustic seafloor positioning
(Version 1.0.0). Zenodo. https://doi.org/10.5281/zenodo.4522027

## Corresponding author

* Shun-ichi Watanabe
* Hydrographic and Oceanographic Department, Japan Coast Guard
* Website : https://www1.kaiho.mlit.go.jp/KOHO/chikaku/kaitei/sgs/-
index.html (in Japanese)


# License

"GARPOS" is distributed under the [GPL 3.0] (https://www.gnu.org/-
licenses/gpl-3.0.html) license.


### Algorithm and documentation

Please see Watanabe, S., Ishikawa, T., Yokota, Y., and Nakamura, Y.,
(2020) https://doi.org/10.3389/feart.2020.597532


# Requirements
```

图 9. 2. 19　README. md 文件内容

README. md 文件中对于 GARPOS 软件的介绍十分详细，建议读者仔细阅读，会对本章有一个更为全面的理解，因篇幅有限在此不再赘述。接下来，我们将以 GARPOS 所提供的示例数据即 sample 文件夹中的数据为基础并依据 README. md 所提供的参考为操作步骤对 GARPOS 程序的使用展开介绍①，图 9. 2. 20 为 sample 文件夹中的内容。

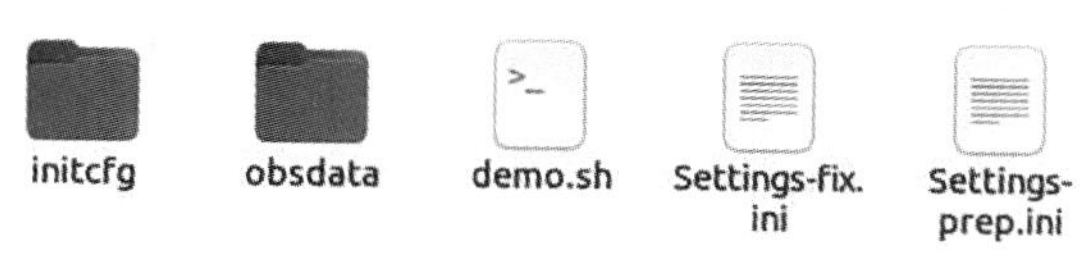

图 9. 2. 20　sample 文件夹内容

至此，GARPOS 软件的环境配置与安装已经完成。

① GARPOS 软件包 README. md 文件[EB/OL]. [2024-10-09]. https：//github. com/s-watanabe-jhod/garpos/blob/master/README. md.

9.3　GARPOS 软件数据处理

9.3.1　数据准备

在使用 GARPOS 进行海洋数据解算时，首先应该做好数据准备工作，GARPOS 要求的文件类型有：

```
Initial site-parameter file (e.g., *initcfg.ini)
Acoustic observation data csv file
Reference sound speed data csv file
Settings file (e.g., Settings.ini)
```

翻译为中文即为：

初始站点参数文件(例如，＊initcfg. ini)；

声学观测数据 csv 文件；

参考声速数据 csv 文件；

设置文件(例如，Settings. ini)。

上述文件在 sample 文件中已经具备，可以在 sample 文件夹中找到。

初始站点参数文件(initcfg 文件夹下)如图 9. 3. 1 所示。

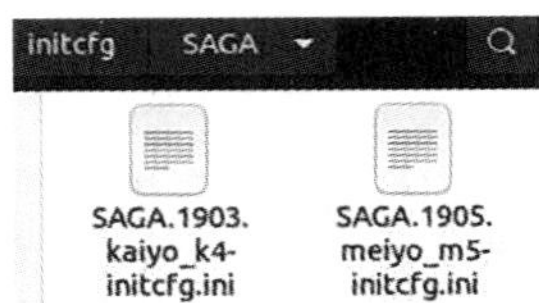

图 9. 3. 1　初始站点参数文件

声学观测数据和参考声速数据(obsdatu 文件夹下)如图 9. 3. 2 所示。

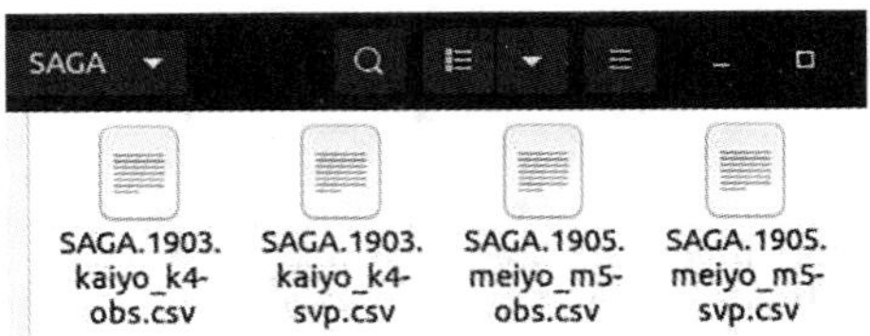

图 9. 3. 2　参考声速数据

设置文件，如图 9. 3. 3 所示。

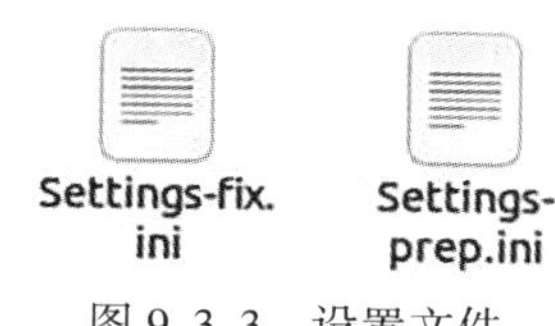

图 9.3.3 设置文件

在检查完准备文件之后，就可以开始利用 sample 所提供的文件进行解算了。

9.3.2 GARPOS 软件数据解算

在解算时，为了在路径方面便于操作，可以将所用到的文件放置在一个文件夹中，这样做的优点是避免文件与文件之间的内容混用。基于此，将在 GARPOS 文件夹下新建一个文件夹，并将它命名为 test 文件夹。接下来，将所需要的文件都复制到这个文件夹下。首先，将 sample 文件夹中的全部文件复制到新建的 test 文件夹中，再将 bin 文件夹下的全部文件复制到 test 文件夹下，整理好后如图 9.3.4 所示。

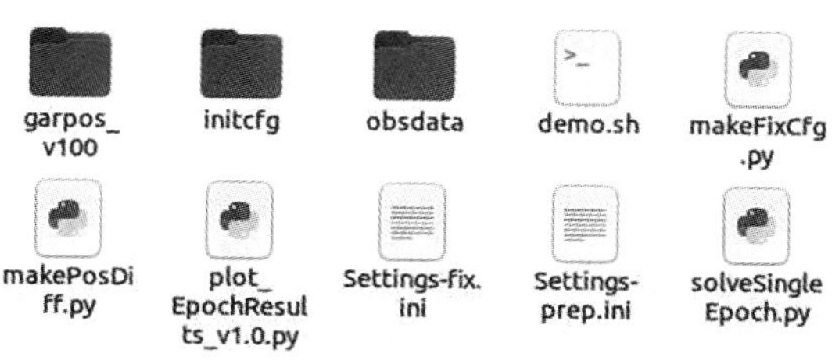

图 9.3.4 整理后文件夹内容

1. 第一个站点的位置解算

在 test 文件夹下打开终端，输入以下命令进入 base 环境中(见图 9.3.5)：

```
conda activate
```

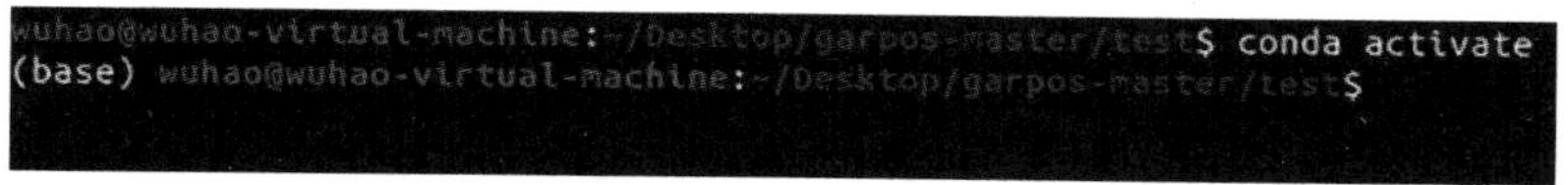

图 9.3.5 进入 base 环境

输入以下命令对 epoch SAGA. 1903 应答器进行位置求解：

```
python solveSingleEpoch. py -i Settings-prep. ini -f
initcfg/SAGA/SAGA. 1903. kaiyo_k4-initcfg. ini -d demo_prep/SAGA
```

对以上命令进行解读：

(1)python：这是命令的起始部分，用于调用 Python 解释器。这表明 solveSingle

Epoch. py 是一个 Python 脚本，需要使用 Python 环境来执行。

(2) solveSingleEpoch. py：这是要执行的Python脚本文件。该脚本包含一系列的指令或函数，用于完成特定的任务。它应该位于当前的工作目录中，或者是需要提供它的完整路径。

(3) -i Settings-prep. ini：-i 是一个命令行参数，用于指定输入文件或配置。

Settings-prep. ini 是一个配置文件，包含了脚本运行所需的一些设置或参数。这个文件应该在脚本可访问的地方。

(4) -f initcfg/SAGA/SAGA. 1903. kaiyo_k4-initcfg. ini：-f 通常是指定文件的参数。

initcfg/SAGA/SAGA. 1903. kaiyo_k4-initcfg. ini 是另一个配置文件的路径。这个文件包含了一些初始化配置，这些配置是特定于脚本的功能或模块。

(5) -d demo_prep/SAGA：-d 通常用于指定目录。

demo_prep/SAGA 是一个目录路径，或者将输出结果保存到这个目录。

总的来说，这个命令使用 Python 运行 solveSingleEpoch. py 脚本，并传递了三个参数：一个输入配置文件（Settings-prep. ini），一个初始化配置文件（initcfg/SAGA/SAGA. 1903. kaiyo_k4-initcfg. ini），以及一个工作目录（demo_prep/SAGA）。脚本的具体功能和这些文件及目录的内容将决定命令的具体作用。

接下来按回车键进行解算，界面如图 9. 3. 6 所示。

```
wuhao@wuhao-virtual-machine:~/Desktop/garpos-master/test$ conda activate
(base) wuhao@wuhao-virtual-machine:~/Desktop/garpos-master/test$ python s
olveSingleEpoch.py -i Settings-prep.ini -f initcfg/SAGA/SAGA.1903.kaiyo_k4
-initcfg.ini -d demo_prep/SAGA
  suffix   lamb0   lgrad   mu_t   mu_m
0          0.1     0.1     0.0    0.5
Inversion-type 2 Loop  1- 1, RMS(TT) =    0.074641 ms, used_shot =  99.7%,
reject =    12, Max(dX) =      7.9472, Hgt =  -1341.451
Inversion-type 2 Loop  1- 2, RMS(TT) =    0.072808 ms, used_shot =  99.6%,
reject =    15, Max(dX) =      0.2438, Hgt =  -1341.455
Inversion-type 2 Loop  1- 3, RMS(TT) =    0.072791 ms, used_shot =  99.6%,
reject =    15, Max(dX) =      0.0526, Hgt =  -1341.454
Inversion-type 2 Loop  1- 4, RMS(TT) =    0.072791 ms, used_shot =  99.6%,
reject =    15, Max(dX) =      0.0000, Hgt =  -1341.454
 ABIC =        25910.018888  misfit =  0.030
demo_prep/SAGA/SAGA.1903.kaiyo_k4-res.dat
(base) wuhao@wuhao-virtual-machine:~/Desktop/garpos-master/test$
```

图 9. 3. 6　解算过程

至此，第一个站点的位置已经解算完成了，可以在生成的 demo_pre/SAGA 文件夹之下找到生成的…res. dat（估计的站点参数文件）、m. p. date（模型参数列表文件）、var. dat（后验协方差矩阵文件）文件、obs. csv（修改声学观测数据 csv 文件），如图 9. 3. 7 所示。

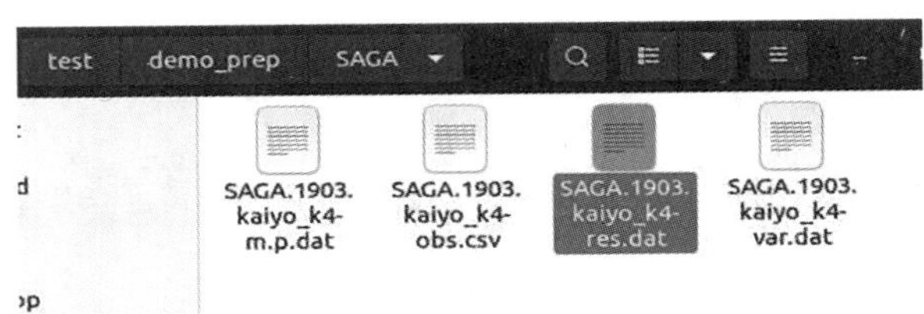

图 9. 3. 7　生成文件列表

打开生成的 res. dat 文件，如图 9.3.8 所示。

```
[Obs-parameter]
 Site_name    = SAGA
 Campaign     = 1903.kaiyo_k4
 Date(UTC)    = 2019-03-15
 Date(jday)   = 2019-074
 Ref.Frame    = ITRF2014
 SoundSpeed   = ./obsdata/SAGA/SAGA.1903.kaiyo_k4-svp.csv

[Data-file]
 datacsv      = demo_prep/SAGA/SAGA.1903.kaiyo_k4-obs.csv
 N_shot       =  3614
 used_shot    =  3599

[Site-parameter]
 Latitude0    =  34.96166667
 Longitude0   = 139.26333333
 Height0      =  43.00
 Stations     = M11 M12 M13 M14
# Array_cent :   'cntpos_E'  'cntpos_N'  'cntpos_U'
 Center_ENU   =    -31.1719    -17.8493  -1341.4540

[Model-parameter]
# MT_Pos      :   'stapos_E'  'stapos_N'  'stapos_U'   'sigma_E'   'sigma_N'   'sigma_U'   'cov_NU'    'cov_UE'    'cov_EN'
 M11_dPos     =   -46.9688    408.8031  -1345.0479     0.0129      0.0123      0.0106   2.763e-05   1.128e-06  -1.739e-07
 M12_dPos     =   486.6376     48.3151  -1354.3757     0.0124      0.0133      0.0116   6.004e-06   2.646e-05  -1.952e-06
 M13_dPos     =   -26.3179   -505.9376  -1335.8946     0.0128      0.0124      0.0114  -2.553e-05  -1.994e-07  -2.984e-06
 M14_dPos     =  -538.0387    -22.5777  -1330.4978     0.0122      0.0130      0.0112  -4.989e-06  -2.658e-05  -3.864e-06
 dCentPos     =     0.0000      0.0000      0.0000     0.0000      0.0000      0.0000   0.000e+00   0.000e+00   0.000e+00
# ANT_to_TD   :  'forward' 'rightward'  'downward'   'sigma_F'   'sigma_R'   'sigma_D'   'cov_RD'    'cov_DF'    'cov_FR'
 ATDoffset    =     1.5547     -1.2690     23.7295     0.0000      0.0000      0.0000   0.000e+00   0.000e+00   0.000e+00

#Inversion-type 2 Loop  1- 1, RMS(TT) =   0.074641 ms, used_shot =  99.7%, reject =   12, Max(dX) =     7.9472, Hgt =  -1341.451
#Inversion-type 2 Loop  1- 2, RMS(TT) =   0.072808 ms, used_shot =  99.6%, reject =   15, Max(dX) =     0.2438, Hgt =  -1341.455
#Inversion-type 2 Loop  1- 3, RMS(TT) =   0.072791 ms, used_shot =  99.6%, reject =   15, Max(dX) =     0.0526, Hgt =  -1341.454
#Inversion-type 2 Loop  1- 4, RMS(TT) =   0.072791 ms, used_shot =  99.6%, reject =   15, Max(dX) =     0.0000, Hgt =  -1341.454
#  ABIC =        25910.018888  misfit =  0.030
# lambda_0^2 =   0.10000000
# lambda_g^2 =   0.01000000
# mu_t =   0.00000000 sec.
# mu_MT = 0.5000
```

图 9.3.8　文件内容

2. 第二个站点的位置解算

用同样的方法对第二个站点进行解算，输入以下命令(见图 9.3.9)：

```
python solveSingleEpoch. py -i Settings-prep. ini -f
initcfg/SAGA/SAGA. 1905. meiyo_m5-initcfg. ini -d demo_prep/SAGA
```

```
(base) wuhao@wuhao-virtual-machine:~/Desktop/garpos-master/test$ python  solveSi
ngleEpoch.py -i Settings-prep.ini -f initcfg/SAGA/SAGA.1905.meiyo_m5-initcfg.ini
 -d demo_prep/SAGA
  suffix  lamb0  lgrad  mu_t  mu_m
0           0.1    0.1   0.0   0.5
Inversion-type 2 Loop  1- 1, RMS(TT) =   0.063061 ms, used_shot =  99.9%, reject
 =    3, Max(dX) =      5.4518, Hgt =  -1341.471
Inversion-type 2 Loop  1- 2, RMS(TT) =   0.063066 ms, used_shot =  99.9%, reject
 =    3, Max(dX) =      0.0224, Hgt =  -1341.471
Inversion-type 2 Loop  1- 3, RMS(TT) =   0.063066 ms, used_shot =  99.9%, reject
 =    3, Max(dX) =      0.0001, Hgt =  -1341.471
 ABIC =       20821.664541  misfit =  0.022
demo_prep/SAGA/SAGA.1905.meiyo_m5-res.dat
(base) wuhao@wuhao-virtual-machine:~/Desktop/garpos-master/test$
```

图 9.3.9　解算过程界面

打开 demo_prep/SAGA 文件夹可以看到生成的文件，如图 9.3.10 所示。

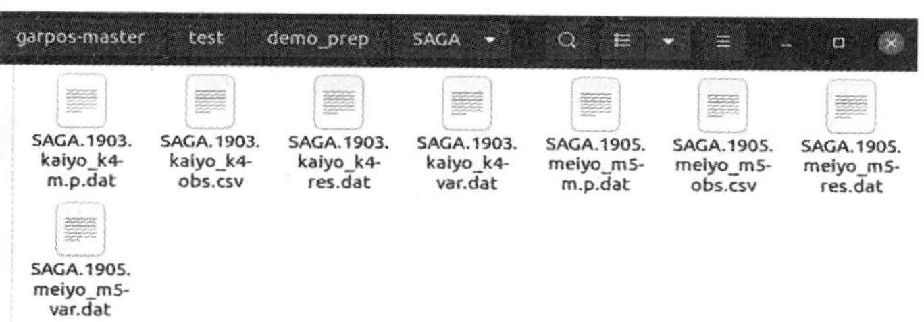

图 9.3.10　生成文件列表

至此，对两个站点的解算已经完成，在此基础上，将开始下一步操作，即制作平均约束数组。

3. 制作平均约束数组

首先，还是回到 test 文件打开的终端下，输入以下命令：

```
python makeFixCfg. py -d cfgfix --res_singles " demo_prep/SAGA/ * res. dat"
```

对上述命令进行解读：

(1) python：与之前命令一样，这是命令的开始，表示要使用 Python 解释器来运行接下来的脚本。

(2) makeFixCfg. py：这是要执行的 Python 脚本文件。

(3) -d cfgfix：-d 通常用于指定目录。

cfgfix 是一个目录名，脚本会在这个目录下进行一些操作。

(4) --res_singles " demo_prep/SAGA/ * res. dat"：--res_singles 是一个参数，" demo_prep/SAGA/ * res. dat" 指的是一个文件路径模式。这个模式表明脚本将处理 demo_prep/SAGA/目录下所有以 res. dat 结尾的文件。星号(*)是一个通配符，表示匹配任何字符。

综上所述，这个命令使用 Python 运行 makeFixCfg. py 脚本，传递了一个目录参数(cfgfix)和一个文件匹配模式(demo_prep/SAGA/ * res. dat)。这意味着脚本会处理 demo_prep/SAGA/目录下所有的 res. dat 文件，并在 cfgfix 目录下生成或修改配置文件。

在终端中输入以下命令，运行界面如图 9. 3. 11 所示。

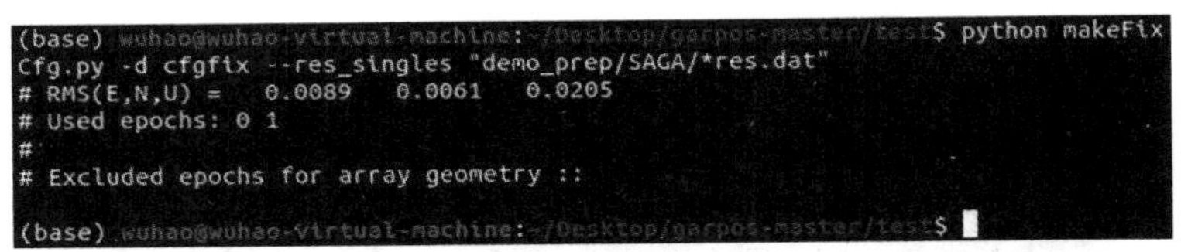

图 9. 3. 11　解算界面

打开生成的 cfgfix 文件夹可以看到生成的日志文件和制作的文件，如图 9. 3. 12 所示。

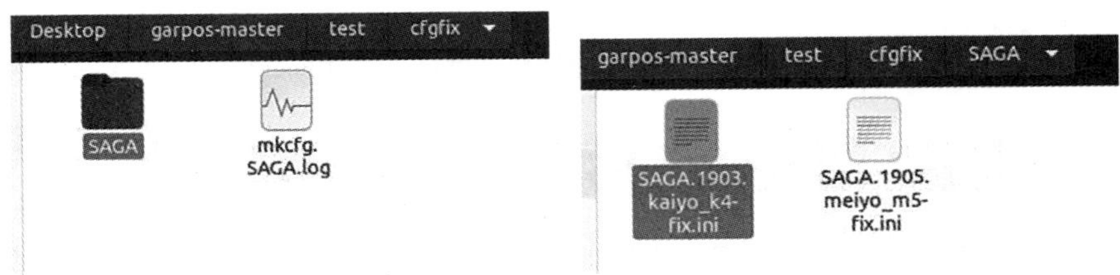

图 9. 3. 12　生成的日志文件和制作的文件

打开其中一个文件可以看到其内容，如图 9. 3. 13 所示。

```
[Obs-parameter]
 Site_name    = SAGA
 Campaign     = 1903.kaiyo_k4
 Date(UTC)    = 2019-03-15
 Date(jday)   = 2019-074
 Ref.Frame    = ITRF2014
 SoundSpeed   = ./obsdata/SAGA/SAGA.1903.kaiyo_k4-svp.csv

[Data-file]
 datacsv      = demo_prep/SAGA/SAGA.1903.kaiyo_k4-obs.csv
 N_shot       =  3614
 used_shot    =  3599

[Site-parameter]
 Latitude0    =  34.96166667
 Longitude0   = 139.26333333
 Height0      =  43.00
 Stations     = M11 M12 M13 M14
# Array_cent :   'cntpos_E'  'cntpos_N'  'cntpos_U'
 Center_ENU  =    -31.1308    -17.8655  -1341.4626

[Model-parameter]
# MT_Pos      :   'stapos_E'  'stapos_N'  'stapos_U'   'sigma_E'   'sigma_N'   'sigma_U'   'cov_NU'    'cov_UE'    'cov_EN'
 M11_dPos     =    -46.9300    408.7972  -1345.0790     0.0000      0.0000      0.0000
 M12_dPos     =    486.6832     48.2935  -1354.3655     0.0000      0.0000      0.0000
 M13_dPos     =    -26.2658   -505.9565  -1335.8810     0.0000      0.0000      0.0000
 M14_dPos     =   -538.0106    -22.5962  -1330.5248     0.0000      0.0000      0.0000
 dCentPos     =      0.0000      0.0000      0.0000     3.0000      3.0000      3.0000
# ANT_to_TD   :   'forward' 'rightward'  'downward'   'sigma_F'   'sigma_R'   'sigma_D'   'cov_RD'    'cov_DF'    'cov_FR'
 ATDoffset    =      1.5547     -1.2690     23.7295     0.0000      0.0000      0.0000  0.000e+00   0.000e+00   0.000e+00

#Inversion-type 2 Loop  1- 1, RMS(TT) =   0.074641 ms, used_shot =  99.7%, reject =   12, Max(dX) =     7.9472, Hgt =  -1341.451
#Inversion-type 2 Loop  1- 2, RMS(TT) =   0.072808 ms, used_shot =  99.6%, reject =   15, Max(dX) =     0.2438, Hgt =  -1341.455
#Inversion-type 2 Loop  1- 3, RMS(TT) =   0.072791 ms, used_shot =  99.6%, reject =   15, Max(dX) =     0.0526, Hgt =  -1341.454
#Inversion-type 2 Loop  1- 4, RMS(TT) =   0.072791 ms, used_shot =  99.6%, reject =   15, Max(dX) =     0.0000, Hgt =  -1341.454
#  ABIC =        25910.018888  misfit =  0.030
# lambda_0^2 =    0.10000000
# lambda_g^2 =    0.01000000
# mu_t =    0.00000000 sec.
# mu_MT = 0.5000
```

图 9.3.13 生成文件内容

接下来是在此步生成的数组约束条件下求解：

还是回到之前的 test 文件夹下打开的终端，在此终端下输入以下命令，对第一站点进行处理：

python solveSingleEpoch. py -i Settings-fix. ini -f cfgfix/SAGA/SAGA. 1903. kaiyo_k4-fix. ini -d demo_res/SAGA

对此代码进行解读(与之前重复的命令在此不再赘述)：

(1)-i Settings-fix. ini：

-i 是一个参数，通常用于指定输入文件。

Settings-fix. ini 是一个配置文件，该文件包含了脚本运行所需的一些设置或参数。

(2)-f cfgfix/SAGA/SAGA. 1903. kaiyo_k4-fix. ini：

-f 也是一个参数，它用于指定另一个特定的文件。

cfgfix/SAGA/SAGA. 1903. kaiyo_k4-fix. ini 是指定的文件路径。从路径和文件名来看，这是一个特定于 SAGA 项目并且针对 1903 年版本的配置文件。kaiyo_k4-fix. ini 部分表示文件具有特定的变种。

(3)-d demo_res/SAGA：

-d 通常用于指定一个目录。

demo_res/SAGA 是脚本操作的目标目录，用于存储输出结果或读取其他相关文件。

总的来说，这个命令使用 Python 运行 solveSingleEpoch. py 脚本，并传递了三个参数：一个输入配置文件(Settings-fix. ini)、一个特定的配置文件(cfgfix/SAGA/SAGA. 1903. kaiyo_k4-fix. ini)和一个操作目录(demo_res/SAGA)。

在终端输入这个命令并运行，界面如图 9.3.14 所示。

```
(base) wuhao@wuhao-virtual-machine:~/Desktop/garpos-master/test$ python solveSingleEpoch.py -i Settings-fix.ini -f cfgfix/SAGA/SAGA.1903.kaiyo_k4-fix.ini -d demo_res/SAGA
        suffix  lamb0  lgrad  mu_t  mu_m
0  _L-02.0_T0.0   0.01    0.1   0.0   0.5
1  _L-02.0_T1.0   0.01    0.1  60.0   0.5
2  _L-01.0_T0.0   0.10    0.1   0.0   0.5
3  _L-01.0_T1.0   0.10    0.1  60.0   0.5
Inversion-type 2 Loop  1- 1, RMS(TT) =   0.074693 ms, used_shot =  99.6%, reject =   15, Max(dX) =     7.7724, Hgt =  -1341.462
Inversion-type 2 Loop  1- 2, RMS(TT) =   0.074693 ms, used_shot =  99.6%, reject =   15, Max(dX) =     0.0000, Hgt =  -1341.462
 ABIC =       25980.922029  misfit =  0.031 _L-02.0_T0.0
demo_res/SAGA//lambda/SAGA.1903.kaiyo_k4_L-02.0_T0.0-res.dat
Inversion-type 2 Loop  1- 1, RMS(TT) =   0.077162 ms, used_shot =  99.6%, reject =   15, Max(dX) =     7.7580, Hgt =  -1341.468
Inversion-type 2 Loop  1- 2, RMS(TT) =   0.077162 ms, used_shot =  99.6%, reject =   15, Max(dX) =     0.0000, Hgt =  -1341.468
 ABIC =       24390.943669  misfit =  0.059 _L-02.0_T1.0
demo_res/SAGA//lambda/SAGA.1903.kaiyo_k4_L-02.0_T1.0-res.dat
Inversion-type 2 Loop  1- 1, RMS(TT) =   0.072980 ms, used_shot =  99.6%, reject =   15, Max(dX) =     7.7973, Hgt =  -1341.462
Inversion-type 2 Loop  1- 2, RMS(TT) =   0.072980 ms, used_shot =  99.6%, reject =   15, Max(dX) =     0.0000, Hgt =  -1341.462
 ABIC =       25827.548096  misfit =  0.030 _L-01.0_T0.0
demo_res/SAGA//lambda/SAGA.1903.kaiyo_k4_L-01.0_T0.0-res.dat
Inversion-type 2 Loop  1- 1, RMS(TT) =   0.074739 ms, used_shot =  99.6%, reject =   15, Max(dX) =     7.6944, Hgt =  -1341.469
Inversion-type 2 Loop  1- 2, RMS(TT) =   0.074739 ms, used_shot =  99.6%, reject =   15, Max(dX) =     0.0002, Hgt =  -1341.469
Inversion-type 2 Loop  1- 3, RMS(TT) =   0.074739 ms, used_shot =  99.6%, reject =   15, Max(dX) =     0.0000, Hgt =  -1341.469
 ABIC =       24381.666843  misfit =  0.058 _L-01.0_T1.0
demo_res/SAGA//lambda/SAGA.1903.kaiyo_k4_L-01.0_T1.0-res.dat
demo_res/SAGA//lambda/SAGA.1903.kaiyo_k4_L-01.0_T1.0-res.dat
          ABIC  log(Lambda)  mu(t)        dE        dN        dU
0  24381.666843         -1.0    1.0 -0.018532 -0.006329 -0.006359
1  24390.943669         -2.0    1.0 -0.021229 -0.000796 -0.005107
2  25827.548096         -1.0    0.0 -0.030004  0.002746  0.000465
3  25980.922029         -2.0    0.0 -0.032288  0.004158  0.000410
(base) wuhao@wuhao-virtual-machine:~/Desktop/garpos-master/test$
```

图 9.3.14　命令运行界面

在运行完成后，可以在 demo_res/SAGA 文件夹中看到带有约束条件的更为准确的解，如图 9.3.15 所示。

```
[Obs-parameter]
 Site_name   = SAGA
 Campaign    = 1903.kaiyo_k4
 Date(UTC)   = 2019-03-15
 Date(jday)  = 2019-074
 Ref.Frame   = ITRF2014
 SoundSpeed  = ./obsdata/SAGA/SAGA.1903.kaiyo_k4-svp.csv

[Data-file]
 datacsv     = demo_res/SAGA//lambda/SAGA.1903.kaiyo_k4_L-01.0_T0.0-obs.csv
 N_shot      =  3614
 used_shot   =  3599

[Site-parameter]
 Latitude0   =  34.96166667
 Longitude0  = 139.26333333
 Height0     =  43.00
 Stations    = M11 M12 M13 M14
# Array_cent :   'cntpos_E'  'cntpos_N'  'cntpos_U'
 Center_ENU  =    -31.1608    -17.8628  -1341.4621

[Model-parameter]
# MT_Pos     :   'stapos_E'  'stapos_N'  'stapos_U'   'sigma_E'   'sigma_N'   'sigma_U'   'cov_NU'    'cov_UE'    'cov_EN'
 M11_dPos    =    -46.9300   408.7972  -1345.0790     0.0000      0.0000      0.0000  0.000e+00   0.000e+00   0.000e+00
 M12_dPos    =    486.6832    48.2935  -1354.3655     0.0000      0.0000      0.0000  0.000e+00   0.000e+00   0.000e+00
 M13_dPos    =    -26.2658  -505.9565  -1335.8810     0.0000      0.0000      0.0000  0.000e+00   0.000e+00   0.000e+00
 M14_dPos    =   -538.0106   -22.5962  -1330.5248     0.0000      0.0000      0.0000  0.000e+00   0.000e+00   0.000e+00
 dCentPos    =     -0.0300     0.0027      0.0005     0.0098      0.0102      0.0046 -8.064e-07   1.833e-06  -5.466e-06
# ANT_to_TD  :    'forward' 'rightward' 'downward'   'sigma_F'   'sigma_R'   'sigma_D'   'cov_RD'    'cov_DF'    'cov_FR'
 ATDoffset   =      1.5547    -1.2690     23.7295     0.0000      0.0000      0.0000  0.000e+00   0.000e+00   0.000e+00

#Inversion-type 2 Loop  1- 1, RMS(TT) =   0.072980 ms, used_shot =  99.6%, reject =   15, Max(dX) =     7.7973, Hgt =  -1341.462
#Inversion-type 2 Loop  1- 2, RMS(TT) =   0.072980 ms, used_shot =  99.6%, reject =   15, Max(dX) =     0.0000, Hgt =  -1341.462
#  ABIC =       25827.548096  misfit =  0.030 _L-01.0_T0.0
# lambda_0^2 =   0.10000000
# lambda_g^2 =   0.01000000
# mu_t =   0.00000000 sec.
# mu_MT = 0.5000
```

图 9.3.15　生成文件内容

使用同样的步骤，对第二个站点进行解算，输入以下命令：

```
python solveSingleEpoch.py -i Settings-fix.ini -f
cfgfix/SAGA/SAGA.1905.meiyo_m5-fix.ini -d demo_res/SAGA
```

命令运行界面如图 9.3.16 所示。

```
(base) wuhao@wuhao-virtual-machine:~/Desktop/garpos-master/test$ python solveSingleEpoch.py -i Settings-fix.ini -f cfgfix/SAGA/SAGA.1905.meiyo_m5-fix.ini -d demo_res/SAGA
       suffix  lamb0  lgrad  mu_t  mu_m
0  _L-02.0_T0.0   0.01    0.1   0.0   0.5
1  _L-02.0_T1.0   0.01    0.1  60.0   0.5
2  _L-01.0_T0.0   0.10    0.1   0.0   0.5
3  _L-01.0_T1.0   0.10    0.1  60.0   0.5
Inversion-type 2 Loop  1- 1, RMS(TT) =   0.064889 ms, used_shot =  99.9%, reject =    3, Max(dX) =     5.4622, Hgt =  -1341.460
Inversion-type 2 Loop  1- 2, RMS(TT) =   0.064889 ms, used_shot =  99.9%, reject =    3, Max(dX) =     0.0000, Hgt =  -1341.460
 ABIC =       20912.900011  misfit =  0.024 _L-02.0_T0.0
demo_res/SAGA//lambda/SAGA.1905.meiyo_m5_L-02.0_T0.0-res.dat
Inversion-type 2 Loop  1- 1, RMS(TT) =   0.069078 ms, used_shot =  99.9%, reject =    3, Max(dX) =     5.3545, Hgt =  -1341.452
Inversion-type 2 Loop  1- 2, RMS(TT) =   0.069078 ms, used_shot =  99.9%, reject =    3, Max(dX) =     0.0001, Hgt =  -1341.452
Inversion-type 2 Loop  1- 3, RMS(TT) =   0.069078 ms, used_shot =  99.9%, reject =    3, Max(dX) =     0.0001, Hgt =  -1341.452
 ABIC =       19604.871218  misfit =  0.040 _L-02.0_T1.0
demo_res/SAGA//lambda/SAGA.1905.meiyo_m5_L-02.0_T1.0-res.dat
Inversion-type 2 Loop  1- 1, RMS(TT) =   0.063272 ms, used_shot =  99.9%, reject =    3, Max(dX) =     5.5289, Hgt =  -1341.463
Inversion-type 2 Loop  1- 2, RMS(TT) =   0.063272 ms, used_shot =  99.9%, reject =    3, Max(dX) =     0.0000, Hgt =  -1341.463
 ABIC =       20741.753622  misfit =  0.022 _L-01.0_T0.0
demo_res/SAGA//lambda/SAGA.1905.meiyo_m5_L-01.0_T0.0-res.dat
Inversion-type 2 Loop  1- 1, RMS(TT) =   0.065280 ms, used_shot =  99.9%, reject =    3, Max(dX) =     5.4461, Hgt =  -1341.454
Inversion-type 2 Loop  1- 2, RMS(TT) =   0.065280 ms, used_shot =  99.9%, reject =    3, Max(dX) =     0.0001, Hgt =  -1341.454
Inversion-type 2 Loop  1- 3, RMS(TT) =   0.065280 ms, used_shot =  99.9%, reject =    3, Max(dX) =     0.0001, Hgt =  -1341.454
 ABIC =       19613.386874  misfit =  0.040 _L-01.0_T1.0
demo_res/SAGA//lambda/SAGA.1905.meiyo_m5_L-01.0_T1.0-res.dat
demo_res/SAGA//lambda/SAGA.1905.meiyo_m5_L-02.0_T1.0-res.dat
           ABIC  log(Lambda)  mu(t)        dE        dN        dU
0  19604.871218         -2.0    1.0  0.031836  0.022937  0.010459
1  19613.386874         -1.0    1.0  0.031795  0.022174  0.008361
2  20741.753622         -1.0    0.0  0.029899 -0.002953 -0.000366
3  20912.900011         -2.0    0.0  0.026766 -0.001039  0.002873
(base) wuhao@wuhao-virtual-machine:~/Desktop/garpos-master/test$
```

图 9.3.16 命令运行界面

至此，使用 GARPOS 对水下数据解算的全部过程已经演示完成，回顾之前的操作过程，我们已经生成了对水下定位进行分析的各种文件，具体包括：

```
Estimated site-parameter file ( *res. dat)
Modified acoustic observation data csv file ( *obs. csv)
Model parameter list file ( *m. p. dat)
A posteriori covariance matrix file ( *var. dat)
```

翻译为中文即为：

估计的站点参数文件（ *res. dat）；

修改声学观测数据 csv 文件（ *obs. csv）；

模型参数列表文件（ *m. p. dat）；

后验协方差矩阵文件（ *var. dat）。

到此 GARPOS 解算完成，读者可以根据自己的需要对 GARPOS 所生成的信息进行操作和加工，以满足读者的需要。

本章只是对使用 GARPOS 软件解算过程进行了大概的演示，希望能起到抛砖引玉的作用，GARPOS 软件是一款能力强大的程序，读者如果想深入研究，可以花些时间认真地阅读程序包中的 python 文件，相信在阅读之后会对其核心原理有着更深刻的理解。此外，在 GARPOS 软件包中，程序的作者还为我们提供了制作好的 demo. sh 脚本，使用此脚本进行批处理，不需要像上述步骤一样一步一步地处理，直接运行 shell 脚本即可完成解算。制作 shell 脚本需要对 Linux 系统的操作有更加深层的理解，如果读者有兴趣也可以在这方面展开更加深入的研究，最后，关于 GARPOS 的解算原理模型研究等理论知识，该程序的开发者曾发表过一篇论文，读者可以在此网址上 https：//doi. org/10. 3389/feart. 2020. 597532 查阅该文章。

9.4　程序参数含义一览表

软件参数含义介绍详见表 9.4.1，对应的中文对照表见表 9.4.2。

表 9.4.1　**软件参数含义**

No.	Index	Description
00	SET	Names of subset in each observation (typically S01, S02, ...)
01	LN	Names of survey lines in each observation (typically L01, L02, ...)
02	MT	ID of mirror transponder (should be consistent with Site-parameter file)
03	TT	Observed traveltime
04	ResiTT	Residuals of travel time (observed-calculated)
05	TakeOff	Takeoff angle of ray path (in degrees, Zenith direction = 180 deg.)
06	gamma	Correction term setting in the observation equations
07	flag	True: data of this acoustic shot is not used as data
08	ST	Transmission time of acoustic signal
09	ant_e0	GNSS antenna position (eastward) at ST
10	ant_n0	GNSS antenna position (northward) at ST
No.	Index	Description
11	ant_u0	GNSS antenna position (upward) at ST
12	head0	Heading at ST(in degree)
13	pitch0	Pitch at ST (in degree)
14	roll0	Roll at ST (in degree)
15	RT	Reception time of acoustic signal
16	ant_e1	GNSS antenna position (eastward) at RT
17	ant_n1	GNSS antenna position (northward) at RT
18	ant_u1	GNSS antenna position(upward) at RT
19	head1	Heading at RT (in degree)
20	pitch1	Pitch at RT (in degree)
21	roll1	Roll at RT (in degree)
22	dV0	Sound speed variation (for dV0)
23	gradV1e	Sound speed variation (for east component of grad(V1))
24	gradV1n	Sound speedvariation (for north component of grad(V1))

续表

No.	Index	Description
25	gradV2e	Sound speed variation (for east component of grad(V2))
26	gradV2n	Sound speed variation (for north component of grad(V2))
27	dV	Correction term transformed into sound speed variation (gamma x V0)
28	LogResidual	Actual residuals in estimation(log(TT)-log(calculatedTT))

表 9.4.2 **中文对照表**

序号	索引	描　　述
00	SET	各次观测中子集的名称(通常为 S01、S02 等)
01	LN	各次观测中测线的名称(通常为 L01、L02 等)
02	MT	镜面换能器的 ID(应与站点参数文件一致)
03	TT	观测行程时间
04	ResiTT	行程时间的残差(观测值-计算值)
05	TakeOff	射线路径的高度角(单位为度，天顶方向=180 度)
06	gamma	观测方程中的校正项设置
07	flag	真：此次声波数据不被用作数据
08	ST	声波信号的发射时间
09	ant_e0	ST 时刻 GNSS 天线位置(东向)
10	ant_n0	ST 时刻 GNSS 天线位置(北向)
11	ant_u0	ST 时刻 GNSS 天线位置(高程向)
12	head0	ST 时刻的航向(单位为度)
13	pitch0	ST 时刻的俯仰角(单位为度)
14	roll0	ST 时刻的滚转角(单位为度)
15	RT	声波信号的接收时间
16	ant_e1	RT 时刻 GNSS 天线位置(东向)
17	ant_n1	RT 时刻 GNSS 天线位置(北向)
18	ant_u1	RT 时刻 GNSS 天线位置(向上)
19	head1	RT 时刻的航向(单位为度)
20	pitch1	RT 时刻的俯仰角(单位为度)
21	roll1	RT 时刻的滚转角(单位为度)
22	dV0	声速变化(用于 dV0)
23	gradV1e	声速变化(用于 grad(V1) 的东向分量)

续表

序号	索引	描　述
24	gradV1n	声速变化(用于 grad(V1) 的北向分量)
25	gradV2e	声速变化(用于 grad(V2) 的东向分量)
26	gradV2n	声速变化(用于 grad(V2) 的北向分量)
27	dV	转换成声速变化的校正项(gamma x V0)
28	LogResidual	估计中的实际残差(log(TT)-log(计算的 TT))

第10章　phyphox软件

10.1　简介

phyphox 是由德国 Sebastian Staacks 博士和他的团队开发的软件，旨在让物理实验更具互动性和易用性且可视化。该应用程序在教育、科研工作者及物理爱好者之间广受欢迎，可以免费下载和使用，并提供多种语言版本。该软件的官方网站为 http：//phyphox. org/。

phyphox 是一个开源的物理实验应用程序，旨在通过智能手机和平板电脑将实验室带到教室、家庭或户外。该应用程序提供了一个易于使用的界面，可以让用户探索和记录各种物理量，如加速度、力、角速度、声音、光线等，还可以将这些数据导出到电子表格中以进行进一步的分析。此外，phyphox 还支持连接各种传感器和设备，如 Arduino 和 Raspberry Pi 等，以进一步扩展其功能。

phyphox 不仅包含单独传感器，还有基于传感器而开发的实用工具，如秒表(声学秒表、运动秒表、光学秒表)、角度测量仪、音频发生器等。phyphox 软件还对传感器进行了模块整理，如转动、滚动、单摆、弹性碰撞、弹簧振动等多种基本运动。另外，phyphox 软件还设置了生活小实验，方便学生从生活中发现物理的奥秘。phyphox 不仅能通过图形或数字的方式呈现原始数据，还可以配合自制教具定性地测量有关物理量，应用程序还提供远程访问功能，这允许计算机远程控制 phyphox 软件，无须操作用于做实验的智能手机。因此，通过 phyphox 应用程序可创建自己的“实验室”。

10.2　下载与安装

登录 phyphox 官网(http：//phyphox. org/)下载软件并安装。phyphox 在 Android 和 iOS 上免费提供。可以使用图 10. 2. 1 链接处直接从 Google Play(Android)或 App Store(iOS)安装。

图 10. 2. 2 为手机里安装的 phyphox 软件，其中文名字为“手机物理工坊”。打开软件，界面如图 10. 2. 3 所示。

该软件有原始传感器、力学部分、声学部分、简单工具、日常生活以及简易自定义实验等六个部分。其中，原始传感器部分包括光传感器、加速度、定位(GPS)、磁力计以及陀螺仪；力学部分包括向心加速度、弹簧、摆、滚筒以及(非)弹性碰撞；声学部分包括历史频率、声呐、声音振幅、声音频谱、多普勒效应、音频发生器、音频自相关、音频范围；工具部分包括加速度频谱、斜面、磁场普谱、磁性标尺；日常生活部分包括掌声计(给一段掌声的时长与幅度计分)和电梯(利用气压计确定电梯的速度)。简易自定义实验部分可通过自定义将软件不同的功能组合在一起。

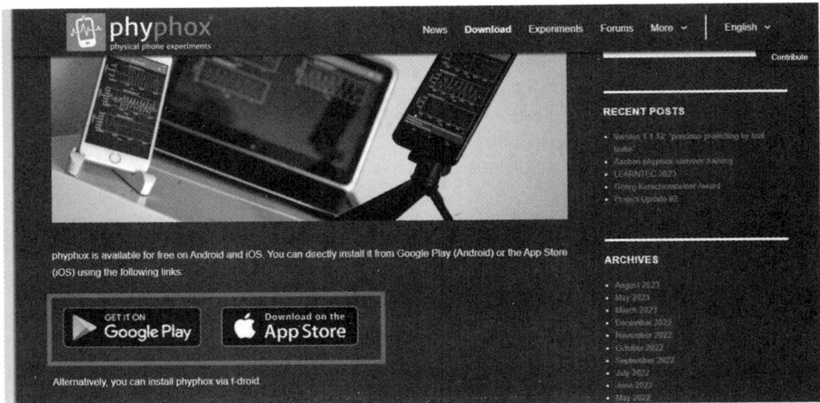

图 10. 2. 1　phyphox 下载图

图 10. 2. 2　phyphox 软件

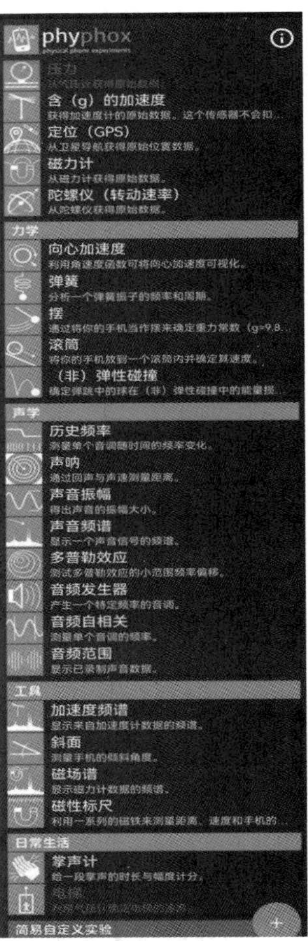

图 10. 2. 3　phyphox 软件界面

10.3 使用指南

phyphox 应用包含的传感器原理及实验如表 10.3.1 所示。

表 10.3.1　**phyphox 应用原理及实验**

传感器	原理	作　用	可探究的实验举例
加速度传感器	压电效应	测加速度	单摆、自由落体、弹簧振子的运动等
陀螺仪传感器	压电效应	测角加速度、倾角	角加速度和角速度的关系、验证向心力等
压强传感器	变容式硅膜盒	测气压计	电梯运行的高度、海拔高度等
光传感器	光敏元件	测光照强度	光照强度的变化、光透射率等
声音传感器	声敏元件	类似示波器、声纳、声音秒表	声速、多普勒效应、弹性碰撞的损失、重力加速度等
磁场传感器	各向异性磁阻	测磁场强度	定位、磁力计

phyphox 可实现加速度、角速度、光照强度、磁场强度、压力和声音的振幅、频率、周期等基本物理量的测量。

点击软件右下角的“+”图标，选择“新建简易实验”，出现图 10.3.1 的界面后，我们可以设置相应的实验标题和传感器速率，并选取所需的传感器名称，点击“确认”即可。该新建实验可在软件首页直接点击进入。

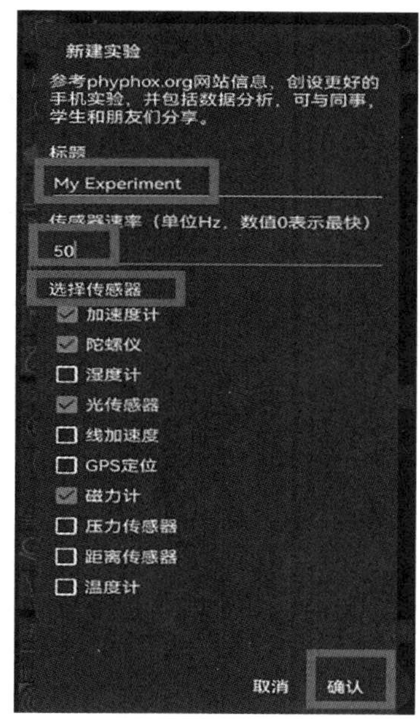

图 10.3.1　新建实验

10.3.1　加速度测量

phyphox 通过调取手机内的加速度传感器来测量手机在载体坐标系 x、y、z 三个方向上的加速度信息，并能进行可视化显示和数据导出，如图 10.3.2~图 10.3.5 所示。

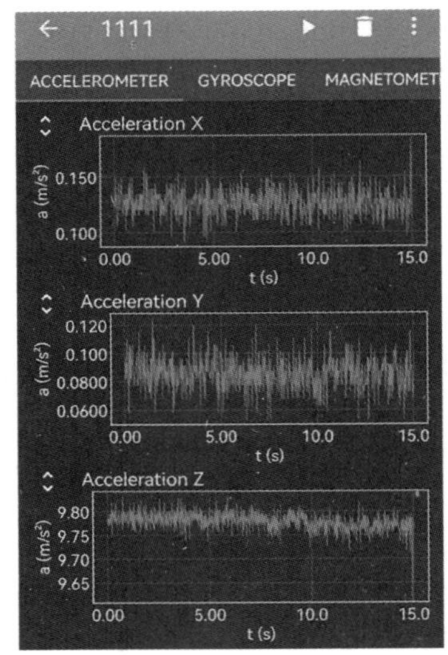

图 10.3.2　加速度可视化显示

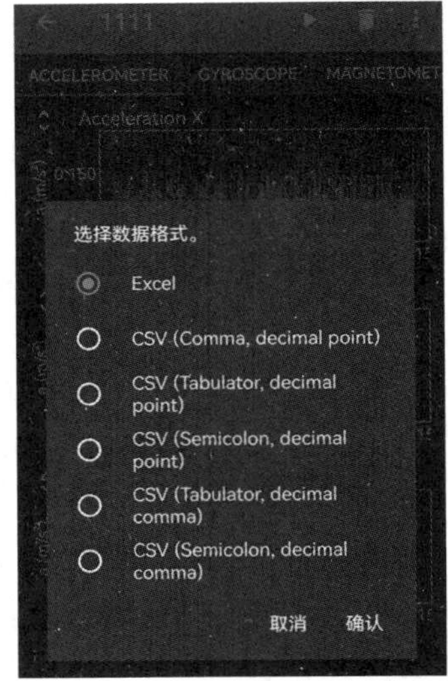

图 10.3.3　导出格式选择

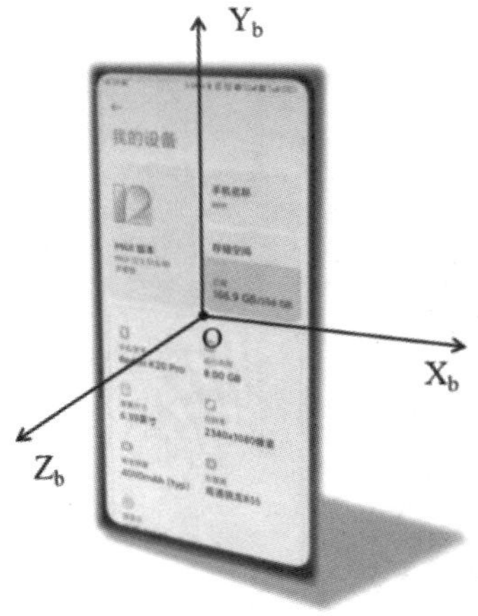

图 10.3.4　载体坐标系(b 系)

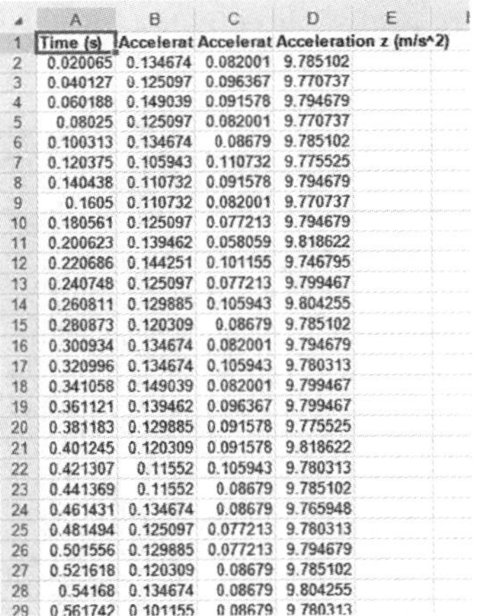

	A	B	C	D	E
1	Time (s)	Accelerat	Accelerat	Acceleration z (m/s^2)	
2	0.020065	0.134674	0.082001	9.785102	
3	0.040127	0.125097	0.096367	9.770737	
4	0.060188	0.149039	0.091578	9.794679	
5	0.08025	0.125097	0.082001	9.770737	
6	0.100313	0.134674	0.08679	9.785102	
7	0.120375	0.105943	0.110732	9.775525	
8	0.140438	0.110732	0.091578	9.794679	
9	0.1605	0.110732	0.082001	9.770737	
10	0.180561	0.125097	0.077213	9.794679	
11	0.200623	0.139462	0.058059	9.818622	
12	0.220686	0.144251	0.101155	9.746795	
13	0.240748	0.125097	0.077213	9.799467	
14	0.260811	0.129885	0.105943	9.804255	
15	0.280873	0.120309	0.08679	9.785102	
16	0.300934	0.134674	0.082001	9.794679	
17	0.320996	0.134674	0.105943	9.780313	
18	0.341058	0.149039	0.082001	9.799467	
19	0.361121	0.139462	0.096367	9.799467	
20	0.381183	0.129885	0.091578	9.775525	
21	0.401245	0.120309	0.091578	9.818622	
22	0.421307	0.11552	0.105943	9.780313	
23	0.441369	0.11552	0.08679	9.785102	
24	0.461431	0.134674	0.08679	9.765948	
25	0.481494	0.125097	0.077213	9.780313	
26	0.501556	0.129885	0.077213	9.794679	
27	0.521618	0.120309	0.08679	9.785102	
28	0.54168	0.134674	0.08679	9.804255	
29	0.561742	0.101155	0.08679	9.780313	

图 10.3.5　加速度数据

10.3.2　磁场强度测量

phyphox 通过调取手机内的磁力计来测量手机在载体坐标系 x、y、z 三个方向上的磁场强度信息(见图 10.3.6)，并能进行可视化显示和数据导出，如图 10.3.7 所示。

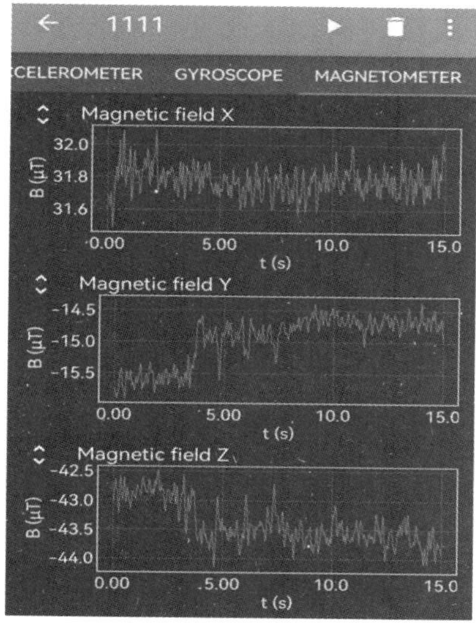

图 10.3.6 磁场强度可视化显示

	A	B	C	D	E
1	Time (s)	Magnetic	Magnetic	Magnetic field z (μT)	
2	0.0285	31.6875	-15.7375	-43.0125	
3	0.057	31.6625	-15.7875	-42.875	
4	0.0855	31.625	-15.8625	-42.8	
5	0.114	31.625	-15.9	-42.65	
6	0.1425	31.7	-15.8375	-42.7125	
7	0.171	31.675	-15.8125	-42.825	
8	0.1995	31.6	-15.75	-42.85	
9	0.228	31.4875	-15.6375	-43.075	
10	0.2565	31.5375	-15.5	-43.2375	
11	0.285	31.625	-15.4625	-43.125	
12	0.3135	31.725	-15.425	-42.725	
13	0.342	31.775	-15.525	-42.575	
14	0.3705	31.8125	-15.7125	-42.6875	
15	0.399	31.8625	-15.7875	-42.9125	
16	0.4275	31.8625	-15.7875	-42.9875	
17	0.456	31.775	-15.8625	-42.975	
18	0.4845	31.825	-15.9	-42.8125	
19	0.513	31.9375	-15.7	-42.625	
20	0.5415	32.025	-15.4875	-42.7375	
21	0.57	31.9125	-15.475	-42.9625	
22	0.5985	31.8125	-15.5625	-43.05	
23	0.627	31.8	-15.5875	-42.85	
24	0.6555	31.8875	-15.6125	-42.7875	
25	0.684	32.05	-15.6125	-42.9	

图 10.3.7 磁场数据

10.3.3 角速度测量

phyphox 通过调取手机内的陀螺仪来测量手机在载体坐标系 x、y、z 三个方向上的角速度信息(见图 10.3.8)，并能进行可视化显示和数据导出，如图 10.3.9 所示。

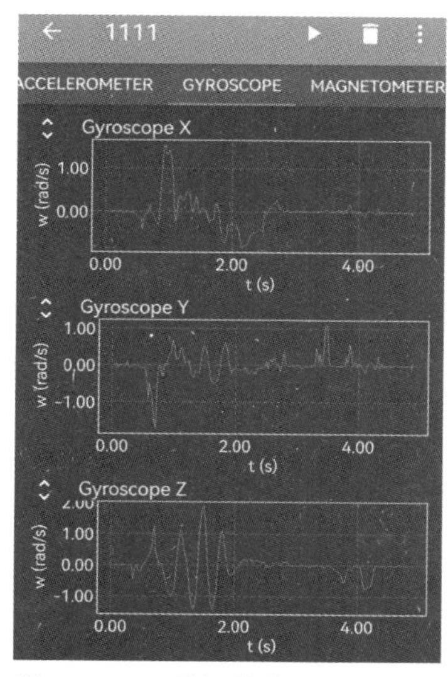

图 10.3.8 磁场强度可视化显示

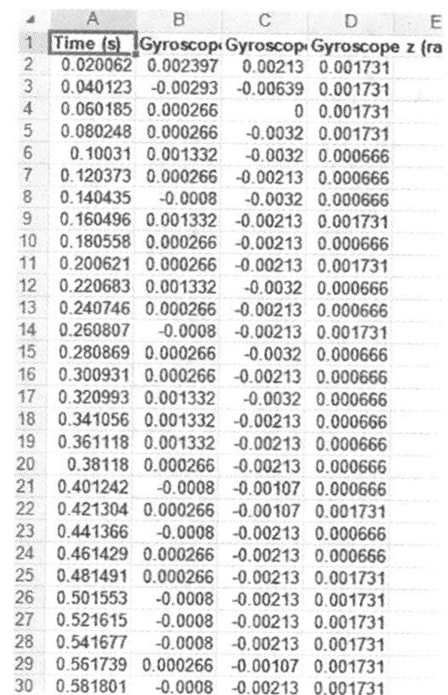

	A	B	C	D	E
1	Time (s)	Gyroscope	Gyroscope	Gyroscope z (ra	
2	0.020062	0.002397	0.00213	0.001731	
3	0.040123	-0.00293	-0.00639	0.001731	
4	0.060185	0.000266	0	0.001731	
5	0.080248	0.000266	-0.0032	0.001731	
6	0.10031	0.001332	-0.0032	0.000666	
7	0.120373	0.000266	-0.00213	0.000666	
8	0.140435	-0.0008	-0.0032	0.000666	
9	0.160496	0.001332	-0.00213	0.001731	
10	0.180558	0.000266	-0.00213	0.000666	
11	0.200621	0.000266	-0.00213	0.001731	
12	0.220683	0.001332	-0.0032	0.000666	
13	0.240746	0.000266	-0.00213	0.000666	
14	0.260807	-0.0008	-0.00213	0.001731	
15	0.280869	0.000266	-0.0032	0.000666	
16	0.300931	0.000266	-0.00213	0.000666	
17	0.320993	0.001332	-0.0032	0.000666	
18	0.341056	0.001332	-0.00213	0.000666	
19	0.361118	0.001332	-0.00213	0.000666	
20	0.38118	0.000266	-0.00213	0.000666	
21	0.401242	-0.0008	-0.00107	0.000666	
22	0.421304	0.000266	-0.00107	0.001731	
23	0.441366	-0.0008	-0.00213	0.000666	
24	0.461429	0.000266	-0.00213	0.000666	
25	0.481491	0.000266	-0.00213	0.001731	
26	0.501553	-0.0008	-0.00213	0.001731	
27	0.521615	-0.0008	-0.00213	0.001731	
28	0.541677	-0.0008	-0.00213	0.001731	
29	0.561739	0.000266	-0.00107	0.001731	
30	0.581801	-0.0008	-0.00213	0.001731	

图 10.3.9 磁场数据

10.3.4 光照强度测量

phyphox 通过调取手机内的光传感器来测量光照信息(见图 10.3.10)，并能进行可视化显示和数据导出，如图 10. 3. 11 所示。

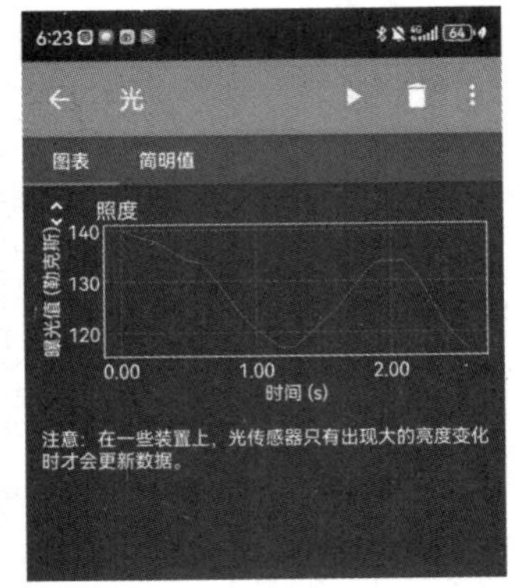

图 10. 3. 10　光照强度可视化显示

1	Time (s)	Illuminance (lx)
2	0	139.9675
3	0.079685	139.1175
4	0.287818	137.3825
5	0.387816	135.6812
6	0.487819	134.11
7	0.587806	133.6362
8	0.6878	130.5762
9	0.78779	127.1075
10	0.887818	123.5575
11	0.98782	120.8425
12	1.087819	118.895
13	1.18782	116.9312
14	1.287815	117.2425
15	1.387818	119.5487
16	1.487821	121.9375
17	1.587818	124.3262
18	1.68782	127.6475
19	1.787824	130.9688
20	1.887816	133.685

图 10. 3. 11　光照强度数据

10. 3. 5　GPS 定位

phyphox 从卫星导航获得原始位置数据。相应性能可能取决于操作者手机上的执行情况。安卓设备部提供垂直精度信息，而 iOS 不提供卫星数量。并且，在 iOS 上可能有其他来源的数据混入卫星导航的数据。速度和方向通常由设备给出，并基于两个或多个连续的位置定位，如图 10. 3. 12、图 10. 3. 13 所示。

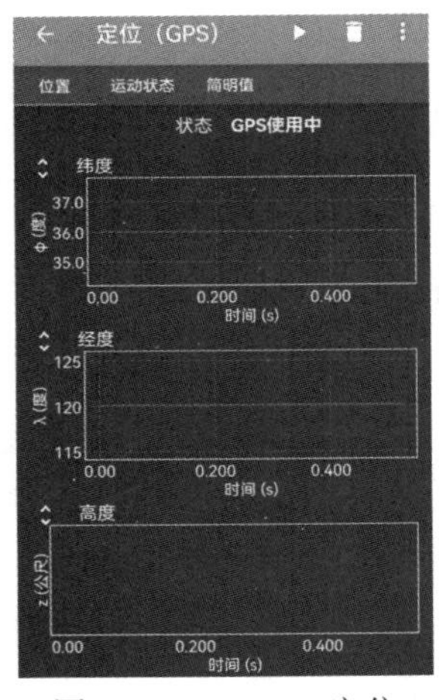

图 10. 3. 12　GPS 定位

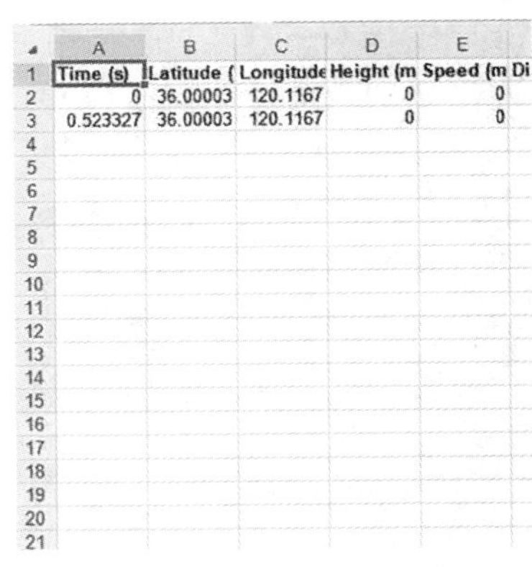

	A	B	C	D	E
1	Time (s)	Latitude (	Longitude	Height (m	Speed (m
2	0	36.00003	120.1167	0	0
3	0.523327	36.00003	120.1167	0	0

图 10. 3. 13　位置数据

10. 3. 6　向心加速度

phyphox 可测量手机受到的向心加速度并将原始数据输出，如图 10. 3. 14 和图 10. 3. 15 所示。

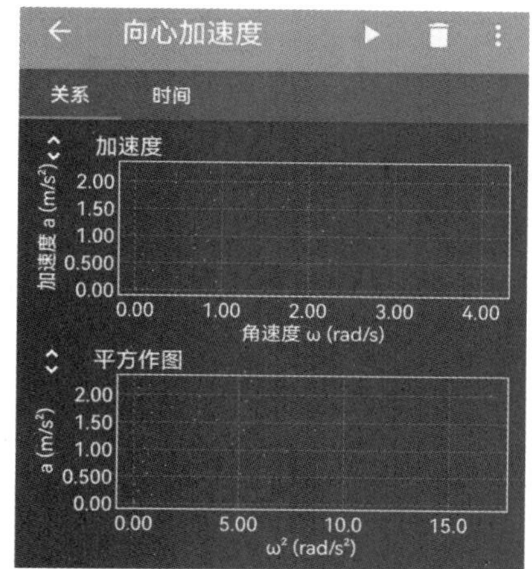

图 10.3.14　向心加速度

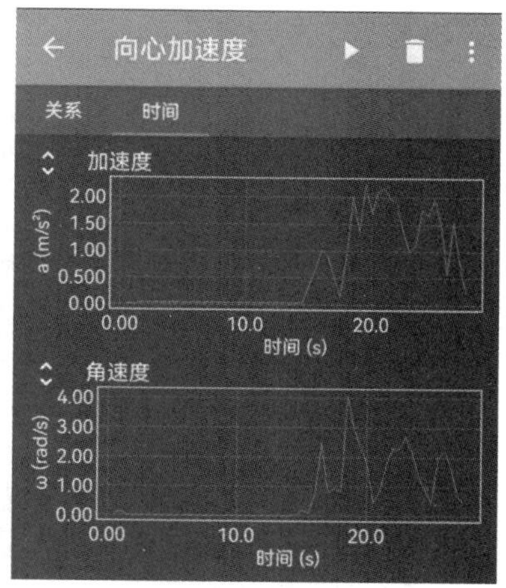

图 10.3.15　向心加速度时间序列

10.3.7　弹簧

phyphox 中“弹簧”功能可将手机与弹簧相连，以此来分析一个弹簧振子的频率和周期，如图 10.3.16、图 10.3.17 所示。

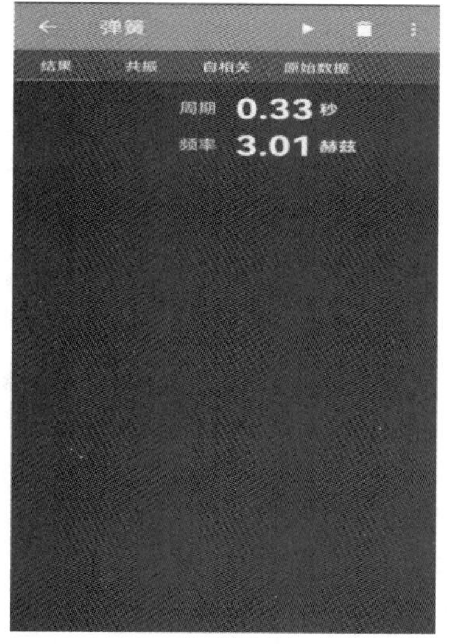

图 10.3.16　周期与频率

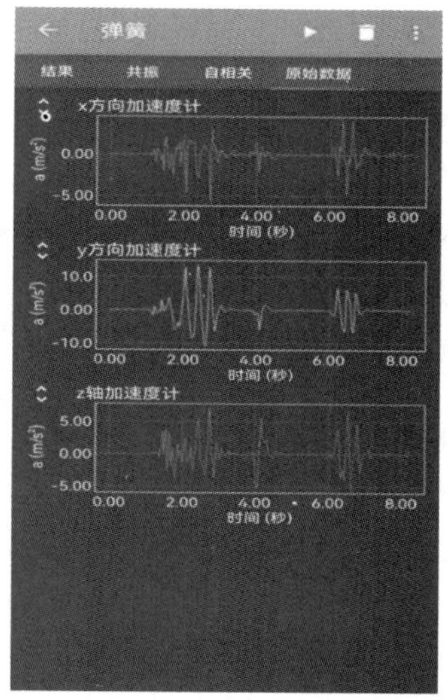

图 10.3.17　原始数据

10.3.8　摆

phyphox 中的“摆”功能可以将手机当作摆来确定重力常数，如图 10.3.18、图 10.3.19 所示。

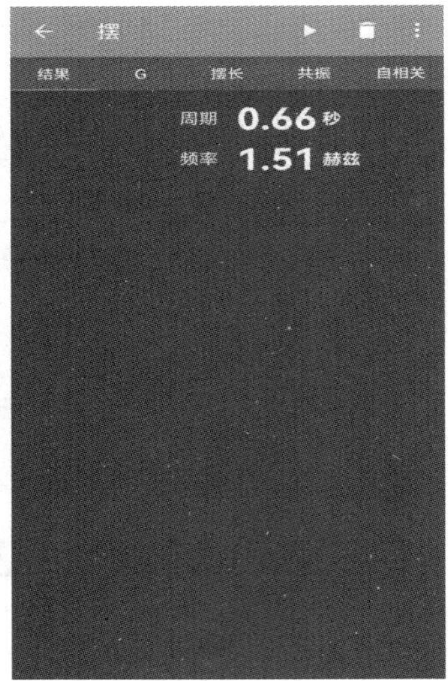

图 10.3.18　周期与频率

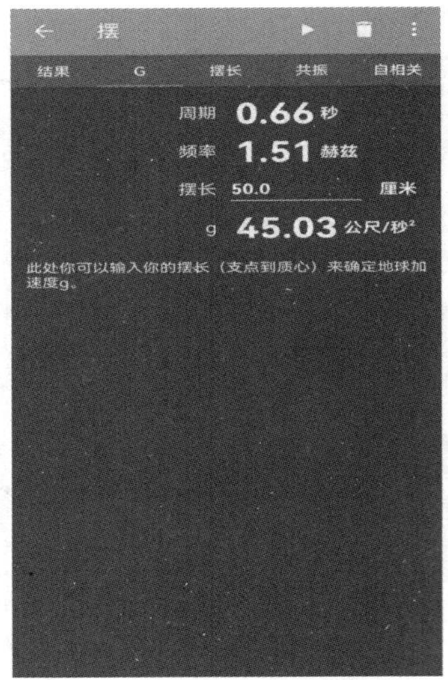

图 10.3.19　重力常数确定

10.3.9　滚筒

phyphox 中的"滚筒"功能可将手机放在一个滚筒内确定其速度，如图 10.3.20、图 10.3.21 所示。

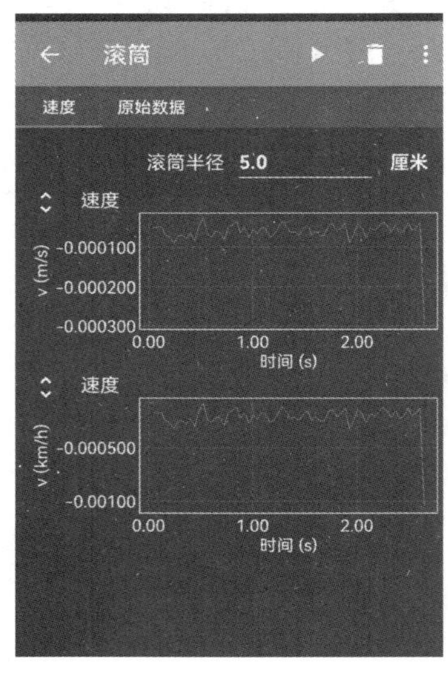

图 10.3.20　速度

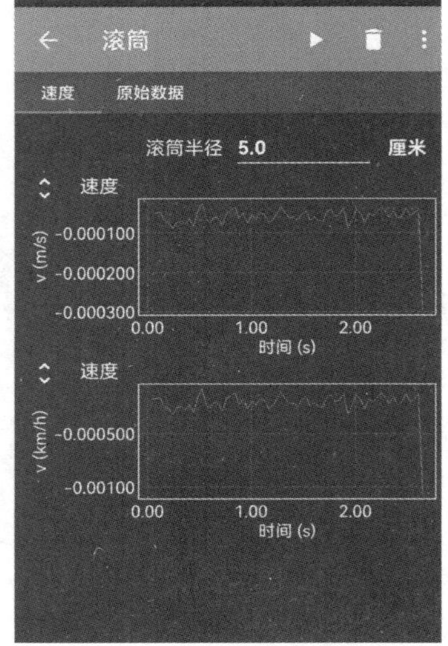

图 10.3.21　原始数据

10.3.10　(非)弹性碰撞

phyphox 中的"(非)弹性碰撞"功能可以让小球在任一平面弹跳，通过分析声音时间间隔，计算出弹起高度和相对第一次弹跳的剩余动能，如图 10.3.22、图 10.3.23 所示。

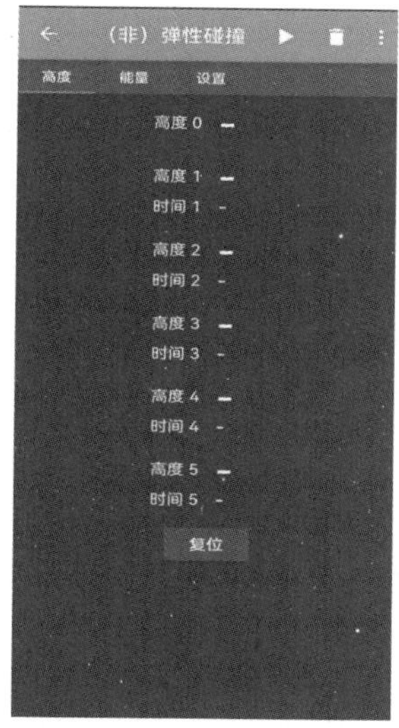

图 10.3.22　高度

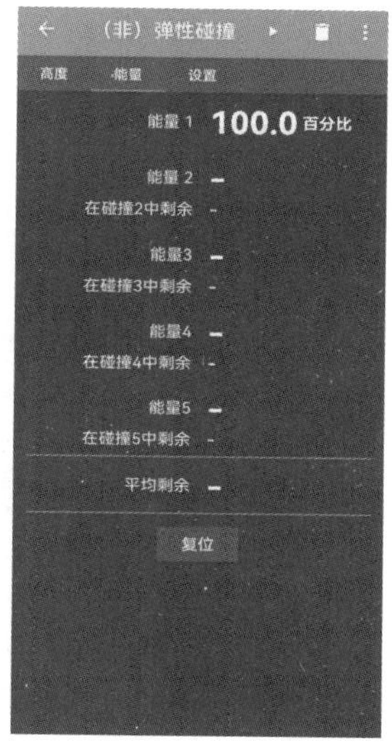

图 10.3.23　能量

10.3.11　历史频率

phyphox 中的“历史频率”功能可以测量单个音调随时间的频率变化情况，如图 10.3.24 所示。

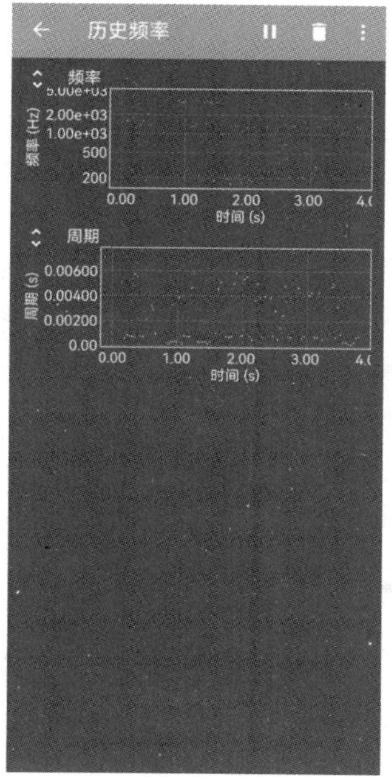

图 10.3.24　历史频率

10.3.12　声呐

phyphox 中的“声呐”功能可以通过回声与声速确定距离，如图 10.3.25 所示。

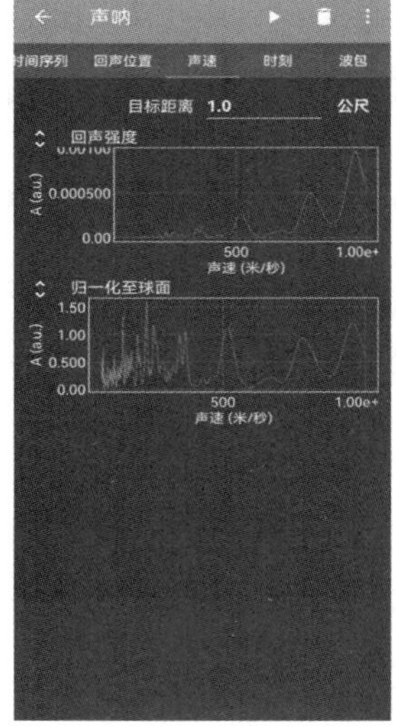

图 10.3.25　声速

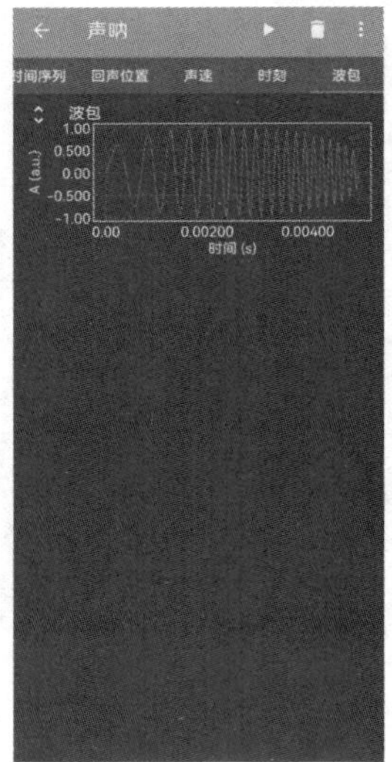

图 10.3.26　波包

10.3.13　声音振幅

phyphox 中的“声音振幅”功能可以得出声音的振幅大小，如图 10.3.27、图 10.3.28 所示。

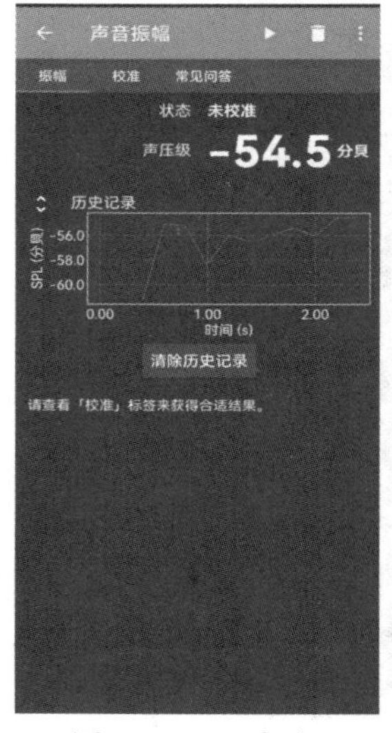

图 10.3.27　振幅

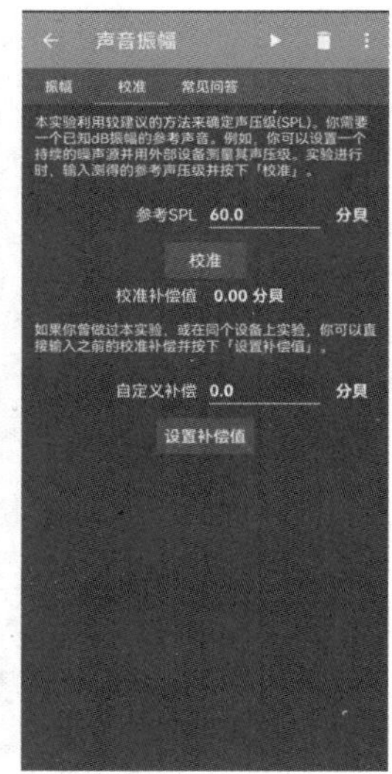

图 10.3.28　波包校准

10.3.14 声音频谱

phyphox 中的“声音频谱”功能可以显示一个声音信号的频谱，如图 10.3.29、图 10.3.30 所示。

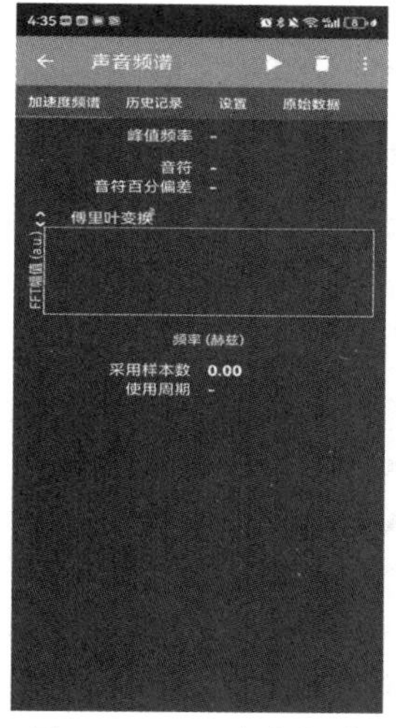

图 10.3.29　声音频谱

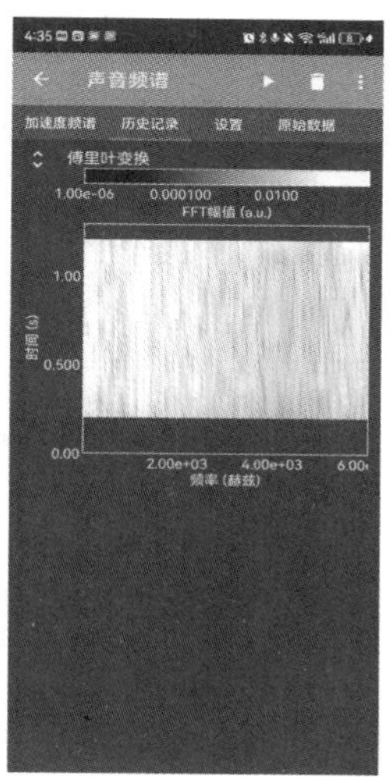

图 10.3.30　历史记录

10.3.15 多普勒效应

phyphox 中的“多普勒效应”实验可以测试多普勒效应的小范围频率偏移，如图 10.3.31、图 10.3.32 所示。

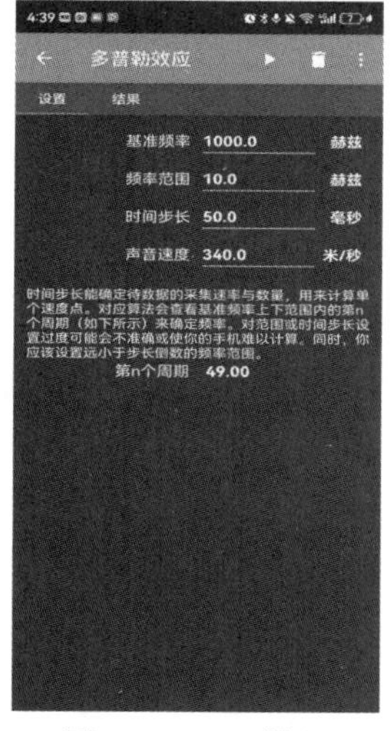

图 10.3.31　设置

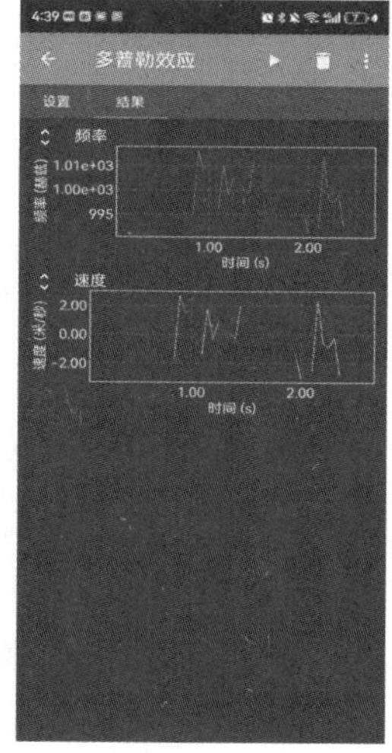

图 10.3.32　结果

10.3.16　音频范围

phyphox 中的“音频范围”功能可以显示已录制声音的数据，如图 10.3.33 所示。

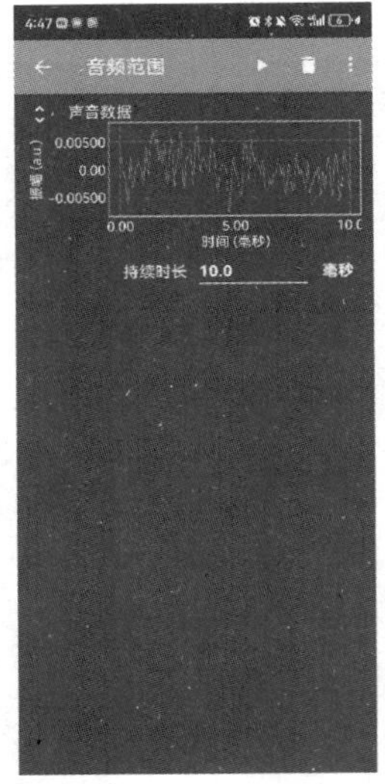

图 10.3.33　声音数据

10.3.17　加速度频谱

phyphox 中的加速度频谱实验可以显示来自加速度数据的频谱，如图 10.3.34、图 10.3.35 所示。

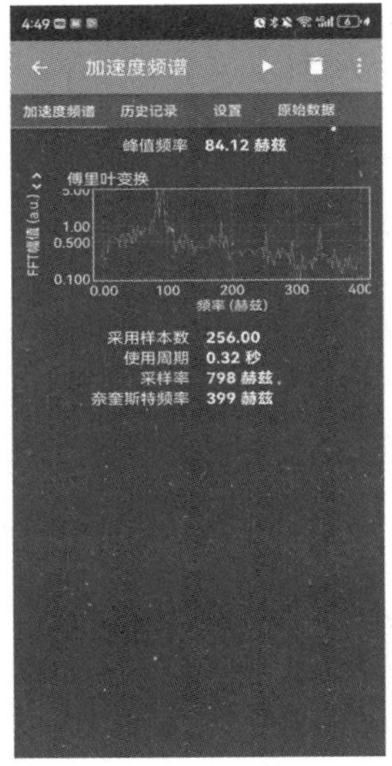

图 10.3.34　加速度频谱

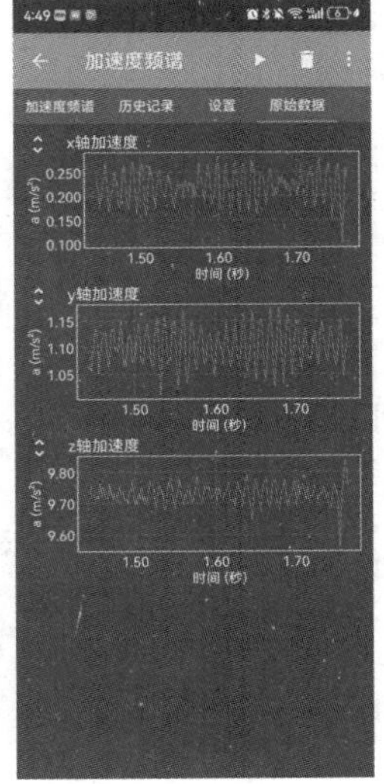

图 10.3.35　原始数据

10.3.18 斜面

phyphox 中的“斜面”功能可以测量手机倾斜的角度，如图 10.3.36、图 10.3.37 所示。

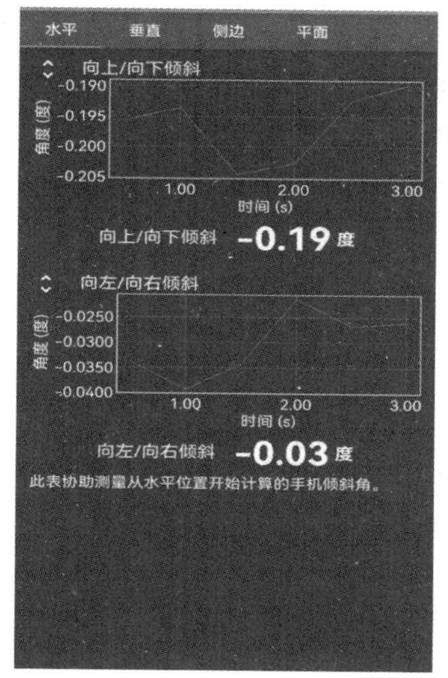

图 10.3.36　水平

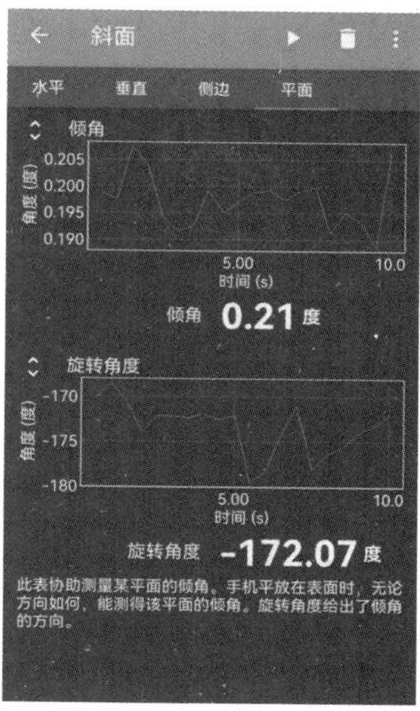

图 10.3.37　斜面

10.3.19 磁性标尺

phyphox 中的磁性标尺可以利用一系列磁铁来测量距离、速度和手机的加速度，如图 10.3.38、图 10.3.39 所示。

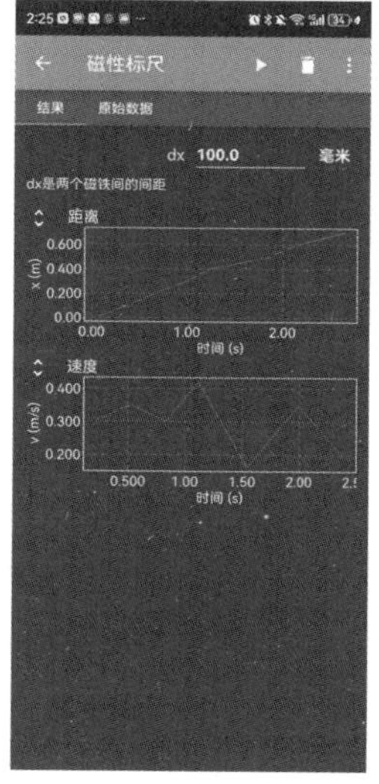

图 10.3.38　结果

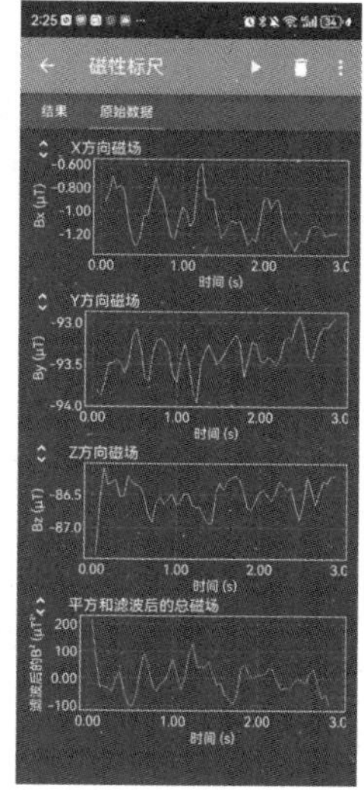

图 10.3.39　原始数据

10.3.20　phyphox editor 教程

phyphox 内置了不少实验，但仅仅使用 phyphox 内置的实验无法满足创新实验的需求。利用 phyphox editor 可以编写程序，从而实现更多的实验①。

打开编辑器：https：//phyphox.org/editor/，显示如图 10.3.40 所示界面。

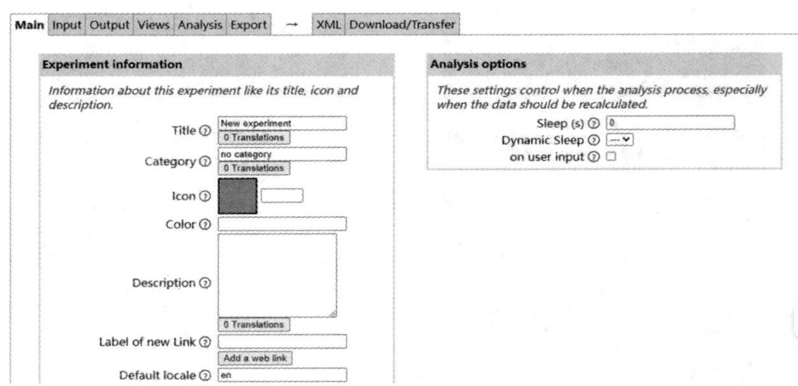

图 10.3.40　phyphox editor 界面

Main 区域可以编辑实验标题。

Input 区可以添加手机传感器、麦克风和定位。蓝牙选项可以连接外部设备如 ESP32，如图 10.3.41 所示。

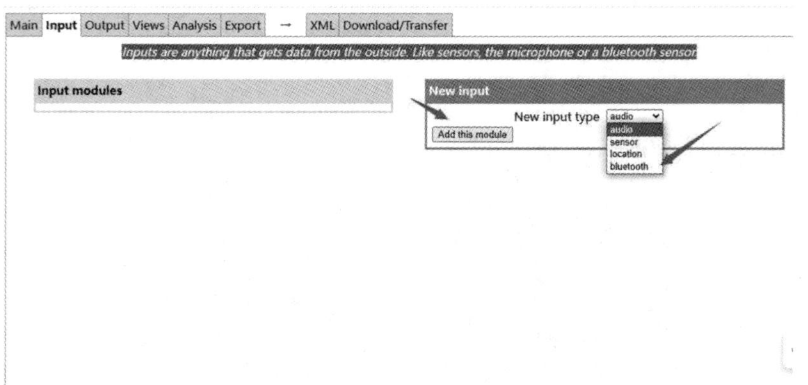

图 10.3.41　Input 区

在 Output 区(见图 10.3.42)手机会进行输出，如发出声音、连接蓝牙设备等，不过如果没有外部设备，此区用处不是很大，初次使用可以忽略此区域。

① Jiasuuei. 如何利用 Phyphox(手机物理工坊)设计自己的实验？(Phyphox editor 教程)[EB/OL].(2022-10-30)[2024-10-09]. https：//zhuanlan.zhihu.com/p/419802297.

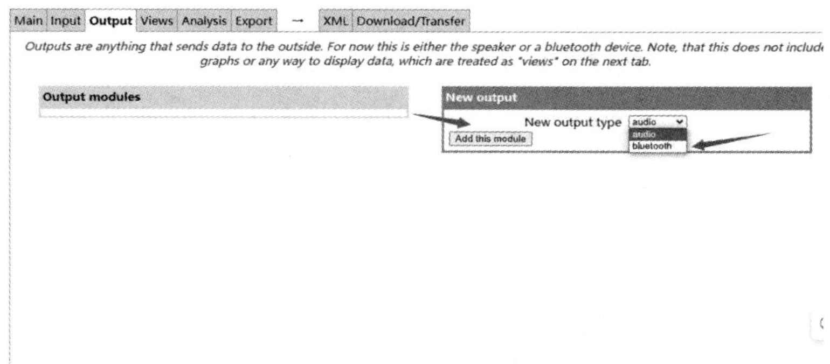

图 10.3.42 Output 区

Views 区，此区编辑的是 phyphox 的实验页面，如图 10.3.43 所示。

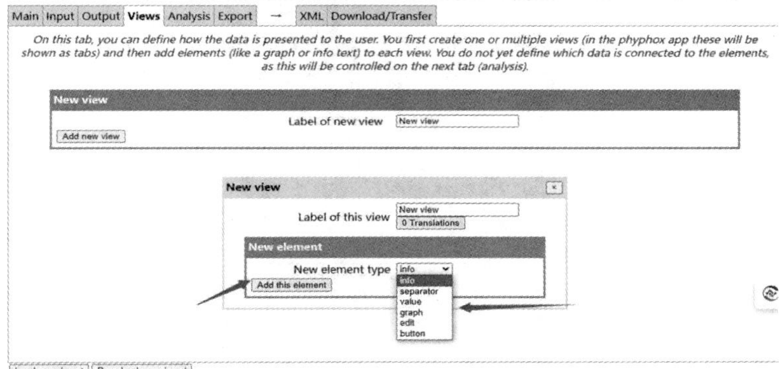

图 10.3.43 Views 区

Analysis 区，用于模块化编程，在这里可以将 Input 区的数据与 Views 区建立联系，并能通过函数转化数据，如图 10.3.44 所示。

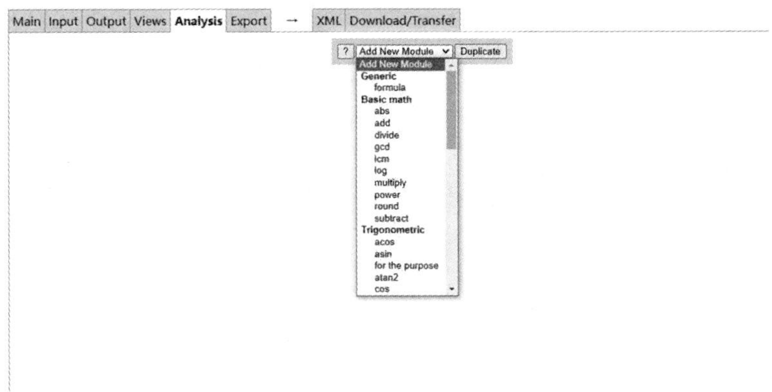

图 10.3.44 Analysis 区

Export 导出区，将数据导出为 excel 等文件，可以在这里编辑导出的样式。

XML，是整个实验的源代码。我们通过前面的模块化编程已经编程好了，此处无须再编程。

Download/Transfer，即下载/传输，点击下载 phyphox 文件来保存编程工作，点击左下角的负载实验来加载并编辑 phyphox 文件，点击生成在线二维码，手机扫码载入编程文件，如图 10.3.45 所示。

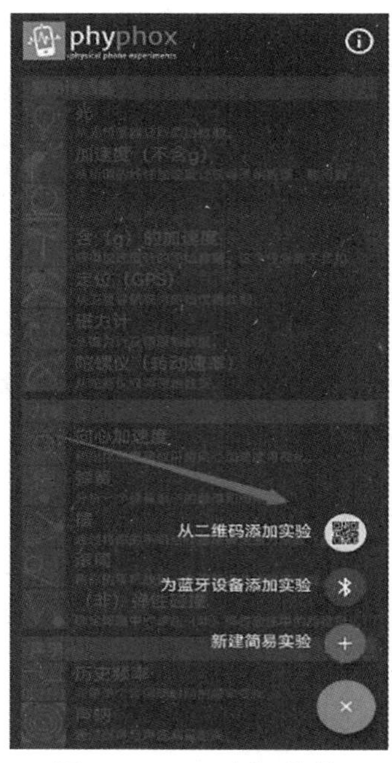

图 10.3.45　下载/传输

10.4　算例演示

phyphox 软件通常用来采集原始传感器数据，数据处理则需要实验者自行完成。该节以行人航迹推算(Pedestrian Dead Reckoning，PDR)为例，对原始数据进行处理。

PDR 技术共由三个部分组成：步频探测、步长估计和航向估计。所用到的数据为 phyphox 采集的加速度数据和陀螺仪数据(见图 10.4.1、图 10.4.2)。实验场地为长 32.8m、宽 28m 的矩形区域，路线总距离为 121.6m。实验者拿着手机围绕矩形区域行走一周。

PDR 作为惯性定位技术的一种，可利用加速度传感器和陀螺仪来确定当前时刻的步长、航向和步数，进而进行位置推算。PDR 公式如下：

$$\begin{cases} E_K^{\mathrm{PDR}} = E_{K-1}^{\mathrm{PDR}} + SL_{K-1}^{\mathrm{PDR}} \cdot \sin(\varphi_{K-1}^{\mathrm{PDR}}) \\ N_K^{\mathrm{PDR}} = N_{K-1}^{\mathrm{PDR}} + SL_{K-1}^{\mathrm{PDR}} \cdot \cos(\varphi_{K-1}^{\mathrm{PDR}}) \end{cases} \tag{10-1}$$

式中，E 和 N 分别表示行人的东方向位置和北方向位置，SL 为步长，φ 为航向，K 为时刻。

	A	B	C	D	E
1	Time (s)	Accelerat	Accelerat	Acceleration z (m/s^2)	
2	0.020067	-0.07123	0.934337	9.564836	
3	0.040133	0.091578	0.833781	9.962274	
4	0.0602	0.144251	0.848146	10.17775	
5	0.080267	-0.10475	0.963068	9.454702	
6	0.100333	-0.23882	1.01574	8.966286	
7	0.1204	0.407613	1.178546	9.081207	
8	0.140467	0.254384	1.039682	9.636662	
9	0.160534	0.029329	0.795474	10.13944	

图 10.4.1　原始加速度数据

	A	B	C	D	E
1	Time (s)	Gyroscop	Gyroscop	Gyroscope z (rad/s)	
2	0.020067	-0.09254	0.011584	0.020373	
3	0.040133	0.002264	-0.06298	-0.02224	
4	0.0602	0.041677	-0.05233	-0.04141	
5	0.080267	-0.07124	0.062716	-0.00306	
6	0.100333	-0.22476	0.189478	-0.03076	
7	0.1204	-0.3004	0.070172	-0.0968	
8	0.140468	-0.2237	-0.09707	-0.1213	
9	0.160535	-0.12769	-0.08642	-0.07763	
10	0.180602	-0.11491	-0.00439	-0.03715	
11	0.200668	-0.15752	0.016911	-0.02969	
12	0.220735	-0.1522	0.003063	-0.04461	
13	0.240802	-0.06485	-0.02037	-0.01798	

图 10.4.2　原始陀螺仪数据

该实验选用的步频探测方法为滑动窗口峰值检测算法，该算法较好地解决了峰值探测过程中伪峰值过多与滑动窗口前后联系不紧密的问题。该实验中的航向估计部分采用了两种方案：方案一：传统四元数法，方案二：自适应航向估计算法；由于步长与步频有着较强的相关性，该实验选用 Chen 等提出的线性步长估计模型：

$$SL = \left[0.7 + a(H - 1.75) + \frac{b(SF - 1.79)H}{1.75}\right]c \tag{10-2}$$

图 10.4.3 为此次实验的步数检测结果图，真实步数为 161 步，峰值检测算法识别结果为 160 步，识别准确率为 99.38%。

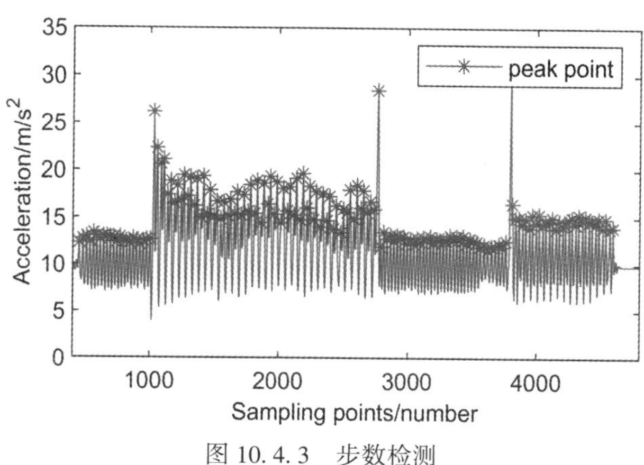

图 10.4.3　步数检测

图 10.4.4 为航向估计结果图。据统计，自适应航向估计算法的平均航向误差为 3.02°，相较于传统 PDR 单一的航向估计策略，航向准确度提升了约 95.20%。

图 10.4.5 为最终的定位轨迹图。两种方案的闭合差分别为 129.1m 和 2.04m。

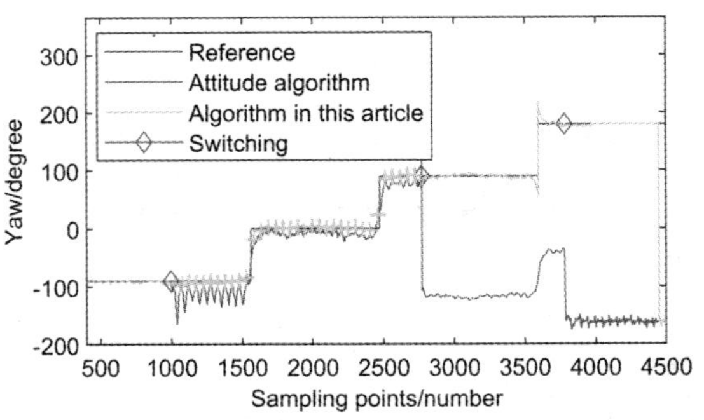

图 10.4.4　多携带方式转变下的航向估计

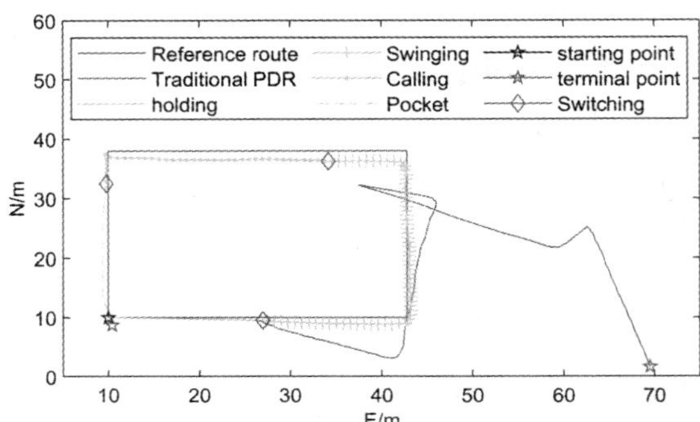

图 10.4.5　多携带方式转变下的 PDR 轨迹图

10.5　常见问题

当 phyphox 中实验界面为灰色时，表示手机中无相应的传感器。phyphox 中的原始数据时间从 0 开始，如需与其他软件进行融合实验，则需要对源码进行修改。

参考文献与资料

[1]Geng J, Chen X, Pan Y, et al.. PRIDE PPP-AR: an open-source software for GPS PPP ambiguity resolution[J]. GPS Solutions, 2019, 23(4): 91.

[2]Geng J, Wen Q, Zhang Q, et al.. GNSS observable-specific phase biases for all-frequency PPP ambiguity resolution[J]. Journal of Geodesy, 2022, 96(2): 1-18.

[3]Geng J, Chen X, Pan Y, et al.. A modified phase clock/bias model to improve PPP ambiguity resolution at Wuhan University[J]. Journal of Geodesy, 2019, 93(10): 2053-2067.

[4]Geng J, Yang S, Guo J. Assessing IGS GPS/Galileo/BDS-2/BDS-3 phase bias products with PRIDE PPP-AR[J]. Satellite Navigation, 2021, 2(1): 17.

[5]Geng J, Mao S. Massive GNSS Network Analysis Without Baselines: Undifferenced Ambiguity Resolution[J]. Journal of Geophysical Research: Solid Earth, 2021, 126(10): e2020JB021558.

[6]陈佳清. 利用 TEQC 及 RTKLIB 软件分析 GPS 数据质量[J]. 导航定位学报, 2016, 4(01): 126-130.

[7]宋佳, 李敏, 赵齐乐, 等. 3 种开源精密单点定位软件性能评估[J]. 大地测量与地球动力学, 2017, 37(06): 627-632.

[8]张倍倍. 基于 RTKLIB 的 GNSS 精密单点定位技术研究[D]. 石家庄: 华北理工大学, 2021.

[9]Herring T A, King R w, McCluskey S C. Introduction to GAMIT/GLOBK, release10. 7[M]. Massachusetts Institute of Technology, Cambridge. 2018.

[10]邹蓉, 陈超, 李瑜, 等. GNSS 高精度数据处理-GAMIT/GLOBK 入门[M]. 武汉: 中国地质大学出版社, 2019.

[11]Dach, R., S. Lutz, P. Walser, P. Fridez (Eds); 2015: Bernese GNSS Software Version 5.2. User manual, Astronomical Institute, University of Bern, Bern Open Publishing.

[12]牛小骥, 陈起金. 惯性导航原理与 GNSS/INS 组合导航课程讲义. 武汉大学多源智能导航实验室, 2022.

[13]高钟毓, 王进, 董景新, 等. 惯性测量系统零速修正的几种估计方法[J]. 中国惯性技术学报, 1995(2): 24-29, 39.

[14]严恭敏, 李四海, 秦永元. 惯性仪器测试与数据分析[M]. 北京: 国防工业出版社, 2012. 11.

[15]秦永元. 惯性导航[M]. 3 版. 北京: 科学出版社, 2020.

[16]严恭敏，翁浚编著．捷联惯导算法与组合导航原理[M]．西安：西北工业大学出版社，2019.
[17]S. Watanabe, T. Ishikawa, Y. Yokota, et al.. GARPOS: Analysis software for the GNSS-A seafloor positioning with simultaneous estimation of sound speed structure[J]. Frontiers in Earth Science, 2020(8): 1-17.